经济数学基础

微积分

柳伟 周丽娜 郑雪莲 郭志强 董秀娟 编著

清華大學出版社
北 京

内 容 简 介

本书根据教育部高等学校财经类专业微积分教学大纲的要求编写而成. 全书分为 11 章，内容包括：准备知识、极限与连续、导数与微分、中值定理与导数的应用、不定积分、定积分、定积分的应用、微分方程初步、级数、多元函数的微分学、重积分.

本书可作为高等学校经济、管理类各专业的教材.

图书在版编目（CIP）数据

微积分 / 柳伟等编著. -- 北京 ：清华大学出版社，2024. 7. --（经济数学基础）. -- ISBN 978-7-302-66498-7

Ⅰ. O172

中国国家版本馆 CIP 数据核字第 2024B3W610 号

责任编辑：刘 颖
封面设计：傅瑞学
责任校对：王淑云
责任印制：刘 菲

出版发行：清华大学出版社
网 址：https://www.tup.com.cn，https://www.wqxuetang.com
地 址：北京清华大学学研大厦 A 座　**邮 编**：100084
社 总 机：010-83470000　**邮 购**：010-62786544
投稿与读者服务：010-62776969，c-service@tup.tsinghua.edu.cn
质量反馈：010-62772015，zhiliang@tup.tsinghua.edu.cn
印 装 者：三河市东方印刷有限公司
经 销：全国新华书店
开 本：185mm×260mm　**印 张**：18.5　**字 数**：445 千字
版 次：2024 年 7 月第 1 版　**印 次**：2024 年 7 月第 1 次印刷
定 价：58.00 元

产品编号：106175-01

前言

FOREWORD

本书是由山东工商学院一批长期从事大学数学教学的一线教师编写.本书主要针对财经类院校学生的学习特点,力求达到概念准确,言简意赅,尽量避免烦琐的理论推导及证明,精选例题、难度适中,便于学生预习与复习.特别增加了微积分发展史等课程思政方面的内容,让学生不仅能学到数学知识,还能增加人文情怀,在一定程度上起到增加学生的学习兴趣和调动学生的学习主动性的作用.本书每节后面配有难度适中的课后习题,每章后面附有自测题,供学生课后复习使用.加"*"号的节为选讲内容,授课教师可根据学时数的情况自行确定是否讲授.

本书由柳伟教授担任主编,参与编写的教师有周丽娜、郑雪莲、郭志强、董秀娟等.本书在编写过程中,得到了许多本校微积分一线教师的帮助,在此表示感谢.同时希望广大师生在今后的使用过程中提出宝贵意见,以便将来作进一步的修订.最后感谢清华大学出版社对本教材出版给予的大力支持.

作　者

2024年4月

CONTENTS

第1章 准备知识 …… 1

1.1 导论 …… 1
1.2 集合与符号 …… 3
1.2.1 集合 …… 3
1.2.2 数集 …… 4
1.2.3 数理逻辑符号 …… 5
1.2.4 其他符号 …… 5
习题1.2 …… 6
1.3 函数 …… 7
1.3.1 函数概念 …… 7
1.3.2 几类具有特殊性质的函数 …… 9
1.3.3 复合函数与反函数 …… 10
1.3.4 初等函数 …… 12
习题1.3 …… 12

第2章 极限与连续 …… 14

2.1 数列的极限 …… 14
2.1.1 极限思想 …… 14
2.1.2 数列极限的定义 …… 14
习题2.1 …… 17
2.2 函数的极限及其性质 …… 17
2.2.1 自变量趋向无穷大时函数的极限 …… 17
2.2.2 当自变量趋向有限值时函数的极限 …… 18
2.2.3 函数极限的性质 …… 19
习题2.2 …… 20
2.3 极限的运算法则 …… 21
习题2.3 …… 22
2.4 极限存在准则、两个重要极限 …… 22
2.4.1 夹逼准则 …… 23
2.4.2 单调有界准则 …… 23
2.4.3 两个重要极限 …… 24
习题2.4 …… 26
2.5 无穷小与无穷大 …… 27

2.5.1 无穷小 …… 27
2.5.2 无穷大 …… 27
2.5.3 无穷小与无穷大的关系 …… 28
2.5.4 无穷小的比较 …… 28
习题 2.5 …… 30
2.6 连续函数 …… 30
2.6.1 连续函数的概念 …… 30
2.6.2 函数的间断点 …… 32
2.6.3 初等函数的连续性 …… 33
2.6.4 闭区间上连续函数的性质 …… 34
习题 2.6 …… 35
第 2 章测试题 …… 36

第 3 章 导数与微分 …… 39

3.1 导数 …… 39
3.1.1 问题的提出 …… 39
3.1.2 导数的定义 …… 40
3.1.3 函数可导与连续的关系 …… 44
习题 3.1 …… 45
3.2 求导法则与导数公式 …… 45
3.2.1 导数的四则运算 …… 45
3.2.2 反函数的求导法则 …… 48
3.2.3 复合函数的导数 …… 49
3.2.4 初等函数的导数 …… 52
习题 3.2 …… 52
3.3 隐函数与由参数方程所确定的函数的导数 …… 53
3.3.1 隐函数的导数 …… 53
3.3.2 参数方程求导公式 …… 55
习题 3.3 …… 56
3.4 微分 …… 56
3.4.1 微分的概念 …… 56
3.4.2 微分的运算法则和公式 …… 59
3.4.3 微分在近似计算中的应用 …… 60
习题 3.4 …… 61
3.5 高阶导数 …… 62
习题 3.5 …… 65
第 3 章测试题 …… 65

第 4 章　中值定理与导数的应用 …… 68

4.1　中值定理 …… 68

习题 4.1 …… 73

4.2　洛必达法则 …… 74

4.2.1　$\frac{0}{0}$型未定式 …… 74

4.2.2　$\frac{\infty}{\infty}$型未定式 …… 76

4.2.3　其他未定式 …… 78

习题 4.2 …… 80

4.3　函数的单调性与极值 …… 80

4.3.1　函数的单调性 …… 80

4.3.2　函数的极值 …… 82

4.3.3　最大值和最小值 …… 85

习题 4.3 …… 85

4.4　函数的凹凸性与拐点 …… 86

习题 4.4 …… 89

4.5　渐近线 …… 89

习题 4.5 …… 91

*4.6　函数图像的描绘 …… 92

4.7　导数在经济分析中的应用 …… 94

4.7.1　边际分析 …… 94

4.7.2　弹性分析 …… 96

4.7.3　函数极值在经济管理中的应用 …… 98

习题 4.7 …… 101

第 4 章测试题 …… 102

第 5 章　不定积分 …… 105

5.1　不定积分的概念与性质 …… 105

5.1.1　原函数的概念 …… 105

5.1.2　不定积分的概念 …… 106

5.1.3　基本积分公式 …… 107

5.1.4　不定积分的性质 …… 107

习题 5.1 …… 108

5.2　换元积分法 …… 109

5.2.1　第一类换元积分法 …… 109

5.2.2　第二类换元积分法 …… 112

习题 5.2 …… 115

5.3 分部积分法 …… 115
习题 5.3 …… 118
5.4 几种特殊类型的函数的积分 …… 118
5.4.1 有理函数的积分 …… 118
5.4.2 三角有理函数的积分 …… 121
5.4.3 简单无理函数的积分 …… 122
习题 5.4 …… 123
第 5 章测试题 …… 123

第 6 章 定积分 …… 126

6.1 定积分的概念 …… 126
6.1.1 背景问题 …… 126
6.1.2 定积分的定义 …… 128
6.1.3 定积分的几何意义 …… 129
习题 6.1 …… 129
6.2 定积分的基本性质 …… 130
习题 6.2 …… 132
6.3 微积分基本定理 …… 132
6.3.1 积分上限函数 …… 132
6.3.2 牛顿-莱布尼茨公式 …… 134
习题 6.3 …… 135
6.4 定积分的换元积分法 …… 136
习题 6.4 …… 138
6.5 定积分的分部积分法 …… 138
习题 6.5 …… 140
6.6 广义积分 …… 140
6.6.1 无穷限的广义积分 …… 141
6.6.2 无界函数的广义积分 …… 142
习题 6.6 …… 144
第 6 章测试题 …… 144

第 7 章 定积分的应用 …… 146

7.1 微元分析法 …… 146
7.2 平面图形的面积 …… 147
7.2.1 直角坐标系的情形 …… 147
7.2.2 极坐标系的情形 …… 150
习题 7.2 …… 151
7.3 体积 …… 151
7.3.1 平行截面面积为已知函数的立体体积 …… 151

7.3.2　旋转体的体积 …… 152
习题 7.3 …… 153
7.4　经济应用 …… 153
习题 7.4 …… 155
第 7 章测试题…… 156

第 8 章　微分方程初步…… 157

8.1　微分方程的基本概念 …… 157
习题 8.1 …… 158
8.2　可分离变量的微分方程 …… 158
习题 8.2 …… 161
8.3　一阶线性微分方程 …… 162
8.3.1　一阶线性齐次方程的通解…… 162
8.3.2　伯努利方程…… 164
习题 8.3 …… 165
8.4　几类可降阶的二阶微分方程 …… 165
8.4.1　$y''=f(x)$型 …… 165
8.4.2　$y''=f(x,y')$型…… 165
8.4.3　$y''=f(y,y')$型…… 166
习题 8.4 …… 166
8.5　线性微分方程解的性质与解的结构 …… 166
8.5.1　线性齐次方程解的性质…… 167
8.5.2　线性非齐次方程解的结构…… 168
习题 8.5 …… 169
8.6　二阶常系数线性齐次微分方程的解法 …… 169
习题 8.6 …… 171
8.7　二阶常系数线性非齐次微分方程的解法 …… 172
习题 8.7 …… 175
8.8　差分方程简介 …… 176
8.8.1　差分方程的基本概念…… 176
8.8.2　一阶常系数线性差分方程…… 178
习题 8.8 …… 181
第 8 章测试题…… 181

第 9 章　级数…… 184

9.1　级数的概念与性质 …… 184
习题 9.1 …… 188
9.2　正项级数 …… 189
习题 9.2 …… 193

9.3 一般级数,绝对收敛 …… 193
习题 9.3 …… 196
9.4 幂级数 …… 196
9.4.1 函数项级数 …… 196
9.4.2 幂级数及其收敛性 …… 197
9.4.3 幂级数的性质 …… 199
习题 9.4 …… 200
9.5 函数的幂级数展开 …… 200
习题 9.5 …… 205
*9.6 幂级数的应用 …… 205
第 9 章测试题 …… 207

第 10 章 多元函数的微分学 …… 209

10.1 空间解析几何简介 …… 209
10.1.1 空间直角坐标系 …… 209
10.1.2 曲面与方程 …… 211
10.1.3 空间曲线 …… 220
习题 10.1 …… 223
10.2 二元函数的基本概念 …… 224
10.2.1 平面点集合 …… 224
10.2.2 二元函数的定义 …… 225
习题 10.2 …… 226
10.3 二元函数的极限和连续 …… 226
习题 10.3 …… 229
10.4 偏导数 …… 229
习题 10.4 …… 232
10.5 全微分 …… 232
习题 10.5 …… 235
10.6 复合函数和隐函数的偏导数 …… 235
10.6.1 复合函数的偏导数公式 …… 235
10.6.2 隐函数的导数和偏导数公式 …… 237
习题 10.6 …… 239
10.7 二元函数的极值 …… 239
10.7.1 普通极值 …… 239
10.7.2 条件极值 …… 241
10.7.3 多元函数的最大值与最小值问题 …… 243
习题 10.7 …… 244
第 10 章测试题 …… 245

第 11 章 重积分 ······ 247

11.1 二重积分的概念和性质 ······ 247

11.1.1 曲顶柱体的体积 ······ 247

11.1.2 二重积分的定义 ······ 248

11.1.3 二重积分的性质 ······ 249

习题 11.1 ······ 250

11.2 二重积分的计算 ······ 250

习题 11.2 ······ 254

11.3 利用极坐标计算二重积分 ······ 255

习题 11.3 ······ 257

第 11 章测试题 ······ 257

习题答案 ······ 259

附录 A 拉格朗日 ······ 279

附录 B 莱布尼茨 ······ 280

参考文献 ······ 281

第1章

准备知识

1.1 导论

微积分研究函数的微分、积分以及有关概念和应用.它是高等数学的一个基础,内容主要包括微分学、积分学及其应用.该学科由牛顿和莱布尼茨在17世纪发明并发展而来,之后被广泛应用于数学、物理学、经济学、工程学和其他领域.着眼于微积分的整个发展历史,可以分为四个时期:早期萌芽时期、建立成型时期、成熟完善时期、现代发展时期.

早期萌芽时期

1. 古西方萌芽时期

公元前7世纪,泰勒斯对图形的面积、体积与长度的研究就含有早期微积分的思想,尽管不是很明显.公元前3世纪,伟大的全能科学家阿基米德利用穷竭法推算出了抛物线弓形、螺线、圆的面积以及椭球体、抛物面体等各种复杂几何体的表面积和体积的公式,其穷竭法就类似于现在的微积分中的求极限.此外,他还计算出π的近似值,阿基米德对于微积分的发展起到了一定的引导作用.

2. 古中国萌芽时期

三国后期的刘徽发明了著名的"割圆术",即把圆周用内接或外切正多边形穷竭的一种求圆周长及面积的方法."割之弥细,所失弥少,割之又割,以至于不可割,则与圆周合体,而无所失矣."不断地增加正多边形的边数,进而使多边形更加接近圆的面积,在我国数学史上算是伟大创举.另外在南朝时期杰出的祖氏父子(祖冲之、祖暅)更将圆周率计算到小数点后七位数,他们的精神值得我们学习.此外祖暅提出了祖暅原理:"幂势既同,则积不容异",即界于两个平行平面之间的两个几何体,被任一平行于这两个平面的平面所截,若两个截面的面积相等,则这两个几何体的体积相等,比欧洲的卡瓦列利原理早十个世纪.祖暅利用牟合方盖(当一正方体用圆柱从纵横两侧面作内切圆柱体时,两圆柱体的公共部分称为牟合方盖.牟合方盖与其内切球的体积比为$4:\pi$)计算出了球的体积,纠正了刘徽的《九章算术注》中的错误的球体积公式.

建立成型时期

1. 17世纪上半叶

这一时期,几乎所有的科学大师都致力于解决速率、极值、切线、面积问题,特别是描述运动与变化的无限小算法，并且在相当短的时间内取得了极大的发展. 天文学家开普勒发现行星运动三大定律，并利用无穷小求和的思想，求得曲边形的面积及旋转体的体积. 意大利数学家卡瓦列利发现卡瓦列利原理(祖暅原理)，利用不可分量方法给出幂函数定积分公式，此外，卡瓦列利还证明了吉尔丁定理(一个平面图形绕某一轴旋转所得立体图形体积等于该平面图形的重心所形成的圆的周长与平面图形面积的乘积)，对于微积分的雏形的形成影响深远.

2. 17 世纪下半叶

17 世纪后期，英国的牛顿和德国的莱布尼茨几乎同时发明了微积分学. 牛顿使用了他的"流体力学"和万有引力定律来开发微积分学. 莱布尼茨则开发了微积分学的符号表示法，这个符号表示法到今天仍然使用.

牛顿和莱布尼茨都使用了极限的概念来定义微积分中的导数和积分. 他们的发现和方法引起了许多争议. 许多数学家认为莱布尼茨从牛顿那里抄袭了他的方法，但后来的研究表明，这两位数学家的研究是相互独立的.

成熟完善时期

1. 第二次数学危机的开始

微积分学在牛顿与莱布尼茨的时代逐渐建立成型，但是任何新的数学理论的建立，在起初都是会引起一部分人的极力质疑，微积分学同样也是. 由于早期微积分学的建立的不严谨性，许多人就找漏洞攻击微积分学，其中最著名的是英国主教贝克莱针对求导过程中的无穷小(Δx 既是 0，又不是 0)展开对微积分学的进攻，由此第二次数学危机便拉开了序幕.

2. 第二次数学危机的解决

危机出现之后，许多数学家意识到需要解决微积分学的理论严谨性问题，陆续地出现大批重要的数学成果. 在危机前期，捷克数学家布尔查诺对于函数性质作了细致研究，首次给出了连续性和导数的恰当的定义，对序列和级数的收敛性提出了正确的概念，并且提出了著名的布尔查诺-柯西收敛原理. 之后的大数学家柯西建立了接近现代形式的极限定义，把无穷小定义为趋近于 0 的变量，从而结束了百年的争论，并定义了函数的连续性、导数、连续函数的积分和级数的收敛性(与布尔查诺同期进行)，柯西在微积分学(数学分析)的贡献是巨大的：柯西中值定理、柯西不等式、柯西收敛准则、柯西公式、柯西积分判别法，等等，其一生发表的论文总数仅次于欧拉. 另外阿贝尔(其最大贡献是首先想到倒过来思想，开拓了椭圆积分的广阔天地)指出要严格限制滥用级数展开及求和，狄利克雷给出了函数的现代定义.

在危机后期，数学家魏尔斯特拉斯提出了病态函数(处处连续但处处不可微的函数)，后续又有人发现了处处不连续但处处可积的函数，使人们重新认识了连续与可微可积的关系，他在闭区间上提出了第一、第二定理，并引进了极限的 ε-δ 定义，基本上实现了分析的算术化，使分析从几何直观的极限中得到了"解放"，从而驱散了 17～18 世纪笼罩在微积分外面的神秘云雾.

19 世纪是微积分学发展的又一个重要时期. 在这个时期，微积分学成为了数学中最重要的分支之一，对物理学、工程学、经济学等领域产生了深远的影响. 同时，微积分学也在这个时期得到了进一步的发展和完善. 在 19 世纪，微积分学的一些基本概念和定理得到了进一步的完善和发展，例如极值定理、中值定理、泰勒定理，等等. 在这个时期，微积分被用于研究微积分中的一些基本概念和定理，例如微分方程、变分法、泛函分析，等等．在19世纪，微积分学还出现了一些重要的分支，例如多元微积分学、向量微积分学，等等．这些分支使得微积分学的应用领域更加广泛和深入．

现代发展时期

20世纪是微积分学发展的一个辉煌时期．在这个时期，微积分学的应用范围和深度都得到了进一步的扩展和深化．在物理学、工程学、经济学等领域，微积分学的应用产生了深远的影响．同时，微积分学也在这个时期得到了进一步的发展和完善．在20世纪，微积分学的一些基本概念和定理得到了进一步的完善和发展，例如积分变换、傅里叶变换、偏微分方程、微分几何，等等．同时，微积分学的计算机应用也得到了极大的发展，例如数值积分、微积分方程的数值解法，等等．在20世纪，微积分学还发生了一些重要的理论和方法上的发展，例如广义函数论、变分法、非线性微积分、动力系统，等等．这些理论和方法使得微积分学的理论框架更加完整和深刻，同时也为微积分学的应用提供了更加广阔的空间．

总之，从牛顿和莱布尼茨的争论开始，微积分学的发展经历了漫长而曲折的历程．在这个历程中，微积分学得到了极大的完善和发展，成为了数学中最重要和应用最广泛的分支之一．同时，微积分学的发展也对物理学、工程学、经济学等领域产生了深远的影响．在未来，随着科学技术的不断发展和人类对自然和社会规律认识的不断深化，微积分学的应用和发展将会变得更加广泛和深入．

本章为课程的学习做准备，先介绍一些在数学中广泛应用的术语和记号，然后介绍函数的概念及一些常用函数．

1.2 集合与符号

1.2.1 集合

集合这一概念描述如下：一个集合是由确定的一些对象汇集的总体．组成集合的这些对象被称为集合的**元素**．通常用大写字母 $A,B,C,\cdots$ 表示集合，用小写字母 $a,b,c,\cdots$ 表示集合的元素．

x 是集合 E 的元素这件事记为 $x\in E$（读作 x 属于 E）；

y 不是集合 E 的元素这件事记为 $y\notin E$（读作 y 不属于 E）．

若集合 E 的任何元素都是集合 F 的元素，则称 E 是 F 的**子集合**，简称为**子集**，记为

$$E\subset F\text{（读作 }E\text{ 包含于 }F\text{）},$$

或者

$$F\supset E\text{（读作 }F\text{ 包含 }E\text{）}.$$

若 $E\subset F$ 且存在 F 中的元素不属于 E，则称 E 是 F 的真子集．若集合 E 的任何元素都是集合 F 的元素，并且集合 F 的任何元素也都是集合 E 的元素（即 $E\subset F$ 并且 $F\subset E$），则称集合 E 与集合 F **相等**，记为

$$E=F.$$

为了方便起见，引入一个不含任何元素的集合——空集合 $\varnothing$．另外还约定：空集合 $\varnothing$ 是任何集合 E 的子集，即 $\varnothing\subset E$．

1.2.2 数集

全体整数的集合、自然数的集合、全体有理数的集合、全体实数的集合和全体复数的集合都是经常遇到的集合，约定分别用字母$\mathbb{Z}$，$\mathbb{N}$，$\mathbb{Q}$，$\mathbb{R}$和$\mathbb{C}$来表示这些集合，即

$\mathbb{Z}$表示全体整数的集合；

$\mathbb{N}$表示自然数(非负整数)的集合；

$\mathbb{Q}$表示全体有理数的集合；

$\mathbb{R}$表示全体实数的集合；

$\mathbb{C}$表示全体复数的集合.

另外，将非负整数、非负有理数和非负实数的集合分别记为$\mathbb{Z}_+$，$\mathbb{Q}_+$和$\mathbb{R}_+$，显然有

$$\mathbb{Z}_+ \subset \mathbb{Z} \subset \mathbb{Q} \subset \mathbb{R} \subset \mathbb{C}$$

和

$$\mathbb{Z}_+ \subset \mathbb{Q}_+ \subset \mathbb{R}_+.$$

通常采用的集合表示法有两种：其一是列举，例如由数1，2，3，4，5构成的集合记为A时，就用符号$A=\{1,2,3,4,5\}$来表示. 也就是说在花括号$\{\}$内将元素一一列举出来；其二是用元素所满足的一定条件来描述它，如上述A也可写成$A=\{x\in\mathbb{N}: x>0, x<6\}$，在这里，$\{\}$内分为两部分来写，且用符号“:”或“|”隔开，前一部分是集合中元素的代表符号，后一部分表示元素所满足的条件或属于本集合的元素所特有的规定性质.

在本书中经常遇到以下形式的实数集的子集.

(1) 区间

为了书写简练，将各种**区间**的符号、名称、定义列成表格，如表1.1所示($a,b\in\mathbb{R}$且$a<b$).

表1.1 区间的记法及含义

符号	名称		定义
(a,b)	有限区间	开区间	$\{x\mid a<x<b\}$
$[a,b]$		闭区间	$\{x\mid a\leqslant x\leqslant b\}$
$(a,b]$		半开区间	$\{x\mid a<x\leqslant b\}$
$[a,b)$		半开区间	$\{x\mid a\leqslant x<b\}$
$(a,+\infty)$	无限区间	开区间	$\{x\mid x>a\}$
$[a,+\infty)$		闭区间	$\{x\mid x\geqslant a\}$
$(-\infty,a)$		开区间	$\{x\mid x<a\}$
$(-\infty,a]$		闭区间	$\{x\mid x\leqslant a\}$

(2) 邻域

设$a\in\mathbb{R}$，$\delta>0$. 数集$\{x\mid |x-a|<\delta\}$表示为$U(a,\delta)$，即

$$U(a,\delta)=\{x\mid |x-a|<\delta\}=(a-\delta,a+\delta),$$

称为a的δ**邻域**. 当不需要注明邻域的半径δ时，常把它表示为$U(a)$，简称a的邻域.

数集$\{x\mid 0<|x-a|<\delta\}$表示为$\mathring{U}(a,\delta)$，即

$$\mathring{U}(a,\delta)=\{x\mid 0<|x-a|<\delta\}=(a-\delta,a+\delta)\setminus\{a\},$$

也就是在a的δ邻域$U(a,\delta)$中去掉a，称为a的δ**去心邻域**. 当不需要注明邻域半径δ时，常将它表示为$\mathring{U}(a)$，简称a的去心邻域.

1.2.3 数理逻辑符号

(1) 连词符号

符号“$\Rightarrow$”表示“蕴涵”或“推得”，或“若……，则……”.

符号“$\Leftrightarrow$”表示“必要充分”，或“等价”，或“当且仅当”.

设 A，B 是两个陈述句，可以是条件，也可以是命题，则 $A\Rightarrow B$ 表示若命题 A 成立，则命题 B 成立；或命题 A 蕴涵命题 B；称 A 是 B 的充分条件，同时也称 B 是 A 的必要条件. 例如，n 是整数 $\Rightarrow n$ 是有理数. $A\Leftrightarrow B$ 表示命题 A 与命题 B 等价；或命题 A 蕴涵命题 $B(A\Rightarrow B)$，同时命题 B 也蕴涵命题 $A(B\Rightarrow A)$；或 $A(B)$ 是 $B(A)$ 的充分必要条件. 再如，$A\subset B\Leftrightarrow$ 任意 $x\in A$，有 $x\in B$.

(2) 量词符号

符号“$\forall$”表示“对任意”，或“对任意一个”. 它是由英文单词 all 的首字母 A 上下颠倒演化而来的.

符号“$\exists$”表示“存在”，或“能找到”. 它是由英文单词 exist 的首字母 E 左右颠倒演化而来的.

应用上述的数理逻辑符号表述定义、定理比较简练明确. 例如，数集 A 有上界、有下界和有界的定义：

$$\text{数集 } A \text{ 有上界} \Leftrightarrow \exists b\in\mathbb{R}, \forall x\in A, \text{有 } x\leqslant b.$$

$$\text{数集 } A \text{ 有下界} \Leftrightarrow \exists a\in\mathbb{R}, \forall x\in A, \text{有 } a\leqslant x.$$

$$\text{数集 } A \text{ 有界} \Leftrightarrow \exists M>0, \forall x\in A, \text{有 } |x|\leqslant M.$$

设有命题“集合 A 中任意元素 a 都有性质 $P(a)$”，用符号表示为

$$\forall a \in A, \text{有 } P(a).$$

显然，这个命题的否命题是“集合 A 中存在某个元素 a_0 没有性质 $P(a_0)$”，用符号表示为

$$\exists a_0 \in A, \text{没有 } P(a_0).$$

这两个命题互为否命题. 由此可见，否定一个命题，要将原命题中的“$\forall$”改为“$\exists$”，将“$\exists$”改为“$\forall$”，并将性质 P 否定. 例如，数集 A 有上界与数集 A 无上界是互为否命题，用符号表示就是：

$$\text{数集 } A \text{ 有上界} \Leftrightarrow \exists b\in\mathbb{R}, \forall x\in A, \text{有 } x\leqslant b.$$

$$\text{数集 } A \text{ 无上界} \Leftrightarrow \forall b\in\mathbb{R}, \exists x_0\in A, \text{有 } b<x_0.$$

1.2.4 其他符号

(1) max 与 min

符号“max”表示“最大”(它是 maximum(最大)的缩写)；符号“min”表示“最小”(它是 minimum(最小)的缩写). 例如，设 $a_1,a_2,\cdots,a_n$ 是 n 个数. 则：

$$\max\{a_1,a_2,\cdots,a_n\}$$

表示 n 个数 $a_1,a_2,\cdots,a_n$ 中的最大数；

$$\min\{a_1,a_2,\cdots,a_n\}$$

表示 n 个数 $a_1,a_2,\cdots,a_n$ 中的最小数.

(2) $n!$ 与 $n!!$

符号“$n!$”表示“不超过 n(正整数)的所有正整数的连乘积”，读作“n 的阶乘”即

$$n!=n(n-1)\cdots 3\cdot 2\cdot 1,\quad 7!=7\cdot 6\cdot 5\cdot 4\cdot 3\cdot 2\cdot 1.$$

符号“$n!!$”表示“不超过 n 并与 n 有相同奇偶性的正整数的连乘积”，读作“n 的双阶乘”，即

$$(2k-1)!!=(2k-1)(2k-3)\cdots 5\cdot 3\cdot 1,$$
$$(2k-2)!!=(2k-2)(2k-4)\cdots 6\cdot 4\cdot 2,$$
$$9!!=9\cdot 7\cdot 5\cdot 3\cdot 1,\quad 12!!=12\cdot 10\cdot 8\cdot 6\cdot 4\cdot 2.$$

规定：$0!=1$.

(3) 连加符号 $\sum$ 与连乘符号 $\prod$

在数学中，常遇到一连串的数相加或一连串的数相乘，例如 $1+2+\cdots+n$ 或者 $m(m-1)\cdots(m-k+1)$ 等. 为简便起见，人们引入连加符号 $\sum$ 与连乘符号 $\prod$：

$$\sum_{i=1}^{n} x_i = x_1+x_2+\cdots+x_n,\qquad \prod_{i=1}^{n} x_i = x_1x_2\cdots x_n.$$

这里的指标 i 仅仅用以表示求和或求乘积的范围，把 i 换成别的符号 j,k 等，也同样表示同一和或同一乘积，例如

$$\sum_{j=1}^{n} x_j = x_1+x_2+\cdots+x_n = \sum_{i=1}^{n} x_i,$$

$$\prod_{j=1}^{n} x_j = x_1x_2\cdots x_n = \prod_{i=1}^{n} x_i.$$

人们通常把这样的指标称为“哑指标”.

下面举几个例子说明连加符号 $\sum$ 与连乘符号 $\prod$ 的应用.

例 1.1 阶乘 $n!$ 的定义可以写成

$$n!=\prod_{j=1}^{n} j.$$

例 1.2 二项式定理可以表示为

$$(a+b)^n=\sum_{j=0}^{n} C_n^j a^j b^{n-j}=\sum_{k=0}^{n} C_n^k a^{n-k} b^k,$$

其中

$$C_n^k=\frac{n(n-1)\cdots(n-k+1)}{k!}=\frac{n!}{k!(n-k)!}.$$

习题 1.2

1. 写出集合 $A=\{0,1,2\}$ 的一切真子集.
2. 用区间表示满足下列不等式的所有 x 的集合：

(1) $|x|<2$；　　(2) $|x-3|>1$；

(3) $0<|x-1|<1$；　　(4) $|x-a|<\varepsilon$（a 为常数，$\varepsilon>0$）.

3. 已知集合 $A=\{1,3,a\}$，$B=\{3,4\}$，若 B 是 A 的子集，求实数 a.
4. $N=\{x\,|\,a<x<2a+1\}$，若 N 是空集，则 a 的取值范围是？
5. 设方程 $2x^2+x+M=0$ 的解集是集合 A，方程 $2x^2+Nx+2=0$ 的解集是 B，若

$A\cap B=\left\{\frac{1}{2}\right\}$,求 $A\cup B$.

1.3 函数

1.3.1 函数概念

在一个自然现象或技术过程中,常常有几个量同时变化,它们的变化并非彼此无关,而是互相联系着,这是物质世界的一个普遍规律.

例 1.3 真空中自由落体,物体下落的时间 t 与下落的距离 s 互相联系着.如果物体距地面的高度为 h,$\forall t\in\left[0,\sqrt{\frac{2h}{g}}\right]$①,都对应一个距离 s.已知 t 与 s 之间的对应关系为

$$s=\frac{1}{2}gt^2,$$

其中 g 是重力加速度,是常数.

例 1.4 球的半径 r 与该球的体积 V 互相联系着:$\forall r\in(0,\infty)$ 都对应一个球的体积 V.已知 r 与 V 的对应关系是

$$V=\frac{4}{3}\pi r^3,$$

其中 π 是圆周率,是常数.

例 1.5 某地某日时间 t 与气温 T 互相联系着(参见图 1.1),对 13 时至 23 时内任意时间 t 都对应着一个气温 T.已知 t 与 T 的对应关系用图 1.1 中的气温曲线表示.横坐标表示时间 t,纵坐标表示气温 T,曲线上任意点 $P(t,T)$ 表示在时间 t 对应着的气温 T.

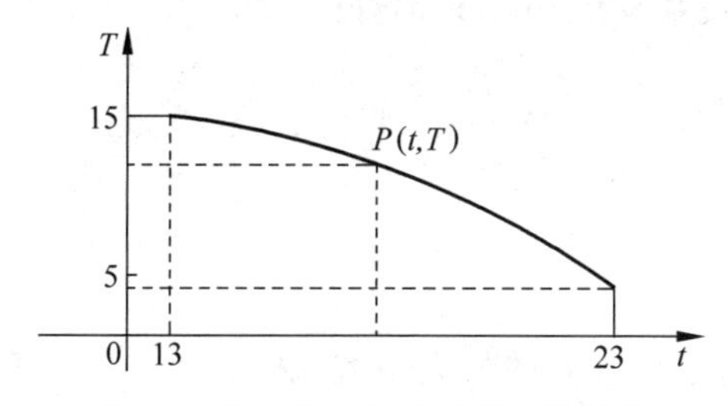

图 1.1 气温与时间之间的函数图像

例 1.6 在标准大气压下,温度 T 与水的体积 V 互相联系着.实测如表 1.2,对于数集 $\{0,2,4,6,8,10,12,14\}$ 中每个温度 T 都对应一个体积 V,已知 T 与 V 的对应关系用表 1.2 来表示.

表 1.2 温度与体积之间的对应关系

温度/℃	0	2	4	6	8	10	12	14
体积/cm^3	100	99.990	99.987	99.990	99.998	100.012	100.032	100.057

---

① 当 $t=\sqrt{\frac{2h}{g}}$ 时,由 $s=\frac{1}{2}gt^2$ 有 $s=h$,即物体下落到地面.

上述 4 个实例,分属于不同的学科,实际意义完全不同. 但是,从数学角度看,它们有一个共同的特征:都有一个数集和一个对应关系,对于数集中任意数 x,按照对应关系都对应 $\mathbb{R}$ 中唯一一个数. 于是有如下的函数概念.

定义 1.1 设 A 是非空数集. 若存在对应关系 f,对 A 中任意数 $x(\forall x \in A)$,按照对应关系 f,对应唯一一个 $y \in \mathbb{R}$,则称 f 是定义在 A 上的**函数**,表示为

$$f: A \to \mathbb{R},$$

数 x 对应的数 y 称为 x 的**函数值**,表示为 $y=f(x)$. x 称为**自变量**,y 称为**因变量**. 数集 A 称为函数 f 的**定义域**,函数值的集合 $f(A)=\{f(x) \mid x \in A\}$ 称为函数 f 的**值域**.

根据函数定义不难看到,上述例题皆为函数的实例.

关于函数概念的几点说明:

(1) 用符号"$f: A \to \mathbb{R}$"表示 f 是定义在数集 A 上的函数. 在本书中,为方便起见,约定将"f 是定义在数集 A 上的函数",用符号"$y=f(x), x \in A$"表示. 当不需要指明函数 f 的定义域时,又可简写为"$y=f(x)$",有时甚至笼统地说"$f(x)$是 x 的函数(值)".

(2) 根据函数定义,虽然函数都存在定义域,但常常并不明确指出函数 $y=f(x)$的定义域,这时认为函数的定义域是自明的,即定义域是使函数 $y=f(x)$有意义的实数 x 的集合 $A=\{x \mid f(x) \in \mathbb{R}\}$.

具有具体实际意义的函数,它的定义域要受实际意义的约束.

(3) 函数定义指出:$\forall x \in A$,按照对应关系 f,对应唯一一个 $y \in \mathbb{R}$,这样的对应就是所谓的单值对应. 反之,一个 $y \in f(A)$就不一定只有一个 $x \in A$,使 $y=f(x)$. 例如函数 $y=\sin x$. $\forall x \in \mathbb{R}$,对应唯一一个 $y=\sin x \in \mathbb{R}$,反之,对 $y=1$,都有无限多个 $x=2k\pi+\frac{\pi}{2} \in \mathbb{R}$,$k \in \mathbb{Z}$,按照对应关系 $y=\sin x$,x 都对应 1,即

$$\sin\left(2k\pi+\frac{\pi}{2}\right)=1, \quad k \in \mathbb{Z}.$$

再看几个函数的例子.

1. 取整函数 $y=[x]$

$\forall x \in \mathbb{R}$,对应的 y 是不超过 x 的最大整数. 显然,$\forall x \in \mathbb{R}$,都对应唯一一个 y. 这是一个函数(参见图 1.2),表示为 $y=[x]$,即 $[2.5]=2$,$[3]=3$,$[0]=0$,$[-\pi]=-4$.

2. 符号函数

$$H(t)=\begin{cases}-1, & t<0, \\ 0, & t=0, \\ 1, & t>0,\end{cases}$$
其图像如图 1.3 所示.

3. 绝对值函数

$$y=|x|=\begin{cases}x, & x \geqslant 0, \\ -x, & x<0,\end{cases}$$
其图像如图 1.4 所示.

4. 分段函数

$$y=\begin{cases} x+1, & x<0, \\ 0, & x=0, \\ x-1, & x>0, \end{cases}$$ 其图像如图 1.5 所示.

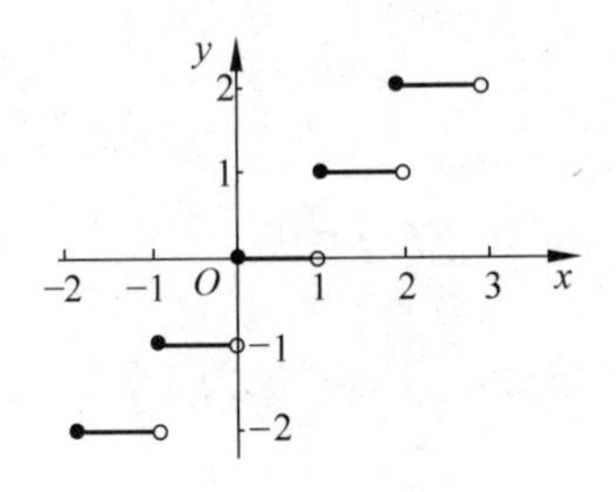

图 1.2　取整函数图像

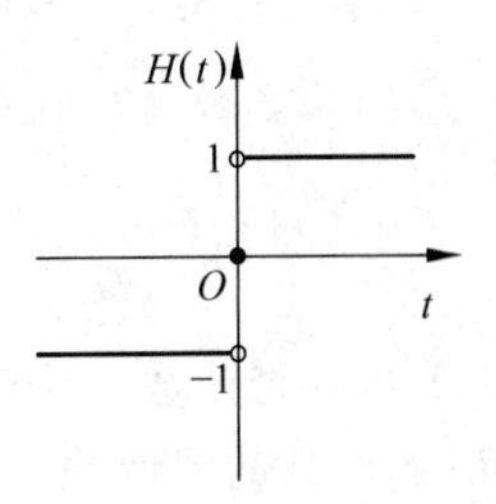

图 1.3　符号函数图像

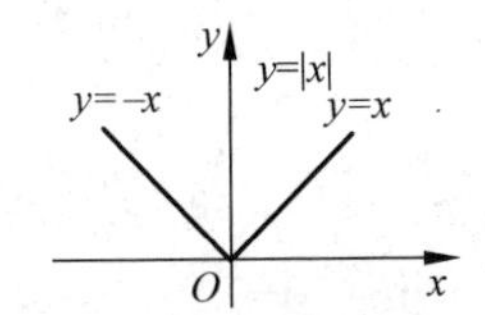

图 1.4　绝对值函数图像

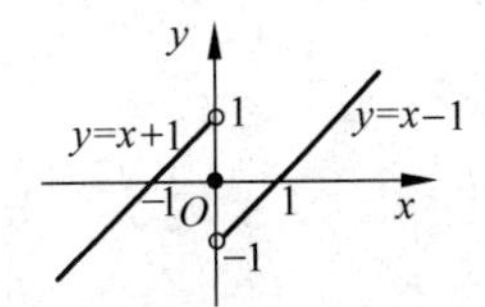

图 1.5　分段函数图像

1.3.2　几类具有特殊性质的函数

1. 有界函数

定义 1.2　设函数 $f(x)$ 在数集 A 上有定义，若函数值的集合

$$f(A)=\{f(x) \mid x \in A\}$$

有界，即 $\exists M>0, \forall x \in A$，有 $|f(x)| \leqslant M$，则称函数 $f(x)$ 在 A 上**有界**，否则称 $f(x)$ 在 A 上**无界**.

例如，函数 $y=\sin x$ 在 $(-\infty,+\infty)$ 内是有界的，因为对 $\forall x \in \mathbb{R}$，都有 $|\sin x| \leqslant 1$. 函数 $y=\dfrac{1}{x}$ 在 $(0,2)$ 上是无界的，在 $[1,\infty)$ 上是有界的.

2. 单调函数

定义 1.3　设函数 $f(x)$ 在数集 A 上有定义，若 $\forall x_1, x_2 \in A$ 且 $x_1<x_2$，有

$$f(x_1)<f(x_2) \quad (f(x_1)>f(x_2)),$$

则称函数 $f(x)$ 在 A 上**严格单调增加**(**严格单调减少**). 上述不等式改为

$$f(x_1) \leqslant f(x_2) \quad (f(x_1) \geqslant f(x_2)),$$

则称函数 $f(x)$ 在 A 上**单调增加**(**单调减少**).

例如，函数 $y=x^3$ 在 $(-\infty,+\infty)$ 上是严格单调增加的. 函数 $y=2x^2+1$ 在 $(-\infty,0)$ 上

是严格单调减少的，在$[0,+\infty)$上是严格单调增加的. 因此，在$(-\infty,+\infty)$上，$y=2x^2+1$不是单调函数.

3. 奇函数与偶函数

定义 1.4 设函数 $f(x)$定义在数集 A 上，若$\forall x\in A$，有$-x\in A$，且

$$f(-x)=-f(x) \quad (f(-x)=f(x)),$$

则称函数 $f(x)$是**奇函数**(**偶函数**).

若点(x_0,y_0)在奇函数 $y=f(x)$的图像上，即 $y_0=f(x_0)$，则

$$f(-x_0)=-f(x_0)=-y_0,$$

即$(-x_0,-y_0)$也在奇函数 $y=f(x)$的图像上，于是奇函数的图像关于原点对称.

同理可知，偶函数的图像关于 y 轴对称.

例如，函数 $y=x^4-2x^2$，$y=\sqrt{1-x^2}$，$y=\dfrac{\sin x}{x}$ 等均为偶函数；函数 $y=\dfrac{1}{x}$，$y=x^3$，$y=x^2\sin x$等均为奇函数.

4. 周期函数

定义 1.5 设函数 $f(x)$定义在数集 A 上，若$\exists\ l>0$，$\forall x\in A$，有 $x\pm l\in A$，且

$$f(x\pm l)=f(x),$$

则称函数 $f(x)$是**周期函数**，l 称为函数 $f(x)$的一个**周期**.

若 l 是函数 $f(x)$的周期，则 $2l$ 也是它的周期. 不难用归纳法证明，若 l 是函数 $f(x)$的周期，则 $nl(n\in\mathbb{Z}_+)$也是它的周期. 若函数 $f(x)$有最小的正周期，通常将这个最小正周期称为函数 $f(x)$的**基本周期**，简称为**周期**.

例如，$y=\sin x$ 就是周期函数，周期为 2π. 再如，常函数 $y=1$ 也是周期函数，任意正的实数都是它的周期.

1.3.3 复合函数与反函数

1. 复合函数

由两个或两个以上的函数用所谓“中间变量”传递的方法能产生新的函数. 例如函数

$$z=\ln y \quad 与 \quad y=x-1,$$

由“中间变量” y 的传递生成新函数

$$z=\ln(x-1).$$

在这里，z 是 y 的函数，y 又是 x 的函数，于是通过中间变量 y 的传递得到 z 是 x 的函数. 为了使函数 $z=\ln y$ 有意义，必须要求 $y>0$，为使 $y=x-1>0$，必须要求 $x>1$. 于是对函数 $z=\ln(x-1)$来说，必须要求 $x>1$.

定义 1.6 设函数 $z=f(y)$定义在数集 B 上，函数 $y=\varphi(x)$定义在数集 A 上，G 是 A 中使 $y=\varphi(x)\in B$ 的 x 的非空子集，即

$$G=\{x\mid x\in A,\ \varphi(x)\in B\}\neq\varnothing,$$

$\forall x\in G$，按照对应关系 φ，对应唯一一个 $y\in B$，再按照对应关系 f，对应唯一一个 z，即

$\forall x\in G$,对应唯一一个 z,于是在 G 上定义了一个函数,表示为 $f\circ\varphi$,称为函数 $y=\varphi(x)$ 与 $z=f(y)$的**复合函数**,即

$$(f\circ\varphi)(x)=f[\varphi(x)],\quad x\in G,$$

y 称为中间变量.今后经常将函数 $y=\varphi(x)$与 $z=f(y)$的复合函数表示为

$$z=f[\varphi(x)],\quad x\in G.$$

注 (1) 不是任何两个函数都能复合生成复合函数.

(2) 复合函数的概念可以推广到有限个函数生成的复合函数.例如,三个函数

$$u=\sqrt{z},\quad z=\ln y,\quad y=2x+3,$$

生成的复合函数是

$$u=\sqrt{\ln(2x+3)},\quad x\in[-1,+\infty).$$

(3) 既要掌握将若干个简单的函数生成为复合函数,而且还要善于将复合函数“分解”为若干个简单的函数.例如函数

$$y=\tan^5\sqrt[3]{\lg(\arcsin x)}$$

是由 5 个简单函数 $y=u^5$,$u=\tan v$,$v=\sqrt[3]{w}$,$w=\lg t$,$t=\arcsin x$ 所生成的复合函数.

2. 反函数

定义 1.7 设函数 $y=f(x)$,$x\in X$.若对任意 $y\in f(X)$,有唯一一个 $x\in X$ 与之对应,使 $f(x)=y$,则在 $f(X)$上定义了一个函数,记为

$$x=f^{-1}(y),\quad y\in f(X),$$

称其为函数 $y=f(x)$的**反函数**.

$y=f(x)$与 $x=f^{-1}(y)$互为反函数.

反函数的实质在于它所表示的对应规律,用什么字母来表示反函数中的自变量与因变量是无关紧要的.习惯上仍把自变量记作 x,因变量记作 y,则函数 $y=f(x)$的反函数 $x=f^{-1}(y)$ 写作 $y=f^{-1}(x)$.

$y=f^{-1}(x)$的图形与 $y=f(x)$的图形关于直线 $y=x$ 对称(参见图 1.6).

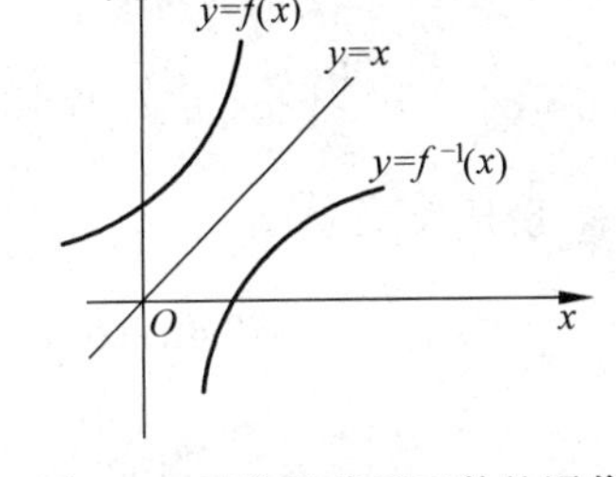

图 1.6 函数及其反函数的图像

由函数严格单调的定义不难证明下面的结论.

定理 1.1 若函数 $y=f(x)$在某区间 X 上严格单调增加(严格单调减少),则函数 $y=f(x)$存在反函数,且反函数 $x=f^{-1}(y)$在区间 $f(X)$上也严格单调增加(严格单调减少).

注 (1) 定理 1.1 的条件“函数是严格单调”中“严格”两字不可忽略.如 $y=[x]$具有单调性,但因为它不是严格单调的函数,它不存在反函数.

(2) 函数是严格单调的仅是存在反函数的充分条件,如函数

$$y=\begin{cases}-x+1, & -1\leqslant x<0,\\ x, & 0\leqslant x\leqslant 1,\end{cases}$$

在区间[-1,1]上不是单调函数,但它存在反函数

$$x=f^{-1}(y)=\begin{cases}y, & 0\leqslant y\leqslant 1,\\ 1-y, & 1<y\leqslant 2.\end{cases}$$

1.3.4 初等函数

在数学的发展过程中,形成了最简单、最常用的6类函数.

1. 常数函数 $y=c$(c 是常数).
2. 幂函数 $y=x^{\alpha}$(α 是常数).
3. 指数函数 $y=a^{x}(a>0,a\neq 1)$.
4. 对数函数 $y=\log_a x\ (a>0,a\neq 1)$.
5. 三角函数

$$y=\sin x,\quad y=\cos x,\quad y=\tan x,\quad y=\cot x,\quad y=\sec x=\frac{1}{\cos x},\quad y=\csc x=\frac{1}{\sin x}.$$

常用的恒等式有

$$\sin^2 x+\cos^2 x=1,\quad \sec^2 x-\tan^2 x=1,\quad \csc^2 x-\cot^2 x=1.$$

和差化积公式为

$$\sin\alpha+\sin\beta=2\sin\frac{\alpha+\beta}{2}\cos\frac{\alpha-\beta}{2},\quad \sin\alpha-\sin\beta=2\cos\frac{\alpha+\beta}{2}\sin\frac{\alpha-\beta}{2},$$

$$\cos\alpha+\cos\beta=2\cos\frac{\alpha+\beta}{2}\cos\frac{\alpha-\beta}{2},\quad \cos\alpha-\cos\beta=-2\sin\frac{\alpha+\beta}{2}\sin\frac{\alpha-\beta}{2}.$$

积化和差公式为

$$\sin\alpha\cos\beta=\frac{1}{2}[\sin(\alpha+\beta)+\sin(\alpha-\beta)],\quad \cos\alpha\sin\beta=\frac{1}{2}[\sin(\alpha+\beta)-\sin(\alpha-\beta)],$$

$$\cos\alpha\cos\beta=\frac{1}{2}[\cos(\alpha+\beta)+\cos(\alpha-\beta)],\quad \sin\alpha\sin\beta=-\frac{1}{2}[\cos(\alpha+\beta)-\cos(\alpha-\beta)].$$

倍角公式

$$\sin(2\alpha)=2\sin\alpha\cos\alpha=\frac{2\tan\alpha}{1+\tan^2\alpha},\quad \cos(2\alpha)=\cos^2\alpha-\sin^2\alpha=\frac{1-\tan^2\alpha}{1+\tan^2\alpha},$$

$$\tan(2\alpha)=\frac{2\tan\alpha}{1-\tan^2\alpha},\quad \cot(2\alpha)=\frac{\cot^2\alpha-1}{2\cot\alpha}.$$

6. 反三角函数

$$y=\arcsin x,\quad y=\arccos x,\quad y=\arctan x,\quad y=\operatorname{arccot} x.$$

这6类函数称为**基本初等函数**.由基本初等函数经过有限次的四则运算以及有限次的复合生成的函数称为**初等函数**.

习题 1.3

1. 下列函数是否表示同一函数?为什么?

(1) $f(x)=\lg x^2$ 与 $g(x)=2\lg x$;(2) $f(x)=\frac{\pi}{2}x$ 与 $g(x)=x(\arcsin x+\arccos x)$.

2. 写出下列函数的定义域：

（1）$y=\sqrt{3x+2}$；（2）$y=\dfrac{1}{1-x^2}$；（3）$y=\sin\sqrt{x}$；

（4）$y=\ln(x+1)$；（5）$y=\tan(x+1)$；（6）$y=e^{\frac{1}{x}}$.

3. 指出下列函数的奇偶性：

（1）$y=x\sin x$；（2）$y=\sin x\cos x$；（3）$y=e^x+e^{-x}$；

（4）$y=e^x-e^{-x}$；（5）$y=x^3+x$；（6）$y=\ln\dfrac{1-x}{1+x}$.

4. 若 $f(x)=\dfrac{1}{1-x}$，求 $f(f(x))$.

5. 讨论下列函数在指定区间内的单调性：

（1）$y=\dfrac{x}{1-x}$，$(-\infty,1)$；（2）$y=x+\ln x$，$(0,+\infty)$.

6. 下列函数中哪些是周期函数？对于周期函数指出其周期：

（1）$y=\cos(x-2)$；（2）$y=1+\sin\pi x$；（3）$y=\sin^2 x$；

（4）$y=x\cos x$.

7. 求下列函数的反函数：

（1）$y=\sqrt[3]{x+1}$；（2）$y=\dfrac{1-x}{1+x}$；（3）$y=10^{x+1}$；

（4）$y=1+\ln(x+2)$.

8. 已知 $f(\varphi(x))=1+\cos x$，$\varphi(x)=\sin\dfrac{x}{2}$，求 $f(x)$.

第2章

极限与连续

极限是数学史上的一颗耀眼的明珠，是整个微积分的基础，微积分中许多重要的概念，如导数、定积分等，均是通过极限来定义的. 因此，极限概念是微积分学习中的重要概念，极限理论是微积分学习的基础理论，本章给出了极限的数学定义和求极限的方法.

2.1 数列的极限

2.1.1 极限思想

早在公元 263 年，我国古代杰出的数学家刘徽就创立了"割圆术". 所谓"割圆术"就是利用圆内接正多边形的面积无限逼近圆的面积，当边数不能再增加时，就是圆的面积. 他在"割圆术"中提出"割之弥细，所失弥少，割之又割，以至于不可割，则与圆周合体，而无所失矣"，这被视为中国古代极限观念的代表. 割圆术的方法反映了我国古人在解决问题时所呈现出的初步的极限思想. 古人利用割圆术，不仅求出了圆的面积，还求出了圆的周长，并且割圆术为更精确计算圆周率提供了重要的方法. 我国南北朝时期的数学家祖冲之，就以此为基础进行了更深入的探索研究，最终求出了精确到了小数点后七位的圆周率，这一成就比欧洲人要早一千多年. 这两位古代数学家在世界文明史上，为数学的发展做出了卓越的贡献，他们是我们中华民族的骄傲.

我国春秋战国时期庄子提出的"截丈问题"——"一尺之棰，日取其半，万世不竭"，其中也隐含了深刻的极限思想. 下面我们用数来表示每天取后剩下的部分：

$$\frac{1}{2},\frac{1}{4},\frac{1}{8},\cdots,\frac{1}{2^n},\cdots.$$

随着时间的推移，剩下的长度越来越短，显然，当天数 n 无限增大时，剩下的长度将无限缩短，即剩下的长度$\frac{1}{2^n}$越来越接近于数 0 却永远不会等于 0. 由此我们抽象出数列极限的数学定义.

2.1.2 数列极限的定义

定义 2.1 按照某一法则，对每个 $n\in\mathbb{N}_+$，对应着一个确定的实数 x_n，这些实数 x_n 按照下标 n 从小到大排列，得到的一个序列 $x_1,x_2,\cdots,x_n,\cdots$，称为**数列**，记为$\{x_n\}$. 数列中的每一个数称为数列的项，第 n 项 x_n 称为数列的**一般项**或**通项**，如：

$$1,3,5,\cdots,2n-1,\cdots,$$

$$1,\frac{1}{2},\frac{1}{3},\cdots,\frac{1}{n},\cdots,$$

$$a,a,a,\cdots,a,\cdots,$$

$$1,-1,1,-1,\cdots,1,-1,\cdots.$$

对于一个给定的数列 $\{x_n\}$，重要的不是去研究它的每一个项如何，而是要知道当 n 无限增大时(记作 $n\to\infty$)，它的项的变化趋势. 考察数列 $\left\{\frac{1}{n}\right\}$，容易发现，当 n 无限增大时，$\frac{1}{n}$ 无限接近于 0，即 $\frac{1}{n}$ 与 0 的距离可以任意小，就是要多小，就可以取到多小. 具体地说，无论给定一个多么小的正数 ε，都可以有 $\left|\frac{1}{n}-0\right|=\left|\frac{1}{n}\right|<\varepsilon$，只要 $n>\frac{1}{\varepsilon}$ 即可. 因此数列 $\left\{\frac{1}{n}\right\}$ 从第 $n>\frac{1}{\varepsilon}$ 的那一项开始，每一项都小于 ε，即不论 ε 是如何小的数，我们总可以找到一个整数 N，使数列中除开始的 N 项以外，自 $N+1$ 项起，后面的一切项 $x_{N+1},x_{N+2},x_{N+3},\cdots$ 都在 0 的 ε 邻域内. 受此启发，我们给出用数学语言表达的数列极限的描述.

定义 2.2 设 $\{x_n\}$ 是一个数列，a 是常数. 若对于任意的正数 ε，总存在一个正整数 N，使得当 $n>N$ 时，不等式

$$|x_n-a|<\varepsilon$$

恒成立，则称常数 a 为数列 $\{x_n\}$ 当 $n\to\infty$ 时的**极限**，记为

$$\lim_{n\to\infty}x_n=a \quad 或 \quad x_n\to a \quad (n\to\infty).$$

这时我们说数列 $\{x_n\}$ 是**收敛**的，否则称数列 $\{x_n\}$ 是**发散**的.

注 (1) 关于 ε，定义中正数 ε 是任意的，$|x_n-a|<\varepsilon$ 刻画了 x_n 与 a 的逼近关系，ε 越小，表示接近得越好，除了要求 $\varepsilon>0$ 外，不受任何限制.

(2) 关于 N，一般地，N 是随着 ε 的变小而变大，但不是说 N 是由 ε 唯一确定，对于已给定的 ε，若 $N=100$ 能满足要求，$N=101,1000,10000$ 等更满足要求，最重要的是 N 的存在性，而不在于它的值有多大.

数列 $\{x_n\}$ 的极限是 a 的几何意义：任意一个以 a 为中心，以 ε 为半径的邻域 $U(a,\varepsilon)$，数列 $\{x_n\}$ 中总存在一项 x_N，在此项后面的所有项 $x_{N+1},x_{N+2},\cdots$(即除了前 N 项以外)，它们在数轴上对应的点，都位于邻域 $U(a,\varepsilon)$ 之中，至多能有 N 个点位于此邻域之外(参见图 2.1). 因为 $\varepsilon>0$ 可以任意小，所以数列中各项所对应的点 x_n 都无限集聚在点 a 附近.

数列极限的定义并未直接给出如何求数列的极限值的方法，以下只给出说明极限概念的例子.

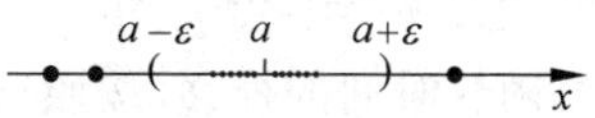

$a-\varepsilon$ a $a+\varepsilon$ x

图 2.1 数列极限示意图

例 2.1 用数列极限的定义证明数列 $\left\{\frac{n}{n+1}\right\}$ 的极限是 1.

证 任意给定 $\varepsilon>0$，要使

$$\left|\frac{n}{n+1}-1\right|=\frac{1}{n+1}<\varepsilon,$$

只要$n>\frac{1}{\varepsilon}-1$. 取$N=\left[\frac{1}{\varepsilon}-1\right]$，则当$n>N$时，必有

$$\left|\frac{n}{n+1}-1\right|<\varepsilon, \quad 即 \lim_{n\to\infty}\frac{n}{n+1}=1.$$

例 2.2 用数列极限的定义证明$\lim\limits_{n\to\infty}\frac{n^2-2}{n^2+n+1}=1$.

证 任意给定$\varepsilon>0$，要使$\left|\frac{n^2-2}{n^2+n+1}-1\right|=\frac{3+n}{n^2+n+1}<\varepsilon$成立，从中求解$n$有困难. 因为要找的$N$不是唯一的，所以可以放大不等式再求解，即让

$$\frac{3+n}{n^2+n+1}<\frac{n+n}{n^2}=\frac{2}{n}<\varepsilon \quad (n>3),$$

这时只要$n>\frac{2}{\varepsilon}$，取$N=\max\left\{\frac{2}{\varepsilon},3\right\}$，则当$n>N$时，必有$\left|\frac{n^2-2}{n^2+n+1}-1\right|<\varepsilon$，则

$$\lim_{n\to\infty}\frac{n^2-2}{n^2+n+1}=1.$$

例 2.3 某城市2020年末的统计资料显示，到2020年末，该市已堆积垃圾达100万吨，根据预测，从2021年起该市还将以5万吨的速度产生新的垃圾. 如果从2021年起该市每年处理上一年堆积垃圾的20%，那么长此以往，该市的垃圾能否全部处理完成？

解 设2020年后的每年的垃圾数量分别为$a_1,a_2,\cdots,a_n,\cdots$，根据题意，得

$$a_1=100\times 80\%+5=100\times\left(\frac{4}{5}\right)+5;$$

$$a_2=a_1\times 80\%+5=100\times\left(\frac{4}{5}\right)^2+5\times\frac{4}{5}+5;$$

$$a_3=a_2\times 80\%+5=100\times\left(\frac{4}{5}\right)^3+5\times\left(\frac{4}{5}\right)^2+5\times\left(\frac{4}{5}\right)+5;$$

以此类推，$n(n\to\infty)$年后的垃圾数量为

$$a_n=100\times\left(\frac{4}{5}\right)^n+5\times\left(\frac{4}{5}\right)^{n-1}+5\times\left(\frac{4}{5}\right)^{n-2}+\cdots+5\times\frac{4}{5}+5.$$

根据数列求和公式和极限的知识可得

$$a_n=100\times\left(\frac{4}{5}\right)^n+5\times\frac{1-\left(\frac{4}{5}\right)^n}{1-\frac{4}{5}}=100\times\left(\frac{4}{5}\right)^n+25\left[1-\left(\frac{4}{5}\right)^n\right],$$

所以$\lim\limits_{n\to\infty}a_n=25$（万吨）.

随着时间的推移，按照这种方法并不能把所有的垃圾处理完，剩余的垃圾将会维持在某一个固定的水平.

极限理论在世界数学发展史上被不断完善，成为微积分研究的基本工具. 极限是高等数学的重要概念之一，它贯穿于高等数学课程的始终，是建立微积分学的理论基础. 极限的思

想是美妙的，在我们生活中也是无处不在的，就如同我们树立了理想，就有了目标和方向，只有不忘初心，砥砺前行，精益求精，方得始终.

习题 2.1

1. 观察下面各数列$\{x_n\}$的变化趋势，指出哪些有极限，哪些没有极限？

(1) $x_n=\dfrac{1}{2^n}$；　　(2) $x_n=3+\dfrac{1}{n^2}$；

(3) $x_n=(-1)^n n$；　　(4) $x_n=(-1)^n\dfrac{1}{n}$.

2. 根据数列极限的“ε-N”定义，证明下列各题：

(1) $\lim\limits_{n\to\infty}\dfrac{n-1}{2n+3}=\dfrac{1}{2}$；　　(2) $\lim\limits_{n\to\infty}\dfrac{n^2-1}{4n^2+3}=\dfrac{1}{4}$.

3. 求$\lim\limits_{n\to\infty}\left(\dfrac{1}{1\cdot 2}+\dfrac{1}{2\cdot 3}+\cdots+\dfrac{1}{n(n+1)}\right)$.

2.2 函数的极限及其性质

数列可看作自变量为正整数 n 的函数：$x_n=f(n)$，即定义在正整数集上的函数. 数列$\{x_n\}$的极限为 a，即当自变量 n 无限增大($n\to\infty$)时，对应的函数值 $f(n)$无限接近 a. 若将数列极限概念中自变量 n 和函数值 $f(n)$的特殊性撇开，可以由此引出函数极限的数学定义.

2.2.1 自变量趋向无穷大时函数的极限

定义 2.3 设函数 $f(x)$在区间$(a,+\infty)$上有定义，A 是常数. 若对$\forall\varepsilon>0$，$\exists X>0$，使得对$\forall x>X$，总有

$$|f(x)-A|<\varepsilon$$

成立，则称常数 A 是函数 $f(x)$当 $x\to+\infty$时的**极限**，记作

$$\lim_{x\to+\infty}f(x)=A\quad 或\quad f(x)\to A\ (x\to+\infty).$$

注 定义中的 ε 是任意给定的正数，它刻画了 $f(x)$与 A 的接近程度；X 刻画了自变量 x 充分大的程度，X 随 ε 的变小而变大.

极限 $\lim\limits_{x\to+\infty}f(x)=A$ 的几何意义　作直线 $y=A-\varepsilon$ 和 $y=A+\varepsilon$，总存在一个正数 X，当$\forall x>X$ 时，函数 $f(x)$的图形位于这两条直线之间(参见图 2.2).

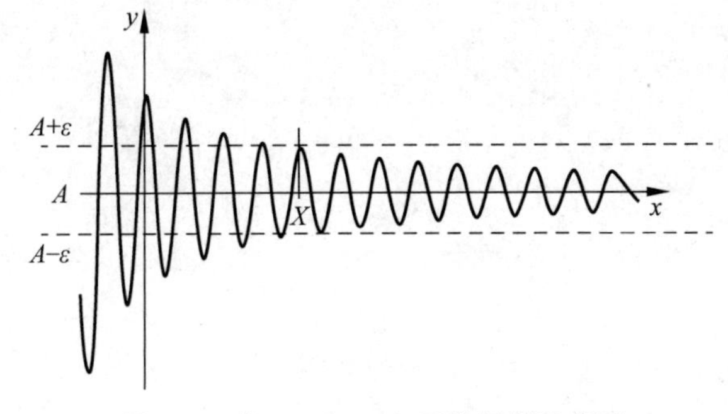

图 2.2　当 $x\to+\infty$时，函数极限示意图

定义 2.4 设函数 $f(x)$ 在区间 $(-\infty,a)$ 上有定义，A 是常数，若对 $\forall\varepsilon>0$，$\exists X>0$，使得对 $\forall x<-X$，总有

$$|f(x)-A|<\varepsilon$$

成立，则称常数 A 是函数 $f(x)$ 当 $x\to-\infty$ 时的**极限**，记作

$$\lim_{x\to-\infty}f(x)=A \quad 或 \quad f(x)\to A \quad (x\to-\infty).$$

定义 2.5 设函数 $f(x)$ 在 $\{x\,|\,|x|>a\}$ 上有定义，A 是常数，若对 $\forall\varepsilon>0$，$\exists X>0$，使得对 $\forall x$：$|x|>X$，总有

$$|f(x)-A|<\varepsilon$$

成立，则称常数 A 是函数 $f(x)$ 当 $x\to\infty$ 时的**极限**，记作

$$\lim_{x\to\infty}f(x)=A \quad 或 \quad f(x)\to A \quad (x\to\infty).$$

定理 2.1 极限 $\lim\limits_{x\to\infty}f(x)=A$ 的充要条件是 $\lim\limits_{x\to+\infty}f(x)=\lim\limits_{x\to-\infty}f(x)=A$.

例 2.4 用极限的定义证明 $\lim\limits_{x\to\infty}\dfrac{\sin x}{x}=0$.

证 任意给定 $\varepsilon>0$，要使

$$\left|\frac{\sin x}{x}-0\right|=\left|\frac{\sin x}{x}\right|<\left|\frac{1}{x}\right|<\varepsilon,$$

只要 $|x|>\dfrac{1}{\varepsilon}$ 即可. 取 $X=\dfrac{1}{\varepsilon}$，则当 $|x|>X$ 时，有

$$\left|\frac{\sin x}{x}-0\right|<\varepsilon,$$

则 $\lim\limits_{x\to\infty}\dfrac{\sin x}{x}=0$.

2.2.2 当自变量趋向有限值时函数的极限

现在研究自变量 x 趋于 x_0 但不等于 x_0 时，对应的函数值 $f(x)$ 的变化趋势. 在 $x\to x_0$ 的过程中，$f(x)$ 无限接近 A，这时可用 $|f(x)-A|<\varepsilon$ 来表示. 又因为 $f(x)$ 无限接近 A 是在 $x\to x_0$ 的过程中实现的，而充分接近 x_0 却不等于 x_0 的 x 可表示为 $0<|x-x_0|<\delta$，这里 $\delta>0$. 根据以上分析，可以给出当 $x\to x_0$ 时函数极限的定义.

定义 2.6 设函数 $f(x)$ 在 x_0 的某个去心邻域内有定义，A 是常数，若对 $\forall\varepsilon>0$，$\exists\delta>0$，使得对 $\forall x$：$0<|x-x_0|<\delta$，总有

$$|f(x)-A|<\varepsilon$$

成立，则称 A 是函数 $f(x)$ 当 x 趋于 x_0 时的极限，记作

$$\lim_{x\to x_0}f(x)=A \quad 或 \quad f(x)\to A\ (x\to x_0).$$

注 函数 $f(x)$在 x_0 的极限仅与函数 $f(x)$在 x_0 邻域内的 x 的函数值有关,而与 $f(x)$在 x_0 是否有定义无关.如函数 $f(x)=\dfrac{x^2-4}{x-2}(x\neq 2)$和 $f(x)=x+2$,当 x 趋于 2 时,可以看到它们所对应的极限值都是 4.

极限 $\lim\limits_{x\to x_0} f(x)=A$ 的几何意义 作直线 $y=A-\varepsilon$ 和 $y=A+\varepsilon$,则得到一条宽度为 2ε 的横带,必存在一条以 $x=x_0$ 为中心,宽为 2δ 的竖带,使竖带内的函数图像全部落在横带内.显然,δ 随着 ε 的变小而变小(参见图 2.3).

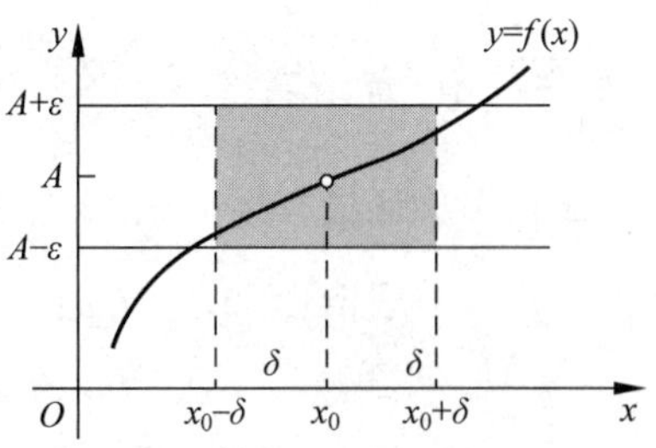

图 2.3 $x\to x_0$ 时函数极限示意图

在上述函数极限的定义中,当自变量 x 从 x_0 的左侧(或右侧)接近 x_0 时,函数 $f(x)$趋于常数,该常数称为 $f(x)$在点 x_0 的**左极限**(或**右极限**).

定义 2.7 设函数 $f(x)$在 x_0 的左邻域(右邻域)有定义,A 是常数.若对 $\forall\varepsilon>0$,$\exists\delta>0$,使得对 $\forall x:x_0-\delta<x<x_0(x_0<x<x_0+\delta)$,总有

$$|f(x)-A|<\varepsilon$$

成立,则称 A 是函数 $f(x)$在 x_0 的左极限(右极限).记作

$$\lim_{x\to x_0^-} f(x)=A \quad 或 \quad f(x_0-0)=A \quad \left(\lim_{x\to x_0^+} f(x)=A 或 f(x_0+0)=A\right).$$

定理 2.2 $\lim\limits_{x\to x_0} f(x)=A$ 的充要条件是 $\lim\limits_{x\to x_0^-} f(x)=\lim\limits_{x\to x_0^+} f(x)=A$.

例 2.5 设 $f(x)=\begin{cases}3x, & x\geqslant 0,\\ 5\sin x, & x<0,\end{cases}$ 求$\lim\limits_{x\to 0} f(x)$.

解 $\lim\limits_{x\to 0^-} f(x)=\lim\limits_{x\to 0^-} 5\sin x=0$,$\lim\limits_{x\to 0^+} f(x)=\lim\limits_{x\to 0^+} 3x=0$,

左右极限都存在且相等,所以$\lim\limits_{x\to 0} f(x)=0$.

例 2.6 讨论当 $x\to 0$ 时,函数 $f(x)=\dfrac{|x|}{x}$的极限.

解 $f(x)=\dfrac{|x|}{x}=\begin{cases}-1, & x<0,\\ 1, & x\geqslant 0,\end{cases}$

$$\lim_{x\to 0^+} f(x)=\lim_{x\to 0^+} 1=1, \qquad \lim_{x\to 0^-} f(x)=\lim_{x\to 0^-} (-1)=-1,$$

左右极限都存在但不相等,所以$\lim\limits_{x\to 0}\dfrac{|x|}{x}$不存在.

2.2.3 函数极限的性质

至此,我们给出了两类 6 种函数极限,即

$$\lim_{x\to +\infty} f(x), \quad \lim_{x\to -\infty} f(x), \quad \lim_{x\to \infty} f(x);$$

$$\lim_{x \to x_0} f(x), \quad \lim_{x \to x_0^-} f(x), \quad \lim_{x \to x_0^+} f(x).$$

每一种函数极限都有类似的性质.本节仅就函数极限 $\lim_{x \to x_0} f(x)$ 给出一些收敛定理,读者不难对其他 5 种函数极限以及数列极限写出相应的定理,并给出证明.

定理 2.3(唯一性) 若极限 $\lim_{x \to x_0} f(x)$ 存在,则它的极限值是唯一的.

证 用反证法.设 $\lim_{x \to x_0} f(x)=a$, $\lim_{x \to x_0} f(x)=b$,且 $a \neq b$,由极限定义,$\forall \varepsilon>0$,则

$$\begin{cases} \exists \delta_1 > 0, \quad \forall x: 0<|x-x_0|<\delta_1, \quad 有\ |f(x)-a|<\varepsilon, \\ \exists \delta_2 > 0, \quad \forall x: 0<|x-x_0|<\delta_2, \quad 有\ |f(x)-b|<\varepsilon. \end{cases}$$

取 $\delta=\min\{\delta_1,\delta_2\}$,则当 $0<|x-x_0|<\delta$ 时,有

$$|f(x)-a|<\varepsilon \quad 与 \quad |f(x)-b|<\varepsilon$$

同时成立.于是,当 $0<|x-x_0|<\delta$ 时,有

$$|a-b|=|a-f(x)+f(x)-b| \leqslant |a-f(x)|+|f(x)-b|<2\varepsilon,$$

因为 ε 是任意的,得出矛盾,所以 $a=b$.

定理 2.4(局部有界性) 若 $\lim_{x \to x_0} f(x)=a$,则存在某个 $\delta_0>0$ 与 $M>0$,当 $0<|x-x_0|<\delta_0$ 时,有 $|f(x)| \leqslant M$.

证明略.

定理 2.5(保序性) 若 $\lim_{x \to x_0} f(x)=a$, $\lim_{x \to x_0} g(x)=b$,且 $a>b$,则存在 $\delta>0$,使当 $0<|x-x_0|<\delta$ 时,$f(x)>g(x)$.

证明略.

推论 1(保号性) 若 $\lim_{x \to x_0} f(x)=a$ 且 $a>0(a<0)$,则存在 $\delta>0$,当 $0<|x-x_0|<\delta$ 时,$f(x)>0(f(x)<0)$.

推论 2(保序性) 若 $\lim_{x \to x_0} f(x)=a$, $\lim_{x \to x_0} g(x)=b$,且存在 $\delta>0$,使当 $0<|x-x_0|<\delta$ 时,$f(x) \geqslant g(x)$,则 $a \geqslant b$.

习题 2.2

1. 已知函数 $f(x)=\begin{cases} x+4, & x<1, \\ 2x-1, & x \geqslant 1, \end{cases}$ 求 $\lim_{x \to 1} f(x)$.

2. 设 $f(x)=\begin{cases} 1+x^2, & x \leqslant 0, \\ \ln(a+x+x^2), & x>0, \end{cases}$ 求 $f(0-0)$, $f(0+0)$,当 a 为何值时,$\lim_{x \to 0} f(x)$ 存在?

3. 已知函数 $f(x)=\dfrac{1-2^{\frac{1}{x}}}{1+2^{\frac{1}{x}}}$,求 $\lim_{x \to 0^-} f(x)$, $\lim_{x \to 0^+} f(x)$.

2.3 极限的运算法则

定理 2.6 设 $\lim\limits_{x \to x_0} f(x)=a$, $\lim\limits_{x \to x_0} g(x)=b$,则:

(1) $\lim\limits_{x \to x_0}[f(x) \pm g(x)]=\lim\limits_{x \to x_0} f(x) \pm \lim\limits_{x \to x_0} g(x)=a \pm b$;

(2) $\lim\limits_{x \to x_0} f(x)g(x)=\lim\limits_{x \to x_0} f(x) \lim\limits_{x \to x_0} g(x)=ab$;

(3) 当 $b \neq 0$ 时, $\lim\limits_{x \to x_0} \dfrac{f(x)}{g(x)}=\dfrac{\lim\limits_{x \to x_0} f(x)}{\lim\limits_{x \to x_0} g(x)}=\dfrac{a}{b}$.

注 定理 2.6 中的(1)、(2)可推广到有限多个函数的和或积的情形.

推论 1 若 $\lim\limits_{x \to x_0} f(x)$存在,而 c 为常数,则 $\lim\limits_{x \to x_0} cf(x)=c \lim\limits_{x \to x_0} f(x)$,即常数因子可以移到极限符号外面.

推论 2 若 $\lim\limits_{x \to x_0} f(x)$存在,而 n 是正整数,则 $\lim\limits_{x \to x_0}[f(x)]^n=[\lim\limits_{x \to x_0} f(x)]^n$.

例 2.7 求 $\lim\limits_{x \to 1}(x^3-2x+9)$.

解 $\lim\limits_{x \to 1}(x^3-2x+9)=\lim\limits_{x \to 1}x^3-2\lim\limits_{x \to 1}x+\lim\limits_{x \to 1}9=8$.

例 2.8 求 $\lim\limits_{x \to 2} \dfrac{2x^2-1}{x^2-7x+1}$.

解 $\lim\limits_{x \to 2} \dfrac{2x^2-1}{x^2-7x+1}=\dfrac{2\lim\limits_{x \to 2}x^2-\lim\limits_{x \to 2}1}{\lim\limits_{x \to 2}x^2-7\lim\limits_{x \to 2}x+\lim\limits_{x \to 2}1}=\dfrac{2 \times 2^2-1}{2^2-7 \times 2+1}=-\dfrac{7}{9}$.

结论 对于有理整函数(多项式)和有理分式函数(分母不为零),求其极限时,只要把自变量 x 的极限值代入函数即可.

例 2.9 求 $\lim\limits_{x \to 1} \dfrac{1-x}{x^2+2x-3}$.

解 本题分子、分母的极限均为零,但它们有公因式 $x-1$,所以

$$\lim_{x \to 1} \frac{1-x}{x^2+2x-3}=\lim_{x \to 1} \frac{-(x-1)}{(x-1)(x+3)}=\lim_{x \to 1} \frac{-1}{x+3}=-\frac{1}{4}.$$

例 2.10 求 $\lim\limits_{x \to \infty} \dfrac{5x^3-3x^2+2}{2x^3+7x^2-3}$.

解 分子、分母极限均不存在,分子、分母同时除以 x^3,有

$$\lim_{x \to \infty} \frac{5x^3-3x^2+2}{2x^3+7x^2-3}=\lim_{x \to \infty} \frac{5-\dfrac{3}{x}+\dfrac{2}{x^3}}{2+\dfrac{7}{x}-\dfrac{3}{x^3}}=\frac{5}{2}.$$

结论 当自变量趋于无穷大时,求分式的极限,分子、分母同时除以自变量的最大方幂. 当 $a_0 \neq 0, b_0 \neq 0, m$ 和 n 为非负整数时,有

$$\lim_{x\to\infty}\frac{a_0x^n+a_1x^{n-1}+\cdots+a_n}{b_0x^m+b_1x^{m-1}+\cdots+b_m}=\begin{cases}\dfrac{a_0}{b_0}, & n=m,\\ \infty, & n>m,\\ 0, & n<m.\end{cases}$$

例 2.11 求 $\lim\limits_{n\to\infty}\dfrac{\sqrt[3]{n^3+5n-1}}{2n+3}$.

解 由上述结论可得

$$\lim_{n\to\infty}\frac{\sqrt[3]{n^3+5n-1}}{2n+3}=\lim_{n\to\infty}\frac{\sqrt[3]{1+\dfrac{5}{n^2}-\dfrac{1}{n^3}}}{2+\dfrac{3}{n}}=\frac{1}{2}.$$

例 2.12 求 $\lim\limits_{x\to+\infty}x(\sqrt{x^2+1}-\sqrt{x^2-1})$.

解

$$\begin{aligned}\lim_{x\to+\infty}x(\sqrt{x^2+1}-\sqrt{x^2-1})&=\lim_{x\to+\infty}\frac{x(\sqrt{x^2+1}-\sqrt{x^2-1})(\sqrt{x^2+1}+\sqrt{x^2-1})}{\sqrt{x^2+1}+\sqrt{x^2-1}}\\&=\lim_{x\to+\infty}\frac{x(x^2+1-x^2+1)}{\sqrt{x^2+1}+\sqrt{x^2-1}}\\&=\lim_{x\to+\infty}\frac{2x}{\sqrt{x^2+1}+\sqrt{x^2-1}}=1.\end{aligned}$$

习题 2.3

1. 计算下列函数的极限：

(1) $\lim\limits_{x\to-1}\dfrac{(x^2-3x+2)^2}{x^3+2x^2-x+2}$;

(2) $\lim\limits_{x\to\infty}\dfrac{(x+5)^2-(x-20)^2}{25x-2}$;

(3) $\lim\limits_{x\to\infty}\dfrac{(x-1)(x-2)(x-3)}{(1-4x)^3}$;

(4) $\lim\limits_{x\to4}\dfrac{\sqrt{1+2x}-3}{\sqrt{x}-2}$;

(5) $\lim\limits_{x\to+\infty}(\sqrt{x(4x+3)}-2x)$;

(6) $\lim\limits_{x\to+\infty}\sqrt{x}(\sqrt{x+1}-\sqrt{x})$;

(7) $\lim\limits_{n\to\infty}\dfrac{3^{n+1}+5^{n+1}}{3^n+5^n}$;

(8) $\lim\limits_{n\to\infty}\dfrac{1+2^2+\cdots+n^2}{n^3}$.

2. 若 $\lim\limits_{x\to\infty}\left(\dfrac{x^2+1}{x+1}-ax-b\right)=0$，求 a,b 的值.

2.4 极限存在准则、两个重要极限

高等数学中的极限存在准则——夹逼准则和单调有界准则，在判断极限的存在性和求极限方面有重要的意义. 本节介绍这两个极限存在准则，并用它们证明了两个重要的极限.

2.4.1 夹逼准则

准则Ⅰ(夹逼准则) 若数列$\{x_n\}$,$\{y_n\}$,$\{z_n\}$满足以下条件:

(1) $y_n \leqslant x_n \leqslant z_n$,

(2) $\lim\limits_{n\to\infty} y_n = a$, $\lim\limits_{n\to\infty} z_n = a$,

则$\lim\limits_{n\to\infty} x_n = a$.

证 $\forall \varepsilon>0$,$\exists N_1>0$,当$n>N_1$时,有$|y_n-a|<\varepsilon$,从而$a-\varepsilon<y_n$;$\exists N_2>0$,当$n>N_2$时,有$|z_n-a|<\varepsilon$,从而$z_n<a+\varepsilon$,同时成立.

取$N=\max\{N_1,N_2\}$,则当$n>N$时,有

$$a-\varepsilon < y_n \leqslant x_n \leqslant z_n < a+\varepsilon,$$

所以有$\lim\limits_{n\to\infty} x_n = a$.

注 利用夹逼准则求极限,关键是构造出$\{y_n\}$与$\{z_n\}$,并且$\{y_n\}$与$\{z_n\}$的极限相同且容易求得.

例 2.13 求$\lim\limits_{n\to\infty}\left(\frac{1}{\sqrt{n^2+1}}+\frac{1}{\sqrt{n^2+2}}+\cdots+\frac{1}{\sqrt{n^2+n}}\right)$.

解 设$x_n=\frac{1}{\sqrt{n^2+1}}+\frac{1}{\sqrt{n^2+2}}+\cdots+\frac{1}{\sqrt{n^2+n}}$,因为

$$\frac{n}{\sqrt{n^2+n}} \leqslant x_n \leqslant \frac{n}{\sqrt{n^2+1}},$$

又$\lim\limits_{n\to\infty}\frac{n}{\sqrt{n^2+1}}=1$,$\lim\limits_{n\to\infty}\frac{n}{\sqrt{n^2+n}}=1$,由夹逼准则得

$$\lim_{n\to\infty}\left(\frac{1}{\sqrt{n^2+1}}+\frac{1}{\sqrt{n^2+2}}+\cdots+\frac{1}{\sqrt{n^2+n}}\right)=1 .$$

2.4.2 单调有界准则

定义 2.8 若数列$\{x_n\}$满足条件$x_n \leqslant x_{n+1}$(或者$x_n \geqslant x_{n+1}$)($n\in\mathbb{N}_+$),则称数列$\{x_n\}$是**单调增加**的(或**单调减少**的).单调增加和单调减少的数列统称为单调数列.

准则Ⅱ 单调有界数列必有极限.

例 2.14 设$x_n=\left(1+\frac{1}{n}\right)^n$,证明数列$\{x_n\}$收敛.

证 先证数列$\{x_n\}$是单调增加的.

$$x_n=\left(1+\frac{1}{n}\right)^n=1+\frac{n}{1!}\cdot\frac{1}{n}+\frac{n(n-1)}{2!}\cdot\frac{1}{n^2}+\frac{n(n-1)(n-2)}{3!}\cdot$$
$$\frac{1}{n^3}+\cdots+\frac{n(n-1)\cdots(n-n+1)}{n!}\frac{1}{n^n}$$

$$=1+\frac{1}{1!}+\frac{1}{2!}\left(1-\frac{1}{n}\right)+\frac{1}{3!}\left(1-\frac{1}{n}\right)\left(1-\frac{2}{n}\right)+\cdots+\frac{1}{n!}\left(1-\frac{1}{n}\right)\left(1-\frac{2}{n}\right)\cdots\left(1-\frac{n-1}{n}\right),$$

$$x_{n+1}=\left(1+\frac{1}{n+1}\right)^{n+1}=1+\frac{1}{1!}+\frac{1}{2!}\left(1-\frac{1}{n+1}\right)+\frac{1}{3!}\left(1-\frac{1}{n+1}\right)\left(1-\frac{2}{n+1}\right)+\cdots+\frac{1}{n!}\left(1-\frac{1}{n+1}\right)\left(1-\frac{2}{n+1}\right)\cdots\left(1-\frac{n-1}{n+1}\right)+\frac{1}{(n+1)!}\left(1-\frac{1}{n+1}\right)\left(1-\frac{2}{n+1}\right)\cdots\left(1-\frac{n}{n+1}\right).$$

在这两个展开式中，除前两项相同外，x_{n+1} 的每一项都大于 x_n 的相应项，且 x_{n+1} 最后还多了一个数值为正的项，因此有 $x_n<x_{n+1}$，故数列 $\{x_n\}$ 单调增加.

再证数列 $\{x_n\}$ 有界.

因为
$$x_n<1+\frac{1}{1!}+\frac{1}{2!}+\cdots+\frac{1}{n!}<1+1+\frac{1}{2}+\frac{1}{2^2}+\cdots+\frac{1}{2^{n-1}}=1+\frac{1-\frac{1}{2^n}}{1-\frac{1}{2}}=3-\frac{1}{2^{n-1}}<3,$$

所以 $0<x_n<3$，数列 $\{x_n\}$ 有界. 根据单调有界准则，数列 $\{x_n\}=\left\{\left(1+\frac{1}{n}\right)^n\right\}$ 有极限.

瑞士著名数学家雅各·伯努利和欧拉在这个问题的研究上做出了重大的贡献. 伯努利在研究连续复利时提出了该极限，但当时他只估计该极限在 2 和 3 之间. 欧拉不仅证明了该极限为一个无理数，而且还给出了比较精确的估值，这个无理数就是自然对数 $\ln x$ 的底 e，即

$$\lim_{n\to\infty}\left(1+\frac{1}{n}\right)^n=\mathrm{e},$$

e 是一个无理数，且 $\mathrm{e}=2.718281828459045\cdots$.

例 2.15 设数列 $x_1=\sqrt{2}, x_2=\sqrt{2+\sqrt{2}},\cdots,x_n=\sqrt{2+x_{n-1}},\cdots$，求 $\lim\limits_{n\to\infty}x_n$.

解 先证明数列的存在性. 显然，$x_{n+1}>x_n$，故数列 $\{x_n\}$ 是单调增加的. 下面用数学归纳法证明数列 $\{x_n\}$ 有界.

因为 $x_1=\sqrt{2}<2$，假设当 $n=k$ 时，$x_k<2$，当 $n=k+1$ 时，$x_{k+1}=\sqrt{2+x_k}<\sqrt{2+2}<2$，由数学归纳法，对所有的 n，都有 $x_n<2$.

又因为数列 $\{x_n\}$ 是单调增加的，因此有 $\sqrt{2}\leqslant x_n<2$，则数列 $\{x_n\}$ 有界. 由单调有界准则，数列 $\{x_n\}$ 极限存在.

令 $\lim\limits_{n\to\infty}x_n=a$，由 $x_n=\sqrt{2+x_{n-1}}$，有 $x_n^2=2+x_{n-1}$，等式两边同时取极限，有 $\lim\limits_{n\to\infty}x_n^2=\lim\limits_{n\to\infty}(2+x_{n-1})$，即 $a^2=2+a$，得 $a=2, a=-1$（舍）. 所以 $\lim\limits_{n\to\infty}x_n=2$.

2.4.3 两个重要极限

利用以上两个极限存在准则，下面给出两类常用极限.

1. 第一个重要极限 $\lim\limits_{x\to 0}\dfrac{\sin x}{x}=1$.

证 由于$\dfrac{\sin x}{x}$是偶函数,故只需讨论 $x\to 0^{+}$ 的情况.

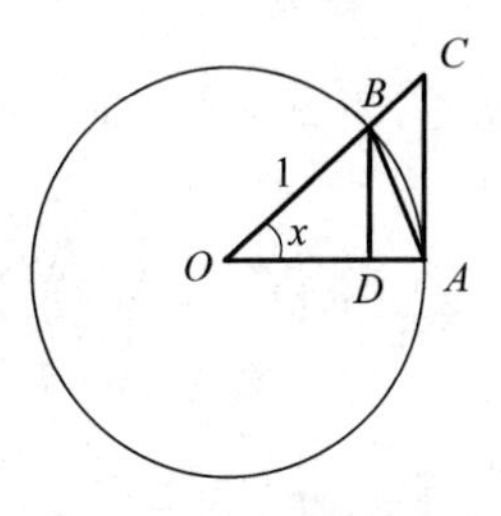

图 2.4 正弦函数及正切函数图示

作单位圆(参见图 2.4),设$\angle AOB=x$ 且 $0<x<\dfrac{\pi}{2}$,过点 A 的切线与 OB 的延长线交于点 C,$BD\perp OA$. 显然有$\triangle OAB$ 的面积<扇形 OAB 的面积<$\triangle OAC$ 的面积,即

$$\frac{1}{2}\sin x<\frac{x}{2}<\frac{1}{2}\tan x.$$

不等式各项同时除以$\dfrac{1}{2}\sin x$ 得

$$1<\frac{x}{\sin x}<\frac{1}{\cos x} \quad 或 \quad \cos x<\frac{\sin x}{x}<1.$$

当 $x\to 0^{+}$ 时,$\dfrac{1}{\cos x}\to 1$,利用夹逼准则,得

$$\lim_{x\to 0^{+}}\frac{\sin x}{x}=1,$$

所以$\lim\limits_{x\to 0}\dfrac{\sin x}{x}=1$.

例 2.16 求$\lim\limits_{x\to 0}\dfrac{\sin\frac{1}{2}x}{\sin 3x}$.

解 $$\lim_{x\to 0}\frac{\sin\frac{1}{2}x}{\sin 3x}=\lim_{x\to 0}\frac{\dfrac{\sin\frac{1}{2}x}{\frac{1}{2}x}\cdot\frac{1}{2}x}{\dfrac{\sin 3x}{3x}\cdot 3x}=\frac{1}{6}.$$

例 2.17 求$\lim\limits_{x\to 0}\dfrac{x-\sin 2x}{x+\sin 2x}$.

解 $$\lim_{x\to 0}\frac{x-\sin 2x}{x+\sin 2x}=\lim_{x\to 0}\frac{1-\dfrac{\sin 2x}{x}}{1+\dfrac{\sin 2x}{x}}=\lim_{x\to 0}\frac{1-2\dfrac{\sin 2x}{2x}}{1+2\dfrac{\sin 2x}{2x}}=\frac{1-2}{1+2}=-\frac{1}{3}.$$

2. 第二个重要极限 $\lim\limits_{x\to\infty}\left(1+\dfrac{1}{x}\right)^{x}=\mathrm{e}$.

证 从例 2.14 的讨论中我们已经知道$\lim\limits_{n\to\infty}\left(1+\dfrac{1}{n}\right)^{n}=\mathrm{e}$,下面先讨论 $x\to+\infty$的情形.

设 $n\leqslant x<n+1$,则$\dfrac{1}{n+1}<\dfrac{1}{x}\leqslant\dfrac{1}{n}$,因此有

$$1+\frac{1}{n+1}<1+\frac{1}{x}\leqslant 1+\frac{1}{n}.$$

上述不等式中每项都大于1，于是

$$\left(1+\frac{1}{n+1}\right)^n<\left(1+\frac{1}{x}\right)^x<\left(1+\frac{1}{n}\right)^{n+1}.$$

显然，当 $x\to+\infty$ 时，也有 $n\to\infty$. 当 $n\to\infty$ 时，

$$\lim_{n\to\infty}\left(1+\frac{1}{n+1}\right)^n=\lim_{n\to\infty}\frac{\left(1+\frac{1}{n+1}\right)^{n+1}}{1+\frac{1}{n+1}}=\frac{\lim\limits_{n\to\infty}\left(1+\frac{1}{n+1}\right)^{n+1}}{\lim\limits_{n\to\infty}\left(1+\frac{1}{n+1}\right)}=\mathrm{e}.$$

$$\lim_{n\to\infty}\left(1+\frac{1}{n}\right)^{n+1}=\lim_{n\to\infty}\left(1+\frac{1}{n}\right)^n\cdot\left(1+\frac{1}{n}\right)=\lim_{n\to\infty}\left(1+\frac{1}{n}\right)^n\cdot\lim_{n\to\infty}\left(1+\frac{1}{n}\right)=\mathrm{e}.$$

由夹逼准则，有 $\lim\limits_{x\to+\infty}\left(1+\frac{1}{x}\right)^x=\mathrm{e}$.

再证 $\lim\limits_{x\to-\infty}\left(1+\frac{1}{x}\right)^x=\mathrm{e}$.

令 $x=-t$，则当 $x\to-\infty$ 时，有 $t\to+\infty$，因此

$$\begin{aligned}\lim_{x\to-\infty}\left(1+\frac{1}{x}\right)^x&=\lim_{t\to+\infty}\left(1+\frac{1}{-t}\right)^{-t}=\lim_{t\to+\infty}\left(\frac{t-1}{t}\right)^{-t}=\lim_{t\to+\infty}\left(\frac{t}{t-1}\right)^t\\&=\lim_{t\to+\infty}\left(\frac{t-1+1}{t-1}\right)^t=\lim_{t\to+\infty}\left(1+\frac{1}{t-1}\right)^{t-1}\cdot\lim_{t\to+\infty}\left(1+\frac{1}{t-1}\right)=\mathrm{e}.\end{aligned}$$

综合上面结果，有 $\lim\limits_{x\to\infty}\left(1+\frac{1}{x}\right)^x=\mathrm{e}$.

例 2.18 求 $\lim\limits_{x\to\infty}\left(1+\frac{3}{2x}\right)^{5x}$.

解 $\lim\limits_{x\to\infty}\left(1+\frac{3}{2x}\right)^{5x}=\lim\limits_{x\to\infty}\left(1+\frac{3}{2x}\right)^{\frac{2x}{3}\cdot\frac{3}{2x}\cdot 5x}=\mathrm{e}^{\frac{15}{2}}$.

例 2.19 求 $\lim\limits_{x\to0}(1-2x)^{\frac{1}{x}}$.

解 $\lim\limits_{x\to0}(1-2x)^{\frac{1}{x}}=\lim\limits_{x\to0}(1+(-2x))^{\frac{1}{-2x}\cdot(-2x)\cdot\frac{1}{x}}=\mathrm{e}^{-2}$.

例 2.20 求 $\lim\limits_{x\to\infty}\left(\frac{3+x}{1+x}\right)^x$.

解
$$\begin{aligned}\lim_{x\to\infty}\left(\frac{3+x}{1+x}\right)^x&=\lim_{x\to\infty}\left(\frac{1+x+2}{1+x}\right)^x=\lim_{x\to\infty}\left(1+\frac{2}{1+x}\right)^x\\&=\lim_{x\to\infty}\left(1+\frac{2}{1+x}\right)^{\frac{1+x}{2}\cdot\frac{2}{1+x}\cdot x}=\mathrm{e}^2.\end{aligned}$$

习题 2.4

1. 求下列极限：

(1) $\lim\limits_{x\to0}\frac{\sqrt{1+\sin^2x}-1}{\sqrt{1+2x^2}-1}$； (2) $\lim\limits_{x\to0}\frac{x^2}{\sin^2\frac{x}{3}}$； (3) $\lim\limits_{x\to\infty}\left(x\cdot\sin\frac{3}{x}\right)$；

(4) $\lim\limits_{x\to 0}\dfrac{\sin x+4x}{\tan x+2x}$；　(5) $\lim\limits_{x\to 0}\dfrac{\sec x-1}{x^2}$；　(6) $\lim\limits_{x\to 0}\dfrac{\sqrt{1+x^2}-1}{1-\cos x}$；

(7) $\lim\limits_{x\to\infty}\left(1-\dfrac{1}{x}\right)^{3x}$；　(8) $\lim\limits_{x\to\infty}\left(\dfrac{x-2}{x+1}\right)^{2x}$；　(9) $\lim\limits_{x\to 1}(x)^{\frac{1}{1-x}}$；

(10) $\lim\limits_{x\to 0}\dfrac{\ln(x+a)-\ln a}{x}$.

2. 求$\lim\limits_{n\to\infty}n\left(\dfrac{1}{n^2}+\dfrac{1}{n^2+1}+\cdots+\dfrac{1}{n^2+n}\right)$.

3. 证明数列$\sqrt{6}$，$\sqrt{6+\sqrt{6}}$，$\sqrt{6+\sqrt{6+\sqrt{6}}}$，…的极限存在，并求其极限值.

2.5 无穷小与无穷大

2.5.1 无穷小

定义 2.9 若$\lim\limits_{x\to x_0}f(x)=0$，则称$f(x)$是当$x\to x_0$时的**无穷小**.

在此定义中，将$x\to x_0$换成$x\to x_0^+$，$x\to x_0^-$，$x\to+\infty$，$x\to-\infty$，$x\to\infty$以及$n\to\infty$，可定义不同形式的无穷小.

例如，$\lim\limits_{x\to 0}\sin x=0$，则函数$\sin x$是当$x\to 0$时的无穷小；$\lim\limits_{x\to\infty}\dfrac{1}{x^2}=0$，则函数$\dfrac{1}{x^2}$是当$x\to\infty$时的无穷小；$\lim\limits_{n\to\infty}\dfrac{1}{2^n}=0$，则数列$\left\{\dfrac{1}{2^n}\right\}$是当$n\to\infty$时的无穷小.

注 无穷小是变量，不是“很小的常数”；只简单地说函数是无穷小是不确切的，还必须指出自变量的趋向.

根据极限定义和极限的四则运算，无穷小有以下性质.

性质 2.1 有限个无穷小的和与差仍是无穷小.

性质 2.2 有界函数与无穷小的乘积是无穷小.

推论 1 常数与无穷小的乘积是无穷小.

推论 2 有限个无穷小的乘积是无穷小.

性质 2.3 $\lim\limits_{x\to x_0}f(x)=A\Leftrightarrow f(x)=A+\alpha(x)$，其中$\alpha(x)$是$x\to x_0$时的无穷小.

证 必要性. 因$\lim\limits_{x\to x_0}f(x)=A$，对$\forall\varepsilon>0$，$\exists\delta>0$，当$0<|x-x_0|<\delta$时，有$|f(x)-A|<\varepsilon$，令$\alpha(x)=f(x)-A$，则$\alpha(x)$是当$x\to x_0$时的无穷小，且$f(x)=A+\alpha(x)$.

充分性. 设$f(x)=A+\alpha(x)$，其中$\alpha(x)(x\to x_0)$是$x\to x_0$时的无穷小，则$f(x)-A=\alpha(x)$. 因$\alpha(x)$是$x\to x_0$时的无穷小，所以对$\forall\varepsilon>0$，$\exists\delta>0$，当$0<|x-x_0|<\alpha$时，有$|f(x)-A|=|\alpha(x)|<\varepsilon$，即$\lim\limits_{x\to x_0}f(x)=A$.

2.5.2 无穷大

若当$x\to x_0(x\to\infty)$时，函数$f(x)$的绝对值无限地增大，则称当$x\to x_0(x\to\infty)$时，

$f(x)$是无穷大.

定义 2.10 设 $f(x)$在 x_0 的某去心邻域有定义，若对 $\forall M>0$，$\exists \delta>0$，当 $0<|x-x_0|<\delta$ 时，有

$$|f(x)|>M,$$

则称函数 $f(x)$当 $x\to x_0$ 时是**无穷大**，记作

$$\lim_{x\to x_0} f(x)=\infty \quad 或 \quad f(x)\to\infty \quad (x\to x_0).$$

将此定义中不等式$|f(x)|>M$ 改为

$$f(x)>M \quad 或 \quad f(x)<-M,$$

则称函数 $f(x)$当 $x\to x_0$ 时是正无穷大或负无穷大. 分别表示为

$$\lim_{x\to x_0} f(x)=+\infty \quad 或 \quad f(x)\to+\infty\ (x\to x_0),$$

$$\lim_{x\to x_0} f(x)=-\infty \quad 或 \quad f(x)\to-\infty\ (x\to x_0).$$

注 无穷大是变量，不能把无穷大与很大的数混为一谈；切勿将 $\lim\limits_{x\to x_0} f(x)=\infty$认为极限存在.

2.5.3 无穷小与无穷大的关系

定理 2.7 (1)若函数 $f(x)$当 $x\to x_0$时是无穷大，则$\dfrac{1}{f(x)}$ 是无穷小；(2)若函数 $f(x)$当 $x\to x_0$ 时是无穷小，且 $f(x)\neq 0$，则$\dfrac{1}{f(x)}$ 是无穷大.

证 因为函数 $f(x)$是当 $x\to x_0$ 时的无穷大，则对 $\forall \varepsilon>0$，$\exists \delta>0$，使得当 $0<|x-x_0|<\delta$ 时，有

$$|f(x)|>\frac{1}{\varepsilon}, \quad 即 \left|\frac{1}{f(x)}\right|<\varepsilon.$$

所以当 $x\to x_0$ 时，$\dfrac{1}{f(x)}$是无穷小.

反之，因为函数 $f(x)$是当 $x\to x_0$ 时的无穷小，且 $f(x)\neq 0$，则对 $\forall M>0$，$\exists \delta>0$，使得当 $0<|x-x_0|<\delta$ 时，有

$$|f(x)|<\frac{1}{M}, \quad 即 \left|\frac{1}{f(x)}\right|>M.$$

所以当 $x\to x_0$ 时，$\dfrac{1}{f(x)}$是无穷大.

根据这个定理，关于无穷大的讨论都可归结为关于无穷小的讨论.

2.5.4 无穷小的比较

根据无穷小的性质，两个无穷小的和、差、积仍是无穷小，但是两个无穷小的商却会出现不同的情况，如当 $x\to 0$ 时，x，x^2，$\sin x$，$x^2\sin\dfrac{1}{x}$都是无穷小，但是

$$\lim_{x\to 0}\frac{x}{\sin x}=1,\quad \lim_{x\to 0}\frac{x^2}{x}=0,\quad \lim_{x\to 0}\frac{x^2\sin\frac{1}{x}}{x^2}\text{不存在},$$

从以上结果的不同可以看出,各无穷小趋于0的快慢程度不同,因此有如下定义.

定义 2.11 设 $f(x)$ 与 $g(x)$ 当 $x\to x_0$ 时都是无穷小,且 $g(x)\neq 0$.

(1) 若 $\lim\limits_{x\to x_0}\dfrac{f(x)}{g(x)}=0$,则称 $f(x)$ 是比 $g(x)$ **高阶的无穷小**. 记为

$$f(x)=o(g(x))\ (x\to x_0).$$

或称 $g(x)$ 是比 $f(x)$ **低阶的无穷小**.

(2) 若 $\lim\limits_{x\to x_0}\dfrac{f(x)}{g(x)}=b\neq 0$,则称 $f(x)$ 与 $g(x)$ 是**同阶无穷小**. 记为

$$f(x)=O(g(x))\ (x\to x_0).$$

特别地,若 $\lim\limits_{x\to x_0}\dfrac{f(x)}{g(x)}=1$,则称 $f(x)$ 与 $g(x)$ 是**等价无穷小**,记为

$$f(x)\sim g(x)\ (x\to x_0).$$

例如,$\lim\limits_{x\to 0}\dfrac{\sin x}{x}=1$,所以 $\sin x$ 与 x 是等价无穷小,记作 $\sin x\sim x$;$\lim\limits_{x\to 0}\dfrac{1-\cos x}{x^2}=\dfrac{1}{2}$,所以 $1-\cos x$ 与 x 是同阶无穷小,记作 $1-\cos x=O(x^2)$;$\lim\limits_{x\to 0}\dfrac{x^2}{x}=0$,所以 x^2 是比 x 高阶的无穷小,记作 $x^2=o(x)$.

关于等价无穷小,有一个重要性质.

定理 2.8 设 $\alpha,\alpha',\beta,\beta'$ 是同一过程中的无穷小,且 $\alpha\sim\alpha',\beta\sim\beta'$,$\lim\dfrac{\beta'}{\alpha'}$ 存在,则 $\lim\dfrac{\beta}{\alpha}=\lim\dfrac{\beta'}{\alpha'}$.

证 $\lim\dfrac{\beta}{\alpha}=\lim\left(\dfrac{\beta}{\beta'}\cdot\dfrac{\beta'}{\alpha'}\cdot\dfrac{\alpha'}{\alpha}\right)=\lim\dfrac{\beta}{\beta'}\lim\dfrac{\beta'}{\alpha'}\lim\dfrac{\alpha'}{\alpha}=\lim\dfrac{\beta'}{\alpha'}$.

定理 2.8 表明,求两个无穷小的商的极限时,分子及分母都可用等价无穷小来代替. 若无穷小的替换运用得当,可以简化计算.

例 2.21 求 $\lim\limits_{x\to 0}\dfrac{\tan^2 2x}{1-\cos x}$.

解 当 $x\to 0$ 时,$\tan 2x\sim 2x$,$1-\cos x\sim\dfrac{1}{2}x^2$,所以 $\lim\limits_{x\to 0}\dfrac{\tan^2 2x}{1-\cos x}=\lim\limits_{x\to 0}\dfrac{(2x)^2}{\frac{1}{2}x^2}=8$.

例 2.22 求 $\lim\limits_{x\to 0}\dfrac{\tan x-\sin x}{\sin^3 2x}$.

解 $\lim\limits_{x\to 0}\dfrac{\tan x-\sin x}{\sin^3 2x}=\lim\limits_{x\to 0}\dfrac{\tan x(1-\cos x)}{\sin^3 2x}=\lim\limits_{x\to 0}\dfrac{x\cdot\frac{1}{2}x^2}{(2x)^3}=\dfrac{1}{16}$.

习题 2.5

1. 求下列函数的极限：

(1) $\lim\limits_{x\to 0}\dfrac{\sqrt{1+\sin^2 2x}-1}{\sqrt{1+x^2}-1}$； (2) $\lim\limits_{x\to 0}\dfrac{\mathrm{e}^{x^2}-1}{\ln^2(1+2x)}$；

(3) $\lim\limits_{x\to 0}\dfrac{(\sin x^3)\tan x}{1-\cos x^2}$； (4) $\lim\limits_{x\to 0}\dfrac{5x+\sin^2 x-2x^3}{\tan x+4x^2}$；

(5) $\lim\limits_{x\to 0}\dfrac{\sqrt{1+\tan x}-\sqrt{1-\tan x}}{\sqrt{1+2x}-1}$； (6) $\lim\limits_{x\to 0}\dfrac{\ln(1+2x\sin x)}{\tan^2 x}$.

2. 当 $x\to 0$ 时，$\sqrt{1+\tan x}-\sqrt{1+\sin x}$ 与 kx^3 是等价无穷小，求 k 的值.

2.6 连续函数

不论是“竹外桃花三两枝，春江水暖鸭先知”的自然景象，还是“不积跬步无以至千里，不积小流无以成江海”的人生哲理，它们都蕴含了自然界与社会生活中的一种常见的现象. 如“竹外桃花三两枝，春江水暖鸭先知”中可见气温、水温在短时间内变化很小；“不积跬步无以至千里，不积小流无以成江海”中每单位的“跬步”或“小流”都很微小. 若将这些事物的变化抽象为某些变量，则它们所具备的共同特征是在自变量变化微小时，因变量的变化也很微小. 在数学上，这种现象称为连续变化现象. 20 世纪以来由于诸如此类的发现，以及连续函数在计算机科学、统计学和数学建模中的大量应用，连续性的问题成为在实践中和理论上均有重大意义的问题之一. 连续函数不仅是微积分的研究对象，而且微积分中的主要概念、定理、公式等，往往都要求函数具有连续性. 本节介绍连续函数的概念、运算及性质.

2.6.1 连续函数的概念

为了用数学语言表达函数的连续特性，先引入函数增量(改变量)的概念. 在函数 $y=f(x)$的定义域中，设自变量 x 由 x_0 变到 x_1，相应的函数值由 $f(x_0)$ 变到 $f(x_1)$，称差 $\Delta x=x_1-x_0$ 为自变量 x 的增量(改变量)，相应的

$$\Delta y=f(x_1)-f(x_0)=f(x_0+\Delta x)-f(x_0)$$

称为函数 $y=f(x)$的增量.

注 Δx，Δy 是完整的记号，它们可正、可负，也可为零.

定义 2.12 设函数 $f(x)$在 x_0 及其邻域内有定义，若当自变量的增量趋于 0 时，相应的函数的增量也趋于 0，即

$$\lim_{\Delta x\to 0}\Delta y=0 \quad 或 \quad \lim_{\Delta x\to 0}[f(x_0+\Delta x)-f(x_0)]=0,$$

则称函数 $y=f(x)$在点 x_0 连续. x_0 称为 $f(x)$的连续点.

若令 $x=x_0+\Delta x$，则当 $\Delta x\to 0$ 时，也就是 $x\to x_0$，于是有 $\lim\limits_{x\to x_0}[f(x)-f(x_0)]=0$. 由极限的四则运算，故定义 2.12 可叙述为以下形式.

定义 2.13 设函数 $y=f(x)$在 x_0 及其邻域内有定义,若

$$\lim_{x\to x_0} f(x)=f(x_0),$$

则称函数 $y=f(x)$在点 x_0 连续.

用“ε-δ”语言,可将函数在一点连续的定义叙述如下.

定义 2.14 若对 $\forall\varepsilon>0$, $\exists\delta>0$,当$|x-x_0|<\delta$ 时,不等式

$$|f(x)-f(x_0)|<\varepsilon$$

成立,则称函数 $f(x)$在点 x_0 连续.

注 由以上函数连续的定义可知,$f(x)$在点 x_0 连续必须满足以下 3 个条件.

(1) $f(x)$在点 x_0 有确切的函数值 $f(x_0)$;

(2) 当 $x\to x_0$ 时,$f(x)$有确定的极限;

(3) 这个极限值等于 $f(x_0)$.

定义 2.15 设函数 $y=f(x)$在点 x_0 及其左邻域(右邻域)有定义,若

$$\lim_{x\to x_0^-} f(x)=f(x_0)\quad\left(\lim_{x\to x_0^+} f(x)=f(x_0)\right),$$

则函数 $f(x)$在点 x_0 左连续(右连续).

定理 2.9 函数 $f(x)$在点 x_0 处连续的充要条件是函数 $f(x)$在点 x_0 处既是左连续又是右连续.

例 2.23 讨论函数 $f(x)=\begin{cases}x^2, & x\geqslant 1,\\ 2-x, & x<1\end{cases}$ 在 $x=1$ 处的连续性.

解 $\lim\limits_{x\to 1^+} f(x)=\lim\limits_{x\to 1^+} x^2=1=f(1)$, $\lim\limits_{x\to 1^-} f(x)=\lim\limits_{x\to 1^-}(2-x)=1=f(1)$,函数 $f(x)$在 $x=1$ 处既是右连续又是左连续,所以函数 $f(x)$在 $x=1$ 处连续.

若函数 $f(x)$在开区间(a,b)内每一点都连续,则称函数 $f(x)$在区间(a,b)内连续;若函数 $f(x)$在(a,b)内连续,同时在 a 点右连续,在 b 点左连续,则称函数 $f(x)$在闭区间$[a,b]$上连续.

从几何上看,$f(x)$的连续性表示,当横轴上两点距离充分小时,函数图像上的对应点的纵坐标之差也很小,这说明连续函数的图像是一条无间隙的连续曲线.

例 2.24 $f(x)=\sin x$ 在$\mathbb{R}$上连续.

证明 任取 $x_0\in\mathbb{R}$,对 $\forall x\in\mathbb{R}$,有不等式

$$\left|\cos\frac{x+x_0}{2}\right|\leqslant 1 \quad 与 \quad \left|\sin\frac{x-x_0}{2}\right|\leqslant\frac{|x-x_0|}{2}.$$

$\forall\varepsilon>0$,要使不等式

$$|\sin x-\sin x_0|=2\left|\cos\frac{x+x_0}{2}\right|\left|\sin\frac{x-x_0}{2}\right|\leqslant 2\,\frac{|x-x_0|}{2}=|x-x_0|<\varepsilon$$

成立,只需取 $\delta=\varepsilon$. 于是,$\forall\varepsilon>0$, $\exists\delta=\varepsilon>0$. $\forall x$: $|x-x_0|<\delta$, 有$|\sin x-\sin x_0|<\varepsilon$,即

$$\lim_{x \to x_0} \sin x = \sin x_0,$$

因此正弦函数 $\sin x$ 在点 x_0 连续.由 x_0 的任意性得 $\sin x$ 在$\mathbb{R}$上连续.

类似地,可以证明基本初等函数在其定义域内是连续的.

2.6.2 函数的间断点

定义 2.16 若函数 $y=f(x)$ 在点 x_0 不满足连续性定义的条件,则称函数 $f(x)$在点 x_0 间断(或不连续).x_0 称为函数 $f(x)$的间断点(或不连续点).

$f(x)$在点 x_0 不满足连续性定义的条件有以下 3 种情况:

(1) 函数 $f(x)$在点 x_0 无定义;

(2) 函数 $f(x)$在点 x_0 有定义,但 $\lim\limits_{x \to x_0} f(x)$不存在;

(3) 在 $x=x_0$ 处 $f(x)$有定义,$\lim\limits_{x \to x_0} f(x)$存在,但 $\lim\limits_{x \to x_0} f(x) \neq f(x_0)$.

因此,间断点分为以下两类.

第一类间断点 若 x_0 为 $f(x)$的间断点,但 $f(x)$在点 x_0 的左、右极限都存在,则称 x_0 为 $f(x)$的第一类间断点.

当 $f(x_0-0) \neq f(x_0+0)$时,x_0 称为 $f(x)$的跳跃间断点.若极限 $\lim\limits_{x \to x_0} f(x)=A \neq f(x_0)$或 $f(x)$在 x_0 处无定义,则称 x_0 为 $f(x)$的可去间断点.

第二类间断点 若 $f(x)$在 x_0 的左、右极限至少有一个不存在,称 x_0 为 $f(x)$的第二类间断点.

例 2.25 讨论函数 $f(x)=\begin{cases} \dfrac{1}{x}, & x \neq 0, \\ 0, & x=0 \end{cases}$ 在 $x=0$ 处的连续性.

解 $\lim\limits_{x \to 0} \dfrac{1}{x}=\infty$,故函数在 $x=0$ 点的左、右极限不存在,所以 $x=0$ 是 $f(x)$的第二类间断点,且为无穷间断点.

例 2.26 讨论函数 $f(x)=\begin{cases} \sin \dfrac{1}{x}, & x \neq 0, \\ 0, & x=0 \end{cases}$ 在 $x=0$ 处的连续性.

解 $\lim\limits_{x \to 0} \sin \dfrac{1}{x}$不存在,故函数在 $x=0$ 点的左、右极限不存在,所以 $x=0$ 是 $f(x)$的第二类间断点,且为振荡间断点(参见图 2.5).

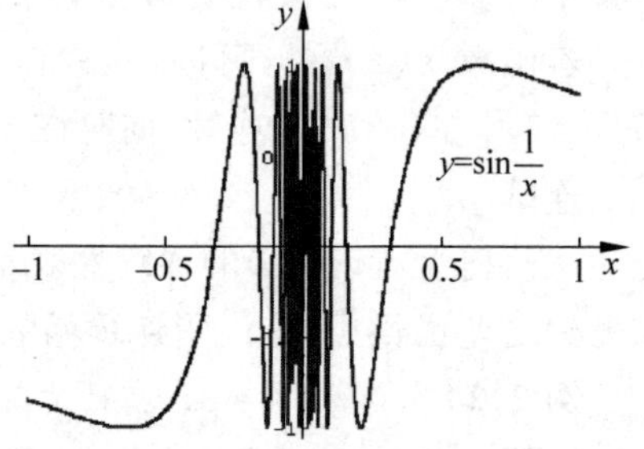

图 2.5 振荡间断点图示

例 2.27 讨论 $f(x)=\begin{cases} 1+x, & x \geqslant 0, \\ (x-2)^2, & x<0 \end{cases}$ 在 $x=0$ 处的连续性.

解 $\lim\limits_{x \to 0^-} f(x)=4$,$\lim\limits_{x \to 0^+} f(x)=1$,左极限和右极限都存在,但不相等,所以 $x=0$ 是 $f(x)$的跳跃间断点.

例 2.28 讨论 $f(x)=\begin{cases} x, & x\neq 1, \\ \dfrac{1}{2}, & x=1 \end{cases}$ 在 $x=1$ 处的连续性.

解 $f(1)=\dfrac{1}{2}$, $\lim\limits_{x\to 1}f(x)=1$，但 $\lim\limits_{x\to 1}f(x)\neq f(1)$，故 $x=1$ 是 $f(x)$ 的可去间断点(参见图 2.6).

例 2.29 讨论 $f(x)=\dfrac{x^2-1}{x-1}$ 在 $x=1$ 处的连续性.

解 $\lim\limits_{x\to 1}\dfrac{x^2-1}{x-1}=\lim\limits_{x\to 1}(x+1)=2$，但 $f(x)$ 在 $x=1$ 处无意义，故在 $x=1$ 处 $f(x)$ 间断. $x=1$ 是 $f(x)$ 的可去间断点(参见图 2.7).

若在例 2.29 中补充定义

$$f(x)=\begin{cases} \dfrac{x^2-1}{x-1}, & x\neq 1, \\ 2, & x=1, \end{cases}$$

则 $f(x)$ 在 $x=1$ 处连续.

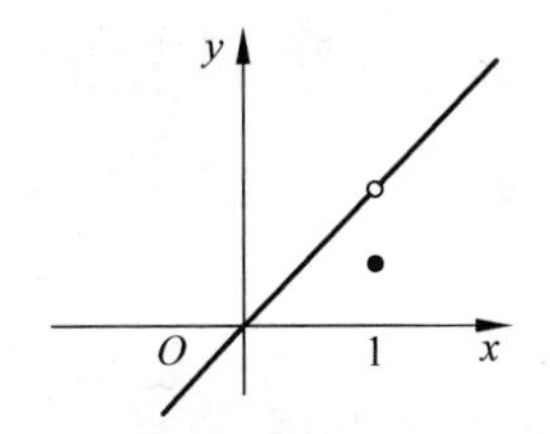

图 2.6 可去间断点示意图

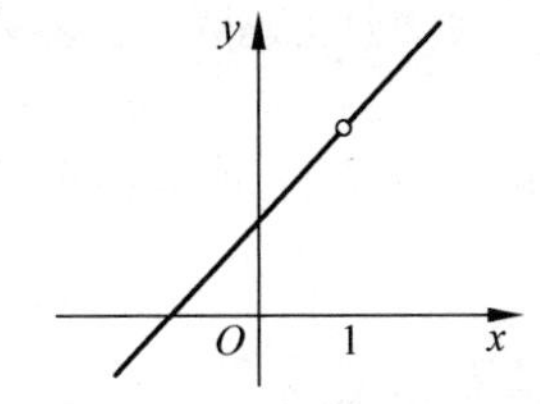

图 2.7 可去间断点示意图

由例 2.28、例 2.29 可以发现，对于可去间断点，只要改变间断点的函数值或补充定义在间断点处的函数值，可使其变成连续点，这就是“可去”的含义.

2.6.3 初等函数的连续性

由于初等函数是由基本初等函数经过有限次加、减、乘、除运算及有限次复合而成的. 因而只需讨论基本初等函数的连续性，以及经上述运算后得出的函数的连续性. 又由于三角函数和对应的反三角函数、指数函数与对数函数互为反函数. 因此还需证明反函数的连续性.

定理 2.10 若函数 $f(x)$ 与 $g(x)$ 都在点 x_0 连续，则函数

$$f(x)\pm g(x),\quad f(x)g(x),\quad \frac{f(x)}{g(x)}\ (g(x_0)\neq 0)$$

在点 x_0 也连续.

证明略.

定理 2.11 若函数 $y=\varphi(x)$ 在点 x_0 连续，且 $y_0=\varphi(x_0)$，而函数 $z=f(y)$ 在点 y_0 连续，则复合函数 $z=f[\varphi(x)]$ 在点 x_0 连续.

证明略.

定理 2.12 严格增加(或减少)的连续函数的反函数也是严格增加(或减少)的连续函数.

证明略.

定理 2.13 基本初等函数在其定义域上是连续的.

因为初等函数是由基本初等函数经过有限次四则运算和复合运算构成的,由基本初等函数的连续性,及连续函数的四则运算和复合函数的连续性即可证得下面定理.

定理 2.14 一切初等函数在其定义区间内都是连续的.

注 这里定义区间是指包含在定义域内的区间,初等函数仅在其定义区间内连续,在其定义域内不一定连续. 例如,函数 $y=\sqrt{x^2(x-1)^3}$ 的定义域为 $\{0\}\cup[1,+\infty)$,函数在点 $x=0$ 的邻域内没有定义,因而函数在点 $x=0$ 不连续,但函数在定义区间 $[1,+\infty)$ 上连续.

2.6.4 闭区间上连续函数的性质

定理 2.15(有界性定理) 若函数 $f(x)$ 在闭区间 $[a,b]$ 上连续,则它在 $[a,b]$ 上有界.

注 一般地,定义在开区间内的连续函数不一定有界. 例如 $f(x)=\dfrac{1}{x}$ 在 $(0,1)$ 内连续,但它无界.

定理 2.16(最值定理) 若函数 $f(x)$ 在闭区间 $[a,b]$ 上连续,则 $f(x)$ 在 $[a,b]$ 上必有最小值和最大值.

注 (1) 定义在开区间内连续的函数不一定有此性质. 如函数 $f(x)=\tan x$ 在 $\left(-\dfrac{\pi}{2},\dfrac{\pi}{2}\right)$ 内连续,但

$$\lim_{x\to\frac{\pi}{2}^-}\tan x=+\infty,\quad \lim_{x\to-\frac{\pi}{2}^+}\tan x=-\infty,$$

所以 $f(x)=\tan x$ 在 $\left(-\dfrac{\pi}{2},\dfrac{\pi}{2}\right)$ 内就取不到最大值与最小值.

(2) 若函数在闭区间上有间断点,也不一定有此性质. 例如函数

$$y=f(x)=\begin{cases}-x+1, & 0\leqslant x<1,\\ 1, & x=1,\\ -x+3, & 1<x\leqslant 2\end{cases}$$

在闭区间 $[0,2]$ 上有一间断点 $x=1$,它取不到最大值和最小值(参见图 2.8).

定理 2.17(零点定理) 若函数 $f(x)$ 在闭区间 $[a,b]$ 上连续,且 $f(a)$ 与 $f(b)$ 异号,则在 (a,b) 内至少存在一点 ξ,使

$$f(\xi)=0.$$

零点定理的几何意义是:在闭区间 $[a,b]$ 上定义的连续曲线 $y=f(x)$ 在两个端点 a 与

b 的图像分别在 x 轴的两侧，则此连续曲线至少与 x 轴有一个交点，交点的横坐标即 ξ（参见图 2.9）.

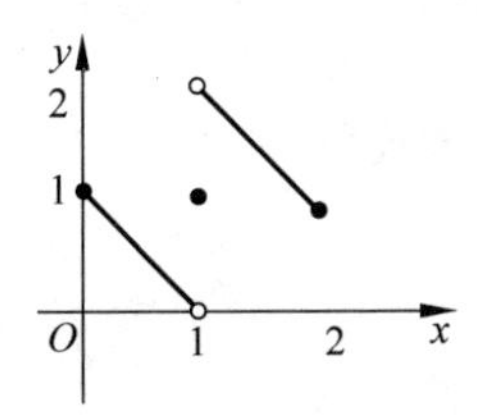

图 2.8 闭区间上有间断点的函数可能取不到最大、最小值图示

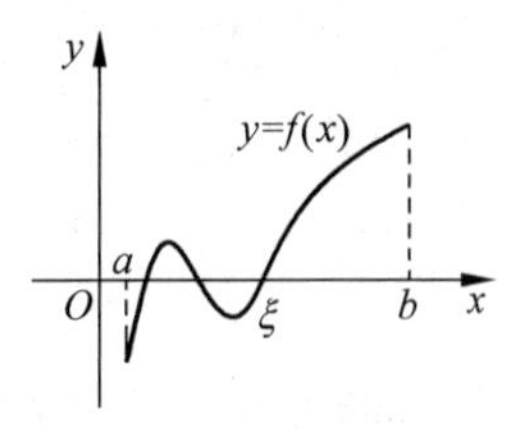

图 2.9 零点定理图示

注 零点定理说明，若 $f(x)$ 是闭区间 $[a,b]$ 上的连续函数，且 $f(a)$ 与 $f(b)$ 异号，则方程 $f(x)=0$ 在 (a,b) 内至少有一个根.

例 2.30 证明方程 $x^3-4x+1=0$ 在区间 $(0,1)$ 内至少有一个实根.

证 设 $f(x)=x^3-4x+1$，则 $f(x)$ 在 $[0,1]$ 上连续，又

$$f(0)=1>0,\quad f(1)=-2<0,$$

由零点定理，至少 $\exists\xi\in(0,1)$，使得 $f(\xi)=0$，即 $\xi^3-4\xi+1=0$，所以方程在区间 $(0,1)$ 内至少有一个实根.

例 2.31 设 $f(x)$ 在 $[0,1]$ 上连续，且 $0<f(x)<1$，证明存在 $\xi\in(0,1)$，使得 $f(\xi)=\xi$.

证 设 $F(x)=f(x)-x$，则 $F(x)$ 在 $[0,1]$ 上连续，又

$$F(0)=f(0)-0>0,\quad F(1)=f(1)-1<0,$$

由零点定理，至少 $\exists\xi\in(0,1)$，使得 $F(\xi)=0$，即 $f(\xi)=\xi$.

定理 2.18（介值定理） 若函数 $f(x)$ 在闭区间 $[a,b]$ 上连续，M 与 m 分别是 $f(x)$ 在 $[a,b]$ 上的最大值和最小值，c 是 M,m 间的任意数（即 $m\leqslant c\leqslant M$），则在 $[a,b]$ 上至少存在一点 ξ，使

$$f(\xi)=c.$$

证 若 $m=M$，则函数 $f(x)$ 在 $[a,b]$ 上是常数，定理显然成立. 若 $m<M$，则在闭区间 $[a,b]$ 上必存在两点 x_1 和 x_2，使 $f(x_1)=m$，$f(x_2)=M$. 不妨设 $x_1<x_2$ 且 $m<c<M$. 作函数 $\phi(x)=f(x)-c$，$\phi(x)$ 在 $[a,b]$ 上连续且 $\phi(x_1)=f(x_1)-c<0$，$\phi(x_2)=f(x_2)-c>0$.

由零点定理，在区间 (x_1,x_2) 内至少存在一点 ξ，使 $\phi(\xi)=f(\xi)-c=0$，即

$$f(\xi)=c.$$

习题 2.6

1. 讨论下列函数在指定点处的连续性，若有间断点，指出间断点类型：

(1) $y=\dfrac{1+x}{2-x^2}$，$x=\sqrt{2}$，$x=-\sqrt{2}$；　　(2) $y=\dfrac{x}{(1+x)^2}$，$x=-1$；

(3) $y=(1+2x)^{\frac{1}{x}}$，$x=0$；　　(4) $y=\dfrac{1-\cos x}{x^2}$，$x=0$；

(5) $y=\arctan\dfrac{1}{x-2}, x=2$；　　(6) $y=\begin{cases}x-1, & x\leqslant 1,\\ 3-x, & x>1,\end{cases}$ $x=1$.

2. 讨论函数 $f(x)=\begin{cases}x+5, & x<-5,\\ \sqrt{25-x^2}, & -5\leqslant x<4,\\ 5, & x\geqslant 4\end{cases}$ 的连续性.

3. 设 $a>0$ 且 $f(x)=\begin{cases}\dfrac{2\cos x-1}{x+1}, & x\geqslant 0,\\ \dfrac{\sqrt{a}-\sqrt{a-x}}{x}, & x<0\end{cases}$ 在 $x=0$ 连续，求 a 的值.

4. 证明 $\ln x=\dfrac{2}{x}$ 在 $(1,\mathrm{e})$ 内至少有一实根.

5. 设函数 $f(x)$ 在 $[a,b]$ 上连续，且 $f(a)<a, f(b)>b$，证明：在 (a,b) 内至少存在一点 ξ，使得 $f(\xi)=\xi$.

第 2 章测试题

一、单项选择题

1. 若数列 $\{x_n\},\{y_n\}$ 都发散，则 $\{x_n+y_n\}$(　　).

A. 可能收敛可能发散　　B. 发散

C. 收敛　　D. 无界

2. 若数列 $\{x_n\}$ 有界，则 $\{x_n\}$ 必(　　).

A. 可能收敛可能发散　　B. 发散

C. 收敛　　D. 收敛于 0

3. $\lim\limits_{x\to x_0^+}f(x)$ 与 $\lim\limits_{x\to x_0^-}f(x)$ 都存在是 $\lim\limits_{x\to x_0}f(x)$ 存在的(　　).

A. 充分条件　　B. 必要条件　　C. 充分必要条件　　D. 无关条件

4. 设数列 $\{a_n\},\{b_n\},\{c_n\}$ 满足 $a_n\leqslant c_n\leqslant b_n, n\geqslant 1$ 且 $\lim\limits_{n\to\infty}a_n$ 与 $\lim\limits_{n\to\infty}b_n$ 均存在，则(　　).

A. $\{c_n\}$ 必收敛　　B. $\{c_n\}$ 必单调

C. $\{c_n\}$ 必有界　　D. 以上结论都不对

5. 若 $\lim\limits_{n\to\infty}x_n=\infty, |y_n|\leqslant M(M>0$，常数)，则 $\{x_ny_n\}$ 必为(　　).

A. 无穷大量　　B. 有界变量

C. 无界变量　　D. 以答案都不对

6. 下列命题正确的是(　　).

A. 无穷小量是一个很小很小的数　　B. 无穷大量是一个很大很大的数

C. 无穷大量必是无界变量　　D. 无界变量必是无穷大量

7. 若 $\lim\limits_{x\to\infty}f(x)=\infty, \lim\limits_{x\to\infty}g(x)=\infty$，则必有(　　).

A. $\lim\limits_{x\to\infty}(f(x)+g(x))=\infty$　　B. $\lim\limits_{x\to\infty}(f(x)-g(x))=\infty$

C. $\lim\limits_{x\to\infty}\dfrac{1}{f(x)+g(x)}=0$　　D. $\lim\limits_{x\to\infty}kf(x)=\infty$，$k$ 为非零常数

8. 当 $x\to0$ 时，下列函数哪一个是其他三个的高阶无穷小(　　).

A. $x+x^2$　　B. $1-\cos x$　　C. $\sin x$　　D. $\ln(1+x)$

9. 设 $f(x)$在$[a,b]$上连续，则下列命题正确的是(　　).

A. $f(x)$在$[a,b]$上是单调函数

B. $f(x)$在$[a,b]$内至少有一个零点

C. 若 $f(a)f(b)<0$，则 $f(x)$在(a,b)内无零点

D. $f(x)+1$ 在(a,b)内有界

10. 函数 $f(x)=\dfrac{\sin x}{x^5-x}$的第二类间断点的个数为(　　).

A. 1　　B. 2　　C. 3　　D. 无穷多个

二、填空题

1. 若$\lim\limits_{x\to2}\dfrac{f(x)}{x^2}=1$，则$\lim\limits_{x\to2}\dfrac{f(x)}{x}=$________.

2. $\lim\limits_{x\to\infty}\dfrac{(2x+7)^2+(x-1)^2}{x^2-3}=$________.

3. 已知$\lim\limits_{x\to\infty}\left(1+\dfrac{c}{x+1}\right)^{\frac{x}{2}}=\mathrm{e}^3$，则 $c=$________.

4. $\lim\limits_{x\to0}\sin x\cos\dfrac{1}{x}=$________.

5. 当 $x\to0$ 时，$1-\cos x$ 与 $a\sin^2x$ 是等价无穷小，则 $a=$________.

6. $x=1$ 是函数 $f(x)=\dfrac{x^2-1}{x^2-3x+2}$的________间断点.

7. 若函数 $f(x)=\begin{cases}\dfrac{\sin2x}{x}, & x<0,\\ a, & x=0,\\ x\sin\dfrac{1}{x}+2, & x>0\end{cases}$在其定义域内连续，则 $a=$________.

三、解答题

1. 求下列各极限：

(1) $\lim\limits_{x\to0}\dfrac{\sqrt{1+\sin^2x}-1}{x\tan x}$；　　(2) $\lim\limits_{x\to\infty}\dfrac{4x-3}{3x^2-2x+5}\sin x$；

(3) $\lim\limits_{x\to\infty}\left(\dfrac{3x+2}{3x-2}\right)^{2x+3}$；　　(4) $\lim\limits_{x\to0}\dfrac{\sin x-\tan x}{(\sqrt[3]{1+x^2}-1)(\sqrt{1+\sin x}-1)}$；

(5) $\lim\limits_{x\to0}(1+3x)^{\frac{1}{x}-1}$；　　(6) $\lim\limits_{x\to+\infty}(\sqrt{x^2+x+1}-\sqrt{x^2-x+1})$.

2. 设 $f(x)=\begin{cases}\dfrac{x^2-ax+b}{1-x}, & x>1,\\ x^2+1, & x\leqslant1,\end{cases}$若$\lim\limits_{x\to1}f(x)$存在，求 a 和 b 的值.

3. 设 $f(x)=\begin{cases} e^{\frac{1}{x}}-1, & x<0, \\ 1, & x=0, \\ 1+x\sin\dfrac{1}{x}, & x>0, \end{cases}$ 讨论 $f(x)$ 的连续性.

4. 设 $f(x)$ 在 $[0,2a]$ 上连续，$f(0)=f(2a)$，证明至少有一点 $\xi\in[0,a]$，使 $f(\xi)=f(\xi+a)$.

5. 设 $f(x)$ 在 $[a,b]$ 上连续且无零点，证明在 $[a,b]$ 上 $f(x)$ 恒正或恒负.

第3章

导数与微分

3.1 导数

3.1.1 问题的提出

如何理解“导数”？同学们知道中国高铁技术已经享誉全球，那么高铁显示屏上的行驶速度是如何计算的？为了保证高铁运行的平稳，在高铁转弯处前进的方向是如何控制的？

初等几何课程已经告诉我们如何作圆的切线.但那种做法依赖于圆的特殊几何性质，并没有提示作一般曲线的切线方法.初等几何着眼于具体地研究每一特殊图形的性质.高等数学却致力于寻求普遍的解决问题的方法.为此，首先引进坐标把几何问题“代数化”.

考察如下的典型问题.设 $y=f(x)$ 是在 (a,b) 内有意义的函数，它表示 xOy 坐标系中的一段曲线.我们希望过曲线 $y=f(x)$ 上的一点 $P_0(x_0,f(x_0))$，作这条曲线的切线.为此，考虑曲线上的另一点 $P(x,f(x))$，过这两点可以作一条直线(曲线的割线) P_0P (参见图3.1)，其斜率为

$$\frac{f(x)-f(x_0)}{x-x_0}.$$

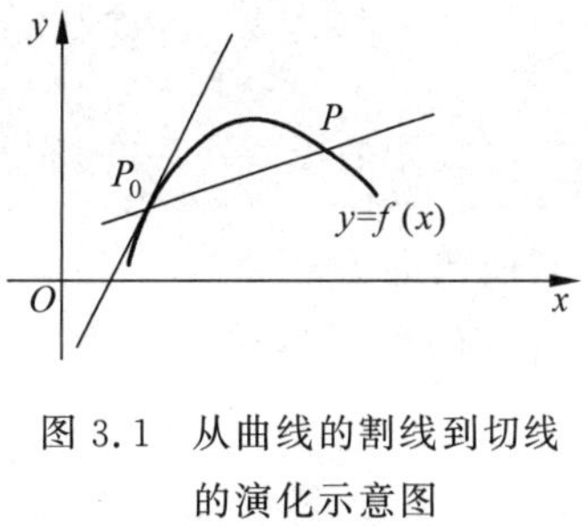

图3.1 从曲线的割线到切线的演化示意图

当 P 趋于 P_0 时，P_0P 的极限位置(如果存在)就是曲线过 P_0 点的切线.当 P 趋于 P_0 时，割线 P_0P 确实有一个极限位置.这就是说，可以作曲线过 P_0 点的切线，其斜率为

$$k=\lim_{x\to x_0}\frac{f(x)-f(x_0)}{x-x_0}.$$

再来看一个属于运动学的问题.设物体沿 Ox 轴运动，其位置 x 是时间 t 的函数 $x=f(t)$.如果运动比较均匀，那么可以用平均速度反映其快慢.在 $[t_1,t_2]$ 这一段时间里的平均速度为

$$\bar{v}_{[t_1,t_2]}=\frac{f(t_2)-f(t_1)}{t_2-t_1}.$$

如果物体的运动很不均匀，那么平均速度就不能很好地反映物体运动的状况，必须代之以在每一时刻 t_0 的瞬时速度 $v(t_0)$.为了计算瞬时速度，我们取越来越短的时间间隔 $[t_0,t]$，以

平均速度 $\bar{v}_{[t_0,t]}$ 作为瞬时速度 $v(t_0)$ 的近似值. 让 t 趋于 t_0，平均速度 $\bar{v}_{[t_0,t]}$ 的极限(如果存在)即为物体在时刻 t_0 的瞬时速度

$$v(t_0)=\lim_{t\to t_0}\frac{f(t)-f(t_0)}{t-t_0}.$$

以上两个问题的实际意义完全不同，但是从数量关系来看，其实质都是当自变量的改变量趋于零时函数的改变量与自变量的改变量之商的极限——导数.

3.1.2 导数的定义

定义 3.1 设函数 $y=f(x)$ 在点 x_0 的某邻域 $U(x_0)$ 内有定义，在点 x_0 自变量的增量是 Δx，相应地函数的增量是 $\Delta y=f(x_0+\Delta x)-f(x_0)$. 若差商 $\frac{\Delta y}{\Delta x}=\frac{f(x_0+\Delta x)-f(x_0)}{\Delta x}$ 的极限存在，即

$$\lim_{\Delta x\to 0}\frac{\Delta y}{\Delta x}=\lim_{\Delta x\to 0}\frac{f(x_0+\Delta x)-f(x_0)}{\Delta x} \tag{3.1}$$

存在，则称函数 $f(x)$ 在点 x_0 **可导**(或存在导数)，此极限称为函数 $f(x)$ 在点 x_0 的**导数**，记为 $f'(x_0)$ 或 $\left.\frac{\mathrm{d}y}{\mathrm{d}x}\right|_{x=x_0}$，即

$$f'(x_0)=\lim_{\Delta x\to 0}\frac{f(x_0+\Delta x)-f(x_0)}{\Delta x}$$

或

$$\left.\frac{\mathrm{d}y}{\mathrm{d}x}\right|_{x=x_0}=\lim_{\Delta x\to 0}\frac{f(x_0+\Delta x)-f(x_0)}{\Delta x}.$$

若(3.1)式中的极限不存在，则称函数 $f(x)$ 在点 x_0 不可导.

若曲线的方程是 $y=f(x)$，且它在点 x_0 可导，则 $f'(x_0)$ 就是曲线 $y=f(x)$ 在点 $P_0(x_0,f(x_0))$ 的切线的斜率，即

$$k=\lim_{x\to x_0}\frac{f(x)-f(x_0)}{x-x_0}=f'(x_0)=\tan\alpha\,(\alpha \text{ 为切线的倾角}).$$

这就是导数的几何意义. 于是，由平面直线的点斜式方程，曲线 $y=f(x)$ 在点 $P_0(x_0,f(x_0))$ 的切线方程为

$$y-y_0=f'(x_0)(x-x_0),\quad y_0=f(x_0).$$

法线方程为

$$y-y_0=-\frac{1}{f'(x_0)}(x-x_0).$$

若 $f'(x_0)=0$，则切线方程为 $y=y_0$，即切线平行于 x 轴；若 $f'(x_0)$ 为无穷大，则切线方程为 $x=x_0$，即切线垂直于 x 轴.

假设物体沿直线运动的规律是 $s=f(t)$，且它在点 t_0 可导，则物体在时刻 t_0 的瞬时速度 v_0 是 $f(t)$ 在 t_0 的导数 $f'(t_0)$，这是导数的物理意义.

有时为了方便也将(3.1)式改写为下列形式：

$$f'(x_0)=\lim_{h\to 0}\frac{f(x_0+h)-f(x_0)}{h},\quad \Delta x=h$$

或

$$f'(x_0)=\lim_{x\to x_0}\frac{f(x)-f(x_0)}{x-x_0},\quad x=x_0+\Delta x.$$

在(3.1)式中,若自变量的增量 Δx 只从大于 0 的方向或只从小于 0 的方向趋近于 0,则有下面的定义.

定义 3.2 设 $y=f(x)$ 在 $(x_0-\delta,x_0]$ 有定义,若左极限

$$\lim_{\Delta x\to 0^-}\frac{f(x_0+\Delta x)-f(x_0)}{\Delta x}$$

存在,则称函数 $f(x)$ 在点 x_0 **左侧可导**,并把上述左极限称为函数 $f(x)$ 在点 x_0 的**左导数**,记作 $f'_-(x_0)$,即

$$f'_-(x_0)=\lim_{\Delta x\to 0^-}\frac{f(x_0+\Delta x)-f(x_0)}{\Delta x}.$$

类似地可以定义函数 $f(x)$ 在点 x_0 的**右侧可导性**及**右导数**

$$f'_+(x_0)=\lim_{\Delta x\to 0^+}\frac{f(x_0+\Delta x)-f(x_0)}{\Delta x}.$$

由极限存在的条件,则有下面的结论.

定理 3.1 函数 $f(x)$ 在点 x_0 可导$\Leftrightarrow$函数 $f(x)$ 在点 x_0 的左、右导数都存在并且相等,即

$$f'_-(x_0)=f'_+(x_0).$$

定义 3.3 若函数 $f(x)$ 在区间 I 的每一点都可导(若区间 I 的左(右)端点属于 I,函数 $f(x)$ 在左(右)端点右可导(左可导)),则称函数 $f(x)$ 在区间 I 上可导.

若函数 $f(x)$ 在区间 I 上可导,则 $\forall x\in I$,都存在(对应)唯一一个导数 $f'(x)$,根据定义,$f'(x)$ 是区间 I 上的函数,称为函数 $f(x)$ 在区间 I 上的**导函数**,也简称为导数,记为 $f'(x)$,y' 或 $\frac{\mathrm{d}y}{\mathrm{d}x}$.

根据导数的定义,求函数 $f(x)$ 在点 x 的导数,应按下列步骤进行:

第 1 步 求增量:在点 x 给自变量以改变量 Δx,计算函数改变量

$$\Delta y=f(x+\Delta x)-f(x);$$

第 2 步 作比值:$\frac{\Delta y}{\Delta x}=\frac{f(x+\Delta x)-f(x)}{\Delta x}$;

第 3 步 取极限:$\lim\limits_{\Delta x\to 0}\frac{\Delta y}{\Delta x}=f'(x)$.

为了简化叙述,在以下诸例中,Δx 都是表示自变量 x 的改变量,Δy 都是表示相应的函数的改变量.

例 3.1 求 $f(x)=c$(c 是常数)在点 x 的导数.

解 $f(x+\Delta x)=c$,$\Delta y=f(x+\Delta x)-f(x)=c-c=0$,

$$\frac{\Delta y}{\Delta x}=\frac{0}{\Delta x}=0,$$

则 $\lim\limits_{\Delta x\to 0}\frac{\Delta y}{\Delta x}=0$,即常数函数的导数为 0.

例 3.2 求函数 $f(x)=x^n$(n 是正整数)在点 x 的导数.

解 $f(x+\Delta x)=(x+\Delta x)^n$,

$$\begin{aligned}\Delta y&=f(x+\Delta x)-f(x)=(x+\Delta x)^n-x^n\\&=nx^{n-1}\Delta x+\frac{n(n-1)}{2!}x^{n-2}(\Delta x)^2+\cdots+(\Delta x)^n,\end{aligned}$$

$$\frac{\Delta y}{\Delta x}=\frac{(x+\Delta x)^n-x^n}{\Delta x}=nx^{n-1}+\frac{n(n-1)}{2!}x^{n-2}\Delta x+\cdots+(\Delta x)^{n-1},$$

故有

$$\lim_{\Delta x\to 0}\frac{\Delta y}{\Delta x}=\lim_{\Delta x\to 0}\left(nx^{n-1}+\frac{n(n-1)}{2!}x^{n-2}\Delta x+\cdots+(\Delta x)^{n-1}\right)=nx^{n-1},$$

即

$$(x^n)'=nx^{n-1}.$$

特别是,当 $n=1$ 时,有 $(x)'=1$.

以后将证明,对任意的实数 α,有 $(x^\alpha)'=\alpha x^{\alpha-1}$. 例如,$(\sqrt{x})'=(x^{\frac{1}{2}})'=\frac{1}{2\sqrt{x}}$;$\left(\frac{1}{x}\right)'=(x^{-1})'=-\frac{1}{x^2}$.

例 3.3 求正弦函数 $f(x)=\sin x$ 的导函数.

解 $\forall x\in\mathbb{R}$,$f(x+\Delta x)=\sin(x+\Delta x)$,

$$\Delta y=f(x+\Delta x)-f(x)=\sin(x+\Delta x)-\sin x,$$

$$\frac{\Delta y}{\Delta x}=\frac{\sin(x+\Delta x)-\sin x}{\Delta x}=\frac{2\cos\left(x+\frac{\Delta x}{2}\right)\sin\frac{\Delta x}{2}}{\Delta x}=\cos\left(x+\frac{\Delta x}{2}\right)\frac{\sin\frac{\Delta x}{2}}{\frac{\Delta x}{2}},$$

故有

$$\lim_{\Delta x\to 0}\frac{\Delta y}{\Delta x}=\lim_{\Delta x\to 0}\cos\left(x+\frac{\Delta x}{2}\right)\frac{\sin\frac{\Delta x}{2}}{\frac{\Delta x}{2}}=\lim_{\Delta x\to 0}\cos\left(x+\frac{\Delta x}{2}\right)\lim_{\Delta x\to 0}\frac{\sin\frac{\Delta x}{2}}{\frac{\Delta x}{2}}=\cos x.$$

这里用到了

$$\lim_{\Delta x\to 0}\cos\left(x+\frac{\Delta x}{2}\right)=\cos x,\quad \lim_{\Delta x\to 0}\frac{\sin\frac{\Delta x}{2}}{\frac{\Delta x}{2}}=1.$$

从而得正弦函数 $\sin x$ 在 $\mathbb{R}$ 上任意 x 处都可导,并且

$$(\sin x)'=\cos x.$$

同理可证,余弦函数 $\cos x$ 在定义域 $\mathbb{R}$ 也可导,并且

$$(\cos x)'=-\sin x.$$

例 3.4 求指数函数 $f(x)=a^x(a>0,a\neq1)$ 在 x 处的导数.

解 $(a^x)'=\lim\limits_{h\to0}\dfrac{a^{x+h}-a^x}{h}=a^x\lim\limits_{h\to0}\dfrac{a^h-1}{h}=a^x\lim\limits_{h\to0}\dfrac{h\ln a}{h}=a^x\ln a$,

即指数函数 $f(x)=a^x(a>0,a\neq1)$ 在点 x 可导,并且 $(a^x)'=a^x\ln a$.

特别是,对于自然指数函数($a=\mathrm{e}$),有

$$(\mathrm{e}^x)'=\mathrm{e}^x.$$

例 3.5 证明:函数 $f(x)=\sqrt[3]{x}$ 在点 $x=0$ 处不可导.

证 $\lim\limits_{x\to0}\dfrac{f(x)-f(0)}{x-0}=\lim\limits_{x\to0}\dfrac{\sqrt[3]{x}}{x}=\lim\limits_{x\to0}\dfrac{1}{\sqrt[3]{x^2}}=+\infty$,

即函数 $f(x)=\sqrt[3]{x}$ 在点 $x=0$ 处不可导,也称函数 $f(x)=\sqrt[3]{x}$ 在点 $x=0$ 处有无穷大导数.它的几何意义是,曲线 $y=\sqrt[3]{x}$ 在点(0,0)处存在切线,切线就是 y 轴(它的斜率是 $+\infty$),如图 3.2 所示.

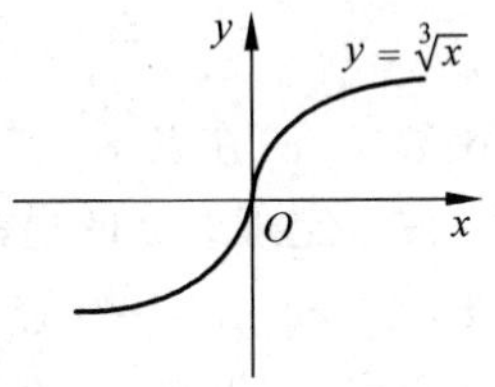

图 3.2 在某点不可导示意图

例 3.6 设 $y=f(x)$ 在点 $x=x_0$ 处可导,求 $\lim\limits_{\Delta x\to0}\dfrac{f(x_0-\Delta x)-f(x_0)}{\Delta x}$.

解 $\lim\limits_{\Delta x\to0}\dfrac{f(x_0-\Delta x)-f(x_0)}{\Delta x}=-\lim\limits_{\Delta x\to0}\dfrac{f(x_0-\Delta x)-f(x_0)}{-\Delta x}=-f'(x_0)$.

例 3.7 设函数 $f(x)$ 在 $x=1$ 处可导,且 $f'(1)=2$,求 $\lim\limits_{x\to1}\dfrac{f(3-2x)-f(1)}{x-1}$.

解 解法 1 $\lim\limits_{x\to1}\dfrac{f(3-2x)-f(1)}{x-1}=\lim\limits_{x\to1}\dfrac{f[1-2(x-1)]-f(1)}{-2(x-1)}\cdot(-2)=-2f'(1)=-4$.

解法 2 令 $t=x-1$,则 $x\to1$ 时,$t\to0$,且 $x=t+1$,于是

$$\lim_{x\to1}\frac{f(3-2x)-f(1)}{x-1}=\lim_{t\to0}\frac{f(1-2t)-f(1)}{t}=-2f'(1)=-4.$$

例 3.8 求曲线 $y=\cos x$ 在点 $x=\dfrac{\pi}{3}$ 处的切线方程.

解 因为 $y'=-\sin x$,所以切线斜率为 $k=y'\Big|_{x=\frac{\pi}{3}}=-\dfrac{\sqrt3}{2}$.

因为,当 $x=\dfrac{\pi}{3}$ 时,$y=\cos\dfrac{\pi}{3}=\dfrac12$,所以,切点坐标为 $\left(\dfrac{\pi}{3},\dfrac12\right)$.故切线方程为

$$y-\frac12=-\frac{\sqrt3}{2}\left(x-\frac{\pi}{3}\right),\quad 即\ y=-\frac{\sqrt3}{2}x+\frac{\sqrt3\pi}{6}+\frac12.$$

例 3.9 求函数 $y=\sqrt{x}-\dfrac{1}{\sqrt{x}}$ 在 $x=1$ 处的切线方程和法线方程.

解 因为 $y'=\left(\sqrt{x}-\dfrac{1}{\sqrt{x}}\right)'=\dfrac{1}{2\sqrt{x}}+\dfrac12x^{-\frac32}$,所以,切线的斜率

$$y'|_{x=1}=1.$$

因为,当 $x=1$ 时,$y=0$;所以切点的坐标为(1,0),故切线方程为 $y=x-1$;法线方程为 $y=-x+1$.

3.1.3 函数可导与连续的关系

定理 3.2 若函数 $f(x)$在点 x_0 可导,则函数 $f(x)$在点 x_0 连续.

证 设在点 x_0 处自变量的增量是 Δx,相应的函数的增量是

$$\Delta y=f(x_0+\Delta x)-f(x_0),$$

有

$$\lim_{\Delta x\to 0}\Delta y=\lim_{\Delta x\to 0}\frac{\Delta y}{\Delta x}\cdot\Delta x=\lim_{\Delta x\to 0}\frac{\Delta y}{\Delta x}\cdot\lim_{\Delta x\to 0}\Delta x=f'(x_0)\cdot 0=0,$$

即函数 $f(x)$在点 x_0 连续.

注 定理 3.2 的逆命题不成立,即函数在一点连续,函数在该点不一定可导. 例如函数 $f(x)=|x|$ 在 $x=0$ 连续,但是它在 $x=0$ 不可导.

事实上,设在 $x=0$ 自变量的增量是 Δx,则分别有

当 $\Delta x>0$ 时,有

$$\Delta y=f(\Delta x)-f(0)=|\Delta x|=\Delta x,$$

$$\frac{\Delta y}{\Delta x}=\frac{\Delta x}{\Delta x}=1,$$

$$f'_+(0)=\lim_{\Delta x\to 0^+}\frac{\Delta y}{\Delta x}=1.$$

当 $\Delta x<0$ 时,有

$$\Delta y=f(\Delta x)-f(0)=|\Delta x|=-\Delta x,$$

$$\frac{\Delta y}{\Delta x}=\frac{-\Delta x}{\Delta x}=-1,$$

$$f'_-(0)=\lim_{\Delta x\to 0^-}\frac{\Delta y}{\Delta x}=-1.$$

因此 $f'_-(x_0)\neq f'_+(x_0)$,于是函数 $f(x)=|x|$ 在 $x=0$ 不可导(参见图 1.3).

例 3.10 讨论 $f(x)=\begin{cases}x\sin\dfrac{1}{x}, & x\neq 0,\\ 0, & x=0\end{cases}$ 在 $x=0$ 处的连续性和可导性.

解 因为 $\sin\dfrac{1}{x}$是有界函数,所以$\lim\limits_{x\to 0}f(x)=\lim\limits_{x\to 0}x\sin\dfrac{1}{x}=0=f(0)$,

故 $f(x)$在 $x=0$ 处连续. 但是在 $x=0$ 处,有

$$\lim_{x\to 0}\frac{f(x)-f(0)}{x-0}=\lim_{x\to 0}\frac{x\sin\frac{1}{x}-0}{x}=\lim_{x\to 0}\sin\frac{1}{x}.$$

当 $x\to 0$ 时,$\sin\dfrac{1}{x}$在-1 与 1 之间振荡,所以极限不存在,因此,$f(x)$在 $x=0$ 处不可导.

例 3.11 讨论 $f(x)=\begin{cases}x^2\sin\dfrac{1}{x} & x\neq 0\\ 0 & x=0\end{cases}$ 在 $x=0$ 处的连续性和可导性.

解 因为 $\sin\dfrac{1}{x}$是有界函数,所以$\lim\limits_{x\to 0}f(x)=\lim\limits_{x\to 0}x^2\sin\dfrac{1}{x}=0=f(0)$,

故 $f(x)$在 $x=0$ 处连续. 在 $x=0$ 处,有

$$f'(0)=\lim_{x\to 0}\frac{f(x)-f(0)}{x-0}=\lim_{x\to 0}\frac{x^2\sin\frac{1}{x}}{x}=\lim_{x\to 0}x\sin\frac{1}{x}=0,$$

因此,函数在 $x=0$ 处可导.

习题 3.1

1. 设 $y=f(x)$在点 $x=x_0$ 处可导，求：

(1) $\lim\limits_{\Delta x\to 0}\dfrac{f(x_0-\Delta x)-f(x_0)}{\Delta x}$； (2) $\lim\limits_{h\to 0}\dfrac{f(x_0+h)-f(x_0-h)}{h}$；

(3) $\lim\limits_{h\to 0}\dfrac{f(x_0+mh)-f(x_0+nh)}{h}$； (4) $\lim\limits_{x\to x_0}\dfrac{f^2(x)-f^2(x_0)}{x-x_0}$.

2. 若 $f'(0)$存在且 $f(0)=0$，求$\lim\limits_{x\to 0}\dfrac{f(x)}{x}$.

3. 求曲线 $y=\mathrm{e}^x$ 在点$(0,1)$处的切线方程与法线方程.

4. 求在抛物线 $y=x^2$ 上点 $x=3$ 处的切线方程.

5. 讨论函数 $y=f(x)=\begin{cases}\dfrac{1}{x}\sin^2 x, & x\neq 0,\\ 0, & x=0\end{cases}$ 在 $x=0$ 处的连续性和可导性.

6. 设函数 $f(x)=\begin{cases}x^2, & x\leqslant 1,\\ ax+b, & x>1.\end{cases}$ 为了使函数 $f(x)$在 $x=1$ 处连续且可导，a，b 应取什么值?

3.2 求导法则与导数公式

3.2.1 导数的四则运算

求导运算是微积分的基本运算之一.要求读者能迅速准确地求出函数的导数.如果总是按照导数的定义去求函数的导数，计算量很大，费时费力.为此要把求导运算公式化，这样就需要求导法则.

定理 3.3 若函数 $u(x)$与 $v(x)$在 x 处可导，则函数 $u(x)\pm v(x)$在 x 处也可导，且

$$[u(x)\pm v(x)]'=u'(x)\pm v'(x).$$

证 设 $y=u(x)\pm v(x)$，则有

$$\begin{aligned}\Delta y&=[u(x+\Delta x)\pm v(x+\Delta x)]-[u(x)\pm v(x)]\\&=[u(x+\Delta x)-u(x)]\pm[v(x+\Delta x)-v(x)]=\Delta u\pm\Delta v,\end{aligned}$$

$$\frac{\Delta y}{\Delta x}=\frac{\Delta u}{\Delta x}\pm\frac{\Delta v}{\Delta x}.$$

已知函数 $u(x)$与 $v(x)$在 x 处可导，有

$$\lim_{\Delta x\to 0}\frac{\Delta u}{\Delta x}=u'(x)\quad 与\quad \lim_{\Delta x\to 0}\frac{\Delta v}{\Delta x}=v'(x).$$

于是

$$\lim_{\Delta x\to 0}\frac{\Delta y}{\Delta x}=\lim_{\Delta x\to 0}\frac{\Delta u}{\Delta x}\pm\lim_{\Delta x\to 0}\frac{\Delta v}{\Delta x}=u'(x)\pm v'(x),$$

即函数 $u(x)\pm v(x)$在 x 处可导，且$[u(x)\pm v(x)]'=u'(x)\pm v'(x)$.

应用归纳法,可将定理 3.3 推广为任意有限个函数代数和的导数:若函数 $u_1(x)$, $u_2(x)$,…,$u_n(x)$都在 x 处可导,则函数 $u_1(x)\pm u_2(x)\pm\cdots\pm u_n(x)$在 x 处也可导,且

$$[u_1(x)\pm u_2(x)\pm\cdots\pm u_n(x)]'=u_1'(x)\pm u_2'(x)\pm\cdots\pm u_n'(x).$$

例 3.12 求函数 $f(x)=x^3-x^2+\sin x$ 的导数.

解 由已知,有$(x^3)'=3x^2$,$(x^2)'=2x$,$(\sin x)'=\cos x$,所以

$$f'(x)=(x^3-x^2+\sin x)'=(x^3)'-(x^2)'+(\sin x)'=3x^2-2x+\cos x.$$

定理 3.4 若函数 $u(x)$与 $v(x)$在 x 处可导,则函数 $u(x)v(x)$在 x 处也可导,且

$$[u(x)v(x)]'=u(x)v'(x)+u'(x)v(x).$$

证 设 $y=u(x)v(x)$,则有

$$\begin{aligned}\Delta y&=u(x+\Delta x)v(x+\Delta x)-u(x)v(x)\\&=u(x+\Delta x)v(x+\Delta x)-u(x+\Delta x)v(x)+u(x+\Delta x)v(x)-u(x)v(x)\\&=u(x+\Delta x)[v(x+\Delta x)-v(x)]+v(x)[u(x+\Delta x)-u(x)]\\&=u(x+\Delta x)\Delta v+v(x)\Delta u,\end{aligned}$$

$$\frac{\Delta y}{\Delta x}=u(x+\Delta x)\frac{\Delta v}{\Delta x}+v(x)\frac{\Delta u}{\Delta x}.$$

已知函数 $u(x)$与 $v(x)$在 x 处可导,故有

$$\lim_{\Delta x\to 0}\frac{\Delta u}{\Delta x}=u'(x)\quad 与\quad \lim_{\Delta x\to 0}\frac{\Delta v}{\Delta x}=v'(x).$$

根据定理 3.2,函数 $u(x)$在点 x 连续,即 $\lim\limits_{\Delta x\to 0}u(x+\Delta x)=u(x)$. 于是

$$\lim_{\Delta x\to 0}\frac{\Delta y}{\Delta x}=\lim_{\Delta x\to 0}u(x+\Delta x)\lim_{\Delta x\to 0}\frac{\Delta v}{\Delta x}+v(x)\lim_{\Delta x\to 0}\frac{\Delta u}{\Delta x}=u(x)v'(x)+u'(x)v(x),$$

即函数 $u(x)v(x)$在 x 处可导,且$[u(x)v(x)]'=u(x)v'(x)+u'(x)v(x)$.

注 $[u(x)v(x)]'\neq u'(x)v'(x)$!

应用归纳法,可将定理 3.4 推广为任意有限个函数的乘积的导数:若函数 $u_1(x)$, $u_2(x)$,…,$u_n(x)$都在 x 处可导,则函数 $u_1(x)u_2(x)\cdots u_n(x)$在 x 处也可导,且

$$[u_1(x)u_2(x)\cdots u_n(x)]'=u'_1(x)u_2(x)\cdots u_n(x)+u_1(x)u'_2(x)\cdots u_n(x)+\cdots+u_1(x)u_2(x)\cdots u'_n(x).$$

定理 3.4 的特殊情形:当 $v(x)=c$ 为常数时,由定理 3.4,有

$$[cu(x)]'=cu'(x)+u(x)c'=cu'(x).$$

例 3.13 求函数 $f(x)=\sqrt{x}\cos x$ 的导数.

解
$$\begin{aligned}f'(x)&=(\sqrt{x}\cos x)'=\sqrt{x}(\cos x)'+\cos x(\sqrt{x})'\\&=-\sqrt{x}\sin x+\cos x\cdot\frac{1}{2\sqrt{x}}=-\sqrt{x}\sin x+\frac{\cos x}{2\sqrt{x}}.\end{aligned}$$

例 3.14 求函数 $f(x)=3\times 2^x-2x^4$ 的导数.

解
$$\begin{aligned}f'(x)&=(3\times 2^x-2x^4)'=(3\times 2^x)'-(2x^4)'\\&=3(2^x)'-2(x^4)'=3\ln 2\cdot 2^x-8x^3.\end{aligned}$$

例 3.15 求函数 $y=\sin(2x)\cdot\ln x$ 的导数.

解 由 $y=\sin(2x)\cdot\ln x=2\sin x\cdot\cos x\cdot\ln x$,得

$$y' = 2\cos x \cdot \cos x \cdot \ln x + 2\sin x \cdot (-\sin x) \cdot \ln x + 2\sin x \cdot \cos x \cdot \frac{1}{x}$$

$$= 2\cos(2x) \cdot \ln x + \frac{1}{x}\sin(2x).$$

定理 3.5 若函数 $u(x)$ 与 $v(x)$ 在 x 处可导，且 $v(x) \neq 0$，则函数 $\frac{u(x)}{v(x)}$ 在 x 处也可导，且

$$\left[\frac{u(x)}{v(x)}\right]' = \frac{u'(x)v(x) - u(x)v'(x)}{[v(x)]^2}.$$

证 先考虑 $u(x)=1$ 时的特殊情况. 设 $y = \frac{1}{v(x)}$，有

$$\Delta y = \frac{1}{v(x+\Delta x)} - \frac{1}{v(x)} = \frac{v(x) - v(x+\Delta x)}{v(x)v(x+\Delta x)} = \frac{-\Delta v}{v(x)v(x+\Delta x)},$$

$$\frac{\Delta y}{\Delta x} = \frac{-\frac{\Delta v}{\Delta x}}{v(x)v(x+\Delta x)}.$$

已知函数 $v(x)$ 在 x 处可导，则函数 $v(x)$ 在 x 处连续，故有

$$\lim_{\Delta x \to 0} \frac{\Delta v}{\Delta x} = v'(x), \quad \lim_{\Delta x \to 0} v(x+\Delta x) = v(x).$$

于是

$$\lim_{\Delta x \to 0} \frac{\Delta y}{\Delta x} = \frac{\lim\limits_{\Delta x \to 0} \frac{\Delta v}{\Delta x}}{v(x) \lim\limits_{\Delta x \to 0} v(x+\Delta x)} = \frac{-v'(x)}{[v(x)]^2},$$

即函数 $\frac{1}{v(x)}$ 在 x 处可导，且 $\left[\frac{1}{v(x)}\right]' = \frac{-v'(x)}{[v(x)]^2}$. 于是，有

$$\left[\frac{u(x)}{v(x)}\right]' = \left[u(x) \cdot \frac{1}{v(x)}\right]' = u'(x)\frac{1}{v(x)} + u(x)\left[\frac{1}{v(x)}\right]'$$

$$= u'(x)\frac{1}{v(x)} + u(x)\frac{-v'(x)}{[v(x)]^2}$$

$$= \frac{u'(x)v(x) - u(x)v'(x)}{[v(x)]^2}.$$

注 $\left[\frac{u(x)}{v(x)}\right]' \neq \frac{u'(x)}{v'(x)}$!

例 3.16 求正切函数 $\tan x$ 与余切函数 $\cot x$ 的导数.

解 $$(\tan x)' = \left(\frac{\sin x}{\cos x}\right)' = \frac{(\sin x)'\cos x - \sin x(\cos x)'}{\cos^2 x}$$

$$= \frac{\cos^2 x + \sin^2 x}{\cos^2 x} = \frac{1}{\cos^2 x} = \sec^2 x,$$

$$(\cot x)' = \left(\frac{\cos x}{\sin x}\right)' = \frac{(\cos x)'\sin x - \cos x(\sin x)'}{\sin^2 x}$$

$$=\frac{-\sin^2 x-\cos^2 x}{\sin^2 x}=-\frac{1}{\sin^2 x}=-\csc^2 x.$$

例 3.17 求正割函数 $\sec x$ 与余割函数 $\csc x$ 的导数.

解 $(\sec x)'=\left(\frac{1}{\cos x}\right)'=-\frac{(\cos x)'}{\cos^2 x}=\frac{\sin x}{\cos^2 x}=\tan x\sec x$,

$$(\csc x)'=\left(\frac{1}{\sin x}\right)'=-\frac{(\sin x)'}{\sin^2 x}=-\frac{\cos x}{\sin^2 x}=-\cot x\csc x.$$

在运用导数公式求初等函数的导数时,在计算过程中要细心,要反复练习并琢磨,否则"失之毫厘,谬以千里",求导的过程其实类似工匠做工,从而可以培养我们的工匠精神.

3.2.2 反函数的求导法则

为了求指数函数(对数函数的反函数)与反三角函数(三角函数的反函数)的导数,首先给出反函数求导法则.

定理 3.6 若函数 $f(x)$ 在 x 的某邻域内连续,并严格单调,函数 $y=f(x)$ 在 x 处可导,且 $f'(x)\neq 0$,则它的反函数 $x=\varphi(y)$ 在 $y(y=f(x))$ 处可导,并且

$$\varphi'(y)=\frac{1}{f'(x)}.$$

证 由定理 1.1,函数 $y=f(x)$ 在 x 的某邻域存在反函数 $x=\varphi(y)$.

设反函数 $x=\varphi(y)$ 在点 y 的自变量的改变量是 Δy $(\Delta y\neq 0)$,则有

$$\Delta x=\varphi(y+\Delta y)-\varphi(y),\quad \Delta y=f(x+\Delta x)-f(x).$$

已知函数 $y=f(x)$ 在 x 的某邻域连续且严格单调,则反函数 $x=\varphi(y)$ 在 y 的某邻域也连续且严格单调,于是有

$$\Delta y\to 0\Leftrightarrow\Delta x\to 0;\quad \Delta y\neq 0\Leftrightarrow\Delta x\neq 0.$$

于是

$$\frac{\Delta x}{\Delta y}=\frac{1}{\frac{\Delta y}{\Delta x}},$$

从而有

$$\lim_{\Delta y\to 0}\frac{\Delta x}{\Delta y}=\lim_{\Delta x\to 0}\frac{1}{\frac{\Delta y}{\Delta x}}=\frac{1}{\lim\limits_{\Delta x\to 0}\frac{\Delta y}{\Delta x}}=\frac{1}{f'(x)},$$

即反函数 $x=\varphi(y)$ 在 y 处可导,并且 $\varphi'(y)=\frac{1}{f'(x)}$.

注 由于 $y=f(x)$ 与 $x=\varphi(y)$ 互为反函数,所以上述公式也可以写成

$$f'(x)=\frac{1}{\varphi'(y)}.$$

例 3.18 求对数函数 $y=\log x_a\,(0<a\neq 1)$ 的导数.

解 已知对数函数 $y=\log x_a$ 是指数函数 $x=a^y$ 的反函数,故有

$$(\log x_a)'=\frac{1}{(a^y)'}=\frac{1}{a^y\ln a}=\frac{1}{x\ln a},$$

即$(\log x_a)'=\dfrac{1}{x\ln a}$.

特别地,当 $a=\mathrm{e}$ 时,有

$$(\ln x)'=\frac{1}{x}.$$

例 3.19 求反三角函数

$$y=\arcsin x\quad\left(-1<x<1,-\frac{\pi}{2}<y<\frac{\pi}{2}\right)$$

的导数.

解 $y=\arcsin x$ 在 $(-1,1)$ 内连续,且严格单调,故存在反函数 $x=\sin y$. 由反函数的求导法则,有

$$(\arcsin x)'=\frac{1}{(\sin y)'}=\frac{1}{\cos y},$$

但 $\cos y=\sqrt{1-\sin^2 y}=\sqrt{1-x^2}$ $\left(\text{因为当}-\dfrac{\pi}{2}<y<\dfrac{\pi}{2}\text{时},\cos y>0,\text{所以根号前只取正号}\right)$,从而有

$$(\arcsin x)'=\frac{1}{\sqrt{1-x^2}}.$$

用类似的方法可得

$$(\arccos x)'=-\frac{1}{\sqrt{1-x^2}},\quad (\arctan x)'=\frac{1}{1+x^2},\quad (\operatorname{arccot} x)'=-\frac{1}{1+x^2}.$$

3.2.3 复合函数的导数

我们经常遇到的函数多是由几个基本初等函数生成的复合函数. 因此,复合函数的求导法则是求导运算中经常应用的一个重要法则.

定理 3.7 若函数 $u=g(x)$ 在 x 处可导,函数 $y=f(u)$ 在相应的点 $u(=g(x))$ 也可导,则复合函数 $y=f[g(x)]$ 在 x 处也可导,且

$$\{f[g(x)]\}'=f'(u)g'(x)\quad\text{或}\quad\frac{\mathrm{d}y}{\mathrm{d}x}=\frac{\mathrm{d}y}{\mathrm{d}u}\frac{\mathrm{d}u}{\mathrm{d}x}.$$

证 设 x 取得改变量 Δx,则 u 取得相应的改变量 Δu,从而 y 取得相应的改变量 Δy.

$$\Delta u=g(x+\Delta x)-g(x),\quad \Delta y=f(u+\Delta u)-f(u).$$

当 $\Delta u\neq 0$ 时,有

$$\frac{\Delta y}{\Delta x}=\frac{\Delta y}{\Delta u}\frac{\Delta u}{\Delta x}.$$

因为 $u=g(x)$ 在 x 处可导,则必连续,所以当 $\Delta x\to 0$ 时,$\Delta u\to 0$,因此

$$\lim_{\Delta x\to 0}\frac{\Delta y}{\Delta x}=\lim_{\Delta x\to 0}\frac{\Delta y}{\Delta u}\lim_{\Delta x\to 0}\frac{\Delta u}{\Delta x}=\lim_{\Delta u\to 0}\frac{\Delta y}{\Delta u}\lim_{\Delta x\to 0}\frac{\Delta u}{\Delta x}.$$

于是有 $\{f[g(x)]\}'=f'(u)g'(x)$ 或 $\dfrac{\mathrm{d}y}{\mathrm{d}x}=\dfrac{\mathrm{d}y}{\mathrm{d}u}\dfrac{\mathrm{d}u}{\mathrm{d}x}$.

注 可以证明当 $\Delta u=0$ 时上述公式仍成立.

已知函数 $y=f(u)$在 u 处可导,即

$$\lim_{\Delta u\to 0}\frac{\Delta y}{\Delta u}=f'(u),\quad \Delta u\neq 0$$

或

$$\frac{\Delta y}{\Delta u}=f'(u)+\alpha,$$

其中 $\lim\limits_{\Delta u\to 0}\alpha=0$. 从而,当 $\Delta u\neq 0$ 时,有

$$\Delta y=f'(u)\Delta u+\alpha\Delta u. \tag{3.2}$$

当 $\Delta u=0$ 时,显然 $\Delta y=f(u+\Delta u)-f(u)=0$. 令

$$\alpha=\begin{cases}\alpha, & \Delta u\neq 0,\\ 0, & \Delta u=0,\end{cases}$$

则(3.2)式也成立. 于是,不论 $\Delta u\neq 0$ 还是 $\Delta u=0$,(3.2)式皆成立. 用 $\Delta x(\Delta x\neq 0)$除(3.2)式等号两端,得

$$\frac{\Delta y}{\Delta x}=f'(u)\frac{\Delta u}{\Delta x}+\alpha\frac{\Delta u}{\Delta x},$$

故有

$$\begin{aligned}\lim_{\Delta x\to 0}\frac{\Delta y}{\Delta x}&=f'(u)\lim_{\Delta x\to 0}\frac{\Delta u}{\Delta x}+\lim_{\Delta u\to 0}\alpha\lim_{\Delta x\to 0}\frac{\Delta u}{\Delta x}\quad(\text{当 }\Delta x\to 0\text{ 时},\Delta u\to 0)\\ &=f'(u)g'(x)+0\cdot g'(x)=f'(u)g'(x).\end{aligned}$$

即复合函数 $y=f[g(x)]$在 x 处可导,且$\{f[g(x)]\}'=f'(u)g'(x)$.

应用归纳法,可将定理 3.7 推广为任意有限多个函数生成的复合函数的情形. 以 3 个函数为例:若 $y=f(u),u=\varphi(v),v=\psi(x)$都可导,则

$$(f\{\varphi[\psi(x)]\})'=f'(u)\varphi'(v)\psi'(x).$$

例 3.20 求 $y=\sin(5x)$的导数.

解 函数 $y=\sin(5x)$是函数 $y=\sin u$ 与 $u=5x$ 的复合函数. 由复合函数求导法则,有

$$(\sin(5x))'=(\sin u)'(5x)'=\cos u\cdot 5=5\cos(5x).$$

例 3.21 求函数 $y=\ln(-x)\ (x<0)$的导数.

解 函数 $y=\ln(-x)$是函数 $y=\ln u$ 与 $u=-x$ 的复合函数,由复合函数求导法则,有

$$[\ln(-x)]'=(\ln u)'(-x)'=\frac{1}{u}(-1)=\frac{1}{x}.$$

将这一结果与$(\ln x)'=\dfrac{1}{x}$合并,有

$$(\ln|x|)'=\frac{1}{x},\quad x\neq 0.$$

例 3.22 求幂函数 $y=x^{\alpha}$(α 是实数)的导数.

解 将 $y=x^{\alpha}$ 两端求自然对数,有 $\ln y=\alpha\ln x$,即

$$y=e^{\alpha\ln x},\quad x>0,$$

它是函数 $y=e^{u}$ 与 $u=\alpha\ln x$ 的复合函数. 由复合函数求导法则,有

$$(x^{\alpha})'=(\mathrm{e}^{\alpha\ln x})'=(\mathrm{e}^{u})'(\alpha\ln x)'=\mathrm{e}^{u}\ \frac{\alpha}{x}=\mathrm{e}^{\alpha\ln x}\ \frac{\alpha}{x}=x^{\alpha}\ \frac{\alpha}{x}=\alpha x^{\alpha-1},$$

即

$$(x^{\alpha})'=\alpha x^{\alpha-1}.$$

若幂函数 $y=x^{\alpha}$ 的定义域是$\mathbb{R}$ 或$\mathbb{R}\setminus\{0\}$,则幂函数 $y=x^{\alpha}$ 的导数公式$(x^{\alpha})'=\alpha x^{\alpha-1}$ 也是正确的.

对复合函数的分解比较熟练后,就不必再写出中间变量,而可采用下列例题的方式来计算.

例 3.23 $y=\ln\cos x$,求 y'.

解 $y'=(\ln\cos x)'=\dfrac{1}{\cos x}(\cos x)'=-\dfrac{\sin x}{\cos x}=-\tan x.$

例 3.24 求函数 $y=\tan^{2}\ln x$ 的导数.

解 $y'=2\tan\ln x(\tan\ln x)'=2\tan\ln x\cdot\dfrac{1}{\cos^{2}\ln x}\cdot(\ln x)'$

$$=2\tan\ln x\cdot\frac{1}{\cos^{2}\ln x}\cdot\frac{1}{x}=\frac{2\tan\ln x}{x\cos^{2}\ln x}.$$

例 3.25 求 $y=\sqrt{x+\sqrt{x}}$ 的导数.

解 $y'=\dfrac{1}{2\sqrt{x+\sqrt{x}}}\cdot\left(1+\dfrac{1}{2\sqrt{x}}\right)=\dfrac{2\sqrt{x}+1}{4\sqrt{x}\sqrt{x+\sqrt{x}}}.$

例 3.26 求 $y=\mathrm{e}^{-\sin^{2}\frac{1}{x}}$ 的导数.

解 $y=\mathrm{e}^{-\sin^{2}\frac{1}{x}}\cdot\left(-2\sin\dfrac{1}{x}\right)\cdot\left(\cos\dfrac{1}{x}\right)\cdot\left(-\dfrac{1}{x^{2}}\right)=\dfrac{1}{x^{2}}\sin\dfrac{2}{x}\mathrm{e}^{-\sin^{2}\frac{1}{x}}.$

例 3.27 求 $y=\arccos\dfrac{1}{x}$的导数.

解 $y'=\left[\arccos\dfrac{1}{x}\right]'=\dfrac{-1}{\sqrt{1-\dfrac{1}{x^{2}}}}\cdot\left(-\dfrac{1}{x^{2}}\right)=\dfrac{1}{\dfrac{x^{2}\sqrt{x^{2}-1}}{\sqrt{x^{2}}}}$

$$=\frac{1}{\dfrac{|x|^{2}\sqrt{x^{2}-1}}{|x|}}=\frac{1}{|x|\sqrt{x^{2}-1}}.$$

例 3.28 求 $y=\ln\sqrt{\dfrac{\mathrm{e}^{x}}{1+\mathrm{e}^{x}}}$ 的导数.

解 $y'=\left(\ln\sqrt{\dfrac{\mathrm{e}^{x}}{1+\mathrm{e}^{x}}}\right)'=\left[\dfrac{1}{2}(\ln\mathrm{e}^{x}-\ln(1+\mathrm{e}^{x}))\right]'$

$$=\frac{1}{2}[x-(\ln(1+\mathrm{e}^{x}))']=\frac{1}{2(1+\mathrm{e}^{x})}.$$

学习复合函数求导法，就好比“剥洋葱”，从外向内，每次只剥一层. 从而我们明白不管学习什么东西，无论多么烦琐复杂，都可以像“剥洋葱”一样由外向内、由表及里进行分解，踏踏实实地将所学内容的核心真正理解透彻.

3.2.4 初等函数的导数

以上两小节，根据导数的定义和求导法则得到了基本初等函数的导数公式. 它们是求初等函数导数的基础. 把它们集中起来，排列如下：

1. $(c)'=0$，其中 c 是常数；

2. $(x^{\alpha})'=\alpha x^{\alpha-1}$，其中 α 是实数；

3. $(\log_a x)'=\dfrac{1}{x}\log_a \mathrm{e}=\dfrac{1}{x\ln a}$，$(\ln x)'=\dfrac{1}{x}$；

4. $(a^x)'=a^x\ln a$，$(\mathrm{e}^x)'=\mathrm{e}^x$；

5. $(\sin x)'=\cos x$，$(\cos x)'=-\sin x$，$(\tan x)'=\sec^2 x$，
   $(\cot x)'=-\csc^2 x$，$(\sec x)'=\tan x\sec x$，$(\csc x)'=-\cot x\csc x$；

6. $(\arcsin x)'=\dfrac{1}{\sqrt{1-x^2}}$，$(\arccos x)'=-\dfrac{1}{\sqrt{1-x^2}}$，
   $(\arctan x)'=\dfrac{1}{1+x^2}$，$(\text{arccot}\, x)'=-\dfrac{1}{1+x^2}$.

根据求导法则和如上所列的导数公式，能求出任意初等函数的导数. 由导数公式可知，基本初等函数的导数还是初等函数. 于是，初等函数的导数仍是初等函数，即初等函数对导数运算是封闭的.

习题 3.2

一、求下列函数的导数：

1. $y=x^2(\cos x+\sqrt{x})$；　　2. $y=\dfrac{1-\sqrt{x}}{1+\sqrt{x}}$；　　3. $y=(x-1)(x-2)(x-3)$；

4. $y=\sqrt[3]{x}\sin x+a^x\mathrm{e}^x$；　　5. $y=x\log_2 x+\ln 2$；　　6. $y=x\mathrm{e}^x\sec x$.

二、求下列函数在指定点处的导数值：

1. $s=\dfrac{t^2}{(1+t)(1-t)}$，$t=2$；

2. $y=\csc^2 x$，$x=\dfrac{\pi}{4}$　[提示：$\csc^2 x=\csc x\cdot\csc x$]；

3. $\rho=\cos 2\varphi$，$\varphi=\dfrac{\pi}{4}$　[提示：$\cos 2x=2\cos^2 x-1$]；

4. $y=\dfrac{\cos x}{2x^2+3}$，$x=\dfrac{\pi}{2}$.

三、如果 $f(x)=(ax+b)\sin x+(cx+d)\cos x$，试确定常数 a,b,c,d 的值，使 $f'(x)=x\cos x$.

四、求下列复合函数的导数：

1. $y=(x^4-1)^{3/2}$；　2. $y=\dfrac{x}{\sqrt{4-x^2}}$；　3. $y=\dfrac{1}{\sqrt{1+x^2}(x+\sqrt{1+x^2})}$；

4. $y=(1+\sqrt[3]{x})^3$；　5. $y=\sqrt{x+\sqrt{x+\sqrt{x}}}$；　6. $y=\ln\left(\dfrac{1}{x}+\ln\dfrac{1}{x}\right)$；

7. $y=\ln(x+\sqrt{1+x^2})$；　8. $y=\sqrt{1+\ln^2 x}$；　9. $y=\dfrac{\arcsin x}{\arccos x}$；

10. $y=e^{\arctan\sqrt{x}}$；　11. $y=\ln[\ln(\ln x)]$；　12. $y=\arcsin\sqrt{\dfrac{1-x}{1+x}}$；

13. $y=x\arctan x-\ln\sqrt{\dfrac{a-x}{a+x}}$；　14. 已知 $f'(x)=\dfrac{2x}{\sqrt{1-x^2}}$，则$\dfrac{\mathrm{d}f(\sqrt{1-x^2})}{\mathrm{d}x}$；

15. 设对于任意的 x，都有 $f(-x)=-f(x)$，$f'(-x_0)=-k\neq 0$，求 $f'(x_0)$.

五、设 $f(x)$，$g(x)$可导，且 $f^2(x)+g^2(x)\neq 0$，求函数 $y=\sqrt{f^2(x)+g^2(x)}$ 的导数.

六、设 $f(x)$可导，求下列函数 y 的导数：

1. $y=f(x^2)$；　2. $y=f(\sin^2 x)+f(\cos^2 x)$；

3. $y=f(e^x)e^{f(x)}$；　4. $y=f\{f[f(x)]\}$.

3.3 隐函数与由参数方程所确定的函数的导数

3.3.1 隐函数的导数

函数 $y=f(x)$表示两个变量 y 与 x 之间的对应关系，这种对应关系可以用各种不同的关系式表达. 前面遇到的函数，例如 $y=\sin x$，$y=\ln x+\sqrt{1-x^2}$ 等，这种函数表达方式的特点是：等号左端是因变量的符号，而右端是含有自变量的式子，当自变量取定义域内任一值时，由此式确定对应的函数值. 这种方式表达的函数称为**显函数**. 有些函数的表达方式却不是这样，例如，方程

$$x^2+y^3-1=0$$

表示一个函数，因为当变量 x 在$(-\infty,+\infty)$上取值时，变量 y 有确定的值与之对应，故变量 y 为 x 的函数. 这样的函数称为**隐函数**.

定义 3.4 设有非空数集 A. 若 $\forall x\in A$，由二元方程 $F(x,y)=0$，对应唯一一个 $y\in\mathbb{R}$，则称此对应关系 f(或写为 $y=f(x)$)是二元方程 $F(x,y)=0$ 确定的**隐函数**.

把一个隐函数化成显函数，称为**隐函数的显化**. 例如从方程 $x^2+y^3-1=0$ 解出 $y=\sqrt[3]{1-x^2}$，就把隐函数化成了显函数. 隐函数的显化有时是很困难的，甚至是不可能的. 例如，方程

$$y^5+2y-x-3x^7=0, \tag{3.3}$$

对于区间$(-\infty,+\infty)$上任意取定的 x 值，(3.3)式成为以 y 为未知数的 5 次方程. 由代数学知识可以得出，这个方程至少有一个实根，所以方程(3.3)在$(-\infty,+\infty)$上确定了一个隐函数，但是这个函数很难用显式把它表达出来.

在实际问题中，有时需要计算隐函数的导数，因此希望有一种方法，不管函数能否显化，都能直接由方程得到它所确定的隐函数的导数. 下面通过具体例子来说明这种方法.

例 3.29 求方程 $xy=\mathrm{e}^{x+y}$ 确定的函数 $y=f(x)$ 的导数.

解 方程两端对 x 求导数(注意 y 是 x 的函数)得 $y+xy'-\mathrm{e}^{x+y}(1+y')=0$，所以

$$y'=\frac{\mathrm{e}^{x+y}-y}{x-\mathrm{e}^{x+y}}.$$

例 3.30 设函数 $y=f(x)$ 由方程 $y^2+x\ln y=3$ 确定，求 $\frac{\mathrm{d}y}{\mathrm{d}x}$.

解 方程两边对 x 求导得 $2y'y+\ln y+\frac{x}{y}y'=0$，所以

$$\frac{\mathrm{d}y}{\mathrm{d}x}=\frac{-y\ln y}{2y^2+x}.$$

例 3.31 设函数 $y=f(x)$ 由方程 $x^3+y^3=9xy$ 确定，求 $\left.\frac{\mathrm{d}y}{\mathrm{d}x}\right|_{x=2}$.

解 方程两边同时对 x 求导，得 $3x^2+3y^2y'=9y+9xy'$.

把 $x=2$ 代入 $x^3+y^3=9xy$ 得 $y=4$，将 $x=2,y=4$ 代入上式得 $\left.\frac{\mathrm{d}y}{\mathrm{d}x}\right|_{x=2}=\frac{4}{5}$.

例 3.32 设 $y=f(x)$ 是由方程 $\mathrm{e}^x-\mathrm{e}^y=\sin(xy)$ 所确定的函数，求 $y=f(x)$ 在 $(0,0)$ 处的切线方程和法线方程.

解 切线的切点坐标为 $(0,0)$. 方程两边对 x 求导得 $\mathrm{e}^x-\mathrm{e}^y y'=\cos(xy)(y+xy')$，将 $x=0,y=0$ 代入上式得切线的斜率 $k=y'|_{x=0}=1$. 所以，切线方程为 $y-0=1(x-0)$，即 $y=x$，法线方程为 $y-0=-1(x-0)$，即 $y=-x$.

求某些显函数的导数时，直接求它的导数比较烦琐，这时可将它化为隐函数，用隐函数求导法求其导数，比较简便. 将显函数化为隐函数常用的方法是等号两端取对数，这种方法称为**对数求导法**.

例 3.33 求幂指函数 $y=x^{\sin x}(x>0)$ 的导数.

解 等号两端取对数，有

$$\ln y=\sin x\ln x,$$

对 x 求导数，得 $\frac{y'}{y}=\cos x\ln x+\frac{\sin x}{x}$，故

$$y'=y\left(\cos x\cdot\ln x+\sin x\cdot\frac{1}{x}\right)=x^{\sin x}\left(\cos x\cdot\ln x+\frac{\sin x}{x}\right).$$

例 3.34 求函数 $y=\frac{(x+1)\sqrt[3]{x-1}}{(x+4)^2\mathrm{e}^x}$ 的导数.

解 等号两端取对数，有

$$\ln y=\ln(x+1)+\frac{1}{3}\ln(x-1)-2\ln(x+4)-x,$$

上式两端对 x 求导数，得

$$\frac{y'}{y}=\frac{1}{x+1}+\frac{1}{3(x-1)}-\frac{2}{x+4}-1,$$

于是 $y'=\dfrac{(x+1)\sqrt[3]{x-1}}{(x+4)^2e^x}\left[\dfrac{1}{x+1}+\dfrac{1}{3(x-1)}-\dfrac{2}{x+4}-1\right]$.

3.3.2 参数方程求导公式

参数方程的一般形式是

$$\begin{cases}x=\varphi(t),\\ y=\psi(t),\end{cases}\quad \alpha\leqslant t\leqslant\beta.$$

若 $x=\varphi(t)$ 与 $y=\psi(t)$ 都可导，且 $\varphi'(t)\neq 0$，再假设 $x=\varphi(t)$ 存在反函数 $t=\varphi^{-1}(x)$，则 y 是 x 的复合函数，即

$$y=\psi(t),\quad t=\varphi^{-1}(x).$$

由复合函数与反函数的求导法则，有

$$\frac{dy}{dx}=\frac{dy}{dt}\frac{dt}{dx}=\psi'(t)[\varphi^{-1}(x)]'=\psi'(t)\frac{1}{\varphi'(t)}=\frac{\psi'(t)}{\varphi'(t)}.$$

这就是参数方程的求导公式.

例 3.35 求参数方程 $\begin{cases}x=at^2,\\ y=bt^3\end{cases}$ 所确定的函数的导数 $\dfrac{dy}{dx}$.

解 $y'=\dfrac{dy}{dx}=\dfrac{\frac{dy}{dt}}{\frac{dx}{dt}}=\dfrac{3bt^2}{2at}=\dfrac{3bt}{2a}$.

例 3.36 已知参数方程 $\begin{cases}x=e^t\sin t,\\ y=e^t\cos t\end{cases}$ 所确定的函数，求 $y'\big|_{t=\frac{\pi}{3}}$.

解 $y'=\dfrac{dy}{dx}=\dfrac{\frac{dy}{dt}}{\frac{dx}{dt}}=\dfrac{e^t\cos t-e^t\sin t}{e^t\sin t+e^t\cos t}=\dfrac{\cos t-\sin t}{\sin t+\cos t}$，故 $y'\big|_{t=\frac{\pi}{3}}=-\dfrac{(1-\sqrt{3})^2}{2}$.

例 3.37 曲线 $\begin{cases}x=2e^t,\\ y=e^{-t}\end{cases}$ 在 $t=0$ 处的切线方程和法线方程.

解 因为当 $t=0$ 时，$x=2$，$y=1$. 所以，切线的切点坐标为(2,1).

因为，$y'=\dfrac{dy}{dx}=\dfrac{\frac{dy}{dt}}{\frac{dx}{dt}}=\dfrac{-e^{-t}}{2e^t}=\dfrac{-1}{2e^{2t}}$. 所以，切线的斜率为 $k=y'(0)=-\dfrac{1}{2}$，故切线方程为 $y=-\dfrac{1}{2}x+2$，法线方程为 $y=2x-3$.

在隐函数求导中，大家发现还是利用了复合函数求导法，从而，我们发现看问题要透过现象看本质，不要被外表迷惑，要先把问题转化为我们所熟悉的场景，这样，才能在以后的工作中做到举一反三、融会贯通.

习题 3.3

一、求下列方程所确定的隐函数 $y=y(x)$ 的导数：

1. $y^2-2xy+9=0$；　　2. $x^3+y^3-3axy=0$；

3. $y=1-xe^y$；　　4. $2y-x=(x-y)\ln(x-y)$.

5. 设方程 $xy^3=2y-1$ 确定 y 是 x 的函数，求 $y'\Big|_{\substack{x=1\\y=1}}$.

二、用对数求导法求下列函数的导数：

1. $y=\left(\dfrac{x}{1+x}\right)^x$；　　2. $y=(\tan 2x)^{\cot\frac{x}{2}}$；

3. $y=\sqrt[5]{\dfrac{x-5}{\sqrt[5]{x^2+2}}}$；　　4. $y=\dfrac{\sqrt{x+2}\,(3-x)^4}{(x+1)^5}$；

5. $y=\sqrt{x\sin x\sqrt{1-e^x}}$；　　6. $y=(x-1)\sqrt[5]{\dfrac{(x-2)^2(x-3)^3}{(x-4)^4(x-5)}}$.

三、求下列参数方程所确定的函数的导数 $\dfrac{dy}{dx}$：

1. $\begin{cases}x=t-1,\\y=t^2+1;\end{cases}$　　2. $\begin{cases}x=a\cos^3\varphi,\\y=a\sin^3\varphi;\end{cases}$

3. $\begin{cases}x=\theta(1-\sin\theta),\\y=\theta\cos\theta;\end{cases}$　　4. $\begin{cases}x=\ln\cos t,\\y=\sin t-t\cos t;\end{cases}$

5. $\begin{cases}x=2te^t+1,\\y=t^3-3,\end{cases}$ 求 $\dfrac{dy}{dx}\Big|_{x=1}$.

四、写出下列曲线在已给点处的切线方程和法线方程：

1. $\begin{cases}x=\sin t,\\y=\cos 2t\end{cases}$ 在 $t=\dfrac{\pi}{4}$ 处；　　2. $\begin{cases}x=2e^t,\\y=e^{-t}\end{cases}$ 在 $t=0$ 处.

3.4 微分

3.4.1 微分的概念

已知函数 $y=f(x)$ 在点 x_0 的函数值 $f(x_0)$，欲求函数 $f(x)$ 在点 x_0 附近一点 $x_0+\Delta x$ 的函数值 $f(x_0+\Delta x)$，常常是很难求得 $f(x_0+\Delta x)$ 的精确值. 在实际应用中，只要求出 $f(x_0+\Delta x)$ 的近似值也就够了. 为此讨论近似计算函数值 $f(x_0+\Delta x)$ 的方法.

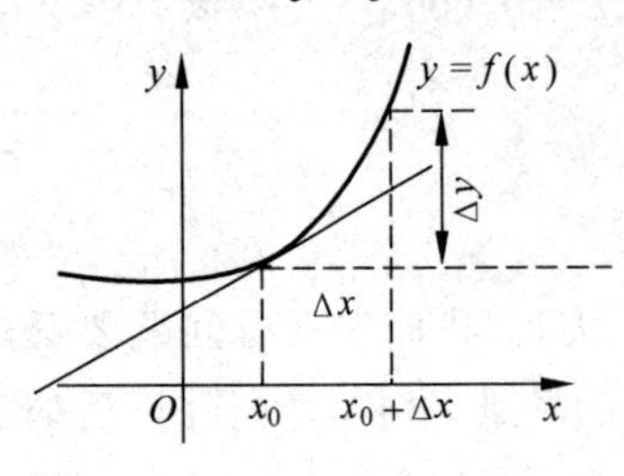

图 3.3 微分示意图

因为 $\Delta y=f(x_0+\Delta x)-f(x_0)$ 或 $f(x_0+\Delta x)=f(x_0)+\Delta y$，所以只要能近似地算出 Δy 即可. 显然，Δy 是 Δx 的函数(参见图 3.3).

人们希望有一个关于 Δx 的简便的函数近似代替 Δy,并使其误差满足要求.在所有关于 Δx 的函数中,一次函数最为简便.用 Δx 的一次函数 $A\Delta x$(A 是常数)近似代替 Δy,所产生的误差是 $\Delta y-A\Delta x$.如果 $\Delta y-A\Delta x=o(\Delta x)(\Delta x\to 0)$,那么一次函数 $A\Delta x$ 就有特殊的意义.

定义 3.5 若函数 $y=f(x)$在点 x_0 的改变量 Δy 与自变量 x 的改变量 Δx 有关系

$$\Delta y=A\Delta x+o(\Delta x), \tag{3.4}$$

其中 A 是与 Δx 无关的常数,则称函数 $f(x)$在 x_0 **可微**,$A\Delta x$ 称为函数 $f(x)$在 x_0 的**微分**,表示为

$$\mathrm{d}y=A\Delta x \quad 或 \quad \mathrm{d}f(x_0)=A\Delta x.$$

$A\Delta x$ 也称为(3.4)式的**线性主要部分**."线性"是因为 $A\Delta x$ 是 Δx 的一次函数."主要"是因为(3.4)式的右端 $A\Delta x$ 起主要作用,$o(\Delta x)$是 Δx 的高阶无穷小.

从(3.4)式看到,$\Delta y\approx A\Delta x$ 或 $\Delta y\approx \mathrm{d}y$,其误差是 $o(\Delta x)$.

例如,半径为 r 的圆面积 $Q=\pi r^2$.若半径 r 增大 Δr(自变量的改变量),则面积 Q 相应的改变量 ΔQ 就是以 r 与 $r+\Delta r$ 为半径的两个同心圆之间的圆环面积(参见图 3.4),即

$$\Delta Q=\pi(r+\Delta r)^2-\pi r^2=2\pi r\Delta r+\pi(\Delta r)^2.$$

显然,ΔQ 的线性主要部分是 $2\pi r\Delta r$,而 $\pi(\Delta r)^2$ 是比 Δr 高阶的无穷小(当 $\Delta r\to 0$ 时),即 $\pi(\Delta r)^2=o(\Delta r)$.于是

$$\mathrm{d}Q=2\pi r\Delta r, \quad \Delta Q\approx \mathrm{d}Q.$$

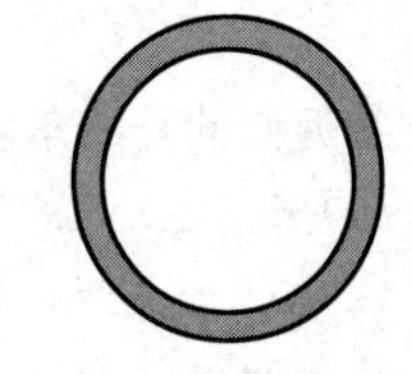

图 3.4 圆的面积所对应的微分示意图

它的几何意义是:圆环的面积近似等于以半径为 r 的圆周长为底,以 Δr 为高的矩形面积.

再例如,半径为 r 的球的体积 $V=\frac{4}{3}\pi r^3$.当半径 r 的改变量为 Δr 时,ΔV 是

$$\Delta V=\frac{4}{3}\pi(r+\Delta r)^3-\frac{4}{3}\pi r^3=4\pi r^2\Delta r+4\pi r(\Delta r)^2+\frac{4}{3}\pi(\Delta r)^3.$$

显然,Δr 的线性主要部分是 $4\pi r^2\Delta r$,而 $4\pi r(\Delta r)^2+\frac{4}{3}\pi(\Delta r)^3$ 是比 Δr 高阶的无穷小(当 $\Delta r\to 0$ 时),即

$$4\pi r(\Delta r)^2+\frac{4}{3}\pi(\Delta r)^3=o(\Delta r), \quad \mathrm{d}V=4\pi r^2\Delta r, \quad \Delta V\approx \mathrm{d}V.$$

如果函数 $f(x)$在 x_0 处可微,即 $\mathrm{d}y=A\Delta x$,那么常数 A 等于什么?下面定理的必要性回答了这个问题.

定理 3.8 函数 $y=f(x)$在 x_0 处可微$\Leftrightarrow$函数 $y=f(x)$在 x_0 处可导.

证 必要性($\Rightarrow$).设函数 $f(x)$在 x_0 处可微,即

$$\Delta y=A\Delta x+o(\Delta x),$$

其中,A 是与 Δx 无关的常数.用 Δx 除上式得

$$\frac{\Delta y}{\Delta x}=A+\frac{o(\Delta x)}{\Delta x}.$$

从而有

$$\lim_{\Delta x\to 0}\frac{\Delta y}{\Delta x}=A+\lim_{\Delta x\to 0}\frac{o(\Delta x)}{\Delta x}=A,$$

于是函数 $y=f(x)$在 x_0 处可导，且 $A=f'(x_0)$.

充分性($\Leftarrow$). 设函数 $y=f(x)$在 x_0 处可导，即

$$\lim_{\Delta x\to 0}\frac{\Delta y}{\Delta x}=f'(x_0),$$

则$\frac{\Delta y}{\Delta x}=f'(x_0)+\alpha,\alpha\to 0$(当 $\Delta x\to 0$ 时)，从而

$$\Delta y=f'(x_0)\Delta x+\alpha\Delta x=f'(x_0)\Delta x+o(\Delta x),$$

其中 $f'(x_0)$是与 Δx 无关的常数，$o(\Delta x)$是比 Δx 高阶的无穷小，于是函数 $f(x)$在 x_0 处可微.

定理 3.8 指出，函数 $f(x)$在 x_0 处可微与可导是等价的，并且 $A=f'(x_0)$. 于是函数 $f(x)$在 x_0 处的微分

$$\mathrm{d}y=f'(x_0)\Delta x.$$

由此式有

$$\Delta y=\mathrm{d}y+o(\Delta x)=f'(x_0)\Delta x+o(\Delta x).$$

从近似计算的角度来说，用 $\mathrm{d}y$ 近似代替 Δy 有两点好处：

(1) $\mathrm{d}y$ 是 Δx 的线性函数，这一点保证计算简便；

(2) $\Delta y-\mathrm{d}y=o(\Delta x)$，这一点保证近似程度好，即误差是比 Δx 高阶的无穷小.

从上面可以看出，微分就是函数增量的一部分，去掉了从理论上来说微不足道的高阶无穷小，这正是体现了唯物辩证法中抓主要矛盾和矛盾的主要方面的思想，由此，引导我们在解决实际问题中，要学会在处理事情之前先去判断事情的大小与轻重，善于从千头万绪、纷繁复杂的事物中抓住事物的主要矛盾.

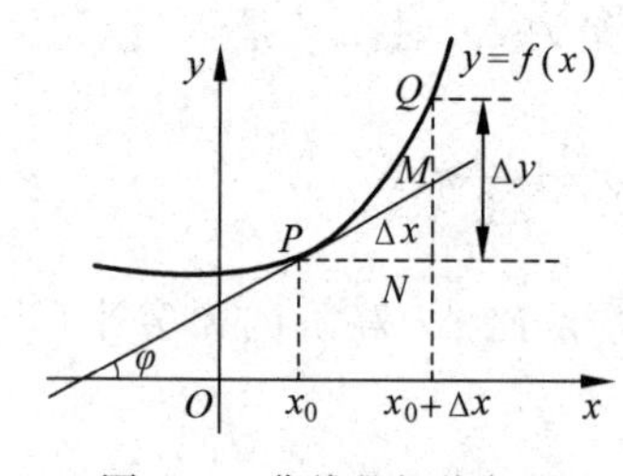

图 3.5 曲线的切线与微分间关系示意图

从几何图形说，如图 3.5 所示，PM 是曲线 $y=f(x)$在点 $P(x_0,f(x_0))$的切线. 已知切线 PM 的斜率 $\tan\varphi=f'(x_0)$.

$$\Delta y=f(x_0+\Delta x)-f(x_0)=QN,$$

$$\mathrm{d}y=f'(x_0)\Delta x=\tan\varphi\Delta x$$

$$=\frac{MN}{\Delta x}\Delta x=MN.$$

由此可见，$\mathrm{d}y=MN$ 是曲线 $y=f(x)$在点 $P(x_0,y_0)$的切线 PM 的纵坐标的改变量. 因此，用 $\mathrm{d}y$ 近似代替 Δy，就是用在点 $P(x_0,y_0)$处切线的纵坐标的改变量 MN 近似代替函数 $f(x)$的改变量 QN，$QM=QN-MN=\Delta y-\mathrm{d}y=o(\Delta x)$.

由微分的定义，自变量 x 本身的微分为

$$\mathrm{d}x=(x)'\Delta x=\Delta x,$$

即自变量 x 的微分 $\mathrm{d}x$ 等于自变量 x 的改变量 Δx. 于是，当 x 是自变量时，可用 $\mathrm{d}x$ 代替 Δx. 函数 $y=f(x)$在 x 的微分 $\mathrm{d}y$ 又可写为

$$\mathrm{d}y=f'(x)\mathrm{d}x \quad 或 \quad f'(x)=\frac{\mathrm{d}y}{\mathrm{d}x},$$

即函数 $y=f(x)$的导数 $f'(x)$等于函数的微分 $\mathrm{d}y$ 与自变量的微分 $\mathrm{d}x$ 的商. 导数亦称**微商**

就源于此.在没有引入微分概念之前,曾用$\frac{dy}{dx}$表示导数,但是,那时$\frac{dy}{dx}$是一个完整的符号,并不具有商的意义.当引入微分概念之后,符号$\frac{dy}{dx}$才具有商的意义.

3.4.2 微分的运算法则和公式

已知可微与可导是等价的,且 $dy=y'dx$.由导数的运算法则和导数公式可相应地得到微分运算法则和微分公式.

1. 基本初等函数的微分公式

由基本初等函数的导数公式,可以直接写出基本初等函数的微分公式.为了便于对照,列成表3.1.

表3.1 基本初等函数导数与微分对照表

导数公式	微分公式
$(c)'=0$	$d(c)=0$
$(x^\alpha)'=\alpha x^{\alpha-1}$	$d(x^\alpha)=\alpha x^{\alpha-1}dx$
$(\log_a x)'=\frac{1}{x\ln a}$	$d(\log_a x)=\frac{1}{x\ln a}dx$
$(\ln x)'=\frac{1}{x}$	$d(\ln x)=\frac{1}{x}dx$
$(a^x)'=a^x\ln a$	$d(a^x)=a^x\ln a\,dx$
$(e^x)'=e^x$	$d(e^x)=e^x dx$
$(\sin x)'=\cos x$	$d(\sin x)=\cos x\,dx$
$(\cos x)'=-\sin x$	$d(\cos x)=-\sin x\,dx$
$(\tan x)'=\sec^2 x$	$d(\tan x)=\sec^2 x\,dx$
$(\cot x)'=-\csc^2 x$	$d(\cot x)=-\csc^2 x\,dx$
$(\sec x)'=\sec x\tan x$	$d(\sec x)=\sec x\tan x\,dx$
$(\csc x)'=-\csc x\cot x$	$d(\csc x)=-\csc x\cot x\,dx$
$(\arcsin x)'=\frac{1}{\sqrt{1-x^2}}$	$d(\arcsin x)=\frac{1}{\sqrt{1-x^2}}dx$
$(\arccos x)'=-\frac{1}{\sqrt{1-x^2}}$	$d(\arccos x)=-\frac{1}{\sqrt{1-x^2}}dx$
$(\arctan x)'=\frac{1}{1+x^2}$	$d(\arctan x)=\frac{1}{1+x^2}dx$
$(\text{arccot}\,x)'=-\frac{1}{1+x^2}$	$d(\text{arccot}\,x)=-\frac{1}{1+x^2}dx$

2. 函数和、差、积、商的微分法则

由函数和、差、积、商的求导法则,可推得相应的微分法则.为了便于对照,列成表3.2(表中 $u=u(x),v=v(x)$).

表 3.2 求导与微分四则运算法则对照表

函数和、差、积、商的求导法则	函数和、差、积、商的微分法则
$(u\pm v)'=u'\pm v'$	$\mathrm{d}(u\pm v)=\mathrm{d}u\pm \mathrm{d}v$
$(cu)'=cu'$	$\mathrm{d}(cu)=c\,\mathrm{d}u$
$(uv)'=u'v+uv'$	$\mathrm{d}(uv)=v\mathrm{d}u+u\mathrm{d}v$
$\left(\dfrac{u}{v}\right)'=\dfrac{u'v-uv'}{v^2}$	$\mathrm{d}\left(\dfrac{u}{v}\right)=\dfrac{v\mathrm{d}u-u\mathrm{d}v}{v^2}$

现在以乘积的微分法则为例加以证明.

事实上,由微分的表达式及乘积的求导法则,有

$$\mathrm{d}(uv)=(uv)'\mathrm{d}x=(u'v+uv')\mathrm{d}x=v(u'\mathrm{d}x)+u(v'\mathrm{d}x)=v\mathrm{d}u+u\mathrm{d}v.$$

其他法则都可以用类似的方法证明.

3. 复合函数微分法则

设 $y=f(u)$,$u=\varphi(x)$,则复合函数 $y=f[\varphi(x)]$的微分为

$$\mathrm{d}y=y'_x\mathrm{d}x=f'(u)\varphi'(x)\mathrm{d}x.$$

由于 $\varphi'(x)\mathrm{d}x=\mathrm{d}u$,所以复合函数 $y=f[\varphi(x)]$的微分公式可以写成

$$\mathrm{d}y=f'(u)\mathrm{d}u \quad 或 \quad \mathrm{d}y=y'_u\mathrm{d}u.$$

由此可见,无论 u 是自变量还是另一个变量的函数,微分形式 $\mathrm{d}y=f'(u)\mathrm{d}u$ 保持不变.这一性质称为**一阶微分形式不变性**.

例 3.38 求下列函数的微分:

(1) $y=\sin(2x+5)$. (2) $y=\ln(x+\mathrm{e}^{x^2})$.

解 (1) $\mathrm{d}y=\mathrm{d}\sin(2x+5)=\cos(2x+5)\mathrm{d}(2x+5)=2\cos(2x+5)\mathrm{d}x$.

(2) $\mathrm{d}y=\mathrm{d}\ln(x+\mathrm{e}^{x^2})=\dfrac{1}{x+\mathrm{e}^{x^2}}\mathrm{d}(x+\mathrm{e}^{x^2})=\dfrac{1+\mathrm{e}^{x^2}\cdot 2x}{x+\mathrm{e}^{x^2}}\mathrm{d}x=\dfrac{1+2x\mathrm{e}^{x^2}}{x+\mathrm{e}^{x^2}}\mathrm{d}x$.

3.4.3 微分在近似计算中的应用

若函数 $y=f(x)$在 x_0 可微,则 $\Delta y=\mathrm{d}y+o(\Delta x)$.由

$$\Delta y=f(x_0+\Delta x)-f(x_0),\quad \mathrm{d}y=f'(x_0)\Delta x,$$

有

$$f(x_0+\Delta x)-f(x_0)=f'(x_0)\Delta x+o(\Delta x)$$

或

$$f(x_0+\Delta x)=f(x_0)+f'(x_0)\Delta x+o(\Delta x).$$

设 $x=x_0+\Delta x$,即 $\Delta x=x-x_0$,则上式又可写成

$$f(x)=f(x_0)+f'(x_0)(x-x_0)+o(x-x_0)$$

或

$$f(x)\approx f(x_0)+f'(x_0)(x-x_0). \tag{3.5}$$

(3.5)式就是函数值 $f(x)$的近似计算公式.特别是,当 $x_0=0$,且$|x|$充分小时,(3.5)式就是

$$f(x)\approx f(0)+f'(0)x. \tag{3.6}$$

由(3.6)式可以推得几个常用的近似公式(当$|x|$充分小时):

(1) $\sin x\approx x$;　(2) $\tan x\approx x$;　(3) $e^x\approx 1+x$;

(4) $\dfrac{1}{1+x}\approx 1-x$;　(5) $\ln(1+x)\approx x$;　(6) $\sqrt[n]{1\pm x}\approx 1\pm\dfrac{x}{n}$.

以上几个近似公式很容易证明,这里只给出最后一个近似公式的证明.

设 $f(x)=\sqrt[n]{1\pm x}$,则

$$f(0)=1,\quad f'(x)=\pm\frac{1}{n}(1\pm x)^{\frac{1}{n}-1},\quad f'(0)=\pm\frac{1}{n}.$$

由公式(3.6),有

$$\sqrt[n]{1\pm x}\approx 1\pm\frac{x}{n}.$$

例 3.39　求 $\tan 31°$的近似值.

解　设 $f(x)=\tan x$,$x_0=30°=\dfrac{\pi}{6}$,$x=31°=\dfrac{31\pi}{180}$,则 $x-x_0=1°=\dfrac{\pi}{180}$,而

$$f'(x)=\sec^2 x,\quad f'\left(\frac{\pi}{6}\right)=\sec^2\frac{\pi}{6}=\frac{4}{3},\quad \tan\frac{\pi}{6}=\frac{1}{\sqrt{3}}.$$

由(3.5)式,有

$$\begin{aligned}\tan 31°&\approx\tan\frac{\pi}{6}+\sec^2\frac{\pi}{6}\cdot\frac{\pi}{180}=\frac{1}{\sqrt{3}}+\frac{4}{3}\,\frac{\pi}{180}\\&\approx 0.57735+0.02327=0.60062.\end{aligned}$$

$\tan 31°$的准确值是 0.6008606….

例 3.40　求 $\sqrt[5]{34}$的近似值.

解　已知当$|x|$很小时,有$(1+x)^{\frac{1}{n}}\approx 1+\dfrac{x}{n}$.所以有

$$\begin{aligned}\sqrt[5]{34}&=\sqrt[5]{2^5+2}=\sqrt[5]{2^5\left(1+\frac{1}{2^4}\right)}=2\left(1+\frac{1}{2^4}\right)^{\frac{1}{5}}\\&\approx 2\left(1+\frac{1}{5}\times\frac{1}{16}\right)=2+\frac{1}{40}=2.025.\end{aligned}$$

习题 3.4

一、求下列函数的微分:

1. $y=\dfrac{1}{x}+2\sqrt{x}$;　2. $y=x\sin 2x$;　3. $y=\dfrac{x}{\sqrt{1+x^2}}$;　4. $y=\arctan\dfrac{1-x^2}{1+x^2}$.

二、求下列各函数在指定点的 Δy 与 dy:

1. $y=x^2-x\quad(x=1)$;　2. $y=x^3-2x-1\quad(x=2)$.

三、求下列各数的近似值:

1. $\sqrt[3]{1.02}$;　2. $\sin 29°$.

四、根据微分定义回答以下问题：

1. 设 $f(x)$ 可微，则在点 x 处，当 $\Delta x\to 0$ 时 $\Delta y-\mathrm{d}y$ 是 Δx 的(　　).

2. 若 $f(x)$ 可微，则 $\dfrac{\Delta y}{\Delta x}-f'(x_0)$ 当 $\Delta x\to 0$ 时是(　　).

3. 当 $|\Delta x|$ 充分小，$f'(x)\neq 0$ 时，函数 $y=f(x)$ 的改变量 Δy 与微分 $\mathrm{d}y$ 的关系是(　　).

3.5 高阶导数

已知运动的加速度是速度对于时间的变化率. 如果以 $s=f(t)$ 记运动规律，那么 $f'(t)$ 是速度，加速度是速度对于时间的变化率，所以加速度便是 $f'(t)$ 对于时间 t 的导数. 这就引出求导函数的导数问题.

一般来说，函数 $y=f(x)$ 的导数 $y'=f'(x)$ 仍是 x 的函数，如果函数 $y'=f'(x)$ 的导数存在，这个导数就称为原来函数 $y=f(x)$ 的二阶导数，记作 y''，$f''(x)$ 或 $\dfrac{\mathrm{d}^2y}{\mathrm{d}x^2}$.

按照定义，函数 $y=f(x)$ 在点 x 的二阶导数就是下列极限：

$$f''(x)=\lim_{\Delta x\to 0}\frac{f'(x+\Delta x)-f'(x)}{\Delta x}.$$

同样，如果函数 $y''=f''(x)$ 的导数存在，其导数就称为 $y=f(x)$ 的三阶导数，记作

$$y''',\quad f'''(x),\quad \frac{\mathrm{d}^3y}{\mathrm{d}x^3}.$$

一般地，如果 $y=f(x)$ 的 $n-1$ 阶导函数 $y^{(n-1)}=f^{(n-1)}(x)$ 的导数存在，其导数就称为 $y=f(x)$ 的 n 阶导数，记作

$$y^{(n)},\quad f^{(n)}(x),\quad \frac{\mathrm{d}^ny}{\mathrm{d}x^n}.$$

显然，求高阶导数只需进行一连串通常的求导数运算，不需要什么另外的办法. 一阶一阶地进行求导，这就启示我们在学习以及生活中也要循序渐进，做任何事情都不能三天打鱼两天晒网，应该脚踏实地，一步一个脚印，从而可以培养我们的脚踏实地的做事态度.

例 3.41 已知 $y=x\mathrm{e}^{x^2}$，求 y''.

解 因为 $y'=\mathrm{e}^{x^2}+x\mathrm{e}^{x^2}\cdot 2x=(2x^2+1)\mathrm{e}^{x^2}$，所以

$$y''=4x\mathrm{e}^{x^2}+(2x^2+1)\mathrm{e}^{x^2}\cdot 2x=(4x^3+6x)\mathrm{e}^{x^2}.$$

例 3.42 已知 $y=(1+x^2)\arctan x$，求 y''.

解 因为 $y'=2x\arctan x+(1+x^2)\cdot\dfrac{1}{1+x^2}=2x\arctan x+1$，所以

$$y''=2\arctan x+2x\cdot\frac{1}{1+x^2}+0=2\arctan x+\frac{2x}{1+x^2}.$$

例 3.43 求 $y=x^\alpha\ (\alpha\in\mathbb{R})$ 的各阶导数.

解 $y'=\alpha x^{\alpha-1}$；$y''=(\alpha x^{\alpha-1})'=\alpha(\alpha-1)x^{\alpha-2}$，

$y'''=(\alpha(\alpha-1)x^{\alpha-2})'=\alpha(\alpha-1)(\alpha-2)x^{\alpha-3}$，

$\vdots$

$y^{(n)}=\alpha(\alpha-1)\cdots(\alpha-n+1)x^{\alpha-n}\quad(n\geqslant1).$

若 α 为自然数 n，则有

$$y^{(n)}=(x^n)^{(n)}=n!,\quad y^{(n+1)}=(n!)'=0.$$

即，n 次幂函数的一切高于 n 阶的导数都是零.

例 3.44 求(1) $y=e^{ax}$，(2) $y=a^x$ 的 n 阶导数.

解 (1) $y=e^{ax},y'=ae^{ax},y''=a^2e^{ax},\cdots,y^{(n)}=a^ne^{ax}$；

(2) $y=a^x,y'=(\ln a)a^x,y''=(\ln a)^2a^x,\cdots,y^{(n)}=(\ln a)^na^x$.

例 3.45 已知 $y=\dfrac{1}{1-x}$，求 $y^{(n)}$.

解 $\left(\dfrac{1}{1-x}\right)'=[(1-x)^{-1}]'=(1-x)^{-2}$，

$\left(\dfrac{1}{1-x}\right)''=[(1-x)^{-2}]'=-2(1-x)^{-3}(-1)=2(1-x)^{-3}$，

$\left(\dfrac{1}{1-x}\right)'''=[2(1-x)^{-3}]'=2\cdot3(1-x)^{-4}$，

一般地，$y^{(n)}=\left(\dfrac{1}{1-x}\right)^{(n)}=n!(1-x)^{-(n+1)}$.

例 3.46 求 $y=\sin x$ 的 n 阶导数.

解 $y'=\cos x=\sin\left(x+\dfrac{\pi}{2}\right)$，

$y''=\cos\left(x+\dfrac{\pi}{2}\right)=\sin\left(x+2\cdot\dfrac{\pi}{2}\right)$，

$\vdots$

$y^{(n)}=\sin\left(x+n\cdot\dfrac{\pi}{2}\right)$.

同理

$$(\cos x)^{(n)}=\cos\left(x+n\cdot\frac{\pi}{2}\right).$$

若函数 $u(x)$，$v(x)$ 都具有 n 阶导数，则其代数和的 n 阶导数是它们的 n 阶导数的代数和：

$$(u\pm v)^{(n)}=u^{(n)}\pm v^{(n)}.$$

至于它们乘积的 n 阶导数，现讨论如下.

应用乘积的求导法则，可以求出

$$(uv)'=u'v+uv',$$
$$(uv)''=u''v+2u'v'+uv'',$$
$$(uv)'''=u'''v+3u''v'+3u'v''+uv'''.$$

容易看出，它们右边的系数恰好与牛顿二项式的系数相同. 应用数学归纳法不难证明由此推广的一般公式：

$$(uv)^{(n)}=u^{(n)}v+C_n^1u^{(n-1)}v'+C_n^2u^{(n-2)}v''+\cdots+C_n^ku^{(n-k)}v^{(k)}+\cdots+uv^{(n)}\quad(3.7)$$

成立，其中 $C_n^k=\dfrac{n(n-1)\cdots(n-k+1)}{k!}$.

公式(3.7)称为**莱布尼茨公式**.

例 3.47 $y=x^2e^{2x}$,求 $y^{(20)}$.

解 设 $u=e^{2x}, v=x^2$,则

$$u'=2e^{2x},\quad u''=2^2e^{2x},\quad \cdots,\quad u^{(20)}=2^{20}e^{2x},$$
$$v'=2x,\quad v''=2,\quad v'''=0.$$

由莱布尼茨公式,有

$$\begin{aligned}y^{(20)}&=u^{(20)}v+C_{20}^1u^{(19)}v'+C_{20}^2u^{(18)}v''\\&=2^{20}\cdot e^{2x}\cdot x^2+20\cdot 2^{19}\cdot e^{2x}\cdot 2x+190\cdot 2^{18}\cdot e^{2x}\cdot 2\\&=2^{20}e^{2x}(x^2+20x+95).\end{aligned}$$

例 3.48 由参数方程 $\begin{cases}x=\varphi(t),\\ y=\psi(t),\end{cases}$ $\alpha\leqslant t\leqslant\beta$ 确定 y 为 x 的函数,若 $x=\varphi(t)$ 与 $y=\psi(t)$ 都是二阶可导的,且 $\varphi'(t)\neq 0$,求 y 对 x 的二阶导数 $\dfrac{d^2y}{dx^2}$.

解 由参数方程的求导公式 $\dfrac{dy}{dx}=\dfrac{\psi'(t)}{\varphi'(t)}$,则有

$$\begin{aligned}\frac{d^2y}{dx^2}&=\frac{d}{dx}\left(\frac{dy}{dx}\right)=\frac{d}{dx}\left(\frac{\psi'(t)}{\varphi'(t)}\right)=\frac{d}{dt}\left(\frac{\psi'(t)}{\varphi'(t)}\right)\frac{dt}{dx}\\&=\frac{\psi''(t)\varphi'(t)-\psi'(t)\varphi''(t)}{\varphi'^2(t)}\cdot\frac{1}{\varphi'(t)}=\frac{\psi''(t)\varphi'(t1)-\psi'(t)\varphi''(t)}{\varphi'^3(t)}.\end{aligned}$$

这就是参数方程的二阶导数公式.

例 3.49 求由方程 $x-y+\dfrac{1}{2}\sin y=0$ 所确定的隐函数 y 的二阶导数 $\dfrac{d^2y}{dx^2}$.

解 应用隐函数的求导方法,得

$$1-\frac{dy}{dx}+\frac{1}{2}\cos y\,\frac{dy}{dx}=0,$$

于是

$$\frac{dy}{dx}=\frac{2}{2-\cos y}.$$

上式两边再对 x 求导,得

$$\frac{d^2y}{dx^2}=\frac{-2\sin y\,\dfrac{dy}{dx}}{(2-\cos y)^2}=\frac{-4\sin y}{(2-\cos y)^3}.$$

例 3.50 设 $f''(x)$ 存在,求 $y=f(x^2)$ 的二阶导数 $\dfrac{d^2y}{dx^2}$.

解 因为 $y'=f'(x^2)\cdot 2x=2xf'(x^2)$,所以

$$\begin{aligned}y''&=[2xf'(x^2)]'=2f'(x^2)+2x[f'(x^2)]'\\&=2f'(x^2)+2xf''(x^2)\cdot 2x=2f'(x^2)+4x^2f''(x^2).\end{aligned}$$

例 3.51 设 $y=f(x)$ 是由参数方程 $\begin{cases}x=f'(t),\\ y=tf'(t)-f(t)\end{cases}$ 确定的函数,求 $\dfrac{d^2y}{dx^2}$.

解 因为 $y'=\frac{\mathrm{d}y}{\mathrm{d}x}=\frac{\frac{\mathrm{d}y}{\mathrm{d}t}}{\frac{\mathrm{d}x}{\mathrm{d}t}}=\frac{f'(t)+tf''(t)-f'(t)}{f''(t)}=t$，所以

$$y''=\frac{\mathrm{d}^2y}{\mathrm{d}x^2}=\frac{\mathrm{d}y'}{\mathrm{d}x}=\frac{\frac{\mathrm{d}y'}{\mathrm{d}t}}{\frac{\mathrm{d}x}{\mathrm{d}t}}=\frac{1}{f''(t)}.$$

习题 3.5

一、求下列二阶导数$\frac{\mathrm{d}^2y}{\mathrm{d}x^2}$：

1. $y=\mathrm{e}^{2x-1}$；　　2. $y=\mathrm{e}^{-t}\sin t$；　　3. $y=\ln(1-x^2)$；　　4. $y=\frac{1}{x^3+1}$；

5. $y=(1+x^2)\operatorname{arccot}x$；　　6. $y=\frac{\mathrm{e}^x}{x}$.

二、验证函数 $y=\mathrm{e}^x\sin x$ 满足关系式 $y''-2y'+2y=0$.

三、验证函数 $y=\mathrm{e}^{\sqrt{x}}+\mathrm{e}^{-\sqrt{x}}$ 满足关系式 $xy''+\frac{1}{2}y'-\frac{1}{4}y=0$.

四、求下列各函数的高阶导数：

1. $y=\mathrm{e}^x\cos x$，求 $y^{(4)}$；　　2. 若 $y=10^x$，求 $y^{(n)}(0)$；

3. 若 $y=\sin 2x$，求 $y^{(n)}(x)$；　　4. 若 $y=\sin^2x$，求 $y^{(n)}(x)$；

5. 若 $f(x)=(x+10)^6$，求 $f'''(2)$；　　6. 若 $y=x^2\sin 2x$，求 $y^{(50)}$.

五、求下列参数方程所确定的二阶导数$\frac{\mathrm{d}^2y}{\mathrm{d}x^2}$：

1. $\begin{cases}x=\frac{t^2}{2},\\ y=1-t;\end{cases}$　　2. $\begin{cases}x=a\cos t,\\ y=b\sin t;\end{cases}$　　3. $\begin{cases}x=3\mathrm{e}^{-t},\\ y=2\mathrm{e}^t.\end{cases}$

第3章测试题

一、选择题

1. 设函数 $f(x)$在点 x_0 处可导，则$\lim\limits_{h\to0}\frac{f(x_0+h)-f(x_0)}{h}$(　　).

A. 与 x_0,h 都有关　　B. 与 x_0,h 都无关

C. 仅与 x_0 有关而与 h 无关　　D. 仅与 h 有关而与 x_0 无关

2. 设函数 $f(x)$在点 $x=x_0$ 处可导，则下列极限值等于 $f'(x_0)$的是(　　).

A. $\lim\limits_{x\to0}\frac{f(x_0)-f(x_0-h)}{h}$　　B. $\lim\limits_{x\to0}\frac{f(x_0-2h)-f(x_0)}{h}$

C. $\lim\limits_{x\to0}\frac{f(x_0+2h)-f(x_0)}{h}$　　D. $\lim\limits_{x\to0}\frac{f(x_0)-f(x_0+h)}{h}$

3. 函数 $y=\sin x$ 在点 $x=\pi$ 处的导数是(　　).

A. 0　　B. 1　　C. -1　　D. 不存在

4. 设 $f(x)$在$(-\infty,+\infty)$上为可微的奇函数，且 $f'(x_0)=a\neq 0$,则 $f'(-x_0)=$(　　).

A. $-a$　　B. a　　C. 0　　D. $\frac{1}{a}$

5. 曲线 $y=x^3-3x$ 上的切线平行 x 轴的点有(　　).

A. (0,0)　　B. (1,2)　　C. $(-1,2)$　　D. $(-1,-2)$

6. 设函数 $f(x)=\begin{cases}\frac{2}{x^2+1}, & x\leqslant 1,\\ ax+b, & x>1\end{cases}$ 可导,则必有(　　).

A. $a=1,b=2$　　B. $a=-1,b=2$　　C. $a=1,b=0$　　D. $a=-1,b=0$

7. 若 $y=f(u)$是可微函数,u 是 x 的可微函数,则 $\mathrm{d}y=$(　　).

A. $f'(u)u\mathrm{d}x$　　B. $f'(u)\mathrm{d}x$　　C. $f'(u)\mathrm{d}u$　　D. $f'(u)u'\mathrm{d}u$

8. 设 $y=\mathrm{e}^{f(x)}$,其中 $f(x)$为二阶可导函数,则 $y''=$(　　).

A. $\mathrm{e}^{f(x)}$　　B. $\mathrm{e}^{f(x)}\cdot f''(x)$

C. $\mathrm{e}^{f(x)}[(f'(x))^2+f''(x)]$　　D. $\mathrm{e}^{f(x)}[f'(x)+f''(x)]$

二、填空题

1. 若 $f'(0)$存在且 $f(0)=0$,则 $\lim\limits_{x\to 0}\frac{f(x)}{x}=$________.

2. 设 $\lim\limits_{x\to 0}\frac{f(x)}{x}=k$,$f(x)$在 $x=0$ 连续,则 $f'(0)=$________.

3. 曲线 $y=x+\sin^2 x$ 在点$\left(\frac{\pi}{2},1+\frac{\pi}{2}\right)$处的切线方程为________.

4. 已知 $y=\ln\ln\ln x$,则 $y'=$________.

5. 设 $f\left(\frac{1}{x}\right)=x^2+\frac{1}{x}+1$,求 $f'(-1)=$________.

6. 设 $y=f(x)$是由参数方程$\begin{cases}x=\sin\theta,\\ y=\cos 2\theta\end{cases}$确定的函数,求 $y'\left(\frac{\pi}{4}\right)=$________.

7. 已知 $y=x\mathrm{e}^{x^2}$,求 $y''=$________.

三、计算题

1. 求函数 $f(x)=\sqrt{x}\sin x$ 的导数.

2. 求 $y=\arccos\frac{1}{x}$的导数.

3. 求 $y=x\arcsin\frac{x}{2}+\sqrt{4-x^2}$ 的导数.

4. 设 $f(x)$具有一阶连续的导数且 $y=\sqrt{1+f(\ln x)}$,求 y'.

5. 设函数 $y=f(x)$由方程 $x^3+y^3=3xy$ 确定,求$\left.\frac{\mathrm{d}y}{\mathrm{d}x}\right|_{x=\frac{3}{2},y=\frac{3}{2}}$.

6. 设函数 $y=f(x)$由方程 $\mathrm{e}^{xy}+\tan(xy)=y$ 确定,求 $y=f(x)$在(0,1)处的切线

方程.

7. 求函数 $y=\sqrt{\dfrac{(x-1)(x-2)}{(x-3)(x-4)}}$ 的导数.

8. 求幂指函数 $y=(\tan x)^{\sin x}$ 的导数.

9. 设 $y=f(x)$是由参数方程$\begin{cases}x=a\cos t,\\ y=b\sin t\end{cases}$确定的函数,求$\dfrac{\mathrm{d}^2y}{\mathrm{d}x^2}$.

10. 求 $y=\tan^2(1+2x^2)$的微分 $\mathrm{d}y$.

11. 求函数 $y=x\ln x$ 的 n 阶导数.

四、函数 $f(x)=\begin{cases}\dfrac{\ln(1-4x^2)}{x}, & x>0,\\ ax+b, & x\leqslant 0\end{cases}$在 $x=0$ 处可导,试求常数 a,b.

五、讨论函数 $f(x)=\sin|x|$在 $x=0$ 处的连续性和可导性.

第4章

中值定理与导数的应用

导数是研究函数性态的重要工具,仅从导数的概念出发并不能充分体现这种工具的作用,它需要建立在微分学的基本定理的基础上,这些定理统称为"中值定理".

4.1 中值定理

1. 罗尔[①]定理

定理 4.1 设函数 $f(x)$满足以下条件:

(1) 在闭区间$[a,b]$上连续;

(2) 在开区间(a,b)内可导;

(3) 在区间两个端点处的函数值相等,即 $f(a)=f(b)$.

则在(a,b)内至少存在一点 ξ,使 $f'(\xi)=0$.

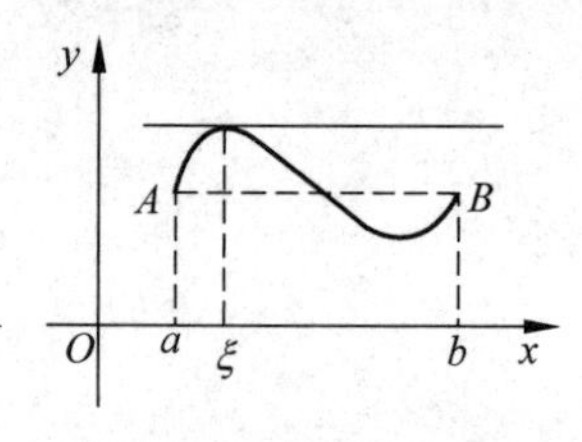

图 4.1 罗尔定理示意图

分析 如图 4.1 所示,此定理的几何意义是明显的.它表示:若一条连续的曲线 AB 上每点处都有切线,且它的两个端点在一条水平直线上,那么在此曲线上必有一点,过该点的切线平行于 x 轴.

由图 4.1 不难看出,所求的点 ξ 正是函数达到最大值(或最小值)的点,因此,下面证明的思路就是在函数达到最大值(或最小值)的点 ξ,必有 $f'(\xi)=0$.

证 因为 $f(x)$在$[a,b]$上连续,根据连续函数的性质,$f(x)$在$[a,b]$ 上必有最大值 M 和最小值 m.

(1) 若 $m=M$,则 $f(x)$在$[a,b]$上恒为常数 M,因此在(a,b)内恒有 $f(x)=M$,于是,(a,b)内每一点都可取为定理中的 ξ;

(2) 若 $m<M$,因 $f(a)=f(b)$,则 M 与 m 中至少有一个不等于端点 a 处的函数值 $f(a)$,设 $M\neq f(a)$,从而,在(a,b)内至少有一点 ξ,使得 $f(\xi)=M$.我们来证明,在点 ξ,有 $f'(\xi)=0$.

---

① 罗尔(Rolle,1652—1719),法国数学家.

事实上,因为 $f(\xi)=M$ 是最大值,所以不论 Δx 为正或负,只要 $\xi+\Delta x\in(a,b)$,恒有 $f(\xi+\Delta x)\leqslant f(\xi)$,由 $f(x)$ 在 ξ 点可导及极限的保号性,有

$$f'(\xi)=\lim_{\Delta x\to0^+}\frac{f(\xi+\Delta x)-f(\xi)}{\Delta x}\leqslant 0,\quad f'(\xi)=\lim_{\Delta x\to0^-}\frac{f(\xi+\Delta x)-f(\xi)}{\Delta x}\geqslant 0,$$

因此必有 $f'(\xi)=0$.

2. 拉格朗日[①]定理

定理 4.2 设函数 $f(x)$满足以下条件:

(1) 在闭区间$[a,b]$上连续;

(2) 在开区间(a,b)内可导.

则至少存在一点 $\xi\in(a,b)$,使得

$$f'(\xi)=\frac{f(b)-f(a)}{b-a} \tag{4.1}$$

或

$$f(b)-f(a)=f'(\xi)(b-a). \tag{4.1$'$}$$

几何意义 如图 4.2 所示,$\dfrac{f(b)-f(a)}{b-a}$就是割线 AB 的斜率,而 $f'(\xi)$就是曲线 $y=f(x)$上点 $C(\xi,f(\xi))$的切线斜率. 拉格朗日定理的意义是:若区间$[a,b]$上有一条连续曲线,曲线上每一点处都有切线,则曲线上至少有一点 $C(\xi,f(\xi))$,过 C 点的切线与割线 AB 平行.

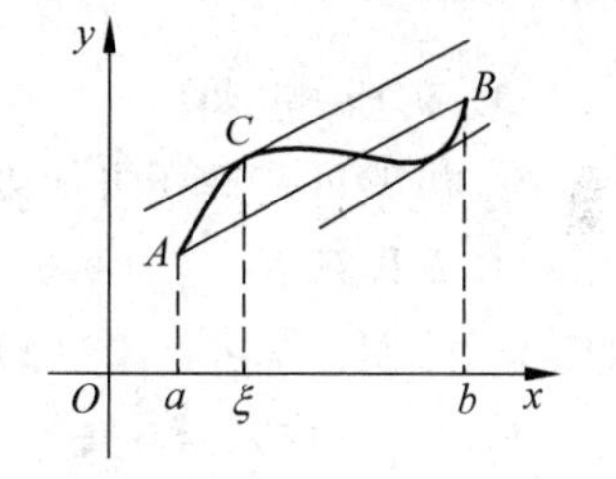

图 4.2 拉格朗日定理示意图

拉格朗日定理的证明分析 不难看出罗尔定理是拉格朗日定理的特殊情况,自然地,就想到应用罗尔定理来证明拉格朗日定理. 为此,应构造一个符合罗尔定理条件的辅助函数 $F(x)$.

把要证明的结论改写为

$$f'(\xi)-\frac{f(b)-f(a)}{b-a}=0,\quad 即\quad \left[f(x)-\frac{f(b)-f(a)}{b-a}\cdot x\right]'_{x=\xi}=0.$$

把括号内的式子看作一个函数,令

$$F(x)=f(x)-\frac{f(b)-f(a)}{b-a}\cdot x,$$

则要证明的结论归结为:在(a,b)内至少存在一点 ξ,使得 $F'(\xi)=0$.

证 作辅助函数

$$F(x)=f(x)-\frac{f(b)-f(a)}{b-a}\cdot x,$$

可知 $F(x)$在$[a,b]$上连续,在(a,b)内可导. 又

$$F(b)-F(a)=f(b)-\frac{f(b)-f(a)}{b-a}\cdot b-\left(f(a)-\frac{f(b)-f(a)}{b-a}\cdot a\right)$$

---

① 拉格朗日(Lagrange,1736—1813),法国数学家.

$$=[f(b)-f(a)]\left(1-\frac{b}{b-a}+\frac{a}{b-a}\right)=0,$$

所以 $F(b)=F(a)$，$F(x)$满足罗尔定理的条件.

于是，在(a,b)内至少存在一点 ξ，使 $F'(\xi)=0$，即

$$f'(\xi)-\frac{f(b)-f(a)}{b-a}=0,$$

亦即

$$f'(\xi)=\frac{f(b)-f(a)}{b-a},$$

或

$$f(b)-f(a)=f'(\xi)(b-a).$$

由 $a<\xi<b$，可知 $0<\xi-a<b-a$，即 $0<\frac{\xi-a}{b-a}<1$. 令 $\theta=\frac{\xi-a}{b-a}$，则 $\xi=a+\theta(b-a)$ $(0<\theta<1)$. 所以，拉格朗日定理常写成

$$f(b)-f(a)=f'[a+\theta(b-a)](b-a),$$

其中 θ 满足 $0<\theta<1$.

3. 柯西[①]定理

拉格朗日定理还可加以推广：在表示拉格朗日定理几何意义的图 4.2 中，如果将曲线用参数方程来表示：$x=g(t)$，$y=f(t)$ $(\alpha\leqslant t\leqslant\beta)$，参数 α 与 β 分别对应于 A 与 B，那么直线 AB 的斜率 $k_{AB}=[f(\beta)-f(\alpha)]/[g(\beta)-g(\alpha)]$. 而在 $C(t=\xi)$ 点处的切线的斜率为 $k=f'(\xi)/g'(\xi)$，其中 ξ 介于 α 与 β 之间. 由于在点 C 处的切线与弦 AB 平行，故有

$$\frac{f(\beta)-f(\alpha)}{g(\beta)-g(\alpha)}=\frac{f'(\xi)}{g'(\xi)},\quad \alpha<\xi<\beta.$$

与这个几何事实密切相联的是柯西定理.

定理 4.3 设函数 $f(x)$ 与 $g(x)$ 满足以下条件：

(1) 在闭区间$[a,b]$上连续；

(2) 在开区间(a,b)内可导；

(3) $\forall x\in(a,b)$，有 $g'(x)\neq 0$.

则至少存在一点 $\xi\in(a,b)$，使得

$$\frac{f(b)-f(a)}{g(b)-g(a)}=\frac{f'(\xi)}{g'(\xi)}. \tag{4.2}$$

分析 公式(4.2)相当于

$$\frac{f(b)-f(a)}{g(b)-g(a)}g'(\xi)=f'(\xi)$$

或

$$\frac{f(b)-f(a)}{g(b)-g(a)}g'(\xi)-f'(\xi)=0,\quad a<\xi<b.$$

---

① 柯西(Cauchy，1789—1857)，法国数学家.

上式可以写成

$$\left[f(x)-\frac{f(b)-f(a)}{g(b)-g(a)}g(x)\right]'\bigg|_{x=\xi}=0.$$

令

$$F(x)=f(x)-\frac{f(b)-f(a)}{g(b)-g(a)}g(x).$$

验证 $F(x)$满足罗尔定理的条件即可.

证 首先,指出 $g(b)-g(a)\neq 0$. 事实上,若 $g(b)=g(a)$,由罗尔定理,在(a,b)内存在一点 ξ,使 $g'(\xi)=0$,这与条件(3)矛盾,故 $g(b)-g(a)\neq 0$.

作辅助函数

$$F(x)=f(x)-\frac{f(b)-f(a)}{g(b)-g(a)}g(x),$$

则 $F(x)$在$[a,b]$上连续,(a,b)内可导. 又

$$\begin{aligned}F(b)-F(a)&=f(b)-\frac{f(b)-f(a)}{g(b)-g(a)}g(b)-\left(f(a)-\frac{f(b)-f(a)}{g(b)-g(a)}g(a)\right)\\&=(f(b)-f(a))-\frac{f(b)-f(a)}{g(b)-g(a)}(g(b)-g(a))=0,\end{aligned}$$

即 $F(b)=F(a)$,所以 $F(x)$满足罗尔定理的条件.

由罗尔定理可知,在(a,b)内存在一点 ξ,使得 $F'(\xi)=0$,即

$$f'(\xi)-\frac{f(b)-f(a)}{g(b)-g(a)}g'(\xi)=0,$$

从而有

$$\frac{f(b)-f(a)}{g(b)-g(a)}=\frac{f'(\xi)}{g'(\xi)}.$$

容易看出,在柯西中值定理中,当 $g(x)=x$ 时,$g'(x)=1$,$g(a)=a$,$g(b)=b$,(4.2)式就是

$$\frac{f(b)-f(a)}{b-a}=f'(\xi),$$

即拉格朗日定理是柯西定理当 $g(x)=x$ 时的特殊情况.

利用罗尔定理来证明拉格朗日中值定理和柯西中值定理. 我们可以感悟到只有掌握定理的实质,结合具体情形,具体问题具体分析,才能正确解题. 解题如此,做事、做人何尝不是如此? 因而,我们的思想认识可以从具体的数学问题上升到学思结合、知行合一和求真务实的做人做事态度,体会到应该踏踏实实学习,从点滴做起.

例 4.1 验证罗尔定理对函数 $f(x)=x\sqrt{3-x}$ 在$[0,3]$上的正确性,并求定理中的数值 ξ.

解 (1) $f(x)=x\cdot\sqrt{3-x}$ 在$[0,3]$上连续;

(2) $f'(x)=\sqrt{3-x}-\dfrac{x}{2\sqrt{3-x}}$在$(0,3)$内存在;

(3) $f(0)=f(3)=0$.

故 $f(x)$满足罗尔定理的全部条件.

令 $f'(x)=0$，即 $\sqrt{3-x}=\dfrac{x}{2\sqrt{3-x}}$，解得 $x_1=2, x_2=6$（舍去），取 $\xi=2\in(0,3)$，因而存在 $\xi=2$，使 $f'(\xi)=0$.

例 4.2 不求出函数

$$f(x)=(2x-1)(3x-2)(x-3)(x-4)$$

的导数，说明方程 $f'(x)=0$ 有几个实根，并指出它们所在的区间.

解 因 $f(x)=(2x-1)(3x-2)(x-3)(x-4)$ 在 $\left[\dfrac{1}{2},4\right]$ 上可导，又 $f\left(\dfrac{1}{2}\right)=f\left(\dfrac{2}{3}\right)=f(3)=f(4)=0$，所以 $f(x)$ 在 $\left[\dfrac{1}{2},\dfrac{2}{3}\right]$，$\left[\dfrac{2}{3},3\right]$，$[3,4]$ 上满足罗尔定理的条件，因此 $f'(x)=0$ 至少有 3 个实根，它们分别位于区间 $\left(\dfrac{1}{2},\dfrac{2}{3}\right)$，$\left(\dfrac{2}{3},3\right)$，$(3,4)$ 内.

又知 $f'(x)$ 是三次多项式，故 $f'(x)=0$ 至多有 3 个实根. 于是方程 $f'(x)=0$ 恰有 3 个实根.

例 4.3 设 $f(x)$ 在 $[0,1]$ 上连续，在 $(0,1)$ 内可导，试证明：至少存在一点 $\xi\in(0,1)$，使得 $f'(\xi)=2\xi[f(1)-f(0)]$.

证 设 $F(x)=f(x)-x^2[f(1)-f(0)]$，由题意知 $F(x)$ 在 $[0,1]$ 上连续，在 $(0,1)$ 内可导，且 $F(0)=F(1)=f(0)$，

所以由罗尔中值定理可知，至少存在一点 $\xi\in(0,1)$ 使得 $F'(\xi)=0$，而 $F'(x)=f'(x)-2x[f(1)-f(0)]$，

因此至少存在一点 $\xi\in(0,1)$ 使得 $f'(\xi)=2\xi[f(1)-f(0)]$.

例 4.4 设 $f(x)$ 在 $[0,a]$ 上连续，在 $(0,a)$ 内可导，且 $f(a)=0$，证明：在 $(0,a)$ 内至少存在一点 ξ，使得 $f(\xi)+\xi f'(\xi)=0$.

证 设 $F(x)=x\cdot f(x)$，由题意可知，$F(x)$ 在 $[0,a]$ 上连续，在 $(0,a)$ 内可导，且 $F(a)=F(0)=0$，所以由罗尔中值定理可知，至少存在一点 $\xi\in(0,a)$，使得 $F'(\xi)=f(\xi)+\xi f'(\xi)=0$.

因此在 $(0,a)$ 内至少存在一点 ξ，使得 $f(\xi)+\xi f'(\xi)=0$.

例 4.5 设函数 $f(x)$ 在 $[2,4]$ 上连续，在 $(2,4)$ 内可导，$f(2)=1, f(4)=4$，求证：至少存在一点 $\xi\in(2,4)$，使得 $f'(\xi)=\dfrac{2f(\xi)}{\xi}$.

证 设 $F(x)=\dfrac{f(x)}{x^2}$，由题意可知 $F(x)$ 在 $[2,4]$ 上连续，在 $(2,4)$ 内可导；因为 $F(2)=\dfrac{f(2)}{4}=\dfrac{1}{4}$，$F(4)=\dfrac{f(4)}{16}=\dfrac{1}{4}$，故 $F(2)=F(4)$. 所以由罗尔中值定理可知，至少存在一点 $\xi\in(2,4)$，使得 $F'(\xi)=\dfrac{f'(\xi)\cdot\xi^2-f(\xi)\cdot 2\xi}{\xi^4}=0$，即至少存在一点 $\xi\in(2,4)$，使得 $f'(\xi)=\dfrac{2f(\xi)}{\xi}$.

例 4.6 若函数 $f(x)$ 在区间 (a,b) 内任意一点的导数 $f'(x)$ 都等于零，则函数 $f(x)$ 在区间 (a,b) 内是一个常数.

证 设 x_1,x_2 是区间 (a,b) 内任意两点，且 $x_1<x_2$，$f(x)$ 在区间 $[x_1,x_2]$ 上满足拉格朗日定理的两个条件，因此有

$$f(x_2)-f(x_1)=f'(\xi)(x_2-x_1),\quad \xi\in(x_1,x_2).$$

由题设知 $f'(\xi)=0$，所以 $f(x_1)=f(x_2)$．这就说明区间 (a,b) 内任意两点的函数值相等，所以函数 $f(x)$ 在区间 (a,b) 内是一个常数.

例 4.7 证明 $\arctan x+\operatorname{arccot}x=\dfrac{\pi}{2}$.

证 设 $f(x)=\arctan x+\operatorname{arccot}x$. 因为

$$f'(x)=\frac{1}{1+x^2}+\left(-\frac{1}{1+x^2}\right)=0,$$

所以 $f(x)$ 是一个常数函数，不妨设 $f(x)=C$.

又因为 $f(0)=\arctan 0+\operatorname{arccot}0=\dfrac{\pi}{2}$，所以 $\arctan x+\operatorname{arccot}x=\dfrac{\pi}{2}$.

例 4.8 设 $0<b<a$，证明 $\dfrac{a-b}{a}<\ln\dfrac{a}{b}<\dfrac{a-b}{b}$.

证 令 $f(x)=\ln x$，$x\in[b,a]$. 因为 $f(x)$ 在 $[b,a]$ 上连续，在 (b,a) 内可导，所以由拉格朗日中值定理可知，至少存在一点 $\xi\in(b,a)$，使得 $\ln a-\ln b=\dfrac{1}{\xi}\cdot(a-b)$.

又因为 $0<b<\xi<a$，所以 $\dfrac{a-b}{a}<\dfrac{a-b}{\xi}<\dfrac{a-b}{b}$，即 $\dfrac{a-b}{a}<\ln a-\ln b<\dfrac{a-b}{b}$.

从而得当 $0<b<a$ 时，$\dfrac{a-b}{a}<\ln\dfrac{a}{b}<\dfrac{a-b}{b}$.

例 4.9 设函数 $f(x)$ 在 $[a,b]$ 上连续并在 (a,b) 内可微，且 $0<a<b$，证明在 (a,b) 内至少存在一点 ξ，使 $f(b)-f(a)=\xi f'(\xi)\ln\dfrac{b}{a}$.

证 将待证结果变形为：存在 $\xi\in(a,b)$，使得 $\dfrac{f(b)-f(a)}{\ln b-\ln a}=\xi f'(\xi)$.

可见，若令 $g(x)=\ln x$，则 $f(x)$，$g(x)$ 在 $[a,b]$ 上满足柯西定理条件，于是，至少存在一点 $\xi\in(a,b)$，使得

$$\frac{f(b)-f(a)}{g(b)-g(a)}=\frac{f'(\xi)}{g'(\xi)}\quad\left(g'(x)=\frac{1}{\xi}\neq 0\right),$$

即 $\dfrac{f(b)-f(a)}{\ln b-\ln a}=\dfrac{f'(\xi)}{\dfrac{1}{\xi}}$，或 $f(b)-f(a)=\xi f'(\xi)\ln\dfrac{b}{a}$.

习题 4.1

一、函数 $y=px^2+qx+q$ 在 $[a,b]$ 应用拉格朗日中值定理时所求得的点 ξ.

二、已知 $\lim\limits_{x\to+\infty}f'(x)=a$，$k\neq 0$，则 $\lim\limits_{x\to+\infty}[f(x+k)-f(x)]$.

三、证明恒等式：$\arcsin x+\arccos x=\dfrac{\pi}{2}(-1\leqslant x\leqslant 1)$.

四、设 $a_0+\frac{1}{2}a_1+\frac{1}{3}a_2+\cdots+\frac{1}{n+1}a_n=0$，$n$ 为自然数，证明：方程 $a_0+a_1x+a_2x^2+\cdots+a_nx^n=0$ 在 $(0,1)$ 内至少有一实根.

五、设函数 $f(x)$ 在 $[a,b]$ 上连续，在 (a,b) 内可导，且 $f(a)=f(b)=0$. 证明：存在 $\xi\in(a,b)$ 使 $f'(\xi)=f(\xi)$.

六、设 $a>b>0$，$n>1$，证明：$nb^{n-1}(a-b)<a^n-b^n<na^{n-1}(a-b)$.

七、证明方程 $e^x=3x$ 至多有两个正实根.

4.2 洛必达[①]法则

本书约定用“0”表示无穷小，用“∞”表示无穷大，两个无穷小之比，记作 $\frac{0}{0}$，两个无穷大之比记作 $\frac{\infty}{\infty}$，$\frac{0}{0}$ 和 $\frac{\infty}{\infty}$ 可能有各种不同的情况. 过去只能用一些特殊的技巧来求 $\frac{0}{0}$ 或 $\frac{\infty}{\infty}$ 形式的极限，而没有一般的方法. 本节要建立一个运用导数来求 $\frac{0}{0}$ 或 $\frac{\infty}{\infty}$ 形式的极限的法则——**洛必达法则**.

$\frac{0}{0}$ 与 $\frac{\infty}{\infty}$ 都称为**未定式**. 约定用“1”表示以 1 为极限的一类函数，未定式还有 5 种：

$$0\cdot\infty,\quad 1^{\infty},\quad 0^0,\quad \infty^0,\quad \infty_1-\infty_2.$$

这 5 种未定式都可化为 $\frac{0}{0}$ 或 $\frac{\infty}{\infty}$ 的未定式.

4.2.1 $\frac{0}{0}$ 型未定式

洛必达法则 1 设函数 $f(x)$ 和 $g(x)$ 满足以下条件：

(1) 在点 a 的某个去心邻域 $\mathring{U}(a)$ 内可导，且 $g'(x)\neq 0$；

(2) $\lim\limits_{x\to a}f(x)=\lim\limits_{x\to a}g(x)=0$；

(3) $\lim\limits_{x\to a}\frac{f'(x)}{g'(x)}=A$（或∞）.

则

$$\lim_{x\to a}\frac{f(x)}{g(x)}=\lim_{x\to a}\frac{f'(x)}{g'(x)}=A\ （或\infty）.$$

证 将函数 $f(x)$ 与 $g(x)$ 在 a 作连续开拓，即设

$$f_1(x)=\begin{cases}f(x), & x\neq a,\\ 0, & x=a;\end{cases}\qquad g_1(x)=\begin{cases}g(x), & x\neq a,\\ 0, & x=a.\end{cases}$$

① 洛必达(L'Hospital，1661—1704)，法国数学家.

则函数 $f_1(x)$与 $g_1(x)$在 a 的邻域 $U(a)$内连续. $\forall x\in\mathring{U}(a)$,在以 x 与 a 为端点的区间上,$f_1(x)$与 $g_1(x)$满足柯西中值定理的条件,则在 x 与 a 之间存在一点 ξ,使

$$\frac{f_1(x)-f_1(a)}{g_1(x)-g_1(a)}=\frac{f_1'(\xi)}{g_1'(\xi)}.$$

已知 $f_1(a)=g_1(a)=0$, $\forall x\in\mathring{U}(a)$,有 $f_1(x)=f(x)$, $g_1(x)=g(x)$, $f_1'(\xi)=f'(\xi)$, $g_1'(\xi)=g'(\xi)$,从而

$$\frac{f(x)}{g(x)}=\frac{f'(\xi)}{g'(\xi)},$$

因为 ξ 在 x 与 a 之间,所以当 $x\to a$ 时,有 $\xi\to a$,由条件(3),有

$$\lim_{x\to a}\frac{f(x)}{g(x)}=\lim_{\xi\to a}\frac{f'(\xi)}{g'(\xi)}=\lim_{x\to a}\frac{f'(x)}{g'(x)}=A(\text{或 }\infty).$$

洛必达法则 2 设函数 $f(x)$与 $g(x)$满足以下条件:

(1) $\exists X>0$,当$|x|>X$ 时,函数 $f(x)$与 $g(x)$可导,且 $g'(x)\neq 0$;

(2) $\lim\limits_{x\to\infty}f(x)=0$, $\lim\limits_{x\to\infty}g(x)=0$;

(3) $\lim\limits_{x\to\infty}\dfrac{f'(x)}{g'(x)}=A(\text{或}\infty)$.

则

$$\lim_{x\to\infty}\frac{f(x)}{g(x)}=\lim_{x\to\infty}\frac{f'(x)}{g'(x)}=A\ (\text{或}\infty).$$

证 令 $x=\dfrac{1}{y}$,则当 $x\to\infty\Leftrightarrow y\to 0$,从而

$$\lim_{x\to\infty}\frac{f(x)}{g(x)}=\lim_{y\to 0}\frac{f(1/y)}{g(1/y)},$$

其中 $\lim\limits_{y\to 0}f(1/y)=0$, $\lim\limits_{y\to 0}g(1/y)=0$. 根据洛必达法则 1,有

$$\begin{aligned}\lim_{y\to 0}\frac{f(1/y)}{g(1/y)}&=\lim_{y\to 0}\frac{[f(1/y)]'}{[g(1/y)]'}=\lim_{y\to 0}\frac{f'(1/y)\cdot(-1/y^2)}{g'(1/y)\cdot(-1/y^2)}\\&=\lim_{y\to 0}\frac{f'(1/y)}{g'(1/y)}=\lim_{x\to\infty}\frac{f'(x)}{g'(x)}=A,\end{aligned}$$

即

$$\lim_{x\to\infty}\frac{f(x)}{g(x)}=\lim_{x\to\infty}\frac{f'(x)}{g'(x)}=A\ (\text{或 }\infty).$$

例 4.10 求$\lim\limits_{x\to 0}\dfrac{\tan x}{x}$. $\left(\dfrac{0}{0}\right)$

解 由洛必达法则 1,有

$$\lim_{x\to 0}\frac{\tan x}{x}=\lim_{x\to 0}\frac{(\tan x)'}{(x)'}=\lim_{x\to 0}\frac{\sec^2 x}{1}=1.$$

例 4.11 求$\lim\limits_{x\to 1}\dfrac{x^3-3x+2}{x^3-x^2-x+1}$. $\left(\dfrac{0}{0}\right)$

解 $\lim\limits_{x\to 1}\dfrac{x^3-3x+2}{x^3-x^2-x+1}=\lim\limits_{x\to 1}\dfrac{3x^2-3}{3x^2-2x-1}=\lim\limits_{x\to 1}\dfrac{6x}{6x-2}=\dfrac{3}{2}$.

例 4.12 求$\lim\limits_{x\to+\infty}\dfrac{\dfrac{\pi}{2}-\arctan x}{\ln(1+1/x)}$. $\left(\dfrac{0}{0}\right)$

解 $\lim\limits_{x\to+\infty}\dfrac{\dfrac{\pi}{2}-\arctan x}{\ln\left(1+\dfrac{1}{x}\right)}=\lim\limits_{x\to+\infty}\dfrac{-\dfrac{1}{1+x^2}}{\dfrac{1}{1+\dfrac{1}{x}}\left(\dfrac{-1}{x^2}\right)}=\lim\limits_{x\to+\infty}\dfrac{x+x^2}{1+x^2}=\lim\limits_{x\to+\infty}\dfrac{1+2x}{2x}=1$.

注 应用洛必达法则求$\dfrac{0}{0}$型未定式的极限时，若一阶导数之比依旧是$\dfrac{0}{0}$型未定式，只要仍满足法则的条件，则可以再次使用洛必达法则.

例 4.13 求$\lim\limits_{x\to 0}\dfrac{6\sin x-6x+x^3}{x^5}$. $\left(\dfrac{0}{0}\right)$

解 $\lim\limits_{x\to 0}\dfrac{6\sin x-6x+x^3}{x^5}=\lim\limits_{x\to 0}\dfrac{6\cos x-6+3x^2}{5x^4}$,

上式右端还是$\dfrac{0}{0}$型未定式的极限，并且满足法则的条件，所以可以再一次使用洛必达法则，

$$\lim_{x\to 0}\frac{6\cos x-6+3x^2}{5x^4}=\lim_{x\to 0}\frac{-6\sin x+6x}{20x^3}\quad（继续使用洛必达法则）$$

$$=\lim_{x\to 0}\frac{-6\cos x+6}{60x^2}=\lim_{x\to 0}\frac{6\sin x}{120x}=\frac{1}{20}.$$

例 4.14 求$\lim\limits_{x\to 0}\dfrac{x-\sin x}{x^3}$.

解 $\lim\limits_{x\to 0}\dfrac{x-\sin x}{x^3}=\lim\limits_{x\to 0}\dfrac{1-\cos x}{3x^2}=\lim\limits_{x\to 0}\dfrac{\sin x}{6x}=\dfrac{1}{6}$. $\left(\dfrac{0}{0}\right)$

4.2.2 $\dfrac{\infty}{\infty}$型未定式

洛必达法则 3 设函数 $f(x)$与 $g(x)$满足以下条件：

(1) 在点 a 的某个去心邻域 $\mathring{U}(a)$内可导，且 $g'(x)\neq 0$；

(2) $\lim\limits_{x\to a}f(x)=\lim\limits_{x\to a}g(x)=\infty$；

(3) $\lim\limits_{x\to a}\dfrac{f'(x)}{g'(x)}=A$（或$\infty$）.

则

$$\lim_{x \to a} \frac{f(x)}{g(x)} = \lim_{x \to a} \frac{f'(x)}{g'(x)} = A \text{ (或}\infty\text{)}.$$

证明略.

在洛必达法则 3 中，将 $x \to a$ 换成 $x \to \infty$ 也成立.

洛必达法则 4 设函数 $f(x)$ 与 $g(x)$ 满足以下条件：

(1) $\exists X > 0$，当 $|x| > X$ 时，函数 $f(x)$ 与 $g(x)$ 可导，且 $g'(x) \neq 0$；

(2) $\lim\limits_{x \to \infty} f(x) = \infty$，$\lim\limits_{x \to \infty} g(x) = \infty$；

(3) $\lim\limits_{x \to \infty} \dfrac{f'(x)}{g'(x)} = A$（或$\infty$）.

则

$$\lim_{x \to \infty} \frac{f(x)}{g(x)} = A \text{ (或}\infty\text{)}.$$

例 4.15 求 $\lim\limits_{x \to \frac{\pi}{2}} \dfrac{\ln\sin x}{(\pi - 2x)^2}$.

解 $$\lim_{x \to \frac{\pi}{2}} \frac{\ln\sin x}{(\pi - 2x)^2} = \lim_{x \to \frac{\pi}{2}} \frac{\frac{\cos x}{\sin x}}{2(\pi - 2x)(-2)} = -\frac{1}{4} \lim_{x \to \frac{\pi}{2}} \frac{1}{\sin x} \cdot \lim_{x \to \frac{\pi}{2}} \frac{\cos x}{(\pi - 2x)}$$

$$= -\frac{1}{4} \lim_{x \to \frac{\pi}{2}} \frac{\cos x}{(\pi - 2x)} = -\frac{1}{4} \lim_{x \to \frac{\pi}{2}} \frac{-\sin x}{-2} = -\frac{1}{8}.$$

例 4.16 求 $\lim\limits_{x \to \frac{\pi}{2}} \dfrac{\tan x}{\tan 3x}$. $\left(\dfrac{\infty}{\infty}\right)$

解 $$\lim_{x \to \frac{\pi}{2}} \frac{\tan x}{\tan 3x} = \lim_{x \to \frac{\pi}{2}} \frac{\frac{1}{\cos^2 x}}{\frac{3}{\cos^2 3x}} = \frac{1}{3} \lim_{x \to \frac{\pi}{2}} \frac{\cos^2 3x}{\cos^2 x} = \frac{1}{3} \lim_{x \to \frac{\pi}{2}} \frac{2\cos 3x \cdot (-3\sin 3x)}{2\cos x \cdot (-\sin x)}$$

$$= \lim_{x \to \frac{\pi}{2}} \frac{\sin 6x}{\sin 2x} = \lim_{x \to \frac{\pi}{2}} \frac{6\cos 6x}{2\cos 2x} = 3.$$

例 4.17 求 $\lim\limits_{x \to +\infty} \dfrac{(\ln x)^2}{x^2}$.

解 $$\lim_{x \to +\infty} \frac{(\ln x)^2}{x^2} = \lim_{x \to +\infty} \frac{2(\ln x) \cdot \frac{1}{x}}{2x} = \lim_{x \to +\infty} \frac{\ln x}{x^2} = \lim_{x \to +\infty} \frac{\frac{1}{x}}{2x} = \lim_{x \to +\infty} \frac{1}{2x^2} = 0.$$

例 4.18 求 $\lim\limits_{x \to 0} \dfrac{\arctan x - x}{\ln(1 + 2x^3)}$.

解 $$\lim_{x \to 0} \frac{\arctan x - x}{\ln(1 + 2x^3)} = \lim_{x \to 0} \frac{\arctan x - x}{2x^3} = \lim_{x \to 0} \frac{\frac{1}{1+x^2} - 1}{6x^2}$$

$$=\lim_{x\to 0}\frac{1-(1+x^2)}{6x^2(1+x^2)}=\lim_{x\to 0}\frac{-1}{6(1+x^2)}=-\frac{1}{6}.$$

例 4.19 求$\lim\limits_{x\to 0}\dfrac{1-\cos^2 x}{x(1-e^x)}$.

解 $\lim\limits_{x\to 0}\dfrac{1-\cos^2 x}{x(1-e^x)}=\lim\limits_{x\to 0}\dfrac{\sin^2 x}{x(1-e^x)}\left(\dfrac{0}{0}\text{型}\right)=\lim\limits_{x\to 0}\dfrac{\sin^2 x}{-x^2}=-1.$

例 4.20 求$\lim\limits_{x\to+\infty}\dfrac{\pi-2\arctan x}{\left(1+\cos\dfrac{1}{x}\right)\ln\left(1+\dfrac{1}{x}\right)}$.

解 $$\lim_{x\to+\infty}\frac{\pi-2\arctan x}{\left(1+\cos\dfrac{1}{x}\right)\ln\left(1+\dfrac{1}{x}\right)}=\lim_{x\to+\infty}\frac{\pi-2\arctan x}{2\left(\dfrac{1}{x}\right)}=\lim_{x\to+\infty}\frac{\dfrac{-2}{1+x^2}}{\dfrac{-2}{x^2}}=1.$$

4.2.3 其他未定式

例 4.21 求$\lim\limits_{x\to 0}x^2 e^{\frac{1}{x^2}}$. $(0\cdot\infty)$

解 $$\lim_{x\to 0}x^2 e^{\frac{1}{x^2}}=\lim_{x\to 0}\frac{e^{\frac{1}{x^2}}}{\dfrac{1}{x^2}}=\lim_{x\to 0}\frac{e^{\frac{1}{x^2}}\left(-\dfrac{2}{x^3}\right)}{-\dfrac{2}{x^3}}=\lim_{x\to 0}e^{\frac{1}{x^2}}=+\infty.$$

例 4.22 求$\lim\limits_{x\to 1}\left(\dfrac{1}{x-1}-\dfrac{1}{\ln x}\right)$. $(\infty-\infty)$

解 $$\lim_{x\to 1}\left(\frac{1}{x-1}-\frac{1}{\ln x}\right)=\lim_{x\to 1}\frac{\ln x-x+1}{(x-1)\ln x}=\lim_{x\to 1}\frac{\ln x-x+1}{(x-1)\ln(1+(x-1))}$$

$$=\lim_{x\to 1}\frac{\ln x-x+1}{(x-1)^2}=\lim_{x\to 1}\frac{\dfrac{1}{x}-1}{2(x-1)}=-\frac{1}{2}.$$

例 4.23 求$\lim\limits_{x\to 0}\cot x\left(\dfrac{1}{\sin x}-\dfrac{1}{x}\right)$.

解 $\lim\limits_{x\to 0}\cot x\left(\dfrac{1}{\sin x}-\dfrac{1}{x}\right)=\lim\limits_{x\to 0}\dfrac{x-\sin x}{x^3}=\lim\limits_{x\to 0}\dfrac{1-\cos x}{3x^2}=\dfrac{1}{6}.$

例 4.24 求$\lim\limits_{x\to 1}x^{\frac{1}{1-x}}$. (1^∞)

解 $\lim\limits_{x\to 1}x^{\frac{1}{1-x}}=\lim\limits_{x\to 1}e^{\frac{\ln x}{1-x}}$,其中$\lim\limits_{x\to 1}\dfrac{\ln x}{1-x}=\lim\limits_{x\to 1}\dfrac{\frac{1}{x}}{-1}=-1$,

故$\lim\limits_{x\to 1}x^{\frac{1}{1-x}}=\lim\limits_{x\to 1}e^{\frac{\ln x}{1-x}}=e^{-1}$.

例 4.25 求$\lim\limits_{x\to 0^+}x^{\sin x}$. (0^0)

解 因为 $\lim\limits_{x\to0^+}\sin x\ln x=\lim\limits_{x\to0^+}x\ln x=\lim\limits_{x\to0^+}\dfrac{\ln x}{\dfrac{1}{x}}=0$,所以

$$\lim_{x\to0^+}x^{\sin x}=\lim_{x\to0^+}\mathrm{e}^{\ln x^{\sin x}}=\lim_{x\to0^+}\mathrm{e}^{\sin x\ln x}=\mathrm{e}^0=1.$$

例 4.26 求 $\lim\limits_{x\to+\infty}(x^2+x)^{\frac{1}{x}}$. (∞^0)

解 $\lim\limits_{x\to+\infty}(x^2+x)^{\frac{1}{x}}=\lim\limits_{x\to+\infty}\mathrm{e}^{\frac{\ln(x^2+x)}{x}}=\lim\limits_{x\to+\infty}\mathrm{e}^{\frac{2x+1}{x^2+x}}=\lim\limits_{x\to+\infty}\mathrm{e}^{\frac{2}{2x+1}}=\mathrm{e}^0=1.$

最后,要指出在使用洛必达法则求极限时注意的问题:

(1) 求$\dfrac{0}{0}$和$\dfrac{\infty}{\infty}$型未定式的极限,可考虑直接应用洛必达法则,其他未定式应先化为$\dfrac{0}{0}$或$\dfrac{\infty}{\infty}$型才可应用.

(2) 在每次使用洛必达法则后,都应先尽可能化简,然后考虑是否继续使用洛必达法则,若发现用其他的方法很方便,就不必用洛必达法则.

(3) 洛必达法则的条件(3)仅是充分条件,当 $\lim\limits_{\substack{x\to a\\(x\to\infty)}}\dfrac{f'(x)}{g'(x)}$不存在时,不能断定 $\lim\limits_{\substack{x\to a\\(x\to\infty)}}\dfrac{f(x)}{g(x)}$也不存在,只能说明此时不能应用洛必达法则,而需要应用其他方法讨论.

例 4.27 求 $\lim\limits_{x\to\infty}\dfrac{x+\cos x}{x}$.

解 极限

$$\lim_{x\to\infty}\frac{(x+\cos x)'}{x'}=\lim_{x\to\infty}\frac{1-\sin x}{1}$$

不存在,而极限

$$\lim_{x\to\infty}\frac{x+\cos x}{x}=\lim_{x\to\infty}\left(1+\frac{\cos x}{x}\right)=1$$

却存在.

例 4.28 求 $\lim\limits_{x\to\infty}\dfrac{x+\sin x}{x-\sin x}$.

解 对于 $\lim\limits_{x\to\infty}\dfrac{x+\sin x}{x-\sin x}$若应用洛必达法则

$$\lim_{x\to\infty}\frac{x+\sin x}{x-\sin x}=\lim_{x\to\infty}\frac{1+\cos x}{1-\cos x},$$

但等式右边的极限不存在,故不能使用洛比达法则. 事实上,

$$\lim_{x\to\infty}\frac{x+\sin x}{x-\sin x}=\lim_{x\to\infty}\frac{1+\dfrac{\sin x}{x}}{1-\dfrac{\sin x}{x}}=\frac{1+0}{1-0}=1.$$

从洛必达法则的学习中,我们发现求极限时多数可以应用定理,但在求解前,能化简就化简.

习题 4.2

一、求下列极限：

1. $\lim\limits_{x\to\pi}\dfrac{\sin 3x}{\tan 5x}$；　2. $\lim\limits_{x\to+\infty}\dfrac{\ln\left(1+\dfrac{1}{x}\right)}{\operatorname{arccot}x}$；　3. $\lim\limits_{x\to 0}\dfrac{e^x+e^{-x}-2}{xe^x-e^x+1}$；

4. $\lim\limits_{x\to+\infty}\dfrac{\ln(a+be^x)}{\sqrt{a+bx^2}}$；　5. $\lim\limits_{x\to 1}\left(\dfrac{1}{\ln x}-\dfrac{1}{x-1}\right)$；　6. $\lim\limits_{x\to 1}(1-x^2)\tan\dfrac{\pi x}{2}$；

7. $\lim\limits_{x\to\infty}x^2\left(\cos\dfrac{1}{x}-1\right)$；　8. $\lim\limits_{x\to+\infty}(x^2+2x)^{\frac{1}{x}}$；　9. $\lim\limits_{n\to\infty}n(a^{\frac{1}{n}}-1)$，$n$ 为正整数，$a>0$；

10. m,n 为正整数，则$\lim\limits_{x\to\pi}\dfrac{\sin(mx)}{\sin(nx)}$；　11. $\lim\limits_{x\to 0^+}(\sin x)^x$；　12. $\lim\limits_{x\to 0^+}\dfrac{e^{-\frac{1}{x}}}{x}$；

13. $\lim\limits_{x\to+\infty}\left(\dfrac{2}{\pi}\arctan x\right)^x$.

二、验证$\lim\limits_{x\to\infty}\dfrac{x-\cos x}{x+\cos x}$存在，可以用洛必达法则来计算吗？

4.3 函数的单调性与极值

在初等数学中用代数方法讨论了一些函数的性态，如单调性、极值、奇偶性、周期性等.由于受方法的限制，讨论得既不深刻也不全面，且计算烦琐，不易掌握其规律.导数和微分学基本定理则为深刻、全面地研究函数的性态提供了有力的数学工具.

4.3.1 函数的单调性

设曲线 $y=f(x)$上每一点都存在切线.若切线与 x 轴正方向的夹角都是锐角，即切线的斜率 $f'(x)>0$，则曲线 $y=f(x)$必是严格增加的，如图 4.3(a)所示；若切线与 x 轴正方向的夹角都是钝角，即切线的斜率 $f'(x)<0$，则曲线 $y=f(x)$必是严格减少的，如图 4.3(b)所示.由此可见，应用导数的符号能够判别函数的单调性.

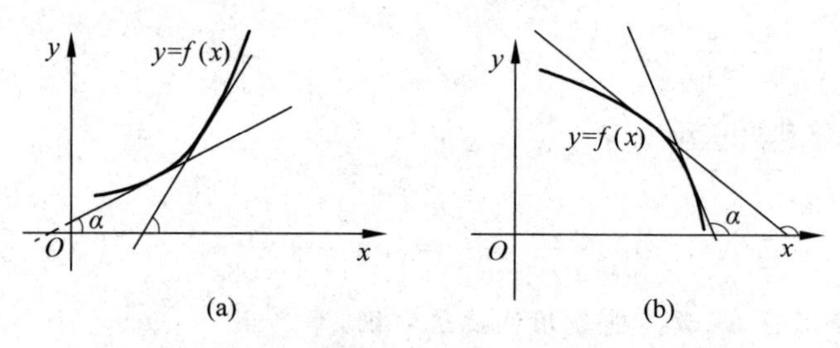

图 4.3 函数的单调性与切线斜率间关系的示意图

定理 4.4(严格单调的充分条件) 设函数 $f(x)$在区间 I 上可导.

(1) $\forall x\in I$，有 $f'(x)>0$，则函数 $f(x)$在 I 上严格单调增加；

(2) $\forall x\in I$，有 $f'(x)<0$，则函数 $f(x)$在 I 上严格单调减少.

证 $\forall x_1,x_2\in I$ 且 $x_1<x_2$，函数 $f(x)$ 在区间 $[x_1,x_2]$ 满足拉格朗日中值定理的条件，有

$$f(x_2)-f(x_1)=f'(\xi)(x_2-x_1),\quad \xi\in(x_1,x_2).$$

(1) 已知 $f'(\xi)>0$，而 $x_2-x_1>0$，故有

$$f(x_2)-f(x_1)>0\quad 或\quad f(x_1)<f(x_2),$$

即函数 $f(x)$ 在 I 上严格单调增加；

(2) 已知 $f'(\xi)<0$，而 $x_2-x_1>0$，故有

$$f(x_2)-f(x_1)<0\quad 或\quad f(x_1)>f(x_2),$$

即函数 $f(x)$ 在 I 上严格单调减少.

注 (1) 在定理 4.4 中，区间 I 可以是有限区间，也可以是无穷区间；

(2) 若区间 I 是闭区间，则不必要求函数 $f(x)$ 在区间的端点可导，而只要在端点连续，定理 4.4 的结论仍然成立.

根据定理 4.4，讨论函数 $f(x)$ 的单调性可按下列步骤进行：

(1) 确定函数 $f(x)$ 的定义域；

(2) 求导函数 $f'(x)$ 的零点(或方程 $f'(x)=0$ 的根)；

(3) 用零点将定义域分成若干区间；

(4) 判别导数 $f'(x)$ 在每个区间上的符号，确定函数 $f(x)$ 是严格单调增加或严格单调减少.

例 4.29 讨论函数 $f(x)=2x^3-6x^2-18x-7$ 的单调区间.

解 函数 $f(x)$ 的定义域是 $(-\infty,+\infty)$，且

$$f'(x)=6x^2-12x-18=6(x+1)(x-3).$$

令 $f'(x)=0$，其根是 -1 与 3，它们将 $(-\infty,+\infty)$ 分成 3 个区间 $(-\infty,-1)$，$(-1,3)$，$(3,+\infty)$. 列表如下.

x	$(-\infty,-1)$	$(-1,3)$	$(3,+\infty)$
$f'(x)$	+	−	+
$f(x)$	↗	↘	↗

表中符号“↗”表示严格增加，“↘”表示严格减少.

由表可见，函数 $f(x)$ 的单调增区间为 $(-\infty,-1]$，$[3,+\infty)$，单调减区间为 $[-1,3]$.

我们可以证明：若对 $\forall x\in I$，有 $f'(x)\geqslant 0$ ($f'(x)\leqslant 0$)，而使 $f'(x)=0$ 的点 x 仅是一些孤立的点，则函数 $f(x)$ 在 I 上严格单调增加(严格单调减少).

例 4.30 讨论函数 $f(x)=x^3$ 的单调性.

解 因为 $f'(x)=3x^2\geqslant 0$，而使 $f'(x)=3x^2=0$ 的点是孤立的点 0，于是，$f(x)=x^3$ 在 $(-\infty,+\infty)$ 上是严格单调增加的(参见图 4.4).

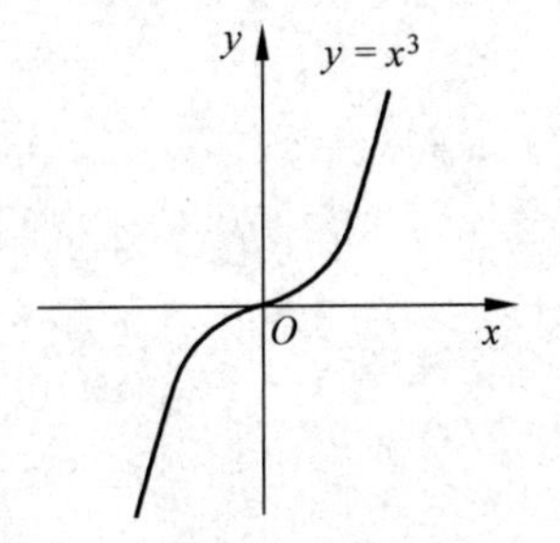

图 4.4 孤立的使得 $f'(x)=0$ 的点对单调性影响示意图

例 4.31 证明：当 $x>1$ 时，$x+\ln x>4\sqrt{x}-3$.

证 令 $f(x)=x+\ln x-4\sqrt{x}+3$，则得 $f(1)=0$.

因为 $f'(x)=1+\frac{1}{x}-\frac{2}{\sqrt{x}}=\frac{x+1-2\sqrt{x}}{x}$，且当 $x>1$ 时，有 $x+1>2\sqrt{x}$，故当 $x>1$ 时，有 $f'(x)>0$. 所以函数 $f(x)$ 在区间 $[1,+\infty)$ 上连续且单调增加，因此，当 $x>1$ 时，有 $f(x)>f(1)=0$，即 $x+\ln x>4\sqrt{x}-3$.

4.3.2 函数的极值

定义 4.1 设函数 $y=f(x)$ 在点 x_0 的某一邻域 $U(x_0)$ 内有定义，并且 $\forall x\in U(x_0)$，有 $f(x_0)\geqslant f(x)$ $(f(x_0)\leqslant f(x))$，则称 $f(x_0)$ 为 $f(x)$ 的**极大值**(**极小值**)，点 x_0 称为**极大点**(**极小点**).

极大值与极小值统称为**极值**，极大点与极小点统称为**极值点**.

显然，极值是一个局部性的概念，$f(x_0)$ 是函数 $f(x)$ 的极值只是与函数 $f(x)$ 在 x_0 邻近的点的函数值比较而言的.

定理 4.5(费马[①]定理) 若函数 $y=f(x)$ 在点 x_0 可导，且 x_0 是函数 $y=f(x)$ 的极值点，则 $f'(x_0)=0$.

证 不妨设点 x_0 是函数 $y=f(x)$ 的极大点，即存在点 x_0 的某邻域 $U(x_0)$，$\forall x\in U(x_0)$ 有

$$f(x)\leqslant f(x_0) \quad \text{或} \quad f(x)-f(x_0)\leqslant 0.$$

因此，当 $x>x_0$ 时，$\frac{f(x)-f(x_0)}{x-x_0}\leqslant 0$；当 $x<x_0$ 时，$\frac{f(x)-f(x_0)}{x-x_0}\geqslant 0$. 由 $f(x)$ 在点 x_0 可导与极限的保号性，有

$$f'(x_0)=f'_+(x_0)=\lim_{\Delta x\to 0^+}\frac{f(x)-f(x_0)}{x-x_0}\leqslant 0;$$

$$f'(x_0)=f'_-(x_0)=\lim_{\Delta x\to 0^-}\frac{f(x)-f(x_0)}{x-x_0}\geqslant 0.$$

于是有 $f'(x_0)=0$.

同理可证极小值的情况.

定义 4.2 使导数为零的点(即方程 $f'(x)=0$ 的根)称为函数 $f(x)$ 的**驻点**(**稳定点**).

定理 4.5 给出了极值的必要条件，就是说：可导函数 $f(x)$ 的极值点必定是它的驻点；但反过来，函数的驻点却不一定是极值点. 例如 $y=x^3$ 的导数为 $f'(x)=3x^2$，$f'(0)=0$，因此 $x=0$ 是这个可导函数的驻点，但 $x=0$ 却不是这个函数的极值点. 因此，当求出了函数的驻点后还需要判定求得的驻点是不是极值点，如果是极值点还要判定函数在该点究竟取得极大值还是极小值. 下面有两个充分性的判别法.

定理 4.6 设函数 $f(x)$ 在点 x_0 连续，在点 x_0 的某去心邻域 $\mathring{U}(x_0,\delta)$ 内可导.

(1) 若当 $x\in(x_0-\delta,x_0)$ 时，$f'(x)>0$，而当 $x\in(x_0,x_0+\delta)$ 时，$f'(x)<0$，则函数

---

① 费马(Fermat，1601—1665)，法国数学家.

$f(x)$在点x_0取极大值$f(x_0)$；

(2) 若当$x\in(x_0-\delta,x_0)$时，$f'(x)<0$，而当$x\in(x_0,x_0+\delta)$时，$f'(x)>0$，则函数$f(x)$在点x_0取极小值$f(x_0)$；

(3) 若当$x\in(x_0-\delta,x_0)\cup(x_0,x_0+\delta)$时，$f'(x)$不变号，则点$x_0$不是函数$f(x)$的极值点.

证 (1) 当$x\in(x_0-\delta,x_0)$时，$f'(x)>0$，则$f(x)$在$(x_0-\delta,x_0]$单调增加，所以，当$x\in(x_0-\delta,x_0)$时，有$f(x)<f(x_0)$；当$x\in(x_0,x_0+\delta)$时，$f'(x)<0$，则$f(x)$在$[x_0,x_0+\delta)$单调减小，所以，当$x\in(x_0,x_0+\delta)$时，有$f(x_0)>f(x)$，即对$x\in(x_0-\delta,x_0)\cup(x_0,x_0+\delta)$，总有

$$f(x_0)>f(x),$$

所以$f(x_0)$为$f(x)$的极大值.

(2) 用与(1)同样的方法可证明$f(x_0)$为$f(x)$的极小值.

(3) 因为在$(x_0-\delta,x_0+\delta)$内，$f'(x)$不变号，亦即恒有$f'(x)<0$或$f'(x)>0$，因此$f(x)$在x_0的左右两边均单调增加或单调减小，所以不可能在x_0点取得极值.

例 4.32 求函数$f(x)=2x^3-3x^2-12x+21$的极值.

解 (1) $f'(x)=6x^2-6x-12=6(x+1)(x-2)$.

(2) 令$f'(x)=0$，解得$x_1=-1,x_2=2$.

(3) 列表讨论如下：

x	$(-\infty,-1)$	-1	$(-1,2)$	2	$(2,+\infty)$
$f'(x)$	$+$	0	$-$	0	$+$
$f(x)$	↗	极大点	↘	极小点	↗

因此，-1是函数$f(x)$的极大点，极大值是$f(-1)=28$；2是函数$f(x)$的极小点，极小值是$f(2)=1$.

定理 4.7 设$y=f(x)$在点x_0具有二阶导数，$f'(x_0)=0$，$f''(x_0)\neq0$，则点x_0是函数$f(x)$的极值点，且

(1) $f''(x_0)>0$，则点x_0是函数$f(x)$的极小点，$f(x_0)$是极小值；

(2) $f''(x_0)<0$，则点x_0是函数$f(x)$的极大点，$f(x_0)$是极大值.

证 因为$f'(x_0)=0$，利用导数定义有

$$f''(x_0)=\lim_{x\to x_0}\frac{f'(x)-f'(x_0)}{x-x_0}=\lim_{x\to x_0}\frac{f'(x)}{x-x_0}.$$

(1) 由$f''(x_0)>0$及极限的保号性，在x_0的某一去心邻域内有$\dfrac{f'(x)}{x-x_0}>0$.

当$x<x_0$时，有$f'(x)<0$；当$x>x_0$时，$f'(x)>0$. 于是，由定理4.6知，x_0是函数$f(x)$的极小点，$f(x_0)$是极小值.

(2) 同理可证.

例 4.33 求函数 $f(x)=(x^2-1)^3+1$ 的极值.

解 (1) $f'(x)=6x(x^2-1)^2$;

(2) 令 $f'(x)=0$ 求得驻点 $x_1=-1, x_2=0, x_3=1$;

(3) $f''(x)=6(x^2-1)(5x^2-1)$;

(4) $f''(0)=6>0$,故 $f(x)$ 在 $x=0$ 处取得极小值,极小值为 $f(0)=0$;

(5) $f''(-1)=f''(1)=0$,用定理 4.7 无法判断. 考虑导数 $f'(x)$ 的符号,并应用定理 4.6 可得,-1 和 1 都不是函数 $f(x)$ 的极值点.

以上讨论函数的极值时,假定函数在所讨论的区间内可导,在此条件下,函数的极值点一定是驻点. 事实上在导数不存在的点处,函数也可能取得极值,例如 $y=|x|$,尽管在 $x=0$ 处不可导,但 $y=|x|$ 在 $x=0$ 处取得极小值. 所以,在讨论函数的极值时,导数不存在的点也应进行讨论.

定义 4.3 函数 $f(x)$ 的驻点以及函数的定义域中使导数不存在的点统称为函数 $f(x)$ 的临界点.

例 4.34 讨论函数 $f(x)=(x-1)\sqrt[3]{x^2}$ 单调性和极值.

解 (1) 求函数的驻点及导数不存在的点

$$f'(x)=x^{\frac{2}{3}}+\frac{2}{3}(x-1)x^{-\frac{1}{3}}=\frac{5x-2}{3x^{\frac{1}{3}}},\quad x\neq 0.$$

令 $f'(x)=0$,得驻点 $x=\frac{2}{5}$. 当 $x=0$ 时,$f'(x)$ 不存在,但 $f(x)$ 在 $x=0$ 处连续(参见图 4.5).

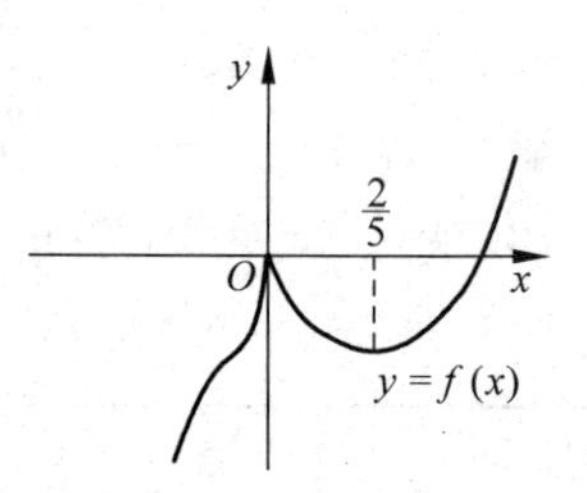

图 4.5 $f(x)=(x-1)\sqrt[3]{x^2}$ 的图像

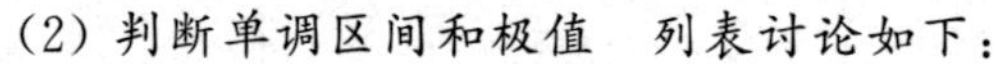

(2) 判断单调区间和极值 列表讨论如下:

x	$(-\infty,0)$	0	$\left(0,\frac{2}{5}\right)$	$\frac{2}{5}$	$\left(\frac{2}{5},+\infty\right)$
$f'(x)$	$+$	不存在	$-$	0	$+$
$f(x)$	↗	极大点	↘	极小点	↗

综上可得,函数 $f(x)=(x-1)\sqrt[3]{x^2}$ 在区间 $(-\infty,0)$ 上和 $\left(\frac{2}{5},+\infty\right)$ 上是严格增加的,在区间 $\left(0,\frac{2}{5}\right)$ 上是严格减少的. 函数在 $x=0$ 有极大值 0,在 $x=\frac{2}{5}$ 有极小值 $f\left(\frac{2}{5}\right)=-\frac{3}{5}\sqrt[3]{\frac{4}{25}}$.

我们的人生就像函数的极大值和极小值一样,高峰和低谷都是难免的,有起有落才能成长,在达到高峰时要低调谦虚不骄傲,在跌入低谷时不要悲观气馁,而要胸襟宽阔、努力拼搏. 要学会用发展的眼光看待问题,高峰和低谷都可能是暂时的,人生路上还会有转折点,要保持平常心,由此可以培养我们乐观向上、积极进取、戒骄戒躁、砥砺前行的人生态度.

4.3.3 最大值和最小值

设函数 $f(x)$在闭区间$[a,b]$上连续,根据闭区间上连续函数的性质,函数 $f(x)$必在区间$[a,b]$上的某点 x_0 取到最小值(最大值).一方面,点 x_0 可能是区间$[a,b]$的端点 a 或 b;另一方面,点 x_0 可能是开区间(a,b)内部的点,此时点 x_0 必是极小点(极大点).因此,若函数 $f(x)$在闭区间$[a,b]$上连续,则求函数在$[a,b]$上的最大值、最小值的方法如下:

(1) 求出函数 $f(x)$的所有临界点 $x_1,x_2,\cdots,x_n$;

(2) 计算出函数值 $f(x_1),f(x_2),\cdots,f(x_n),f(a),f(b)$;

(3) 将上述函数值进行比较,其中最大的一个是最大值,最小的一个是最小值.

例 4.35 求函数 $y=2x^3-3x^2(-1\leqslant x\leqslant 4)$的最大值和最小值.

解 因为 $y'=6x^2-6x=6x(x-1)$,所以令 $y'=0$,得 $x=0$ 或 $x=1$.

又因为 $y(0)=0,y(1)=-1,y(-1)=-5$, $y(4)=80$,所以函数在点 $x=-1$ 处取得最小值 $y(-1)=-5$,在点 $x=4$ 处取得最大值 $y(4)=80$.

例 4.36 求函数 $f(x)=\sqrt[3]{x^2}(5-2x)$在$[-1,2]$上的最值.

解 令 $f'(x)=\frac{2}{3}x^{-\frac{1}{3}}(5-2x)+x^{\frac{2}{3}}(-2)=\frac{10(1-x)}{3\sqrt[3]{x}}=0$,得 $x=1$ 为驻点, $x=0$ 为不可导点,而

$$f(1)=3,\quad f(0)=0,\quad f(-1)=7,\quad f(2)=\sqrt[3]{4},$$

故函数在点 $x=-1$ 处取得最大值 $f(-1)=7$,在点 $x=0$ 处取得最小值 $f(0)=0$.

习题 4.3

一、定下列函数的单调区间:

1. $f(x)=x+\frac{1}{x}$;　　　2. $y=3x^4-4x^3-24x^2+48x-15$.

二、下列函数的极值:

1. $f(x)=|x^2-1|$在$(0,2)$的极小值;

2. 利用二阶导数判断 $y=2x^3+3x^2-12x+1$ 的极值.

三、设函数 $f(x)=a\sin x+\frac{1}{3}\sin 3x$ 在 $x=\frac{\pi}{3}$处取得极值,求 a.

四、求下列函数在指定区间上的最值:

1. 函数 $y=x\mathrm{e}^{-x}$ 在$[-1,2]$上的最值;

2. 函数 $f(x)=\sqrt[3]{x^2}(5-2x)$在$[-1,2]$上的最值;

3. $y=\sin x-x$ 在$[-\pi,\pi]$上的最值.

五、证明下列不等式:

1. 当 $x>0$ 时,$1+x\ln(x+\sqrt{1+x^2})>\sqrt{1+x^2}$;

2. 当 $0<x<\frac{\pi}{2}$时,$\sin x+\tan x>2x$;

3. 当 $x>0$ 时,$\sin x+\cos x>1+x-x^2$;

4. 当 $0<x<\pi$ 时,有 $\sin\frac{x}{2}>\frac{x}{\pi}$.

4.4 函数的凹凸性与拐点

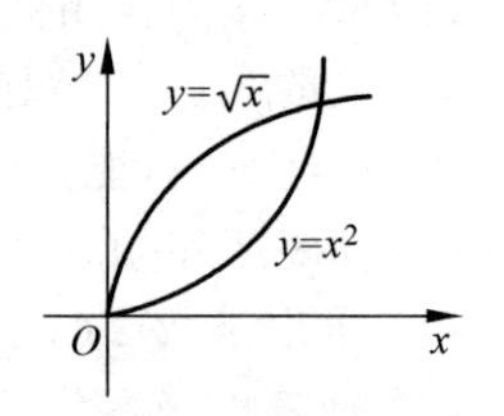

图 4.6 单调性相同而弯曲方向不一致的函数示意图

前面已经讨论了函数的单调性和极值,这对于了解函数的性态,描绘函数的图像有很大的帮助. 但是仅仅依靠这些还不能准确地反映函数图像的主要特性. 例如,在图 4.6 中,$y=x^2$ 和 $y=\sqrt{x}$ 都在(0,1)内单调上升,但两者的图像却有明显的差别——它们的弯曲方向不同. 这种差别就是所谓的"凹凸性"的区别.

定义 4.4 设 $f(x)$在$[a,b]$上连续.

(1) 若对(a,b)内任意两点 x_1 和 x_2,恒有

$$f\left(\frac{x_1+x_2}{2}\right)<\frac{f(x_1)+f(x_2)}{2},$$

则称 $f(x)$在$[a,b]$是**凹的**;

(2) 若对(a,b)内任意两点 x_1 和 x_2,恒有

$$f\left(\frac{x_1+x_2}{2}\right)>\frac{f(x_1)+f(x_2)}{2},$$

则称 $f(x)$在$[a,b]$是**凸的**.

先来观察上述定义反映的几何性质. 在图 4.7(a)和图 4.7(b)中,$\frac{x_1+x_2}{2}$是区间$[x_1,x_2]$的中点,$f\left(\frac{x_1+x_2}{2}\right)$是曲线 $y=f(x)$上对应于中点的高度,而$\frac{f(x_1)+f(x_2)}{2}$则是割线 AB 上对应于中点的高度. 由定义可知,如果连接曲线上任意两点的割线段都在该两点间的曲线弧之上,那么该段曲线弧称为凹的,反之则称为凸的. 由此可见,曲线的凹凸是以割线为基准来判别的. 这里将**函数的凹凸性**与函数所对应的**曲线的凹凸性**视为同一概念.

这时还可以从另一角度来观察曲线的凹凸性. 从如图 4.8 所示可以看出,凹弧上任一点的切线都在曲线弧之下,而凸弧上任一点的切线都在曲线弧之上.

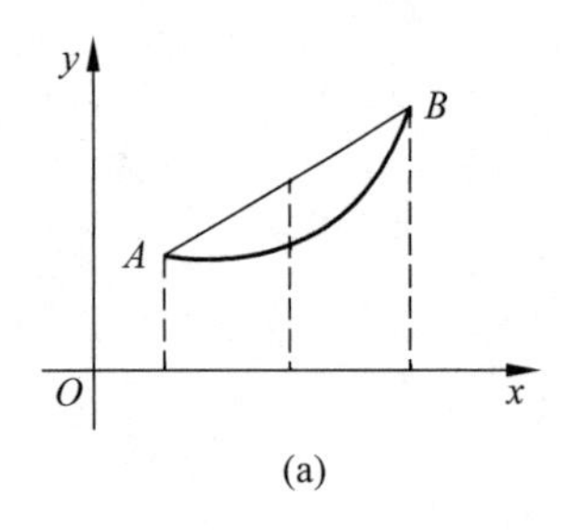

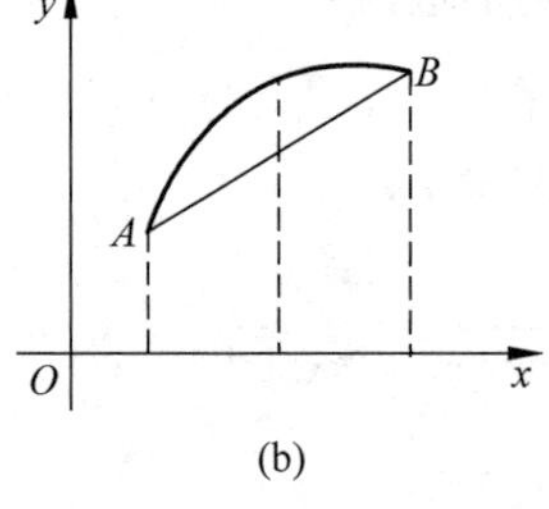

图 4.7 凸函数与凹函数的几何特征

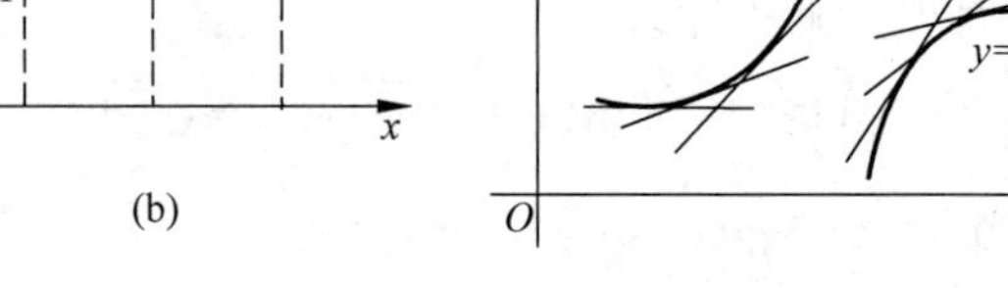

图 4.8 凸函数与凹函数的切线示意图

下面讨论函数的凹凸性和函数的导数之间的联系.

在图4.8中,注意到在凹弧上,曲线各点的切线的斜率随着 x 的增大而增大,在凸弧上,曲线各点的切线的斜率随着 x 的增大而减小.由此可知,若 $f(x)$ 在 (a,b) 是凹(或凸)的,则 $f'(x)$(如果存在的话)将是 (a,b) 上的单调增(或减)函数.

定理4.8 设 $f(x)$ 在 $[a,b]$ 上连续,在 (a,b) 内具有二阶导数.

(1) 若在 (a,b) 内 $f''(x)>0$,则 $f(x)$ 在 $[a,b]$ 上的图像是凹的;

(2) 若在 (a,b) 内 $f''(x)<0$,则 $f(x)$ 在 $[a,b]$ 上的图像是凸的.

证 (1) 设 x_1 和 x_2 为 (a,b) 内任意两点,且 $x_1<x_2$,记 $x_0=\dfrac{x_1+x_2}{2}$,并记 $x_2-x_0=x_0-x_1=h$,则 $x_1=x_0-h$,$x_2=x_0+h$,由拉格朗日中值定理,有

$$f(x_0+h)-f(x_0)=f'(x_0+\theta_1 h)h,\quad 0<\theta_1<1,$$

$$f(x_0)-f(x_0-h)=f'(x_0-\theta_2 h)h,\quad 0<\theta_2<1,$$

两式相减,有

$$f(x_0+h)+f(x_0-h)-2f(x_0)=[f'(x_0+\theta_1 h)-f'(x_0-\theta_2 h)]h.$$

对 $f'(x)$ 在区间 $[x_0-\theta_2 h,x_0+\theta_1 h]$ 上再应用一次拉格朗日中值定理,得

$$[f'(x_0+\theta_1 h)-f'(x_0-\theta_2 h)]h=f''(\xi)(\theta_1+\theta_2)h^2,$$

其中 $x_0-\theta_2 h<\xi<x_0+\theta_1 h$.由此定理的条件知,$f''(\xi)>0$,故有

$$f(x_0+h)+f(x_0-h)-2f(x_0)>0,$$

即

$$\frac{f(x_0+h)+f(x_0-h)}{2}>f(x_0),$$

亦即

$$\frac{f(x_1)+f(x_2)}{2}>f\left(\frac{x_1+x_2}{2}\right).$$

所以,$f(x)$ 在 $[a,b]$ 上的图像是凹的.

类似地可证(2).

例4.37 讨论函数 $y=xe^{-x}$ 的凹凸性.

解 因为 $y'=e^{-x}-xe^{-x}$,$y''=-2e^{-x}+xe^{-x}=e^{-x}(x-2)$,故:

当 $x>2$ 时,$f''(x)>0$,所以 $y=xe^{-x}$ 在 $(2,+\infty)$ 上的图像为凹的;

当 $x<2$ 时,$f''(x)<0$,所以 $y=xe^{-x}$ 在 $(-\infty,2)$ 上的图像为凸的.

例4.38 讨论函数 $f(x)=x^3$ 的凹凸性.

解 求一、二阶导数,有 $f'(x)=3x^2$,$f''(x)=6x$.

当 $x<0$ 时,$f''(x)<0$,所以曲线在 $(-\infty,0]$ 内的图像为凸的;

当 $x>0$ 时,$f''(x)>0$,所以曲线在 $(0,+\infty]$ 内的图像为凹的.

注意到,在此例中,曲线在点 $O(0,0)$ 的两侧有不同的凹凸性.

读者可联系现实生活中的凹凸曲线案例.我们是不是可以想到港珠澳大桥、太极八卦图、蜿蜒的公路、过山车等典型的案例,其中,港珠澳大桥的建设取得了举世瞩目的成就,创下多项世界之最,体现了国家逢山开路、遇水架桥的奋斗精神.

定义 4.5 一条处处有切线的连续曲线 $y=f(x)$，若在点 $(x_0,f(x_0))$ 两侧，曲线有不同的凹凸性，即在此点的一边为凹的，而在它的另一边为凸的，则称此点为曲线的**拐点**.

如何来寻求曲线的拐点呢?

已知，由 $f''(x)$ 的符号可以判定曲线的凹凸性. 如果 $f''(x_0)=0$，而 $f''(x)$ 在点 x_0 的左右两侧邻近异号，那么点 $(x_0,f(x_0))$ 就是一个拐点. 因此如果 $f(x)$ 在区间 (a,b) 内每一点都有二阶导数，就可以按下列步骤来求曲线 $f(x)$ 的拐点：

(1) 求 $f''(x)$；

(2) 令 $f''(x)=0$，求出这个方程在区间 (a,b) 内的实根；

(3) 对于解出的每一个实根 x_0，检查 $f''(x)$ 在点 x_0 左、右两侧邻近的符号，当 $f''(x)$ 在点 x_0 左、右两侧的符号相反时，$(x_0,f(x_0))$ 就是拐点；当左、右两侧的符号相同时，点 $(x_0,f(x_0))$ 就不是拐点.

例 4.39 求函数 $f(x)=x^4-2x^3+1$ 的凹凸区间及对应曲线的拐点.

解 由 $f(x)=x^4-2x^3+1(-\infty<x<+\infty)$，求导得

$$f'(x)=4x^3-6x^2,\quad f''(x)=12x^2-12x=12(x-1)x.$$

令 $f''(x)=0$，解得 $x=0$ 和 $x=1$. 它们将定义域分成 3 个区间，列表如下：

x	$(-\infty,0)$	0	$(0,1)$	1	$(1,+\infty)$
$f''(x)$	$+$	0	$-$	0	$+$
$f(x)$	$\cup$	1	$\cap$	0	$\cup$

注：“$\cup$”表示凹，“$\cap$” 表示凸.

综上可知，函数的凸区间是 $(0,1)$，凹区间是 $(-\infty,0)$ 及 $(1,+\infty)$；曲线的拐点为 $(0,1)$ 及 $(1,0)$.

注 上述求拐点的方法是基于函数 $f(x)$ 在区间 (a,b) 内每一点都有二阶导数，如果 $f(x)$ 在区间 (a,b) 内有不存在二阶导数的点，这样的点也可能是拐点.

例 4.40 求 $f(x)=\sqrt[3]{x}$ 的凹凸区间及对应曲线的拐点.

解 由 $f(x)=\sqrt[3]{x}$，求得 $f'(x)=\dfrac{1}{3\sqrt[3]{x}}$，$f''(x)=-\dfrac{2}{9\sqrt[3]{x^5}}$.

二阶导数在 $(-\infty,+\infty)$ 内无零点，但 $x=0$ 是 $f''(x)$ 不存在的点，它把 $(-\infty,+\infty)$ 分成两个区间. 列表如下：

x	$(-\infty,0)$	0	$(0,+\infty)$
$f''(x)$	$+$	不存在	$-$
$f(x)$	$\cup$	0	$\cap$

在 $(-\infty,0)$ 内，$f''(x)>0$，故曲线是凹的；在 $(0,+\infty)$ 内，$f''(x)<0$，故曲线是凸的，点 $(0,0)$ 是曲线的拐点.

例 4.41 求函数 $f(x)=(x+1)^4+\mathrm{e}^x-6$ 图像的拐点和凹凸区间.

解 因为 $f'(x)=4(x+1)^3+\mathrm{e}^x$，$f''(x)=12(x+1)^2+\mathrm{e}^x$，所以对 $\forall x\in\mathbb{R}$，都有

$f''(x)>0$，故该函数曲线在定义域$\mathbb{R}$上都是凹的，没有拐点.

例 4.42 求函数 $f(x)=\ln(x^2+1)$图像的拐点和凹凸区间.

解 因为 $f'(x)=\dfrac{2x}{x^2+1}$，$f''(x)=\dfrac{2(1-x^2)}{(x^2+1)^2}$，所以：

当 $x<-1$ 时，都有 $f''(x)<0$；当 $-1<x<1$ 时，都有 $f''(x)>0$；当 $1<x$ 时，都有 $f''(x)<0$.

综上可知，该函数曲线在$(-\infty,-1]$和$[1,+\infty)$上都是凸的，在$[-1,1]$上凹的，有且仅有两个拐点分别是$(-1,\ln2)$和$(1,\ln2)$.

一说到拐点，读者一定会想到房价、股价的拐点，疫情的拐点；在疫情发生时，累计确诊的病例往往呈现“S”形曲线，这条曲线凹凸的分界点就是拐点. 当拐点到来时，确诊病例数持续上升，但是增速会变缓，这也意味着疫情得到了控制，向好的方向发展. 也要感谢在疫情中医务人员的无私付出和巨大贡献.

习题 4.4

一、求下列曲线的凹凸区间和拐点：

1. $f(x)=1+\sqrt[3]{x-2}$；　　2. $f(x)=x^4-2x^3+1$.

二、若点(1,3)为曲线 $y=ax^3+bx^2$ 的拐点，求 a,b 的值及凹凸区间.

三、已知(2,4)是曲线 $y=x^3+ax^2+bx+c$ 的拐点，且曲线在点 $x=3$ 处有极值，求 a,b,c.

四、试确定曲线 $y=ax^3+bx^2+cx+d$ 中的 a,b,c,d，使得该曲线过原点，在点(1,1)处有水平切线，且该点是曲线的拐点.

五、利用函数图像的凹凸性，证明下列不等式：

1. $\dfrac{1}{2}(x^n+y^n)>\left(\dfrac{x+y}{2}\right)^n$　　$(x>0,y>0,x\neq y,n>1)$；

2. $x\ln x+y\ln y>(x+y)\ln\dfrac{x+y}{2}$　　$(x>0,y>0,x\neq y)$；

3. $\dfrac{e^x+e^y}{2}>e^{\frac{x+y}{2}}$　　$(x\neq y)$.

4.5 渐近线

定义 4.6 当曲线 C 上的点 P 沿曲线 C 无限远移时，若 P 到某直线 l 的距离 d 趋于零(参见图 4.9)，那么直线 l 就称为曲线的**渐近线**.

垂直于 x 轴的渐近线称为**铅直渐近线**，其他的渐近线称为**斜渐近线**(其中平行于 x 轴的渐近线又称为**水平渐近线**)，也可以把水平渐近线从斜渐近线中分离出来单独讨论.

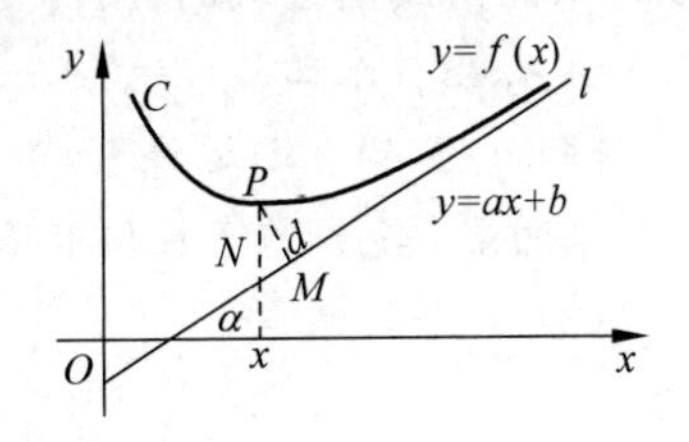

图 4.9 渐近线示意图

1. 铅直渐近线

若 $\lim\limits_{x\to x_0^+}f(x)=\infty$或 $\lim\limits_{x\to x_0^-}f(x)=\infty$，则直线 $x=x_0$ 就

是曲线 $y=f(x)$的一条铅直渐近线.

例如,对于曲线 $y=\frac{1}{(x-1)(x+1)}$, 容易看出,$x=-1$ 和 $x=1$,是它的两条铅直渐近线,而 $y=\tan x$ 则有着无数条铅直渐近线 $x=\pm\frac{1}{2}\pi, x=\pm\frac{3}{2}\pi,\cdots$.

2. 水平渐近线

如果 $\lim\limits_{x\to+\infty} f(x)=b$ 或 $\lim\limits_{x\to-\infty} f(x)=b$ (b 为常数),那么,$y=b$ 就是曲线 $y=f(x)$的一条水平渐近线.

例如,对于函数 $y=\arctan x$,因为

$$\lim_{x\to+\infty} \arctan x=\frac{\pi}{2}, \quad \lim_{x\to-\infty} \arctan x=-\frac{\pi}{2},$$

所以,$y=\frac{\pi}{2}$,$y=-\frac{\pi}{2}$都是曲线 $y=\arctan x$ 的水平渐近线.

3. 斜渐近线

为了简单起见,用 $x\to\infty$的记号来代替 $x\to+\infty$或 $x\to-\infty$的任一种情况.

设直线 $y=ax+b$ 是曲线 $y=f(x)$ 的一条斜渐近线.怎样确定常数 a 和 b 呢?

如图 4.10 所示,曲线 $y=f(x)$上任一点 $P(x,y)$到渐近线的距离是

$$|PM|=|PN\cos\alpha|=|f(x)-(ax+b)|\cos\alpha,$$

其中 α 是直线 l 与 x 轴的夹角.

由定义 4.6,当 $x\to\infty$时,$|PM|\to 0$,所以

$$\lim_{x\to\infty} [f(x)-(ax+b)]=0, \tag{4.3}$$

当然就有

$$\lim_{x\to\infty} \frac{f(x)-ax-b}{x}=0,$$

$$\lim_{x\to\infty} \frac{f(x)-ax-b}{x}=\lim_{x\to\infty}\left[\frac{f(x)}{x}-a-\frac{b}{x}\right]=\lim_{x\to\infty}\left[\frac{f(x)}{x}-a\right]=0,$$

即

$$\lim_{x\to\infty} \frac{f(x)}{x}=a. \tag{4.4}$$

再由(4.3)式,可得

$$\lim_{x\to\infty} [f(x)-ax]=b. \tag{4.5}$$

所以,若直线 $y=ax+b$ 是曲线 $y=f(x)$的斜渐近线,则我们可按(4.4)式与(4.5)式求出 a 与 b,从而得到渐近线的方程.

例 4.43 求曲线 $y=2x+\arctan x$ 的渐近线.

解 (1) 铅直渐近线

很明显,当 x 趋于任何有限数时,y 都不会趋于∞,故它没有铅直渐近线.

(2) 斜渐近线

$$a_1=\lim_{x\to+\infty}\frac{f(x)}{x}=\lim_{x\to+\infty}\left(2+\frac{\arctan x}{x}\right)=2,$$

$$b_1=\lim_{x\to+\infty}[f(x)-2x]=\lim_{x\to+\infty}(2x+\arctan x-2x)=\lim_{x\to+\infty}\arctan x=\frac{\pi}{2}.$$

所以，$y=2x+\frac{\pi}{2}$是曲线 $y=f(x)$的一条斜渐近线.

$$a_2=\lim_{x\to-\infty}\frac{f(x)}{x}=\lim_{x\to-\infty}\left(2+\frac{\arctan x}{x}\right)=2,$$

$$b_2=\lim_{x\to-\infty}(f(x)-2x)=\lim_{x\to-\infty}\arctan x=-\frac{\pi}{2}.$$

所以，$y=2x-\frac{\pi}{2}$是曲线的另一条斜渐近线.

例 4.44 求曲线 $f(x)=\frac{2(x-2)(x+3)}{x-1}$的渐近线.

解 已知 $\lim\limits_{x\to1^+}f(x)=\infty$，则 $x=1$ 是曲线的铅直渐近线. 又有

$$a=\lim_{x\to\infty}\frac{f(x)}{x}=\lim_{x\to\infty}\frac{2(x-2)(x+3)}{x(x-1)}=2,$$

$$b=\lim_{x\to\infty}[f(x)-ax]=\lim_{x\to\infty}\left[\frac{2(x-2)(x+3)}{(x-1)}-2x\right]$$

$$=\lim_{x\to\infty}\frac{2(x-2)(x+3)-2x(x-1)}{x-1}=4,$$

故直线 $y=2x+4$ 是曲线的斜渐近线.

例 4.45 求曲线 $f(x)=\frac{x^2-1}{x^2-3x+2}$ 的渐近线.

解 $\lim\limits_{x\to\infty}\frac{x^2-1}{x^2-3x+2}=1$，所以 $y=1$ 为水平渐近线；

$\lim\limits_{x\to2}\frac{x^2-1}{x^2-3x+2}=\infty$，所以，$x=2$ 为铅直渐近线.

无斜渐近线.

注 $\lim\limits_{x\to1}\frac{x^2-1}{x^2-3x+2}=\lim\limits_{x\to1}\frac{x+1}{x-2}=-2$，所以，$x=1$ 不是铅直渐近线.

习题 4.5

1. 求曲线 $y=\begin{cases}e^x, & x<0,\\ e^{\frac{1}{x}}, & 0<x\leqslant1,\\ \frac{\ln x}{x-2}, & x>1\end{cases}$的铅直渐近线.

2. 已知曲线 $y=\frac{x^2}{x^2-1}$，求其渐近线.

3. 求曲线 $y=(x-1)e^{\frac{\pi}{2}+\arctan x}$ 的渐近线.

*4.6 函数图像的描绘

这一节我们来讨论函数作图的问题. 描绘函数的图像,通常采用的是描点法,在函数的定义域中选择一些样本点 $x_1, x_2, \cdots, x_n$,计算出这些点上的函数值,并在坐标平面上标出相应的点,然后用光滑的曲线按照样本点依次增加或减少的次序把相邻的点连接起来,就得到了 $y=f(x)$ 的大致图像. 如何选择样本点是描点法的一个关键步骤,在不了解函数性态的情况下,常用的方法是等间距取样. 这样做点描得太少,图像不准确,点描得多了,工作量又太大,而且画出的图像也难以准确地表达函数的某些主要特性(如曲线的凹凸性、极值、拐点、渐近线等). 合理的做法是先讨论函数的性质,据此选出一些关键性的点描图,这样做工作量不大,却可以比较准确地掌握图像的概貌. 一般来说,描绘函数的图像可按下列步骤进行:

(1) 确定函数的定义域;

(2) 讨论函数的一些基本性质,如奇偶性、周期性等;

(3) 求出 $f'(x), f''(x)$ 的零点和不存在的点,用所求出的点把定义域分成若干区间,列表,确定函数的单调性、凹凸性、极值点和拐点;

(4) 确定函数是否存在渐近线;

(5) 求出曲线上一些特殊点的坐标(包括与坐标轴的交点等);

(6) 在直角坐标系中,首先标明所有关键性的点的坐标,画出渐近线,然后按照曲线的性态逐段描绘.

例 4.46 试作出函数 $y=\dfrac{2x^2}{x^2-1}$ 的图像.

解 (1) $f(x)=\dfrac{2x^2}{x^2-1}$ 的定义域为 $(-\infty,-1)\cup(-1,1)\cup(1,+\infty)$;

(2) $f(x)$ 为偶函数,无周期性;

(3) $f'(x)=-\dfrac{4x}{(x^2-1)^2}$, $f''(x)=\dfrac{12x^2+4}{(x^2-1)^3}$, $f(x)$ 和 $f'(x)$ 的零点是 $x=0$; 在 $x=\pm 1$ 处, $f(x), f'(x), f''(x)$ 均不存在;

(4) 用 $-1,0,1$ 这 3 个点把定义域分为 4 个区间,并列表如下:

x	$(-\infty,-1)$	$(-1,0)$	0	$(0,1)$	$(1,+\infty)$
$f'(x)$	+	+	0	−	−
$f''(x)$	+	−	−4	−	+
$f(x)$	↗	↗	极大	↘	↘
	∪	∩	0	∩	∪

(5) 考查曲线的渐近线.

$\lim\limits_{x\to -1} f(x)=\infty$, $\lim\limits_{x\to +1} f(x)=\infty$,所以 $x=\pm 1$ 均是铅直渐近线.

$\lim\limits_{x\to\infty} f(x)=2$，所以 $y=2$ 是一条水平渐近线.

(6) 综合上述讨论，绘出函数 $y=\dfrac{2x^2}{x^2-1}$ 的图像(参见图 4.10).

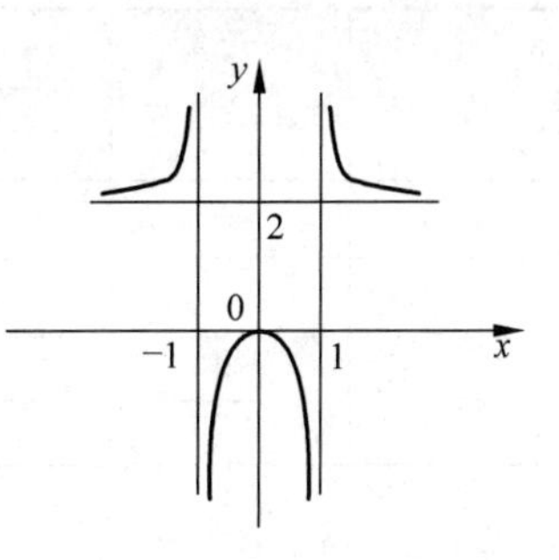

图 4.10　$y=\dfrac{2x^2}{x^2-1}$ 的图像

例 4.47　试作出函数 $y=\dfrac{(x-3)^2}{4(x-1)}$ 的图像.

解　$f(x)$ 的定义域为 $(-\infty,1)\cup(1,+\infty)$；$f(x)$ 是非奇非偶函数，无周期性；

$$f'(x)=\frac{(x-3)(x+1)}{4(x-1)^2},\quad f''(x)=\frac{2}{(x-1)^3},$$

$f'(x)$ 的零点是 $x_1=-1, x_2=3$，$f''(x)$ 无零点，用 $-1,1,3$ 三个点把定义域分为 4 个区间，列表如下：

x	$(-\infty,-1)$	-1	$(-1,1)$	$(1,3)$	3	$(3,+\infty)$
$f'(x)$	+	0	−	−	0	+
$f''(x)$	−	−	−	+	+	+
$f(x)$	↗	极大点	↘	↘	极小点	↗
	⌒		⌒	⌣		⌣

考查曲线的渐近线.

$$\lim_{x\to 1}\frac{(x-3)^2}{4(x-1)}=\infty,$$

所以 $x=1$ 是铅直渐近线，

$$\lim_{x\to\infty}\frac{f(x)}{x}=\lim_{x\to\infty}\frac{(x-3)^2}{4(x-1)x}=\frac{1}{4},$$

$$\lim_{x\to\infty}\left(f(x)-\frac{1}{4}x\right)=\lim_{x\to\infty}\left[\frac{(x-3)^2}{4(x-1)}-\frac{1}{4}x\right]=\lim_{x\to\infty}\frac{-5x+9}{4(x-1)}=-\frac{5}{4},$$

所以，$y=\dfrac{1}{4}x-\dfrac{5}{4}$ 是 $f(x)$ 的斜渐近线.

综合上述讨论，绘出函数的图像(参见图 4.11).

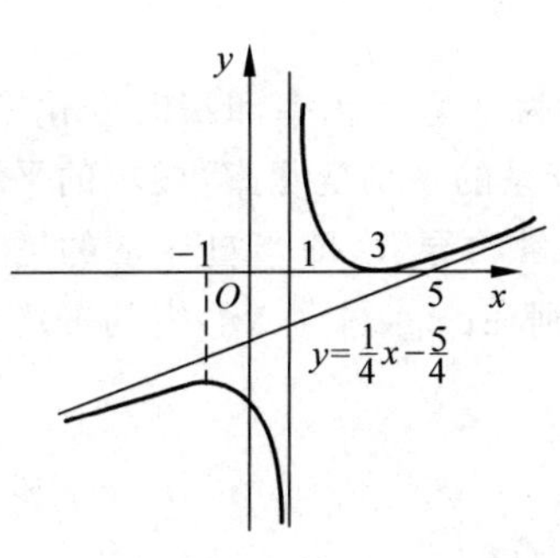
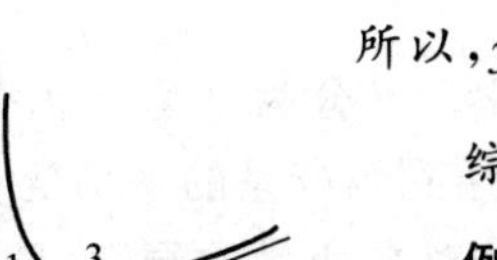

图 4.11　$y=\dfrac{(x-3)^2}{4(x-1)}$ 的图像

例 4.48　描绘函数 $y=\mathrm{e}^{-x^2}$ 的图像.

解　$f(x)$ 的定义域是 $(-\infty,+\infty)$，$f(x)$ 为偶函数，无周期性；

$$f'(x)=-2x\mathrm{e}^{-x^2},\quad f''(x)=2(2x^2-1)\mathrm{e}^{-x^2},$$

$f'(x)$ 的零点是 0，$f''(x)$ 的零点是 $-\dfrac{1}{\sqrt{2}}$ 与 $\dfrac{1}{\sqrt{2}}$，它们把定义域分成 3 个区间，列表如下：

x	$\left(-\infty,-\frac{1}{\sqrt{2}}\right)$	$-\frac{1}{\sqrt{2}}$	$\left(-\frac{1}{\sqrt{2}},0\right)$	0	$\left(0,\frac{1}{\sqrt{2}}\right)$	$\frac{1}{\sqrt{2}}$	$\left(\frac{1}{\sqrt{2}},+\infty\right)$
$f'(x)$	+		+	0	−		−
$f''(x)$	+	0	−		−	0	+
$f(x)$	↗		↗	极大点	↘		↘
	∪	拐点	∪		∪	拐点	∪

因为 $\lim\limits_{x\to\infty} e^{-x^2}=0$，所以 $y=0$ 是水平渐近线.

综合上述讨论，绘出函数的图像(参见图 4.12).

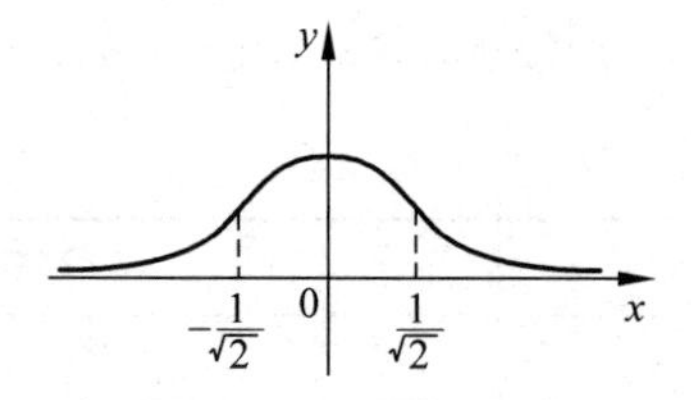

图 4.12 $y=e^{-x^2}$ 的图像

4.7 导数在经济分析中的应用

求出某些量的最大值或最小值对现实世界的很多问题都十分重要. 例如，工程师想用原木切出最结实的主干部分；科学家要计算在给定温度下，哪种波长辐射量最大；在生产实践中经常要考虑在一定条件下使材料最省、利润最大、损耗最少等问题. 所有求这种最值的方法构成了一个称为最优化的领域. 本节我们将看到导数如何提供一种有效方法来解决许多最优化问题.

4.7.1 边际分析

1. 边际概念

在经济问题中，常常会使用变化率的概念，而变化率又分为平均变化率和瞬时变化率. 平均变化率就是函数增量与自变量增量之比. 例如常用到年产量的平均变化率、成本的平均变化率、利润的平均变化率等. 而瞬时变化率就是函数对自变量的导数，即当自变量的增量趋于零时平均变化率的极限. 若函数 $y=f(x)$ 在 x_0 处可导，则在 $(x_0,x_0+\Delta x)$ 内的平均变化率为 $\frac{\Delta y}{\Delta x}$；在 x_0 处的瞬时变化率为

$$\lim_{\Delta x\to 0}\frac{f(x_0+\Delta x)-f(x_0)}{\Delta x}=f'(x_0),$$

此式表示 y 关于 x 在“边际上” x_0 处的变化率，即 x 从 $x=x_0$ 起作微小变化时 y 关于 x 的变化率. 经济学中称达到 $x=x_0$ 前一个单位时 y 的变化为边际变化.

设在 $x=x_0$ 处，从 x_0 改变一个单位时，y 的增量 Δy 的准确值为 $\Delta y\Big|_{\substack{x=x_0\\ \Delta x=1}}$，当 x 改变的

“单位”相对于 x_0 来说很小时，则由微分的应用知道，Δy 的近似值为

$$\Delta y \approx \mathrm{d}y = f'(x)\mathrm{d}x \Big|_{\substack{x=x_0 \\ \Delta x=1}} = f'(x_0).$$

于是有如下定义.

定义 4.7 设函数 $y=f(x)$ 在 x 处可导，则称导数 $f'(x)$ 为 $f(x)$ 的**边际函数**. $f'(x)$ 在 x_0 处的值 $f'(x_0)$ 称为**边际函数值**. 即当 $x=x_0$ 时，x 改变一个单位，y 改变 $f'(x_0)$ 个单位.

例 4.49 设函数 $y=2x^2$，求 y 在 $x=5$ 时的边际函数值.

解 因为 $y'=4x$，所以 $y'\big|_{x=5}=20$. 该值表明：当 $x=5$ 时，x 改变一个单位(增加或减少一个单位)，y 改变 20 个单位(增加或减少 20 个单位).

2. 边际成本

设总成本函数 $C_T=C_T(Q)$，Q 为产量，则生产 Q 个单位产品时的边际成本函数为

$$C_M = \frac{\mathrm{d}C_T(Q)}{\mathrm{d}Q}.$$

该式可理解为当生产 Q 个单位产品前最后增加的那个单位产量所花费的成本，或生产 Q 个单位产品后增加的那个单位产量所花费的成本. 这两种理解都算正确.

例 4.50 设总成本函数

$$C_T = 0.001Q^3 - 0.3Q^2 + 40Q + 1000,$$

求边际成本函数和 $Q=50$ 单位时的边际成本并解释后者的经济意义.

解 (1) 边际成本函数为

$$C_M = \frac{\mathrm{d}C_T}{\mathrm{d}Q} = 0.003Q^2 - 0.6Q + 40.$$

(2) $Q=50$ 单位时的边际成本

$$C_M\Big|_{Q=50} = (0.003Q^2 - 0.6Q + 40)\Big|_{Q=50} = 17.5,$$

这表示生产第 50 个或第 51 个单位产品时所花费的成本为 17.5.

例 4.51 某工厂生产 Q 个单位产品的总成本 C_T 为产量 Q 的函数

$$C_T = 1100 + \frac{1}{1200}Q^2.$$

求：(1) 生产 900 个单位时的总成本和平均成本；

(2) 生产 900 个单位到 1000 个单位时的总成本的平均变化率；

(3) 生产 900 个单位时的边际成本.

解 (1) 生产 900 个单位时的总成本为

$$C_T\Big|_{Q=900} = \left(1100 + \frac{1}{1200}Q^2\right)\Big|_{Q=900} = 1775.$$

平均成本为

$$\frac{C_T\big|_{Q=900}}{900} = \frac{1775}{900} \approx 1.97.$$

(2) 生产 900 个单位到 1000 个单位时的总成本的平均变化率为

$$\frac{\Delta C_T}{\Delta Q}=\frac{C_T(1000)-C_T(900)}{1000-900}=\frac{1933-1775}{100}=1.58.$$

(3) 生产 900 个单位时的边际成本为

$$C_M(900)=\left.\frac{\mathrm{d}C_T}{\mathrm{d}Q}\right|_{Q=900}=\left.\frac{1}{600}Q\right|_{Q=900}=1.5.$$

3. 边际收益

设总收益函数为 $R_T=PQ$,P 为价格,Q 为销售量. 再设需求函数为 $P=P(Q)$,则总收益函数为 $R_T=QP(Q)$,故平均收益 R_A 为

$$R_A=\frac{R_T}{Q}=P(Q).$$

即价格 $P(Q)$可视为从需求量(即销售量)Q 上获得的平均收益. 若设边际收益为 R_M,则有

$$R_M=\frac{\mathrm{d}R_T}{\mathrm{d}Q}=P(Q)+QP'(Q).$$

该式表示当销售 Q 个单位时,多销售一个单位产品或少销售一个单位产品使其增加或减少的收益. 其他,如边际利润等也作类似的处理.

例 4.52 设某产品的需求函数为

$$P=20-\frac{Q}{5},$$

其中 P 为价格,Q 为销售量. 求销售量为 15 个单位时的总收益、平均收益与边际收益. 并求当销售量从 15 个单位增加到 20 个单位时收益的平均变化率.

解 设总收益为 R_T,则

$$R_T=QP(Q)=20Q-\frac{Q^2}{5},$$

故销售量为 15 个单位时,有

总收益 $$\left.R_T\right|_{Q=15}=\left.\left(20Q-\frac{Q^2}{5}\right)\right|_{Q=15}=255,$$

平均收益 $$\left.R_A\right|_{Q=15}=\left.\frac{R_T}{Q}\right|_{Q=15}=\left.P(Q)\right|_{Q=15}=17,$$

边际收益 $$\left.R_M\right|_{Q=15}=\left.\frac{\mathrm{d}R_T}{\mathrm{d}Q}\right|_{Q=15}=\left.\left(20-\frac{2}{5}Q\right)\right|_{Q=15}=14.$$

当销售量从 15 个单位增加到 20 个单位时收益的平均变化率为

$$\frac{\Delta R}{\Delta Q}=\frac{R_T(20)-R_T(15)}{20-15}=\frac{320-255}{5}=13.$$

4.7.2 弹性分析

1. 函数的弹性

在边际分析中所讨论的函数改变量和函数变化率是绝对改变量和绝对变化率. 在经济问题中,仅仅用绝对改变量和绝对变化率是不够的. 例如,甲商品每单位价格 5 元,涨价

1 元；乙商品单位价格 200 元，也涨价 1 元. 两种商品价格的绝对改变量都是 1 元，哪个商品的涨价幅度更大呢？只要用它们与其原价相比就能获得问题的解答. 甲商品涨价百分比为 20%，乙商品涨价百分比为 0.5%. 显然甲商品的涨价幅度比乙商品的涨价幅度大. 因此，有必要研究函数的相对改变量和相对变化率.

例如，设函数为 $y=x^2$，当 x 从 8 增加到 10 时，相应地 y 从 64 增加到 100，即自变量 x 的绝对增量 $\Delta x=2$，函数 y 的绝对增量 $\Delta y=36$. 又

$$\frac{\Delta x}{x}=\frac{2}{8}=25\%,\quad \frac{\Delta y}{y}=\frac{36}{64}=56.25\%,$$

即当 x 从 8 增加到 10，x 增加了 25%，y 相应地增加了 56.25%. 分别称 $\frac{\Delta x}{x}$ 与 $\frac{\Delta y}{y}$ 为自变量与函数的相对改变量(或相对增量). 如果在本例子中，再引入下式：

$$\frac{\Delta y}{y}\bigg/\frac{\Delta x}{x}=\frac{56.25\%}{25\%}=2.25,$$

那么该式表示在区间(8,10)内，从 $x=8$ 时起，x 增加 1%，则相应地 y 增加 2.25%. 称此为从 $x=8$ 到 $x=10$ 时，函数 $y=x^2$ 的平均相对变化率. 因此，有如下定义.

定义 4.8 设函数 $y=f(x)$ 在 x 点可导，函数的相对改变量 $\frac{\Delta y}{y}=\frac{f(x+\Delta x)-f(x)}{f(x)}$ 与自变量的相对改变量 $\frac{\Delta x}{x}$ 之比 $\frac{\Delta y}{y}\Big/\frac{\Delta x}{x}$ 称为函数 $y=f(x)$ 从 x 到 $x+\Delta x$ 两点间的弹性. 当 $\Delta x\to 0$ 时，$\frac{\Delta y}{y}\Big/\frac{\Delta x}{x}$ 的极限称为 $y=f(x)$ 在 x 点的弹性，记作 $\frac{\mathrm{E}y}{\mathrm{E}x}$，即

$$\frac{\mathrm{E}y}{\mathrm{E}x}=\lim_{\Delta x\to 0}\frac{\Delta y}{y}\bigg/\frac{\Delta x}{x}=y'\cdot\frac{x}{y}.$$

由于 $\frac{\mathrm{E}y}{\mathrm{E}x}$ 也是 x 的函数，故称之为函数 $y=f(x)$ 的**弹性函数**.

例 4.53 求函数 $y=3+2x$ 在 $x=3$ 处的弹性.

解 $y'=2$，$\frac{\mathrm{E}y}{\mathrm{E}x}=y'\frac{x}{y}=\frac{2x}{3+2x}$，$\frac{\mathrm{E}y}{\mathrm{E}x}\bigg|_{x=3}=\frac{2x}{3+2x}\bigg|_{x=3}=\frac{2}{3}$.

2. 需求价格弹性与总收益

由于需求函数一般为价格的递减函数，它的边际函数小于零，故其价格弹性取负值. 因此，经济学中常规定需求价格弹性为

$$\varepsilon_{DP}=-\frac{\mathrm{d}D}{\mathrm{d}P}\cdot\frac{P}{D},$$

这样，需求价格弹性便取正值. 即使如此，在对需求价格弹性作经济意义的解释时，也应理解为需求量的变化与价格的变化是反方向的.

总收益 R 是商品价格 P 与销售量 D 的乘积，即

$$R=PD=Pf(P),$$

其中 $D=f(P)$ 是需求价格函数.

$$R'=f(P)+Pf'(P)=f(P)\left(1+f'(P)\frac{P}{f(P)}\right)=f(P)(1-\varepsilon_{DP}).$$

(1) 若 $\varepsilon_{DP}<1$,需求变动的幅度小于价格变动的幅度.此时 $R'>0$,R 递增.即价格上涨,则总收益增加；价格下跌,则总收益减少.

(2) 若 $\varepsilon_{DP}>1$,需求变动的幅度大于价格变动的幅度.此时 $R'<0$,R 递减.即价格上涨,则总收益减少；价格下跌,则总收益增加.

(3) 若 $\varepsilon_{DP}=1$,需求变动的幅度等于价格变动的幅度.此时 $R'=0$,R 取得最大值.

综上所述,总收益的变化受需求弹性的制约,随商品需求弹性的变化而变化.

例 4.54 设商品需求函数为 $D=f(P)=12-\frac{P}{2}$.

(1) 求需求弹性函数;

(2) 求 $P=6$ 时的需求弹性;

(3) 在 $P=6$ 时,若价格上涨 1%,总收益增加还是减少？将变化百分之几？

解 (1) $\varepsilon_{DP}=\frac{1}{2}\frac{P}{12-\frac{P}{2}}=\frac{P}{24-P}$;

(2) $\varepsilon_{DP}\Big|_{P=6}=\frac{P}{24-P}\Big|_{P=6}=\frac{6}{24-6}=\frac{1}{3}$;

(3) $\varepsilon_{DP}\Big|_{P=6}=\frac{1}{3}<1$,所以价格上涨,总收益增加.

$R'=f(P)(1-\varepsilon_{DP})$,

$R'(6)=f(6)\left(1-\frac{1}{3}\right)=9\times\frac{2}{3}=6$, $R=\left(12-\frac{P}{2}\right)P$, $R(6)=54$,

$\frac{\mathrm{E}R}{\mathrm{E}P}=R'(6)\frac{6}{R(6)}=6\times\frac{6}{54}=\frac{2}{3}\approx 0.67.$

所以当 $P=6$ 时,价格上涨 1%,总收益约增加 0.67%.

4.7.3 函数极值在经济管理中的应用

1. 最大利润问题

在经济学中,总收入和总成本都可以表示为产量 x 的函数,分别记为 $R(x)$和 $C(x)$,则总利润 $L(x)$可表示为

$$L(x)=R(x)-C(x).$$

为使总利润最大,其一阶导数应等于零,即

$$\frac{\mathrm{d}L(x)}{\mathrm{d}x}=\frac{\mathrm{d}[R(x)-C(x)]}{\mathrm{d}x}=0,$$

由此可得

$$\frac{\mathrm{d}R(x)}{\mathrm{d}x}=\frac{\mathrm{d}C(x)}{\mathrm{d}x}.$$

上式表示,欲使总利润最大,必须使边际收益等于边际成本,这是经济学中关于厂商行为的一个重要命题.

根据极值存在的第二充分条件，为使总利润最大，还要求二阶导数

$$\frac{\mathrm{d}^2L(x)}{\mathrm{d}x^2}=\frac{\mathrm{d}^2[R(x)-C(x)]}{\mathrm{d}x^2}<0,$$

由此可得

$$\frac{\mathrm{d}^2R(x)}{\mathrm{d}x^2}<\frac{\mathrm{d}^2C(x)}{\mathrm{d}x^2}.$$

这就是说，在获得最大利润的产量处，必须要求边际收益等于边际成本. 但此时若又有边际收益对产量的微商小于边际成本对产量的微商，则该产量处一定获得最大利润.

下面讨论另一种情况. 在上面的讨论中，是假定先由厂商规定产量，再根据需求关系决定价格. 但在某些市场条件下，也可由厂商先定价格，然后由需求关系去决定产量，此时可将产量 x 看作价格 P 的函数 $x=\Phi(P)$，这样，总收入函数为

$$R=R(x)=xP=P\Phi(P),$$

总成本函数为

$$C=C(x)=C(\Phi(P)).$$

在价格为 P 时的总利润为

$$L=R-C=P\Phi(P)-C(\Phi(P)).$$

为使总利润最大，根据极值的充分条件，要求满足：

(1) $\frac{\mathrm{d}L}{\mathrm{d}P}=\frac{\mathrm{d}}{\mathrm{d}P}(R-C)=0$，即

$$\Phi(P)+P\Phi'(P)-\frac{\mathrm{d}C}{\mathrm{d}x}\Phi'(P)=0 \quad 或 \quad \Phi(P)+\left(P-\frac{\mathrm{d}C}{\mathrm{d}x}\right)\Phi'(P)=0;$$

(2) $\frac{\mathrm{d}^2L}{\mathrm{d}P^2}=\frac{\mathrm{d}^2}{\mathrm{d}P^2}(R-C)<0$，即

$$\Phi'(P)+\Phi'(P)+P\Phi''(P)-\frac{\mathrm{d}^2C}{\mathrm{d}x^2}(\Phi'(P))^2-\frac{\mathrm{d}C}{\mathrm{d}x}\Phi''(P)<0,$$

或

$$\left[2+\Phi'(P)\frac{\mathrm{d}^2C}{\mathrm{d}x^2}\right]\Phi'(P)+\left(P-\frac{\mathrm{d}C}{\mathrm{d}x}\right)\Phi''(P)<0.$$

也就是说，只要满足上述两个条件，就可使总利润最大，此时的最优产量由 $x=\Phi(P)$确定.

由条件(1)容易得到

$$\frac{\mathrm{d}C}{\mathrm{d}x}=\frac{\Phi(P)+P\Phi'(P)}{\Phi'(P)}=\frac{\frac{\mathrm{d}R}{\mathrm{d}P}}{\frac{\mathrm{d}x}{\mathrm{d}P}}=\frac{\mathrm{d}R}{\mathrm{d}x}.$$

上述等式说明，能使总利润达到最大的价格 P，也必能使边际收益等于边际成本. 由此可见，无论以产量 x 还是以价格 P 作为自变量，上述两种分析得到的是同样的最优产量和最优价格.

例 4.55 假设某企业生产某产品的年产量为 x(百个)，已知产品的固定成本为 2 万元，每生产 1 百个产品成本增加 1 万元，x 百个产品的总收入为 $4x-\frac{x^2}{2}$万元，问年产量 x 为多少时，该企业利润最大，最大利润为多少？

解 设利润函数为 $L(x)$，则 $L(x)=4x-\frac{x^2}{2}-2-x=3x-\frac{x^2}{2}-2$，$L'(x)=3-x$.

令 $L'(x)=0$，解得 $x=3$. 又 $L''(x)=-1<0$，则 $L(x)$ 在 $x=3$ 处取得极大值.

又 $L(0)=-2$，当 $x>3$ 时 $L(x)$ 单调减少，则 $L(x)$ 在 $x=3$ 处取得最大值，最大值为 $L(3)=\frac{5}{2}$.

因此年产量 x 为 3 百个时，该企业利润最大，最大利润为 $\frac{5}{2}$ 万元.

例 4.56 某工厂每月生产某种商品的个数 x 与需要的总费用的函数关系为 $10+2x+\frac{x^2}{4}$（费用单位：万元）. 若将这些商品以每个 9 万元售出，问每月生产多少个商品时利润最大？最大利润是多少？

解 $L(x)=9x-\left(10+2x+\frac{x^2}{4}\right)=-\frac{x^2}{4}+7x-10$，$L'(x)=-\frac{x}{2}+7$.

令 $L'(x)=-\frac{x}{2}+7=0$，得 $x=14$.

又 $L''(x)=-\frac{1}{2}<0$，故 $x=14$ 为极大值点，即每月生产 14 个商品时利润最大，最大利润为 $L(14)=-\frac{14^2}{4}+7x-10=39$（万元）.

2. 库存问题

工厂、商店都要预存原料、货物，称为库存. 合理的库存量并非越少越好，必须同时达到三个目标：第一，库存要少，以便降低库存费用和流动资金占用量；第二，存货短缺机会少，以便减少因停工待料造成的损失；第三，订购的次数要少，以便降低订购费用.

库存问题就是要求出使总费用（存储费与订购费之和）最小的订货批量（也称为经济批量）. 为了使问题简化，假设：

(1) 不允许缺货；

(2) 当库存量降为零时，可立即得到补充；

(3) 需求是连续均匀的，单位时间内的需求量是常数，这样，平均库存量为最大库存量的一半.

若某企业某种货物的年需求量为 s，每次订货费为 c_1，单位货物储存一年的费用为 c_2，每次订购量为 q，货物的单价为 p，于是：

(1) 年订货次数为 $\frac{s}{q}$，年订货费为 $\frac{s}{q}c_1$；

(2) 全年每天平均库存量为 $\frac{q}{2}$，年存储费为 $\frac{q}{2}c_2$.

则全年的总费用为 $C=\frac{c_1 s}{q}+\frac{c_2 q}{2}$. 在上式对 q 求导，得

$$\frac{\mathrm{d}C}{\mathrm{d}q}=-\frac{c_1 s}{q^2}+\frac{c_2}{2},\quad \frac{\mathrm{d}^2 C}{\mathrm{d}^2 q}=\frac{2c_1 s}{q^3}>0.$$

令$\frac{dC}{dq}=0$,解得最优经济批量为$q^*=\sqrt{\frac{2c_1 s}{c_2}}$,最优订货次数为$E=\frac{s}{q^*}=\sqrt{\frac{c_2 s}{2c_1}}$,最小年总费用为$C^*=\sqrt{2c_1 c_2 s}$.

例 4.57 某商店每年销售某种商品10000kg,每次订货的手续费为40元,商品的单价为2元/kg,存储费是平均库存商品价值的10%,求最优订货批量.

解 设订货批量为q,则年订货费为$40\times\frac{10^4}{q}$,年存储费为$2\times\frac{q}{2}\times 0.1$,因此全年总费用为

$$C=40\times\frac{10^4}{q}+0.1q,\qquad 故\frac{dC}{dq}=-\frac{4\times 10^5}{q^2}+0.1.$$

令$\frac{dC}{dq}=0$,解得最优订货批量为$q^*=2000$.

3. 平均成本最低的生产量问题

在生产中,经常遇到这样的问题,在既定的生产规模条件下,如何生产能使成本最低、利润最大?

设某企业某种产品的产量为x个单位,$C(x)$代表总成本,则在x处的边际成本为$C'=C'(x)$,而生产每单位产品的平均成本为$g(x)=\frac{C(x)}{x}$.

因而,由$C(x)=xg(x)$可得$C'(x)=g(x)+xg'(x)$.

由极值存在的必要条件知道,使平均成本为极小的生产量x_0应满足$g'(x_0)=0$,代入上式得

$$C'(x_0)=g(x_0).$$

此式得出了经济学的一个重要结论:使平均成本为最小的生产水平(生产量x_0),正是使边际成本等于平均成本的生产水平(生产量x_0).

例 4.58 某产品每生产x单位的总成本函数为$C(x)=\frac{1}{5}x^2+4x+20$,求:

(1) 平均成本最小时的产量;(2) 最小平均成本.

解 产量为x单位时,每单位的平均成本为

$$g(x)=\frac{\frac{1}{5}x^2+4x+20}{x}=\frac{1}{5}x+4+\frac{20}{x},$$

$$g'(x)=\frac{1}{5}-\frac{20}{x^2}=\frac{(x-10)(x+10)}{5x^2}.$$

令$g'(x)=0$,得$x_1=10$,$x_2=-10$(舍去).由于$g''(x)=\frac{40}{x^3}>0$(当$x>0$时).所以$x=10$是平均成本的极小值点.

当$x=10$时,$g(10)=8$(元/单位),因此生产10单位时,平均成本最小,这时平均成本为8(元/单位).

习题 4.7

1. 某化工厂日产能力最高为1000吨,每日产品的总成本C(单位:元)是日产量x(单

位：吨)的函数

$$C=C(x)=1000+7x+50\sqrt{x},\quad x\in[0,1000].$$

求：(1)当日产量为100吨时的边际成本；(2)当日产量为100吨时的平均单位成本.

2. 设某产品生产 x 单位的总收益 R 为 x 的函数

$$R=R(x)=200x-0.11x^2.$$

求：生产50单位产品时的总收益和平均单位产品的收益和边际收益.

3. 某厂生产某种商品，其年销售量为100万件，每批生产需增加准备费1000元，而每件的库存费用为0.05元，如果年销售量是平均的，且上批售完后立即再生产下一批(此时商品库存数为批产量的一半). 问应分几批生产，能使生产费和库存费之和最小.

第4章测试题

一、选择题

1. 下列函数在给定区间上满足罗尔定理的有(　　).

A. $y=\dfrac{1}{\sqrt[3]{(x-1)^2}},[-1,2]$　　B. $y=x\mathrm{e}^{-x},[0,1]$

C. $y=x\sin x,[0,\pi]$　　D. $y=\begin{cases}x+1, & x<2,\\ 1, & x\geqslant 2,\end{cases}[0,2]$

2. 函数 $f(x)$ 在 $[0,1]$ 上连续，在 $(0,1)$ 内可导，$0<x_1<x_2<1$，则至少存在一点 ξ，使(　　)必然成立.

A. $f(1)-f(0)=f'(\xi)$，ξ 位于0,1之间

B. $f(x_2)-f(x_2)=f'(\xi)(x_1-x_2)$，$\xi$ 位于 x_1,x_2 之间

C. $f(x_2)-f(x_1)=f'(\xi)$，ξ 位于 x_1,x_2 之间

D. $f(x_1)-f(x_2)=f'(\xi)$，ξ 位于 x_1,x_2 之间

3. 若 $f(x),g(x)$ 为可微函数，且 $\lim\limits_{x\to x_0}f(x)=\lim\limits_{x\to x_0}g(x)=0$，若 $\lim\limits_{x\to x_0}\dfrac{f(x)}{g(x)}=A$ 存在，则(　　).

A. 必有 $\lim\limits_{x\to x_0}\dfrac{f'(x)}{g'(x)}=B$ 存在且 $B=A$

B. 必有 $\lim\limits_{x\to x_0}\dfrac{f'(x)}{g'(x)}=B$ 存在但 $B\neq A$

C. 如果 $\lim\limits_{x\to x_0}\dfrac{f'(x)}{g'(x)}=B$ 存在，不一定有 $B=A$

D. 如果 $\lim\limits_{x\to x_0}\dfrac{f'(x)}{g'(x)}=B$ 存在，必有 $B=A$

4. 设 $f(x)$ 在 $[0,a]$ 上具有二阶导数，且 $xf'(x)-f(x)<0$，则 $\dfrac{f(x)}{x}$ 在 $[0,a]$ 内(　　).

A. 单调减少　　B. 单调增加　　C. 有增有减　　D. 不增不减

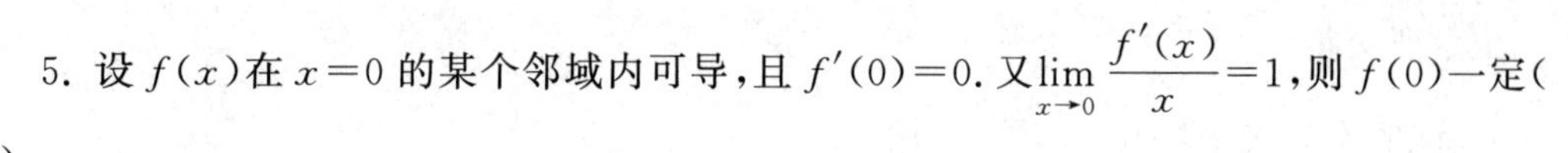

5. 设 $f(x)$ 在 $x=0$ 的某个邻域内可导，且 $f'(0)=0$. 又 $\lim\limits_{x\to 0}\dfrac{f'(x)}{x}=1$，则 $f(0)$ 一定(　　).

A. 不是 $f(x)$ 的极值　　B. 是 $f(x)$ 的极大值

C. 是 $f(x)$ 的极小值　　D. 等于 0

6. 若 $f'(x_0)=0, f''(x_0)=0$，则 $f(x_0)$ 是(　　).

A. 不是 $f(x)$ 的极值　　B. 可能是 $f(x)$ 的极值

C. 必是 $f(x)$ 的极大值　　D. 必是 $f(x)$ 的极小值

7. 曲线 $y=x\mathrm{e}^{-x}$ 在 $(1,2)$ 内(　　).

A. 单减凹　　B. 单增凹　　C. 单减凸　　D. 单增凸

8. 下列曲线中既有水平渐近线又有铅直渐近线的是(　　).

A. $y=\dfrac{\mathrm{e}^x}{x(x-1)}$　　B. $y=\dfrac{2x^2-1}{x+2}$　　C. $y=\ln(x^2-1)$　　D. $y=\sin\dfrac{1}{x-1}$

二、填空题

1. 在函数 $y=x^2+x+1$ 在 $[1,2]$ 应用拉格朗日中值定理时所求得的点 $\xi=$________.

2. 设 $g(x)=x(x+1)(2x+1)(3x-1)$，则在区间 $(-1,0)$ 内，方程 $g'(x)=0$ 有________个实根；在区间 $(-1,1)$ 内，方程 $g''(x)=0$ 有________个实根.

3. 求 $\lim\limits_{x\to 0}\dfrac{\sqrt{1+\sin^2 x}-1}{x\sin x}$.

4. 设函数 $f(x)=a\sin x+\dfrac{1}{3}\sin 3x$ 在 $x=\dfrac{\pi}{3}$ 处取得极值，则 $a=$________.

5. 曲线 $y=(x-1)^2(x-3)^2$ 的拐点个数为________.

6. 函数 $y=2x^3-3x^2(-1\leqslant x\leqslant 4)$ 的最大值为________，最小值为________.

7. 曲线 $y=\ln\left(x-\dfrac{\mathrm{e}}{x}\right)$ 的渐近线条数是________.

三、计算题

1. 求 $\lim\limits_{x\to 0}\dfrac{\sin x+x^2\sin\dfrac{1}{x}}{(1+\cos x)\ln(1+x)}$.

2. 求 $\lim\limits_{x\to 0}\dfrac{x-\arcsin x}{x^2\ln(1+2x)}$.

3. 求 $\lim\limits_{x\to+\infty}\left(\dfrac{2}{\pi}\arctan x\right)^x$.

4. 求 $\lim\limits_{x\to+\infty}(x^2+x)^{\frac{1}{x}}$.

5. 求 $\lim\limits_{x\to 0}\dfrac{(1+x)^{\frac{1}{x}}-\mathrm{e}}{x}$.

6. 求函数 $y=(x-2)\sqrt[3]{x^2}$ 的单调区间和极值.

7. 试定 a,b,c 使 $y=x^3+ax^2+bx+c$ 有一拐点 $(1,-1)$，且在 $x=0$ 处有极大值.

四、应用题

糖果厂每周销售量为 Q 千袋，每千袋价格为 2000 元，总成本为 $C(Q)=100Q^2+1300Q+1000$，假设产销平衡，求取得最大利润的销售量，并求最大利润.

五、证明题

1. 证明不等式 $x>\sin x>\frac{2}{\pi}x \quad \left(0<x<\frac{\pi}{2}\right)$.

2. 设 $0<a<b$,证明不等式$\frac{2a}{a^2+b^2}<\frac{\ln b-\ln a}{b-a}<\frac{1}{\sqrt{ab}}$.

3. 设函数 $f(x)$在 $[0,1]$ 上连续,在$(0,1)$内可微,且 $f(0)=f(1)=0$,$f\left(\frac{1}{2}\right)=1$. 证明:

(1)存在 $\xi\in\left(\frac{1}{2},1\right)$,$f(\xi)=\xi$;(2)存在 $\eta\in(0,\xi)$,使得 $f'(\eta)=f(\eta)-\eta+1$.

第5章

不定积分

前面章节介绍了已知函数求导数的问题,本章我们要解决一个重要的问题是,如何在只知道一个函数的导数或微分的情况下,将这个函数“复原”出来.这种由导数或微分求原函数的逆运算称为不定积分.本章将介绍不定积分的概念及其计算方法.

5.1 不定积分的概念与性质

5.1.1 原函数的概念

定义 5.1 设 $f(x)$是定义在区间 I 上的函数,若存在函数 $F(x)$,使得对于 $\forall x\in I$,都有

$$F'(x)=f(x) \quad \text{或} \quad dF(x)=f(x)dx,$$

则称函数 $F(x)$为函数 $f(x)$在区间 I 上的一个**原函数**.

例如,对 $\forall x\in\mathbb{R}$,$(\sin x)'=\cos x$,即 $\sin x$ 是 $\cos x$ 的一个原函数;对 $\forall x\in(-1,1)$,$(\arcsin x)'=\dfrac{1}{\sqrt{1-x^2}}$,即 $\arcsin x$ 是$\dfrac{1}{\sqrt{1-x^2}}$的一个原函数;又对 $\forall x\in\mathbb{R}$,$(x^3)'=3x^2$,即 x^3 是 $3x^2$ 的一个原函数;对 $\forall x\in\mathbb{R}$,C 为任意常数,$(x^3+C)'=3x^2$,即 x^3+C 是 $3x^2$ 的原函数.

由上面的例子可以看出,一个函数的原函数不是唯一的.关于原函数,有如下两点说明:

(1) 如果函数 $f(x)$在区间 I 上有原函数 $F(x)$,那么对任何常数 C,$F(x)+C$ 也是 $f(x)$的原函数.这说明,如果 $f(x)$有一个原函数,那么 $f(x)$就有无穷多个原函数;

(2) 如果 $F(x)$为函数 $f(x)$在区间 I 上的一个原函数,$G(x)$是函数 $f(x)$在区间 I 上的任意一个原函数,那么有

$$(G(x)-F(x))'=G'(x)-F'(x)=f(x)-f(x)=0.$$

由于导数恒为零的函数必为常数,所以 $G(x)-F(x)=C$,即一个函数的无穷多个原函数彼此仅相差一个常数.

以上两点表明,如果要求函数 $f(x)$的所有原函数,只需求出函数 $f(x)$的一个原函数,再加上任意常数 C,就得到了函数 $f(x)$的所有原函数.

原函数的存在性将在下一章讨论,这里先给出一个结论.

定理 5.1 若函数 $f(x)$在某一区间上连续，则在这个区间上函数 $f(x)$的原函数一定存在.

注 一切初等函数在其定义区间内都是连续的，因此初等函数在其定义区间内存在原函数.

5.1.2 不定积分的概念

定义 5.2 若函数 $f(x)$在区间 I 上连续，它的所有原函数称为 $f(x)$的**不定积分**，记作$\int f(x)\mathrm{d}x$. 如果 $F(x)$ 是 $f(x)$ 的一个原函数，那么$\int f(x)\mathrm{d}x=F(x)+C$，$C$ 为任意常数，其中“$\int$”称为积分号，$f(x)$称为被积函数，$f(x)\mathrm{d}x$ 称为被积表达式，x 称为积分变量.

例 5.1 求$\int \frac{\mathrm{d}x}{\sqrt{1-x^2}}$.

解 由于$(\arcsin x)'=\frac{1}{\sqrt{1-x^2}}$，所以 $\arcsin x$ 是$\frac{1}{\sqrt{1-x^2}}$的一个原函数，因此

$$\int \frac{\mathrm{d}x}{\sqrt{1-x^2}}=\arcsin x+C.$$

例 5.2 求$\int \frac{1}{x}\mathrm{d}x$.

解 当 $x>0$ 时，由于$(\ln x)'=\frac{1}{x}$，所以 $\ln x$ 是$\frac{1}{x}$在$(0,+\infty)$内的一个原函数；当 $x<0$ 时，由于$[\ln(-x)]'=\frac{1}{-x}\cdot(-1)=\frac{1}{x}$，所以 $\ln(-x)$是$\frac{1}{x}$在$(-\infty,0)$内的一个原函数. 因此，当 $x\neq 0$ 时，有

$$\int \frac{1}{x}\mathrm{d}x=\ln|x|+C.$$

在微分学中，已知一条曲线方程 $f(x)$，利用导数便能求出这条曲线上任意一点切线的斜率. 但如果已知曲线在任一点切线的斜率，如何求出这条曲线方程呢？这类曲线方程的求解问题就可以用不定积分知识来解决.

例 5.3 已知曲线 $y=f(x)$在任一点 x 处的切线斜率为 $2x$，且曲线经过点$(1,2)$，求此曲线的方程.

解 由题意可知 $f'(x)=2x$，即 $f(x)$是 $2x$ 的一个原函数，则有

$$f(x)=\int 2x\mathrm{d}x=x^2+C,$$

因曲线经过点$(1,2)$，得 $2=1+C$，解得 $C=1$，故所求方程为 $y=x^2+1$.

函数 $f(x)$的原函数的图像称为 $f(x)$的积分曲线，求不定积分可得到一个积分曲线族. 由于曲线族中的任一曲线在横坐标为 x 的点处的切线斜率都为 $f(x)$，所以积分曲线族中不同曲线在横坐标相同的点处的切线都平行. 从几何上看，$f(x)$的任意两个不同的原函数的图像彼此之间只差一个平移.

不定积分在经济学中也有着广泛的应用，并且内容很丰富. 在经济问题中，可以通过积分求原经济函数问题，如已知边际成本函数、边际收入函数、边际利润函数、边际需求函数等可以求成本函数、收入函数、利润函数及需求函数，还可以通过积分由变化率求总量问题等.

例 5.4 已知某产品的边际收入函数为 $R'(x)=2x^2+3$(x 为销售量)，求总收入函数 $R(x)$.

解 $R(x)=\int R'(x)\mathrm{d}x=\int(2x^2+3)\mathrm{d}x=\frac{2}{3}x^3+3x+C.$

当 $x=0$ 时，$R=0$，从而 $C=0$，于是 $R(x)=\frac{2}{3}x^3+3x$.

5.1.3 基本积分公式

由不定积分是导数的逆运算，可以从基本初等函数的导数公式直接推得对应的基本积分公式.

(1) $\int k\mathrm{d}x=kx+C$ (k 是常数)；

(2) $\int x^\alpha\mathrm{d}x=\frac{x^{\alpha+1}}{\alpha+1}+C$ ($\alpha\neq-1$)；

(3) $\int\frac{1}{x}\mathrm{d}x=\ln|x|+C$；

(4) $\int\frac{1}{1+x^2}\mathrm{d}x=\arctan x+C$；

(5) $\int\frac{\mathrm{d}x}{\sqrt{1-x^2}}=\arcsin x+C$；

(6) $\int\cos x\mathrm{d}x=\sin x+C$；

(7) $\int\sin x\mathrm{d}x=-\cos x+C$；

(8) $\int\frac{\mathrm{d}x}{\cos^2 x}=\int\sec^2 x\mathrm{d}x=\tan x+C$；

(9) $\int\frac{\mathrm{d}x}{\sin^2 x}=\int\csc^2 x\mathrm{d}x=-\cot x+C$；

(10) $\int\sec x\tan x\mathrm{d}x=\sec x+C$；

(11) $\int\csc x\cdot\cot x\mathrm{d}x=-\csc x+C$；

(12) $\int\mathrm{e}^x\mathrm{d}x=\mathrm{e}^x+C$；

(13) $\int a^x\mathrm{d}x=\frac{a^x}{\ln a}+C$ ($a\neq1$).

5.1.4 不定积分的性质

由不定积分的定义可知，$\int f(x)\mathrm{d}x$ 是 $f(x)$ 的原函数，则有如下的结论.

性质 5.1 $\frac{\mathrm{d}}{\mathrm{d}x}\left(\int f(x)\mathrm{d}x\right)=f(x)$ 或 $\mathrm{d}\left(\int f(x)\mathrm{d}x\right)=f(x)\mathrm{d}x$.

又由于 $F(x)$ 是 $F'(x)$ 的原函数，则有如下的结论.

性质 5.2 $\int F'(x)\mathrm{d}x=F(x)+C$ 或 $\int\mathrm{d}F(x)=F(x)+C$.

由此可见，微分运算和积分运算是互逆的.

利用微分运算法则和不定积分的定义，可得不定积分的运算性质.

性质 5.3 两个函数的和的不定积分等于这两个函数的不定积分的和，即

$$\int[f(x)+g(x)]\mathrm{d}x=\int f(x)\mathrm{d}x+\int g(x)\mathrm{d}x.$$

证 $\left[\int f(x)\mathrm{d}x+\int g(x)\mathrm{d}x\right]'=\left[\int f(x)\mathrm{d}x\right]'+\left[\int g(x)\mathrm{d}x\right]'=f(x)+g(x).$

注 性质5.3可推广到有限个函数之和的情况.

性质5.4 求不定积分时,非零常数可提到积分号外面,即

$$\int kf(x)\mathrm{d}x=k\int f(x)\mathrm{d}x \quad (k\text{ 为常数},k\neq 0).$$

证 $\left[k\int f(x)\mathrm{d}x\right]'=k\left[\int f(x)\mathrm{d}x\right]'=kf(x)=k\left[\int f(x)\mathrm{d}x\right]'.$

利用基本积分表中的公式以及不定积分的运算性质可以求得一些简单函数的不定积分.

例5.5 求$\int(10^x+2\sec^2 x)\mathrm{d}x$.

解 $\int(10^x+2\sec^2 x)\mathrm{d}x=\int 10^x\mathrm{d}x+2\int\sec^2 x\mathrm{d}x=\dfrac{1}{\ln 10}10^x+2\tan x+C.$

例5.6 求$\int\dfrac{\sqrt{1+x^2}}{\sqrt{1-x^4}}\mathrm{d}x$.

解 $\int\dfrac{\sqrt{1+x^2}}{\sqrt{1-x^4}}\mathrm{d}x=\int\dfrac{\sqrt{1+x^2}}{\sqrt{1-x^2}\cdot\sqrt{1+x^2}}\mathrm{d}x=\int\dfrac{1}{\sqrt{1-x^2}}\mathrm{d}x=\arcsin x+C.$

例5.7 求$\int\dfrac{x^2}{1+x^2}\mathrm{d}x$.

解 $\int\dfrac{x^2}{1+x^2}\mathrm{d}x=\int\dfrac{x^2+1-1}{1+x^2}\mathrm{d}x=\int\left(1-\dfrac{1}{1+x^2}\right)\mathrm{d}x=x-\arctan x+C.$

例5.8 求$\int\cot^2 x\mathrm{d}x$.

解 $\int\cot^2 x\mathrm{d}x=\int(\csc^2 x-1)\mathrm{d}x=\int\csc^2 x\mathrm{d}x-\int\mathrm{d}x=-\cot x-x+C.$

例5.9 求$\int\dfrac{1+\cos^2 x}{1+\cos 2x}\mathrm{d}x$.

解

$$\begin{aligned}\int\frac{1+\cos^2 x}{1+\cos 2x}\mathrm{d}x&=\int\frac{1+\cos^2 x}{1+2\cos^2 x-1}\mathrm{d}x=\int\frac{1+\cos^2 x}{2\cos^2 x}\mathrm{d}x\\&=\frac{1}{2}\int\left(\frac{1}{\cos^2 x}+1\right)\mathrm{d}x=\frac{1}{2}\tan x+\frac{1}{2}x+C.\end{aligned}$$

习题5.1

1. 求下列不定积分:

(1) $\int\dfrac{(1-x)^2}{x}\mathrm{d}x$;

(2) $\int\dfrac{1}{x^2(1+x^2)}\mathrm{d}x$;

(3) $\int\dfrac{x^4}{1+x^2}\mathrm{d}x$;

(4) $\int\dfrac{1+2x^2}{(1+x^2)x^4}\mathrm{d}x$;

(5) $\int\dfrac{\mathrm{e}^{2x}-1}{\mathrm{e}^x+1}\mathrm{d}x$;

(6) $\int\tan^2 x\mathrm{d}x$;

(7) $\int\dfrac{1}{\sin^2\frac{x}{2}\cos^2\frac{x}{2}}\mathrm{d}x$;

(8) $\int\dfrac{\cos 2x}{\cos x-\sin x}\mathrm{d}x$;

(9) $\int \frac{1}{\sin^2 x \cos^2 x} dx$；　　(10) $\int \frac{\cos 2x}{\sin^2 x} dx$；

(11) $\int \frac{2^{x+1} - 5^{x-1}}{10^x} dx$；　　(12) $\int 2^x e^x dx$.

2. 一曲线经过点$(e^2,3)$，且在任一点处的切线斜率等于该点横坐标的倒数，求该曲线的方程.

3. 设生产某产品 x 单位的总成本 C 是 x 的函数 $C(x)$，固定成本为 20 元，边际成本函数为 $C'(x)=20x^2+3$(元/单位)，求总成本函数 $C(x)$.

5.2 换元积分法

利用基本积分公式与不定积分的性质，所求得的不定积分非常有限. 因此本节利用复合函数的微分法则逆推来求不定积分，通过适当的变量代换，得到复合函数的积分法，称为换元积分法.

5.2.1 第一类换元积分法

设 $f(u)$ 具有原函数 $F(u)$，则有

$$dF(u)=f(u)du.$$

若 u 是中间量，$u=\varphi(x)$，且设 $\varphi(x)$ 可微，则由复合函数的微分运算法则，有

$$dF(\varphi(x))=f(\varphi(x))\varphi'(x)dx,$$

由不定积分的性质可得

$$\int f(\varphi(x))\varphi'(x)dx=\int dF(\varphi(x))=F(\varphi(x))+C.$$

于是有如下定理.

定理 5.2(第一类换元积分法)　设 $f(u)$ 是 u 的连续函数，且

$$\int f(u)du=F(u)+C,$$

若 $u=\varphi(x)$ 具有连续的导函数 $\varphi'(x)$，则有

$$\int f[\varphi(x)]\varphi'(x)dx=F[\varphi(x)]+C.$$

第一类换元积分法也称为“凑微分”法.

例 5.10　求 $\int \sin(2x)dx$.

解　方法 1　$\int \sin(2x)dx=\frac{1}{2}\int \sin(2x)d(2x)$，

令 $2x=u$，得 $\int \sin(2x)dx=\frac{1}{2}\int \sin u\, du=-\frac{1}{2}\cos u+C$，代回原变量，得

$$\int \sin(2x)dx=-\frac{1}{2}\cos(2x)+C.$$

方法 2 $\int \sin(2x)\mathrm{d}x = 2\int \sin x\cos x\,\mathrm{d}x = 2\int \sin x\,\mathrm{d}\sin x$.

令 $\sin x = u$，得 $\int \sin(2x)\mathrm{d}x = 2\int u\,\mathrm{d}u = u^2 + C$，代回原变量，得 $\int \sin(2x)\mathrm{d}x = \sin^2 x + C$.

例 5.11 求 $\int (2-3x)^{10}\mathrm{d}x$.

解 $\int (2-3x)^{10}\mathrm{d}x = -\frac{1}{3}\int (2-3x)^{10}\mathrm{d}(2-3x)$.

令 $2-3x=u$，得 $\int (2-3x)^{10}\mathrm{d}x = -\frac{1}{3}\int u^{10}\mathrm{d}u = -\frac{1}{33}u^{11} + C$，代回原变量，得

$$\int (2-3x)^{10}\mathrm{d}x = -\frac{1}{33}(2-3x)^{11} + C.$$

例 5.12 求 $\int \frac{1}{x(1+2\ln x)}\mathrm{d}x$.

解 $\int \frac{1}{x(1+2\ln x)}\mathrm{d}x = \int \frac{1}{1+2\ln x}\mathrm{d}\ln x = \frac{1}{2}\int \frac{1}{1+2\ln x}\mathrm{d}(1+2\ln x)$.

令 $1+2\ln x = u$，得 $\int \frac{1}{x(1+2\ln x)}\mathrm{d}x = \frac{1}{2}\int \frac{1}{u}\mathrm{d}u = \frac{1}{2}\ln|u| + C$，代回原变量，得 $\int \frac{1}{x(1+2\ln x)}\mathrm{d}x = \frac{1}{2}\ln|1+2\ln x| + C$.

例 5.13 求 $\int \tan x\,\mathrm{d}x$.

解 $\int \tan x\,\mathrm{d}x = \int \frac{\sin x}{\cos x}\mathrm{d}x = -\int \frac{1}{\cos x}\mathrm{d}\cos x = -\ln|\cos x| + C$.

类似可得 $\int \cot x\,\mathrm{d}x = \int \frac{\cos x}{\sin x}\mathrm{d}x = \int \frac{1}{\sin x}\mathrm{d}\sin x = \ln|\sin x| + C$.

例 5.14 求 $\int \frac{1}{a^2+x^2}\mathrm{d}x$.

解 $\int \frac{1}{a^2+x^2}\mathrm{d}x = \int \frac{1}{a^2}\cdot\frac{1}{1+\left(\frac{x}{a}\right)^2}\mathrm{d}x = \frac{1}{a}\int \frac{1}{1+\left(\frac{x}{a}\right)^2}\mathrm{d}\left(\frac{x}{a}\right) = \frac{1}{a}\arctan\frac{x}{a} + C$.

例 5.15 求 $\int \frac{\mathrm{d}x}{\sqrt{a^2-x^2}}\ (a>0)$.

解 $\int \frac{\mathrm{d}x}{\sqrt{a^2-x^2}} = \int \frac{1}{a}\frac{\mathrm{d}x}{\sqrt{1-\left(\frac{x}{a}\right)^2}} = \int \frac{\mathrm{d}\left(\frac{x}{a}\right)}{\sqrt{1-\left(\frac{x}{a}\right)^2}} = \arcsin\frac{x}{a} + C$.

例 5.16 求 $\int \frac{1}{x^2-a^2}\mathrm{d}x\ (a\neq 0)$.

解 由于 $\frac{1}{x^2-a^2} = \frac{1}{(x-a)(x+a)} = \frac{1}{2a}\left(\frac{1}{x-a} - \frac{1}{x+a}\right)$，所以

$$\int \frac{\mathrm{d}x}{x^2-a^2} = \frac{1}{2a}\int\left(\frac{1}{x-a} - \frac{1}{x+a}\right)\mathrm{d}x = \frac{1}{2a}\left(\int \frac{1}{x-a}\mathrm{d}x - \int \frac{1}{x+a}\mathrm{d}x\right)$$

$$= \frac{1}{2a}\left[\int \frac{1}{x-a}\mathrm{d}(x-a) - \int \frac{1}{x+a}\mathrm{d}(x+a)\right]$$

$$= \frac{1}{2a}[\ln|x-a| - \ln|x+a|] + C$$

$$= \frac{1}{2a}\ln\left|\frac{x-a}{x+a}\right| + C.$$

类似可得 $\int \frac{\mathrm{d}x}{a^2-x^2} = \frac{1}{2a}\ln\left|\frac{a+x}{a-x}\right| + C, a \neq 0.$

例 5.17 求 $\int \cos^2 x\,\mathrm{d}x$ 与 $\int \sin^2 x\,\mathrm{d}x$.

解 $\int \cos^2 x\,\mathrm{d}x = \int \frac{1+\cos 2x}{2}\mathrm{d}x = \frac{1}{2}\int \mathrm{d}x + \frac{1}{2}\int \cos 2x\,\mathrm{d}x = \frac{x}{2} + \frac{1}{4}\sin 2x + C.$

$\int \sin^2 x\,\mathrm{d}x = \int \frac{1-\cos 2x}{2}\mathrm{d}x = \frac{x}{2} - \frac{1}{4}\sin 2x + C.$

例 5.18 求 $\int \cos^5 x\,\mathrm{d}x$.

解 $\int \cos^5 x\,\mathrm{d}x = \int \cos^4 x\,\mathrm{d}\sin x = \int (1-\sin^2 x)^2\,\mathrm{d}\sin x$

$$= \int (1 - 2\sin^2 x + \sin^4 x)\,\mathrm{d}\sin x$$

$$= \sin x - \frac{2}{3}\sin^3 x + \frac{1}{5}\sin^5 x + C.$$

例 5.19 求 $\int \sin^2 x \cos^3 x\,\mathrm{d}x$.

解 $\int \sin^2 x \cos^3 x\,\mathrm{d}x = \int \sin^2 x \cos^2 x \cos x\,\mathrm{d}x = \int \sin^2 x(1-\sin^2 x)\,\mathrm{d}\sin x$

$$= \int (\sin^2 x - \sin^4 x)\,\mathrm{d}\sin x$$

$$= \frac{1}{3}\sin^3 x - \frac{1}{5}\sin^5 x + C.$$

注 当被积函数是三角函数的乘积时，拆开奇次项去凑微分；当被积函数为正(余)弦函数的偶数次幂时，常用半角公式通过降幂的方法来计算.

例 5.20 求 $\int \csc x\,\mathrm{d}x$.

解 *方法 1* $\int \csc x\,\mathrm{d}x = \int \frac{\mathrm{d}x}{\sin x} = \int \frac{\mathrm{d}x}{2\sin\frac{x}{2}\cos\frac{x}{2}} = \int \frac{\frac{1}{\left(\cos\frac{x}{2}\right)^2}}{2\sin\frac{x}{2}\cdot\cos\frac{x}{2}\cdot\frac{1}{\left(\cos\frac{x}{2}\right)^2}}\mathrm{d}x$

$$= \int \frac{\sec^2\frac{x}{2}}{2\tan\frac{x}{2}}\mathrm{d}x = \int \frac{\mathrm{d}\left(\tan\frac{x}{2}\right)}{\tan\frac{x}{2}} = \ln\left|\tan\frac{x}{2}\right| + C.$$

方法 2 $\int \csc x\,\mathrm{d}x = \int \frac{\mathrm{d}x}{\sin x} = \int \frac{\sin x}{\sin^2 x}\mathrm{d}x = -\int \frac{1}{1-\cos^2 x}\mathrm{d}\cos x$

$$= \int \frac{1}{\cos^2 x - 1}\mathrm{d}\cos x = \frac{1}{2}\ln\left|\frac{\cos x - 1}{\cos x + 1}\right| + C.$$

方法 3 $\int \csc x\,\mathrm{d}x = \int \frac{\csc x(\csc x - \cot x)}{\csc x - \cot x}\mathrm{d}x = \int \frac{\csc^2 x - \csc x \cdot \cot x}{\csc x - \cot x}\mathrm{d}x$

$$= \int \frac{1}{\csc x - \cot x}\mathrm{d}(\csc x - \cot x) = \ln|\csc x - \cot x| + C.$$

类似可得 $\int \sec x\,\mathrm{d}x = \ln|\sec x + \tan x| + C$.

例 5.21 求 $\int \sec^4 x\,\mathrm{d}x$.

解 $\int \sec^4 x\,\mathrm{d}x = \int \sec^2 x \cdot \sec^2 x\,\mathrm{d}x = \int (1+\tan^2 x)\mathrm{d}(\tan x) = \tan x + \frac{1}{3}\tan^3 x + C$.

例 5.22 求 $\int \cos(2x)\cos(3x)\mathrm{d}x$.

解 利用积化和差公式 $\cos(2x)\cos(3x) = \frac{1}{2}[\cos(5x) + \cos x]$，所以

$$\int \cos(2x)\cos(3x)\mathrm{d}x = \frac{1}{2}\int(\cos(5x) + \cos x)\mathrm{d}x = \frac{1}{2}\int \cos(5x)\mathrm{d}x + \frac{1}{2}\int \cos x\,\mathrm{d}x$$

$$= \frac{1}{10}\int \cos(5x)\mathrm{d}(5x) + \frac{1}{2}\int \cos x\,\mathrm{d}x = \frac{1}{10}\sin(5x) + \frac{1}{2}\sin x + C.$$

5.2.2 第二类换元积分法

定理 5.3(第二类换元积分法) 设函数 $x=\varphi(t)$ 严格单调、可导并且 $\varphi'(t)\neq 0$. 又设 $f[\varphi(t)]\varphi'(t)$ 具有原函数 $F(t)$，则有

$$\int f(x)\mathrm{d}x = \int f[\varphi(t)]\varphi'(t)\mathrm{d}t = F(t) + C = F(\varphi^{-1}(x)) + C,$$

其中 $\varphi^{-1}(x)$ 是 $x=\varphi(t)$ 的反函数.

证 因为 $F(t)$ 是 $f[\varphi(t)]\varphi'(t)$ 的原函数，利用复合函数的求导法则，可得

$$\frac{\mathrm{d}}{\mathrm{d}x}F(\varphi^{-1}(x)) = \frac{\mathrm{d}F(t)}{\mathrm{d}t} \cdot \frac{\mathrm{d}t}{\mathrm{d}x} = f[\varphi(t)]\varphi'(t) \cdot \frac{1}{\varphi'(t)} = f[\varphi(t)] = f(x),$$

从而结论得证.

例 5.23 求 $\int \frac{1}{\sqrt{\mathrm{e}^x + 1}}\mathrm{d}x$.

解 令 $t=\sqrt{1+\mathrm{e}^x}$，则 $\mathrm{e}^x = t^2 - 1, x = \ln(t^2-1)$，$\mathrm{d}x = \frac{2t}{t^2-1}\mathrm{d}t$，于是

$$\int \frac{1}{\sqrt{1+\mathrm{e}^x}}\mathrm{d}x = \int \frac{1}{t} \cdot \frac{2t}{t^2-1}\mathrm{d}t = \int \frac{2}{t^2-1}\mathrm{d}t = \ln\left|\frac{t-1}{t+1}\right| + C = \ln\left|\frac{\sqrt{1+\mathrm{e}^x}-1}{\sqrt{1+\mathrm{e}^x}+1}\right| + C.$$

例 5.24 求 $\int \frac{x^2}{\sqrt{4-x^2}}\mathrm{d}x$.

解 令 $x=2\sin t,-\frac{\pi}{2}<t<\frac{\pi}{2}$,则 $dx=2\cos t\,dt$,于是

$$\int\frac{x^2}{\sqrt{4-x^2}}dx=\int\frac{4\sin^2t}{2\sqrt{1-\sin^2t}}\cdot 2\cos t\,dt=4\int\frac{\sin^2t}{\cos t}\cdot\cos t\,dt=4\int\sin^2t\,dt$$

$$=4\int\frac{1-\cos 2t}{2}dt=2t-\sin 2t+C=2t-2\sin t\cos t+C.$$

如图 5.1 所示,由 $\sin t=\frac{x}{2}$,得 $t=\arcsin\frac{x}{2},\cos t=\frac{\sqrt{4-x^2}}{2}$,故有

$$\int\frac{x^2}{\sqrt{4-x^2}}dx=2\arcsin\frac{x}{2}-x\cdot\frac{\sqrt{4-x^2}}{2}+C=2\arcsin\frac{x}{2}-\frac{x}{2}\sqrt{4-x^2}+C.$$

例 5.25 求 $\int\frac{dx}{\sqrt{x^2+a^2}}(a>0)$.

解 设 $x=a\tan t$;$-\frac{\pi}{2}<t<\frac{\pi}{2}$,则 $dx=a\sec^2t\,dt$,于是

$$\int\frac{dx}{\sqrt{x^2+a^2}}=\int\frac{a\sec^2t}{a\sec t}dt=\int\sec t\,dt=\ln|\sec t+\tan t|+C.$$

如图 5.2 所示,由 $\tan t=\frac{x}{a}$,得 $\sec t=\frac{\sqrt{x^2+a^2}}{a}$,因此

$$\int\frac{dx}{\sqrt{x^2+a^2}}=\ln\left(\frac{x}{a}+\frac{\sqrt{x^2+a^2}}{a}\right)+C_1=\ln(x+\sqrt{x^2+a^2})+C,$$

其中 $C=C_1-\ln a$.

例 5.26 求 $\int\frac{dx}{\sqrt{x^2-a^2}}(a>0)$.

解 被积函数的定义域为 $|x|>a$.

当 $x>a$ 时,令 $x=a\sec t,t\in\left(0,\frac{\pi}{2}\right)$,则 $dx=a\sec t\cdot\tan t\,dt$,所以

$$\int\frac{dx}{\sqrt{x^2-a^2}}=\int\frac{a\sec t\cdot\tan t}{a\tan t}dt=\int\sec t\,dt=\ln(\sec t+\tan t)+C_1.$$

如图 5.3 所示,由 $\sec t=\frac{x}{a}$,有 $\cos t=\frac{a}{x}$,因此 $\tan t=\frac{\sqrt{x^2-a^2}}{a}$,所以

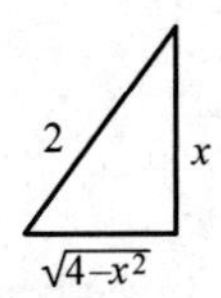

图 5.1 三角变换示意图

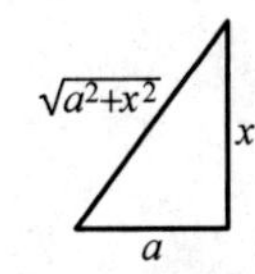

图 5.2 三角变换示意图

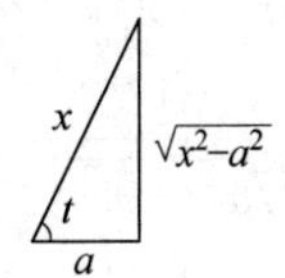

图 5.3 三角变换示意图

$$\int \frac{dx}{\sqrt{x^2-a^2}} = \ln(\sec t + \tan t) + C_1 = \ln\left(\frac{x}{a} + \frac{\sqrt{x^2-a^2}}{a}\right) + C_1$$

$$= \ln(x + \sqrt{x^2-a^2}) + C, \quad 其中 C = C_1 - \ln a.$$

当 $x<-a$ 时,令 $x=-u$,则 $u>a$,即为上述情况,得

$$\int \frac{dx}{\sqrt{x^2-a^2}} = \ln(-x - \sqrt{x^2-a^2}) + C.$$

综合以上结果,得

$$\int \frac{dx}{\sqrt{x^2-a^2}} = \ln|x + \sqrt{x^2-a^2}| + C.$$

注 以上例题均使用三角代换,三角代换的目的是化掉根式,其一般规律为:

(1) 当被积函数中含有$\sqrt{a^2-x^2}$时,可设 $x=a\sin t$, $t\in\left(-\frac{\pi}{2},\frac{\pi}{2}\right)$;

(2) 当被积函数中含有$\sqrt{a^2+x^2}$时,可设 $x=a\tan t$, $t\in\left(-\frac{\pi}{2},\frac{\pi}{2}\right)$;

(3) 当被积函数中含有$\sqrt{x^2-a^2}$时,可设 $x=\pm a\sec t$, $t\in\left(0,\frac{\pi}{2}\right)$.

本节例题中的一些结论可做公式使用,为以后方便使用,对 5.1.3 节基本积分公式表做如下补充:(其中常数 $a>0$)

(14) $\int \tan x\,dx = -\ln|\cos x| + C$;

(15) $\int \cot x\,dx = \ln|\sin x| + C$;

(16) $\int \sec x\,dx = \ln|\sec x + \tan x| + C$;

(17) $\int \csc x\,dx = \ln|\csc x - \cot x| + C$;

(18) $\int \frac{dx}{a^2+x^2} = \frac{1}{a}\arctan\frac{x}{a} + C$;

(19) $\int \frac{dx}{x^2-a^2} = \frac{1}{2a}\ln\left|\frac{x-a}{x+a}\right| + C$;

(20) $\int \frac{dx}{a^2-x^2} = \frac{1}{2a}\ln\left|\frac{a+x}{a-x}\right| + C$;

(21) $\int \frac{dx}{\sqrt{a^2-x^2}} = \arcsin\frac{x}{a} + C$;

(22) $\int \frac{dx}{\sqrt{x^2\pm a^2}} = \ln\left|x + \sqrt{x^2\pm a^2}\right| + C$.

以上总结的不定积分基本公式,全部源于不定积分的定义和基本性质,而这些公式会被运用在各种积分问题的解决中,读者在学习中应该灵活应用.

习题 5.2

1. 求下列不定积分：

(1) $\int \sqrt[3]{x+5}\,\mathrm{d}x$； (2) $\int (5x^2+7)^5 x\,\mathrm{d}x$； (3) $\int \frac{1}{1-2x}\mathrm{d}x$；

(4) $\int \frac{1}{\sqrt{x}}\sin\sqrt{x}\,\mathrm{d}x$； (5) $\int \frac{\ln^2 x}{x}\mathrm{d}x$； (6) $\int \frac{\sin x\cos x}{1+\sin^4 x}\mathrm{d}x$；

(7) $\int x^2 \mathrm{e}^{-x^3}\,\mathrm{d}x$； (8) $\int \frac{\mathrm{e}^{2x}}{1+\mathrm{e}^x}\mathrm{d}x$； (9) $\int x 3^{x^2+1}\,\mathrm{d}x$；

(10) $\int \frac{\sin^5 x}{\cos^4 x}\mathrm{d}x$； (11) $\int \frac{\sin(\ln x)}{x}\mathrm{d}x$； (12) $\int \frac{1}{\sqrt{4-9x^2}}\mathrm{d}x$；

(13) $\int \tan^3 x\sec x\,\mathrm{d}x$； (14) $\int \frac{1}{x^2-2x+3}\mathrm{d}x$； (15) $\int \frac{x}{(1+2x)^2}\mathrm{d}x$.

2. 求下列不定积分：

(1) $\int x\sqrt{x-1}\,\mathrm{d}x$； (2) $\int \frac{\mathrm{d}x}{1+\sqrt{\mathrm{e}^x}}$； (3) $\int \frac{\mathrm{d}x}{\sqrt{x}(1+x)}$；

(4) $\int \frac{1}{1+\sqrt{2x}}\mathrm{d}x$； (5) $\int \frac{\mathrm{d}x}{(x^2+a^2)^2}$； (6) $\int \sqrt{a^2-x^2}\,\mathrm{d}x$；

(7) $\int \frac{\mathrm{d}x}{x\sqrt{9-x^2}}$； (8) $\int \frac{1-x}{\sqrt{9-4x^2}}\mathrm{d}x$； (9) $\int \frac{1}{\sqrt{(x^2+1)^3}}\mathrm{d}x$.

5.3 分部积分法

有些形如 $\int f(x)g(x)\mathrm{d}x$ 的积分，例如 $\int x\cos x\,\mathrm{d}x$，$\int \mathrm{e}^x\sin x\,\mathrm{d}x$ 等，用换元积分法无法求解. 对于这类的积分，我们利用两个函数乘积的求导法则，来推得另一个求积分的基本方法——**分部积分法**.

设 $u(x)$，$v(x)$具有连续导数. 由函数乘积的求导公式，即

$$(u(x)v(x))' = u'(x)v(x) + u(x)v'(x),$$

移项得

$$u(x)v'(x) = (u(x)v(x))' - u'(x)v(x),$$

等式两边求不定积分，得

$$\int u(x)v'(x)\mathrm{d}x = u(x)v(x) - \int u'(x)v(x)\mathrm{d}x,$$

也可合写成

$$\int u(x)v'(x)\mathrm{d}x = \int u(x)\mathrm{d}v(x) = u(x)v(x) - \int v(x)\mathrm{d}u(x)$$

$$= u(x)v(x) - \int u'(x)v(x)\mathrm{d}x.$$

上述公式称为**分部积分公式**.

注 利用分部积分公式求不定积分的关键在于选择好 $u(x), v(x)$，保证 $\int u'(x)v(x)\mathrm{d}x$ 能够较容易积分.

例 5.27 求 $\int x\sin x\mathrm{d}x$.

解 设 $u=x, \mathrm{d}v=\sin x\mathrm{d}x$，则 $\mathrm{d}u=\mathrm{d}x, v=\cos x$，利用分部积分公式得

$$\int x\sin x\mathrm{d}x=-\int x\mathrm{d}\cos x=-x\cos x+\int\cos x\mathrm{d}x=-x\cos x+\sin x+C.$$

例 5.28 求 $\int x^2\mathrm{e}^x\mathrm{d}x$.

解 设 $u=x^2, \mathrm{d}v=\mathrm{e}^x\mathrm{d}x$，则 $\mathrm{d}u=2x\mathrm{d}x, v=\mathrm{e}^x$，利用分部积分公式得

$$\int x^2\mathrm{e}^x\mathrm{d}x=\int x^2\mathrm{d}\mathrm{e}^x=x^2\mathrm{e}^x-\int\mathrm{e}^x\mathrm{d}x^2=x^2\mathrm{e}^x-2\int x\mathrm{e}^x\mathrm{d}x.$$

这里 $\int x\mathrm{e}^x\mathrm{d}x$ 比 $\int x^2\mathrm{e}^x\mathrm{d}x$ 容易求得，因为被积函数中 x 的幂次前者比后者降低了一次. 对 $\int x\mathrm{e}^x\mathrm{d}x$ 再使用一次分部积分法，于是有

$$\begin{aligned}\int x^2\mathrm{e}^x\mathrm{d}x&=x^2\mathrm{e}^x-2\int x\mathrm{e}^x\mathrm{d}x=x^2\mathrm{e}^x-2\int x\mathrm{d}\mathrm{e}^x\\&=x^2\mathrm{e}^x-2(x\mathrm{e}^x-\mathrm{e}^x)+C=(x^2-2x+2)\mathrm{e}^x+C.\end{aligned}$$

注 (1) 若被积函数是幂函数与正(余)弦函数或指数函数的乘积，可设幂函数为 u，而将其余函数凑微分进入微分号，使得应用分部积分公式后，幂函数的幂次降低一次.

(2) 若连续使用分部积分公式，保证每次凑微分的函数为同一类函数.

例 5.29 求 $\int x^2\ln x\mathrm{d}x$.

解

$$\begin{aligned}\int x^2\ln x\mathrm{d}x&=\int\ln x\mathrm{d}\left(\frac{1}{3}x^3\right)=\frac{1}{3}x^3\ln x-\frac{1}{3}\int x^3\mathrm{d}\ln x\\&=\frac{1}{3}x^3\ln x-\frac{1}{3}\int x^3\cdot\frac{1}{x}\mathrm{d}x=\frac{1}{3}x^3\ln x-\frac{1}{3}\int x^2\mathrm{d}x\\&=\frac{1}{3}x^3\ln x-\frac{1}{9}x^3+C.\end{aligned}$$

例 5.30 求 $\int x\arctan x\mathrm{d}x$.

解

$$\begin{aligned}\int x\arctan x\mathrm{d}x&=\int\arctan x\mathrm{d}\frac{x^2}{2}=\frac{x^2}{2}\arctan x-\int\frac{x^2}{2}\mathrm{d}\arctan x\\&=\frac{x^2}{2}\arctan x-\frac{1}{2}\int\frac{x^2}{1+x^2}\mathrm{d}x\\&=\frac{x^2}{2}\arctan x-\frac{1}{2}\int\frac{1+x^2-1}{1+x^2}\mathrm{d}x\\&=\frac{x^2}{2}\arctan x-\frac{1}{2}\int\left(1-\frac{1}{1+x^2}\right)\mathrm{d}x\\&=\frac{x^2}{2}\arctan x-\frac{1}{2}(x-\arctan x)+C.\end{aligned}$$

注 若被积函数是幂函数与对数函数或反三角函数的乘积，可设对数函数或反三角函数为 u，而将幂函数凑微分进入微分号，使得应用分部积分公式后，对数函数或反三角函数消失.

例 5.31 求 $\int e^x \sin(2x)\mathrm{d}x$.

解
$$\int e^x \sin(2x)\mathrm{d}x = \int \sin(2x)\mathrm{d}e^x = e^x \sin(2x) - \int e^x \mathrm{d}\sin(2x)$$
$$= e^x \sin(2x) - 2\int e^x \cos(2x)\mathrm{d}x.$$

注意到 $\int e^x \cos(2x)\mathrm{d}x$ 与所求积分是同一类型的，再用一次分部积分，

$$\int e^x \sin(2x)\mathrm{d}x = e^x \sin(2x) - 2\int \cos(2x)\mathrm{d}e^x$$
$$= e^x \sin(2x) - 2\left(e^x \cos(2x) - \int e^x \mathrm{d}\cos(2x)\right)$$
$$= e^x \sin(2x) - 2e^x \cos(2x) - 4\int e^x \sin(2x)\mathrm{d}x.$$

移项后，得

$$\int e^x \sin(2x)\mathrm{d}x = \frac{1}{5}e^x(\sin(2x) - 2\cos(2x)) + C.$$

注 若被积函数是指数函数与正(余)弦函数乘积，u 和 $\mathrm{d}v$ 可随意选取，但在两次分部积分中，必须选取同一类型的函数作为 u，以便经过两次分部积分后产生循环式，从而解出所求不定积分.

例 5.32 求 $\int \sec^3 x\,\mathrm{d}x$.

解
$$\int \sec^3 x\,\mathrm{d}x = \int \sec x \sec^2 x\,\mathrm{d}x = \int \sec x\,\mathrm{d}\tan x = \sec x \tan x - \int \tan x\,\mathrm{d}\sec x$$
$$= \sec x \tan x - \int \sec x \tan^2 x\,\mathrm{d}x = \sec x \tan x - \int \sec x(\sec^2 x - 1)\mathrm{d}x$$
$$= \sec x \tan x - \int (\sec^3 x - \sec x)\mathrm{d}x = \sec x \tan x - \int \sec^3 x\,\mathrm{d}x + \int \sec x\,\mathrm{d}x$$
$$= \sec x \tan x + \ln|\sec x + \tan x| - \int \sec^3 x\,\mathrm{d}x,$$

移项后，得

$$\int \sec^3 x\,\mathrm{d}x = \frac{1}{2}(\sec x \tan x + \ln|\sec x + \tan x|) + C.$$

例 5.33 求 $I_n = \int \frac{\mathrm{d}x}{(x^2+a^2)^n}$（其中 n 为正整数）.

解 当 $n>1$ 时，有

$$I_{n-1} = \int \frac{\mathrm{d}x}{(x^2+a^2)^{n-1}} = \frac{x}{(x^2+a^2)^{n-1}} - \int x\,\mathrm{d}\left[\frac{1}{(x^2+a^2)^{n-1}}\right]$$
$$= \frac{x}{(x^2+a^2)^{n-1}} - \int \frac{x\cdot[-(n-1)(x^2+a^2)^{n-2}]\cdot 2x}{(x^2+a^2)^{2n-2}}\mathrm{d}x$$

$$=\frac{x}{(x^2+a^2)^{n-1}}+2(n-1)\int\frac{x^2}{(x^2+a^2)^n}dx$$

$$=\frac{x}{(x^2+a^2)^{n-1}}+2(n-1)\int\frac{x^2+a^2-a^2}{(x^2+a^2)^n}dx$$

$$=\frac{x}{(x^2+a^2)^{n-1}}+2(n-1)\left[\int\frac{dx}{(x^2+a^2)^{n-1}}-\int\frac{a^2}{(x^2+a^2)^n}dx\right]$$

$$=\frac{x}{(x^2+a^2)^{n-1}}+2(n-1)(I_{n-1}-a^2I_n).$$

于是

$$I_n=\frac{1}{2a^2(n-1)}\left[\frac{x}{(x^2+a^2)^{n-1}}+(2n-3)I_{n-1}\right].$$

由此作递推公式,并由 $I_1=\frac{1}{a}\arctan\frac{x}{a}+C$,即得 I_n.

习题 5.3

求下列不定积分:

(1) $\int x\cot^2x\,dx$; (2) $\int x\sin(x-1)dx$; (3) $\int x^3e^{-x^2}dx$;

(4) $\int\ln(x+1)dx$; (5) $\int\frac{\ln x}{\sqrt{x}}dx$; (6) $\int\frac{x\arctan x}{\sqrt{1+x^2}}dx$;

(7) $\int(\arcsin x)^2dx$; (8) $\int\cos(\ln x)x\,dx$; (9) $\int e^{-x}\cos x\,dx$.

5.4 几种特殊类型的函数的积分

前面介绍了最常用的一些积分方法和技巧,本节还要介绍一些比较简单的特殊类型函数的积分.

5.4.1 有理函数的积分

有理函数是指由两个多项式的商所表示的函数,它的一般形式是

$$R(x)=\frac{P_n(x)}{Q_m(x)}=\frac{a_nx^n+a_{n-1}x^{n-1}+\cdots+a_1x+a_0}{b_mx^m+b_{m-1}x^{m-1}+\cdots+b_1x+b_0},$$

其中,m,n 都是非负整数,$a_0,a_1,\cdots,a_n$ 及 $b_0,b_1,\cdots,b_m$ 都是实数,并且 $a_0\neq0,b_0\neq0$. 当 $n<m$ 时,有理函数称为**有理真分式**; $n\geqslant m$ 时,有理函数称为**有理假分式**.

利用多项式的除法,可以把任意一个有理假分式化成一个多项式和一个有理真分式之和. 例如

$$\frac{x^3-x+1}{x+1}=x^2-x+\frac{1}{x+1}.$$

因此对求有理函数的不定积分,归结为求有理真分式的不定积分.

定理 5.4 设 $R(x)=\dfrac{P_n(x)}{Q_m(x)}$ $(n<m)$. 若

$$Q_m(x)=a_0(x-a)^{\alpha}(x-b)^{\beta}\cdots(x^2+px+q)^{\lambda}(x^2+rx+s)^{\mu}\cdots,$$

其中 $\alpha,\beta,\cdots,\lambda,\mu,\cdots$ 是正整数，各二次多项式无实零点，则 $R(x)$ 可唯一地分解成下面形式的部分分式之和：

$$\begin{aligned}R(x)=\frac{P_n(x)}{Q_m(x)}=&\frac{A_1}{x-a}+\frac{A_2}{(x-a)^2}+\cdots+\frac{A_{\alpha}}{(x-a)^{\alpha}}+\\&\frac{B_1}{x-b}+\frac{B_2}{(x-b)^2}+\cdots+\frac{B_{\beta}}{(x-b)^{\beta}}+\cdots+\\&\frac{M_1x+N_1}{x^2+px+q}+\frac{M_2x+N_2}{(x^2+px+q)^2}+\cdots+\frac{M_{\lambda}x+N_{\lambda}}{(x^2+px+q)^{\lambda}}+\\&\frac{R_1x+S_1}{x^2+rx+s}+\frac{R_2x+S_2}{(x^2+rx+s)^2}+\cdots+\frac{R_{\mu}x+S_{\mu}}{(x^2+rx+s)^{\mu}}+\cdots,\end{aligned}$$

其中 $A_1,A_2,\cdots,B_1,B_2,\cdots,M_1,M_2,\cdots,N_1,N_2,\cdots,R_1,R_2,\cdots,S_1,S_2,\cdots$ 都是常数.

由上述定理可见，对于有理真分式 $\dfrac{P_n(x)}{Q_m(x)}$ $(n<m)$ 的积分，最终归结为求下面 4 类部分分式的积分：

(1) $\dfrac{A}{x-a}$； (2) $\dfrac{A}{(x-a)^n}$ $(n=2,3,\cdots)$；

(3) $\dfrac{Bx+C}{x^2+px+q}$； (4) $\dfrac{Bx+C}{(x^2+px+q)^n}$ $(n=2,3,\cdots)$.

其中 A,B,C,a,p,q 为常数，且二次式 x^2+px+q 无实零点.

对于(1)、(2)类型的不定积分利用第一类换元积分法容易求得. 对于类型(3)的积分，将其分母配方得

$$x^2+px+q=\left(x+\frac{p}{2}\right)^2+q-\frac{p^2}{4}.$$

令 $x+\dfrac{p}{2}=t$，则上式可简化为 $x^2+px+q=t^2+a^2$，其中 $a^2=q-\dfrac{p^2}{4}$. 类型(3)中的分子可调整为 $Bx+C=Bt+m$，其中 $m=C-\dfrac{Bp}{2}$. 于是

$$\begin{aligned}\int\frac{Bx+C}{x^2+px+q}\mathrm{d}x&=\int\frac{Bt+m}{t^2+a^2}\mathrm{d}x=\int\frac{Bt}{t^2+a^2}\mathrm{d}x+\int\frac{m}{t^2+a^2}\mathrm{d}x\\&=\frac{B}{2}\int\frac{1}{t^2+a^2}\mathrm{d}(t^2+a^2)+m\int\frac{1}{t^2+a^2}\mathrm{d}x\\&=\frac{B}{2}\ln(t^2+a^2)+\frac{m}{a}\arctan\frac{t}{a}+C\\&=\frac{B}{2}\ln(x^2+px+q)+\frac{m}{a}\arctan\frac{x+\frac{p}{2}}{a}+C.\end{aligned}$$

对于类型(4)的积分，利用例 5.33 的递推公式即可求得.

例 5.34 求$\int \frac{x^3}{1+x^2}\mathrm{d}x$.

解 由多项式除法，被积函数可以分解为 $\frac{x^3}{1+x^2}=x-\frac{x}{1+x^2}$，于是

$$\int \frac{x^3}{1+x^2}\mathrm{d}x=\int x-\frac{x}{1+x^2}\mathrm{d}x=\int x\mathrm{d}x-\frac{1}{2}\int \frac{1}{1+x^2}\mathrm{d}(1+x^2)$$

$$=\frac{1}{2}x^2-\frac{1}{2}\ln(1+x^2)+C.$$

例 5.35 求$\int \frac{1}{x(x-1)^2}\mathrm{d}x$.

解 被积函数可分解为

$$\frac{1}{x(x-1)^2}=\frac{A}{x}+\frac{B}{(x-1)^2}+\frac{C}{x-1},$$

故有 $1\equiv A(x-1)^2+Bx+Cx(x-1)$，整理得

$$\begin{cases}A=-1,\\-2A+B-C=0,\\A+C=0,\end{cases}\quad 解得\begin{cases}A=1,\\B=1,\\C=-1,\end{cases}$$

故 $\int \frac{1}{x(x-1)^2}\mathrm{d}x=\int \left[\frac{1}{x}+\frac{1}{(x-1)^2}-\frac{1}{x-1}\right]\mathrm{d}x=\ln|x|-\frac{1}{x-1}-\ln|x-1|+C.$

例 5.36 求$\int \frac{1}{(1+2x)(1+x^2)}\mathrm{d}x$.

解 被积函数可分解为

$$\frac{1}{(1+2x)(1+x^2)}=\frac{A}{1+2x}+\frac{Bx+C}{1+x^2},$$

故有 $1\equiv A(1+x^2)+(Bx+C)(1+2x)$，整理得

$$\begin{cases}A+2B=0,\\B+2C=0,\\A+C=1,\end{cases}\quad 解得\begin{cases}A=\frac{4}{5},\\B=-\frac{2}{5},\\C=\frac{1}{5},\end{cases}$$

故 $\int \frac{1}{(1+2x)(1+x^2)}\mathrm{d}x=\frac{4}{5}\int \frac{1}{1+2x}\mathrm{d}x+\int \frac{-\frac{2}{5}x+\frac{1}{5}}{1+x^2}\mathrm{d}x$

$$=\frac{2}{5}\int \frac{1}{1+2x}\mathrm{d}(1+2x)-\frac{1}{5}\int \frac{2x}{1+x^2}\mathrm{d}x+\frac{1}{5}\int \frac{1}{1+x^2}\mathrm{d}x$$

$$=\frac{2}{5}\ln|1+2x|-\frac{1}{5}\ln(1+x^2)+\frac{1}{5}\arctan x+C.$$

5.4.2 三角有理函数的积分

由 $\sin x$ 及 $\cos x$ 经过有限次四则运算所构成的函数称为三角有理函数,通常记做 $R(\sin x,\cos x)$. 求三角有理函数的不定积分的方法比较灵活,在换元积分法和分部积分法中都介绍过一些方法,但其中有一种是万能的,尽管这种方法在很多情况下不是最简便的.

设 $\tan\frac{x}{2}=t(-\pi<x<\pi)$,则有 $x=2\arctan t$, $\mathrm{d}x=\frac{2}{1+t^2}\mathrm{d}t$,于是

$$\sin x=\frac{2\sin\frac{x}{2}\cos\frac{x}{2}}{\sin^2\frac{x}{2}+\cos^2\frac{x}{2}}=\frac{2\tan\frac{x}{2}}{1+\tan^2\frac{x}{2}}=\frac{2t}{1+t^2},$$

$$\cos x=\frac{\cos^2\frac{x}{2}-\sin^2\frac{x}{2}}{\cos^2\frac{x}{2}+\sin^2\frac{x}{2}}=\frac{1-\tan^2\frac{x}{2}}{1+\tan^2\frac{x}{2}}=\frac{1-t^2}{1+t^2},$$

因此,有

$$\int R(\sin x,\cos x)\mathrm{d}x=\int R\left(\frac{2t}{1+t^2},\frac{1-t^2}{1+t^2}\right)\frac{2}{1+t^2}\mathrm{d}t.$$

这个变换公式称为**万能换元公式**.

例 5.37 求 $\int\frac{\sin x}{1+\sin x+\cos x}\mathrm{d}x$.

解 令 $\tan\frac{x}{2}=t$,则 $\mathrm{d}x=\frac{2}{1+t^2}\mathrm{d}t$, $\cos x=\frac{1-t^2}{1+t^2}$, $\sin x=\frac{2t}{1+t^2}$,于是

$$\begin{aligned}\int\frac{\sin x}{1+\sin x+\cos x}\mathrm{d}x&=\int\frac{\frac{2t}{1+t^2}}{1+\frac{2t}{1+t^2}+\frac{1-t^2}{1+t^2}}\cdot\frac{2}{1+t^2}\mathrm{d}t\\&=\int\frac{2t}{(1+t)(1+t^2)}\mathrm{d}t=\int\frac{1+t}{1+t^2}\mathrm{d}t-\int\frac{1}{1+t}\mathrm{d}t\\&=\arctan t+\frac{1}{2}\ln(1+t^2)-\ln|1+t|+C\\&=\frac{x}{2}+\frac{1}{2}\ln\left(1+\tan^2\frac{x}{2}\right)-\ln\left|1+\tan\frac{x}{2}\right|+C.\end{aligned}$$

例 5.38 求 $\int\frac{1}{\sin^4x}\mathrm{d}x$.

解 方法 1 由万能公式,令 $\tan\frac{x}{2}=t$,则 $\mathrm{d}x=\frac{2}{1+t^2}\mathrm{d}t$, $\sin x=\frac{2t}{1+t^2}$,于是

$$\int\frac{1}{\sin^4x}\mathrm{d}x=\int\frac{1}{\left(\frac{2t}{1+t^2}\right)^4}\cdot\frac{2}{1+t^2}\mathrm{d}t=\int\frac{1+3t^2+3t^4+t^6}{8t^4}\mathrm{d}t$$

$$=\frac{1}{8}\left(-\frac{1}{3t^3}-\frac{1}{t}+3t+\frac{t^3}{3}\right)+C$$

$$=-\frac{1}{24\left(\tan\frac{x}{2}\right)^3}-\frac{3}{8\tan\frac{x}{2}}+\frac{3}{8}\tan\frac{x}{2}+\frac{\left(\tan\frac{x}{2}\right)^3}{24}+C.$$

方法 2 $\displaystyle\int\frac{1}{\sin^4 x}\mathrm{d}x=\int\csc^2 x\cdot\csc^2 x\,\mathrm{d}x$

$$=-\int 1+\cot^2 t\,\mathrm{d}\cot t$$

$$=-\cot t-\frac{1}{3}\cot^3 t+C.$$

注 由例 5.38 可以看出,尽管“万能公式”在解决三角函数有理式的积分时是万能的,但有时计算量太大,故三角有理函数的不定积分计算中先考虑其他方法.

5.4.3 简单无理函数的积分

某些无理函数的积分,通过适当的变量代换,去掉根号,从而把简单的无理函数的积分化为有理函数的积分.这里讨论积分

$$\int R\left(x,\sqrt[n]{\frac{ax+b}{cx+d}}\right)\mathrm{d}x,$$

其中 a,b,c,d 都是常数,正整数 $n\geqslant 2$,且 $ad-bc\neq 0$.

设 $\sqrt[n]{\frac{ax+b}{cx+d}}=t$,有 $x=\frac{dt^n-b}{a-ct^n}=\varphi(t)$,$\mathrm{d}x=\varphi'(t)\mathrm{d}t$,于是

$$\int R\left(x,\sqrt[n]{\frac{ax+b}{cx+d}}\right)\mathrm{d}x=\int R[\varphi(t),t]\varphi'(t)\mathrm{d}t.$$

因为 $\varphi(t)$是有理函数, $\varphi'(t)$也是有理函数,所以上式等号右端的被积函数是关于 t 的有理函数,可以求出不定积分.

例 5.39 求 $\displaystyle\int\sqrt[3]{\frac{2-x}{2+x}}\cdot\frac{1}{(2-x)^2}\mathrm{d}x$.

解 设 $\sqrt[3]{\frac{2-x}{2+x}}=t$,则有 $x=\frac{2(1-t^3)}{1+t^3}$,$\mathrm{d}x=\frac{-12t^2}{(1+t^3)^2}\mathrm{d}t$,于是

$$\int\sqrt[3]{\frac{2-x}{2+x}}\cdot\frac{1}{(2-x)^2}\mathrm{d}x=\int t\cdot\frac{(1+t^3)^2}{16t^6}\frac{-12t^2}{(1+t^3)^2}\mathrm{d}t$$

$$=-\frac{4}{3}\int\frac{1}{t^3}\mathrm{d}t=\frac{3}{8t^2}+C=\frac{3}{8}\sqrt[3]{\left(\frac{2+x}{2-x}\right)^2}+C.$$

例 5.40 求 $\displaystyle\int\frac{1}{(x+1)^2}\cdot\sqrt[4]{\left(\frac{x+1}{x-2}\right)^3}\mathrm{d}x$.

解 令 $t=\sqrt[4]{\frac{x+1}{x-2}}$,则有 $x=\frac{2t^4+1}{t^4-1}$,$\mathrm{d}x=\frac{-12t^3}{(t^4-1)^2}\mathrm{d}t$,于是

$$\int \frac{1}{(x+1)^2} \cdot \sqrt[4]{\left(\frac{x+1}{x-2}\right)^3} dx = \int \frac{1}{\left(\frac{2t^4+1}{t^4-1}+1\right)^2} \cdot t^3 \cdot \frac{-12t^3}{(t^4-1)^2} dt$$

$$= -\frac{4}{3}\int \frac{dt}{t^2} = \frac{4}{3t} + C = \frac{4}{3}\sqrt[4]{\frac{x-2}{x-1}} + C.$$

例 5.41 求$\int \frac{1}{\sqrt{x}+\sqrt[4]{x}} dx$.

解 被积函数中出现了两个根式$\sqrt{x}$和$\sqrt[4]{x}$,为了能同时消去两个根式,设$x=t^4$, 则$dx=4t^3 dt$,于是

$$\int \frac{1}{\sqrt{x}+\sqrt[4]{x}} dx = \int \frac{4t^3}{t^2+t} dt = 4\int \frac{t^2}{t+1} dt = 4\int \frac{t^2-1+1}{t+1} dt$$

$$= 4\int \left(t-1+\frac{1}{t+1}\right) dt = 4\left(\frac{1}{2}t^2 - t + \ln|t+1|\right) + C$$

$$= 2\sqrt{x} - 4\sqrt[4]{x} + 4\ln(\sqrt[4]{x}+1) + C.$$

习题 5.4

求下列不定积分:

(1) $\int \frac{x+1}{x^2+x+1} dx$; (2) $\int \frac{2x+3}{4x^2+1} dx$; (3) $\int \frac{x-4}{(x+2)(x-1)} dx$;

(4) $\int \frac{x^3+x}{x-1} dx$; (5) $\int \frac{dx}{3+\cos x}$; (6) $\int \frac{1+\sin x}{\sin x(1+\cos x)} dx$;

(7) $\int \frac{1}{x}\sqrt{\frac{1-x}{1+x}} dx$; (8) $\int \frac{x}{\sqrt{1+x}} dx$; (9) $\int \frac{1}{\sqrt{x}(1+\sqrt[3]{x})} dx$.

第 5 章测试题

一、选择题

1. 设$f(x)$和$g(x)$都具有连续的导数,且$\int df(x) = \int dg(x)$,则下列各式中不成立的是( ).

A. $f(x)=g(x)$ B. $f'(x)=g'(x)$

C. $df(x)=dg(x)$ D. $\int f'(x)dx = \int g'(x)dx$

2. 下列等式中,正确的是( ).

A. $\int f'(x)dx = f(x)$ B. $\frac{d}{dx}\int f(x)dx = f(x)+C$

C $\int df(x) = f(x)$ D. $d\int f(x)dx = f(x)dx$.

3. 若 $f(x)$ 的一个原函数是 e^{-2x}，则 $\int f'(x)\mathrm{d}x=($　　$)$.

A. $e^{-2x}+C$　　B. $4e^{-2x}+C$　　C. $-2e^{-2x}+C$　　D. $-\frac{1}{2}e^{-2x}+C$

4. 若函数 $F(x)$ 与 $G(x)$ 都是 $f(x)$ 在某个区间 I 上的原函数，则在开区间 I 上必有(　　).

A. $F(x)=G(x)$　　B. $F(x)=G(x)+C$

C. $F(x)=\frac{G(x)}{C},C\neq 0$　　D. $F(x)=CG(x)$

5. 若 $\int f(x)\mathrm{d}x=F(x)+C$，则 $\int e^{-x}f(e^{-x})\mathrm{d}x=($　　$)$.

A. $F(e^{x})+C$　　B. $-F(e^{x})+C$

C. $F(e^{-x})+C$　　D. $-F(e^{-x})+C$

6. $\int \frac{f'(x)}{2+[f(x)]^2}\mathrm{d}x=($　　$)$.

A. $\ln|1+f(x)|+C$　　B. $\frac{1}{\sqrt{2}}\arctan\left[\frac{f(x)}{\sqrt{2}}\right]+C$

C. $\frac{1}{2\sqrt{2}}\ln|1+(f(x))^2|+C$　　D. $\arctan\left[\frac{f(x)}{\sqrt{2}}\right]+C$

7. 若 $\int f(x)\mathrm{d}x=x^2+C$，则 $\int x^2 f(1-x^3)\mathrm{d}x=($　　$)$.

A. $-\frac{1}{3}(1-x^3)^2+C$　　B. $-(1-x^3)^2+C$

C. $-\frac{2}{3}(1-x^3)+C$　　D. $\frac{1}{3}(1-x^3)^2+C$

8. 设 $\int f(x)\mathrm{d}x=F(x)+C$，且 $x=at+b$，则 $\int f(x)\mathrm{d}t=($　　$)$.

A. $\frac{1}{a}F(x+C)$　　B. $F(x)+C$

C. $F(at+b)+C$　　D. $\frac{1}{a}F(at+b)+C$

二、填空题

1. 设 $f(x)$ 是连续函数，则

$\mathrm{d}\int f(x)\mathrm{d}x=$________；$\int \mathrm{d}f(x)=$________；

$\frac{\mathrm{d}}{\mathrm{d}x}\int f(x)\mathrm{d}x=$________；$\int f'(x)\mathrm{d}x=$________(其中 $f'(x)$ 存在).

2. 若 $\int f(x)\mathrm{d}x=x^2e^{2x}+C$，则 $f(x)=$____________.

3. 不定积分 $\int\left(\frac{1}{\cos^2 x}-1\right)\mathrm{d}\cos x=$____________.

三、计算题

1. $\int \frac{x+1}{(x-1)^3}dx$；

2. $\int \frac{dx}{1+\sqrt{1-x^2}}$；

3. $\int \frac{1}{x(x^6+4)}dx$；

4. $\int \frac{\arctan e^x}{e^x}dx$.

四、已知 $f(x)=\frac{1}{x}e^x$，求 $\int xf''(x)dx$.

五、如果 $\int f(x)dx=F(x)+C$，求 $\int \frac{f(x)}{F(x)}dx$.

第6章

定　积　分

定积分源于求图形的面积和物体的体积等实际问题.古希腊的阿基米德用“穷竭法”,我国数学家刘徽用“割圆术”,都曾计算过一些几何体的面积和体积,这些均为定积分的雏形.直到17世纪中叶,牛顿和莱布尼茨先后提出了定积分的概念,并发现了积分与微分之间的内在联系,给出了计算定积分的一般方法,从而才使定积分成为解决有关实际问题的有力工具.本章从几何问题和物理问题引入定积分的定义,讨论定积分的性质及计算方法.

6.1　定积分的概念

6.1.1　背景问题

窑洞作为陕北一张响亮的名片,为中国革命史写下了浓墨重彩的一笔(参见图6.1),现如今窑洞不仅是陕北人的居住场所而且是红色文化教育基地.从窑洞的窗格的外部形态我们会思考,为什么窑洞依山开凿建成拱形?这是因为黄土黏性大,直立性强,而拱顶的承重能力比平顶好,能更好地防止泥土掉落,这样修建才有支撑力,坚固耐劳,这也充分体现了我国劳动人民的智慧.在陕北,每到过年会把窑洞的窗格重新贴上麻纸,这样既显得明亮又保暖散气,那对于这样一个拱形窗格,我们需要买多少张麻纸呢?对于这个问题,祖先的智慧

图6.1　陕北窑洞

就是数小方格的个数,边上的非方格也用方格来代替,每个小方格的面积易算,窑洞窗格的近似面积也就可以算出来,需要的麻纸也就确定了.然而窑洞是拱形的,它的准确面积又如何算呢?我们将这一问题抽象出数学图形进行讨论.

1. 曲边梯形的面积

设函数 $y=f(x)(f(x)\geqslant 0)$ 在闭区间 $[a,b]$ 上有定义且连续.求由曲线 $y=f(x)$ 与直线 $x=a,x=b,y=0$ 围成的曲边梯形的面积 A.应用极限的思想,我们分4步求面积.

(1) 分割　将曲边梯形任意分割成 n 个小的窄曲边梯形:在闭区间 $[a,b]$ 内任意插入 $n-1$ 个分点,

$$a=x_0<x_1<\cdots<x_n=b.$$

上述分点把 $[a,b]$ 分成 n 个小区间:$[x_0,x_1],[x_1,x_2],\cdots,[x_{i-1},x_i],\cdots,[x_{n-1},x_n]$.第 i 个小区间 $[x_{i-1},x_i]$ 的长度表为 $\Delta x_i=x_i-x_{i-1}$.

(2) 求近似　在第 i 个小区间 $[x_{i-1},x_i]$ 上任取一点 ξ_i,我们把高为 $f(\xi_i)$,底长为 $\Delta x_i=x_i-x_{i-1}$ 的小矩形条的面积,近似看成小的窄曲边梯形的面积,$\Delta A_i\approx f(\xi_i)\Delta x_i$.如图6.2所示.

(3) 求和　将这样得到的 n 个小矩形的面积之和近似看成所求的曲边梯形的面积,$A\approx\sum\limits_{i=1}^{n}f(\xi_i)\Delta x_i$.

(4) 求极限　当分割的条形越来越窄时,上述和式有确定的极限,这个极限应当视为所求曲边梯形的面积.

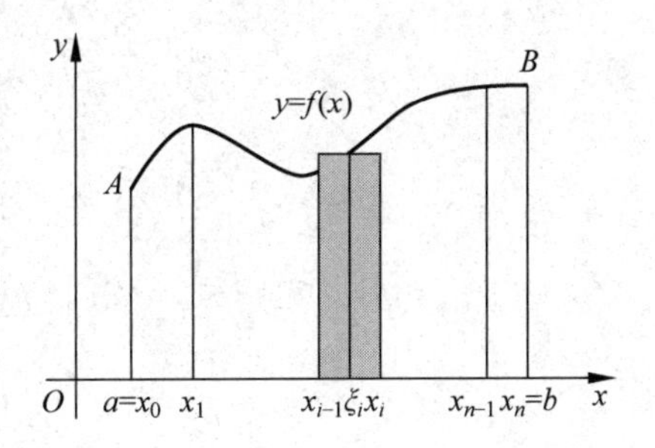

图6.2　以直代曲求曲边梯形面积示意图

2. 变速直线运动的路程

设物体作变速直线运动,其速度 v 是时间 t 的函数 $v=f(t)$.计算这物体从时刻 a 到时刻 b 经过的路程.

(1) 分割　在闭区间 $[a,b]$ 内任意插入 $n-1$ 个分点,$a=t_0<t_1<\cdots<t_n=b$,把这段时间分成 n 小段.

(2) 求近似　在第 i 段时间中近似看成匀速直线运动,因此物体通过的路程可以近似等于 $f(\tau_i)\Delta t_i$,这里 τ_i 是 $[t_{i-1},t_i]$ 中的任一时刻,$\Delta t_i=t_i-t_{i-1}$.

(3) 求和　因此从时刻 a 到时刻 b 物体通过的路程近似等于 $\sum\limits_{j=1}^{n}f(\tau_j)\Delta t_j$.

(4) 求极限　当所分割的时间间隔越来越短时,上述和式的极限值即为物体从时刻 a 到时刻 b 经过的路程.

从上述的两个例子中可以看出,无论是求曲边梯形的面积问题,还是求变速直线运动的路程问题,我们都可以抽象概括上述问题的共性:(1)本质相同,都是在一定范围内求整体量;(2)解决方法相同,都是先局部近似代替,再用极限求得精确值;(3)处理的步骤相同,都是通过"分割、求近似、求和、求极限";(4)表达式的形式一致,都是特殊的和式极限.这种共性还出现在多个科学领域中,都可以将实际问题转化为这类特殊的和式极限,为了更好地解决这类问题,我们抛开实际问题的各种背景,将上述特殊的和式极限抽象出定积分的定义.

6.1.2 定积分的定义

定义 6.1 设 $f(x)$在区间$[a,b]$上有定义,在$[a,b]$上任意插入 $n-1$ 个分点:

$$x_1,x_2,\cdots,x_{n-1},$$

令 $a=x_0,x_n=b$,使

$$a=x_0<x_1<x_2<\cdots<x_{n-1}<x_n=b,$$

此分法表示为 T.分法 T 将$[a,b]$分成 n 个小区间:

$$[x_0,x_1],[x_1,x_2],\cdots,[x_{i-1},x_i],\cdots,[x_{n-1},x_n].$$

在$[x_{i-1},x_i]$中任取一点 $\xi_i(i=1,2,\cdots,n)$,作和数

$$S=\sum_{i=1}^{n}f(\xi_i)\Delta x_i,$$

称为 $f(x)$在$[a,b]$上的积分和,其中 $\Delta x_i=x_i-x_{i-1}$,$d(T)=\max\{\Delta x_1,\Delta x_2,\cdots,\Delta x_n\}$.

若当 $d(T)\to 0$ 时,和数 S 趋于确定的极限 I,则称 $f(x)$在$[a,b]$上可积,极限 I 称为 $f(x)$在$[a,b]$上的**定积分**,记作 $\int_a^b f(x)\mathrm{d}x$,即

$$\int_a^b f(x)\mathrm{d}x=\lim_{d(T)\to 0}\sum_{i=1}^{n}f(\xi_i)\Delta x_i,$$

其中 $f(x)$称为**被积函数**,$f(x)\mathrm{d}x$ 称为**被积表达式**,x 称为**积分变量**,a 与 b 分别称为积分的**下限**与**上限**,符号"$\int$"是**积分符号**.

若当 $d(T)\to 0$ 时,积分和 S 不存在极限,则称 $f(x)$在$[a,b]$上**不可积**.

关于定积分的定义,有以下两点说明:

(1) 定积分 $\int_a^b f(x)\mathrm{d}x$ 的值是和式 $\sum_{i=1}^{n}f(\xi_i)\Delta x_i$ 的极限值,即为一个确定的常数,这个常数只与被积函数及积分区间$[a,b]$有关.

(2) 积分值与分法 T、ξ_i 在$[x_{i-1},x_i]$上的选取以及积分变量写成的字母无关.

根据定积分的定义,我们有下列定理.

定理 6.1 若函数 $f(x)$在$[a,b]$上连续,则 $f(x)$在$[a,b]$上可积.

定理 6.2 若函数 $f(x)$在$[a,b]$上有界,且只有有限个间断点,则 $f(x)$在$[a,b]$上可积.

例 6.1 利用定积分的定义计算定积分 $\int_0^1 x^2\mathrm{d}x$.

解 因为 $f(x)=x^2$ 在$[0,1]$上连续,故被积函数是可积的,将区间$[0,1]$$n$ 等分,则 $\Delta x_i=\dfrac{1}{n}$,取 $\xi_i=x_i=\dfrac{i}{n}(i=1,2,\cdots,n)$,则有

$$\int_0^1 x^2 \mathrm{d}x = \lim_{d(T)\to 0}\sum_{i=1}^{n} f(\xi_i)\Delta x_i = \lim_{n\to\infty}\sum_{i=1}^{n}(x_i)^2\Delta x_i = \lim_{n\to\infty}\sum_{i=1}^{n}\left(\frac{i}{n}\right)^2\frac{1}{n} = \lim_{n\to\infty}\frac{1}{n^3}\sum_{i=1}^{n} i^2$$

$$= \lim_{n\to\infty}\frac{1^2+2^2+\cdots+n^2}{n^3} = \lim_{n\to\infty}\frac{1}{n^3}\cdot\frac{n(n+1)(2n+1)}{6} = \frac{1}{3}.$$

6.1.3 定积分的几何意义

按照定积分的定义，当 $f(x)\geqslant 0$ 时，定积分 $\int_a^b f(x)\mathrm{d}x$ 在几何上表示由曲线 $y=f(x)$，x 轴及直线 $x=a$，$x=b$ 所围成的曲边梯形的面积（参见图 6.3(a)）；当 $f(x)\leqslant 0$ 时，则定积分 $\int_a^b f(x)\mathrm{d}x\leqslant 0$，$\int_a^b f(x)\mathrm{d}x$ 在几何上表示上述曲边梯形的面积的相反数（参见图 6.3(b)）；若函数 $f(x)$ 在 $[a,b]$ 上有正有负（参见图 6.3(c)），那么定积分的值是介于曲线 $y=f(x)$，x 轴及直线 $x=a$，$x=b$ 之间的各部分面积的代数和，这里，在 x 轴上方的图形面积赋予正号，在 x 轴下方的图形面积赋予负号.

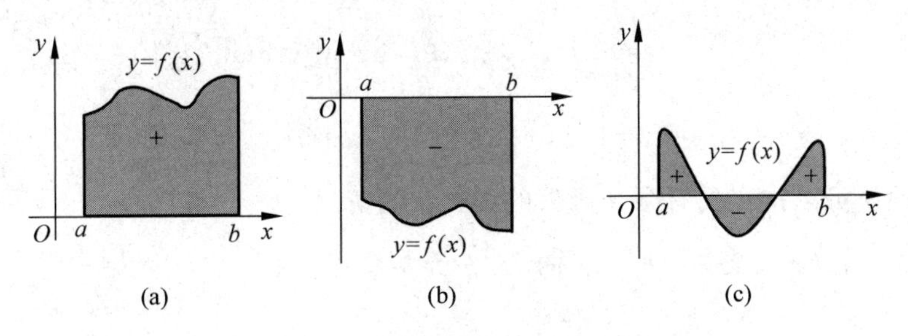

图 6.3 定积分的几何示意图

例 6.2 用定积分的几何意义计算定积分 $\int_{-a}^{a}\sqrt{a^2-x^2}\,\mathrm{d}x$ 的值.

解 在几何上，$\int_{-a}^{a}\sqrt{a^2-x^2}\,\mathrm{d}x$ 是圆心在原点，以 a 为半径的上半圆的面积，所以 $\int_{-a}^{a}\sqrt{a^2-x^2}\,\mathrm{d}x=\frac{1}{2}\pi a^2$.

习题 6.1

1. 利用定积分的几何意义求下列定积分的值：

(1) $\int_0^1 2x\,\mathrm{d}x$；　(2) $\int_0^2\sqrt{4-x^2}\,\mathrm{d}x$；　(3) $\int_0^{2\pi}\sin x\,\mathrm{d}x$.

2. 利用定积分表示下列极限：

(1) $\lim\limits_{n\to\infty}\left(\frac{1}{n+1}+\frac{1}{n+2}+\cdots+\frac{1}{2n}\right)$；　(2) $\lim\limits_{n\to\infty} n\left(\frac{1}{n^2+1}+\frac{1}{n^2+2^2}+\cdots+\frac{1}{2n^2}\right)$；

(3) $\lim\limits_{n\to\infty}\left(\frac{1}{n^2}+\frac{2}{n^2}+\cdots+\frac{n-1}{n^2}+\frac{n}{n^2}\right)$.

6.2 定积分的基本性质

函数 $f(x)$在$[a,b]$上的定积分$\int_a^b f(x)\mathrm{d}x$ 的定义要求$a<b$,为了运算上的方便,规定:

当 $a=b$ 时,$\int_a^a f(x)\mathrm{d}x=0$;

当 $a>b$ 时,$\int_a^b f(x)\mathrm{d}x=-\int_b^a f(x)\mathrm{d}x$.

根据定积分的定义及极限运算法则,容易得到定积分的下列基本性质,这里假定各性质中所给出的函数都是可积的.

性质 6.1 $\int_a^b [f(x)\pm g(x)]\mathrm{d}x=\int_a^b f(x)\mathrm{d}x\pm\int_a^b g(x)\mathrm{d}x$.

证
$$\begin{aligned}\int_a^b [f(x)\pm g(x)]\mathrm{d}x&=\lim_{d(T)\to 0}\sum_{i=1}^n [f(\xi_i)\pm g(\xi_i)]\Delta x_i\\&=\lim_{d(T)\to 0}\sum_{i=1}^n f(\xi_i)\Delta x_i\pm\lim_{d(T)\to 0}\sum_{i=1}^n g(\xi_i)\Delta x_i\\&=\int_a^b f(x)\mathrm{d}x\pm\int_a^b g(x)\mathrm{d}x.\end{aligned}$$

注 此性质可以推广到有限个函数的代数和的情况.

性质 6.2 $\int_a^b kf(x)\mathrm{d}x=k\int_a^b f(x)\mathrm{d}x$($k$ 为常数).

证
$$\begin{aligned}\int_a^b kf(x)\mathrm{d}x&=\lim_{d(T)\to 0}\sum_{i=1}^n kf(\xi_i)\Delta x_i=\lim_{d(T)\to 0}k\sum_{i=1}^n f(\xi_i)\Delta x_i\\&=k\lim_{d(T)\to 0}\sum_{i=1}^n f(\xi_i)\Delta x_i=k\int_a^b f(x)\mathrm{d}x.\end{aligned}$$

性质 6.3 设 $a<c<b$,则有
$$\int_a^b f(x)\mathrm{d}x=\int_a^c f(x)\mathrm{d}x+\int_c^b f(x)\mathrm{d}x.$$

性质 6.3 表明定积分关于积分区间具有可加性.实际上,不论 a,b,c 的相对位置如何,上述性质总成立.例如,当 $a<b<c$ 时,由于
$$\int_a^c f(x)\mathrm{d}x=\int_a^b f(x)\mathrm{d}x+\int_b^c f(x)\mathrm{d}x,$$
则
$$\int_a^b f(x)\mathrm{d}x=\int_a^c f(x)\mathrm{d}x-\int_b^c f(x)\mathrm{d}x=\int_a^c f(x)\mathrm{d}x+\int_c^b f(x)\mathrm{d}x.$$

性质 6.4 若 $f(x)=1$,则$\int_a^b f(x)\mathrm{d}x=\int_a^b \mathrm{d}x=b-a$.

性质 6.5 若在区间$[a,b]$上 $f(x)\geqslant 0$,则$\int_a^b f(x)\mathrm{d}x\geqslant 0$.

证 因为 $f(x)\geqslant 0$,故 $f(\xi_i)\geqslant 0$ $(i=1,2,\cdots,n)$.又 $\Delta x_i\geqslant 0$ $(i=1,2,\cdots,n)$,因此$\sum_{i=1}^n f(\xi_i)\Delta x_i\geqslant 0$,所以,$\int_a^b f(x)\mathrm{d}x=\lim_{d(T)\to 0}\sum_{i=1}^n f(\xi_i)\Delta x_i\geqslant 0$.

性质 6.5 称为定积分的保号性，它有如下 3 个推论.

推论 1(定积分的保序性) 若在区间$[a,b]$上，$f(x)\leqslant g(x)$，则

$$\int_a^b f(x)\mathrm{d}x\leqslant\int_a^b g(x)\mathrm{d}x.$$

例 6.3 比较积分值$\int_{-2}^0 \mathrm{e}^x\mathrm{d}x$ 和$\int_{-2}^0 x\mathrm{d}x$ 的大小.

解 当 $x\in[-2,0]$时，$x<0<\mathrm{e}^x$，故$\int_{-2}^0 \mathrm{e}^x\mathrm{d}x>\int_{-2}^0 x\mathrm{d}x$.

推论 2 $\left|\int_a^b f(x)\mathrm{d}x\right|\leqslant\int_a^b |f(x)|\mathrm{d}x$.

证 因为$-|f(x)|\leqslant f(x)\leqslant|f(x)|$，则

$$-\int_a^b |f(x)|\mathrm{d}x\leqslant\int_a^b f(x)\mathrm{d}x\leqslant\int_a^b |f(x)|\mathrm{d}x,$$

即

$$\left|\int_a^b f(x)\mathrm{d}x\right|\leqslant\int_a^b |f(x)|\mathrm{d}x.$$

推论 3 设 M,m 分别是函数 $f(x)$在$[a,b]$上的最大值和最小值，则

$$m(b-a)\leqslant\int_a^b f(x)\mathrm{d}x\leqslant M(b-a).$$

证 因为 $m\leqslant f(x)\leqslant M$，由推论 1 得

$$\int_a^b m\mathrm{d}x\leqslant\int_a^b f(x)\mathrm{d}x\leqslant\int_a^b M\mathrm{d}x,$$

再由性质 6.2 及性质 6.4 可得

$$m(b-a)\leqslant\int_a^b f(x)\mathrm{d}x\leqslant M(b-a).$$

根据推论 3，由被积函数在积分区间上的最值，可以估计积分值的大致范围.

例 6.4 估计定积分$\int_0^{\pi}\frac{1}{3+\sin^3 x}\mathrm{d}x$ 的值的范围.

解 令 $f(x)=\frac{1}{3+\sin^3 x}$，$x\in[0,\pi]$，因为 $0\leqslant\sin^3 x\leqslant1$，故$\frac{1}{4}\leqslant\frac{1}{3+\sin^3 x}\leqslant\frac{1}{3}$.

由推论 3 可得$\int_0^{\pi}\frac{1}{4}\mathrm{d}x\leqslant\int_0^{\pi}\frac{1}{3+\sin^3 x}\mathrm{d}x\leqslant\int_0^{\pi}\frac{1}{3}\mathrm{d}x$，即$\frac{\pi}{4}\leqslant\int_0^{\pi}\frac{1}{3+\sin^3 x}\mathrm{d}x\leqslant\frac{\pi}{3}$.

性质 6.6(定积分中值定理) 若函数 $f(x)$在闭区间$[a,b]$上连续，则至少存在一点$\xi\in[a,b]$，使得

$$\int_a^b f(x)\mathrm{d}x=f(\xi)(b-a).$$

证明略.

定积分中值定理的几何意义：在区间$[a,b]$内至少存在一点 ξ，使得由曲线 $y=f(x)$，x 轴及直线 $x=a$，$x=b$ 所围成的曲边梯形的面积等于以区间$[a,b]$为底，$f(\xi)$为高的矩形面积(参见图 6.4).

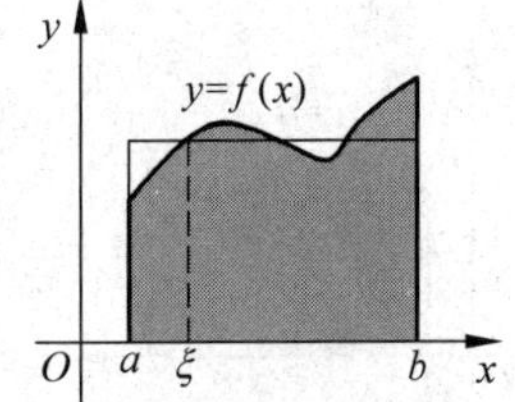

图 6.4 定积分中值定理的几何示意图

习题 6.2

1. 不计算积分值,比较下列每组积分值的大小

(1) $\int_0^1 x^2\,\mathrm{d}x$ 与 $\int_0^1 x^3\,\mathrm{d}x$; (2) $\int_1^2 \ln x\,\mathrm{d}x$ 与 $\int_1^2 \ln^2 x\,\mathrm{d}x$.

2. 估计积分 $\int_1^4 \frac{1}{2+x}\mathrm{d}x$ 的值的范围.

3. 设 $f(x)$可导,且 $\lim\limits_{x\to+\infty} f(x)=1$,求 $\lim\limits_{x\to+\infty}\int_x^{x+2} t\sin\frac{3}{t}f(t)\,\mathrm{d}t$.

4. 设函数 $f(x)$在$[0,1]$上可微,且满足 $f(1)-2\int_0^{\frac{1}{2}} xf(x)\,\mathrm{d}x=0$,证明在$(0,1)$内至少存在一点 ξ,使 $\xi f'(\xi)+f(\xi)=0$.

6.3 微积分基本定理

本节介绍积分学的基本公式,称为牛顿-莱布尼茨公式.这个公式揭示了定积分和原函数之间的联系,提供了一个简便有效地计算定积分的方法.

下面我们回顾物体的变速直线运动问题.设直线运动中的位置函数 $S(t)$,速度函数 $v(t)$,由导数的物理意义知道 $v(t)=S'(t)$.我们考虑物体从 $t=a$ 到 $t=b$ 这段时间所经过的距离.一方面由定积分的定义,我们有 $S=\int_a^b v(t)\,\mathrm{d}t$;另一方面,此距离又为 $S(b)-S(a)$,由此可知,位置函数 $S(t)$与速度函数 $v(t)$之间有如下关系:

$$\int_a^b v(t)\,\mathrm{d}t=S(b)-S(a).$$

上式说明,只要求出速度函数的一个原函数,就可以方便地计算出速度函数的积分值.这个结论是否具有普遍性呢?即 $\int_a^b f(x)\,\mathrm{d}x$ 的值是否等于 $f(x)$的原函数 $F(x)$在$[a,b]$上的增量呢?

6.3.1 积分上限函数

设函数 $f(t)$在区间$[a,b]$上连续,x 为$[a,b]$上的任意一点,则 $f(t)$在区间$[a,x]$上也是连续的,故定积分 $\int_a^x f(t)\,\mathrm{d}t$ 是存在的.于是,$\forall x\in[a,b]$,有唯一确定的数 $\int_a^x f(t)\,\mathrm{d}t$ 与之对应,所以在$[a,b]$上定义了一个函数,记作 $\Phi(x)$,即

$$\Phi(x)=\int_a^x f(t)\,\mathrm{d}t,\quad a\leqslant x\leqslant b.$$

我们将这个函数称为**积分上限的函数**.

积分上限函数的几何意义:如果 $\forall x\in[a,b]$,有 $f(x)\geqslant 0$,对$[a,b]$上任意 x,积分上限函数 $\Phi(x)$是区间$[a,x]$上的曲边梯形的面积(参见图 6.5).

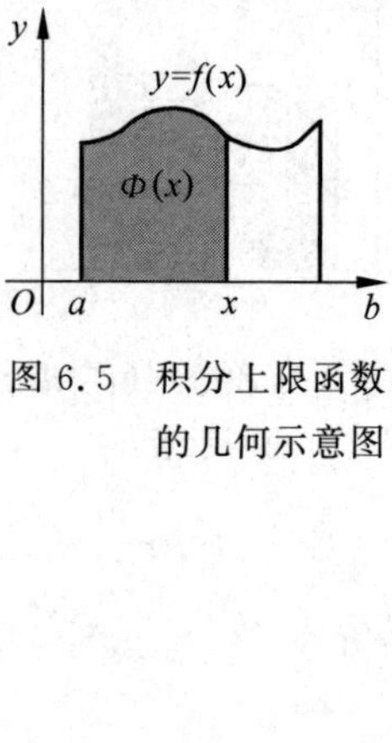

图 6.5 积分上限函数的几何示意图

定理 6.3 若函数 $f(x)$在区间$[a,b]$上连续,则积分上限的函数 $\Phi(x)=\int_a^x f(t)\mathrm{d}t$ 在$[a,b]$上可导,并且它的导数是

$$\Phi'(x)=\frac{\mathrm{d}}{\mathrm{d}x}\int_a^x f(t)\mathrm{d}t=f(x),\quad a\leqslant x\leqslant b.$$

证 设自变量 $x\in[a,b]$,取增量 Δx,使 $x+\Delta x\in[a,b]$,则有

$$\begin{aligned}\Delta\Phi&=\Phi(x+\Delta x)-\Phi(x)=\int_a^{x+\Delta x}f(t)\mathrm{d}t-\int_a^x f(t)\mathrm{d}t\\&=\int_a^x f(t)\mathrm{d}t+\int_x^{x+\Delta x}f(t)\mathrm{d}t-\int_a^x f(t)\mathrm{d}t=\int_x^{x+\Delta x}f(t)\mathrm{d}t.\end{aligned}$$

利用积分中值定理,则有 $\Delta\Phi=f(\xi)\Delta x$,$\xi$ 介于 x 与 $x+\Delta x$ 之间. 于是有

$$\frac{\Delta\Phi}{\Delta x}=f(\xi),$$

ξ 介于 x 与 $x+\Delta x$ 之间.

由于 $f(x)$在$[a,b]$上连续,且当 $\Delta x\to0$ 时,$\xi\to x$,故有

$$\lim_{\Delta x\to0}\frac{\Delta\Phi}{\Delta x}=\lim_{\xi\to x}f(\xi)=f(x).$$

从定理 6.3 可以看出积分上限函数 $\Phi(x)=\int_a^x f(t)\mathrm{d}t$ 的导数就是被积函数 $f(x)$,这揭示了微分(或导数)与定积分这两个概念之间的内在联系,从而得到原函数的存在定理.

定理 6.4 若函数 $f(x)$在$[a,b]$上连续,则函数 $\Phi(x)=\int_a^x f(t)\mathrm{d}t$ 就是 $f(x)$在$[a,b]$上的一个原函数.

利用复合函数的求导法则,可进一步得到下列公式:

(1) $\frac{\mathrm{d}}{\mathrm{d}x}\int_a^{\varphi(x)}f(t)\mathrm{d}t=f(\varphi(x))\cdot\varphi'(x)$;

(2) $\frac{\mathrm{d}}{\mathrm{d}x}\int_{\psi(x)}^{\varphi(x)}f(t)\mathrm{d}t=f(\varphi(x))\cdot\varphi'(x)-f(\psi(x))\cdot\psi'(x)$.

例 6.5 求 $\frac{\mathrm{d}}{\mathrm{d}x}\int_0^{x^2+1}\sin t\,\mathrm{d}t$.

解 $\frac{\mathrm{d}}{\mathrm{d}x}\int_0^{x^2+1}\sin t\,\mathrm{d}t=\sin(x^2+1)\cdot2x=2x\sin(x^2+1)$.

例 6.6 求 $\lim\limits_{x\to0}\frac{\int_1^{\cos x}\mathrm{e}^{t^2}\mathrm{d}t}{x^2}$.

解 这是$\frac{0}{0}$型不定式,应用洛必达法则,有

$$\lim_{x\to0}\frac{\int_1^{\cos x}\mathrm{e}^{t^2}\mathrm{d}t}{x^2}=\lim_{x\to0}\frac{\mathrm{e}^{\cos^2x}\cdot(-\sin x)}{2x}=-\frac{\mathrm{e}}{2}.$$

例 6.7 设函数 $y=y(x)$由方程 $\int_0^{y^2}\mathrm{e}^{t^2}\mathrm{d}t+\int_x^0\ln t\,\mathrm{d}t=\sin(2x)-2$ 确定,求$\frac{\mathrm{d}y}{\mathrm{d}x}$.

解 方程整理为$\int_0^{y^2} e^{t^2}\,dt-\int_0^x \ln t\,dt=\sin(2x)-2$，方程两边同时对 x 求导，得

$$e^{y^4}\cdot 2yy'-\ln x=2\cos(2x),$$

于是得

$$\frac{dy}{dx}=\frac{2\cos(2x)+\ln x}{2ye^{y^4}}.$$

6.3.2 牛顿-莱布尼茨公式

定理 6.4 的重要意义在于一方面肯定了连续函数的原函数是存在的；另一方面初步揭示了积分学中定积分与原函数的联系. 因此我们有下面的定理.

定理 6.5 若函数 $F(x)$是连续函数 $f(x)$在区间$[a,b]$上的一个原函数，则

$$\int_a^b f(x)\,dx=F(b)-F(a).$$

上式称为**牛顿-莱布尼茨公式**.

证 已知函数 $F(x)$是函数 $f(x)$的一个原函数，由定理 6.4，积分上限的函数

$$\Phi(x)=\int_a^x f(t)\,dt$$

也是 $f(x)$的一个原函数，于是必定存在某一常数 C，使得

$$F(x)-\Phi(x)=C,\quad a\leqslant x\leqslant b.$$

在上式中，令 $x=a$，则 $F(a)-\Phi(a)=C$.

又 $\Phi(a)=\int_a^a f(t)\,dt=0$，因此 $C=F(a)$，故得

$$\int_a^x f(t)\,dt=F(x)-F(a).$$

在上式中令 $x=b$，即得

$$\int_a^b f(x)\,dx=F(b)-F(a).$$

注 由定积分的补充规定，当 $a>b$ 时，牛顿-莱布尼茨公式仍然成立.

由于 $f(x)$的原函数 $F(x)$一般可通过求不定积分求得，因此牛顿-莱布尼茨公式巧妙地把定积分的计算问题与不定积分联系起来，将其转化为被积函数的一个原函数在区间$[a,b]$上的增量问题. 为了方便起见，以后把 $F(b)-F(a)$记成$[F(x)]_a^b$ 或 $F(x)\big|_a^b$，于是牛顿-莱布尼茨公式可写成

$$\int_a^b f(x)\,dx=[F(x)]_a^b \quad 或 \quad \int_a^b f(x)\,dx=F(x)\big|_a^b.$$

被称为“中国高铁标杆和典范”的京沪高铁是中国高铁旅客运输量最大、运行速度最快、最繁忙的线路，已经成为“一带一路”国际合作的优选示范项目. 回望中国高铁从“追赶者”到“领跑者”的历程，展示了我国快速发展的经济实力，感受了中国高铁的世界尖端技术，我国已经成为世界上高铁规模最大、技术最先进、时速最快、运营里程最长的国家，高铁的安全工作也成为首要关注的问题.

例 6.8 假设某次高铁列车以 324km/h 的速度匀速行驶，该列车进站的加速度为

-0.45m/s^2,列车应在进站前多长时间以及离车站多远距离开始制动?

解 瞬时速度与初速度及加速度的关系为 $v(t)=v_0+at$. 统一单位 324km/h=90m/s,那么制动时间为 $v(t)=v_0+at=90-0.45t=0$,即 $t=200\text{s}$,则距离为

$$s=\int_0^{200}v(t)\mathrm{d}t=\int_0^{200}(90-0.45t)\mathrm{d}t=\left(90t-\frac{0.45}{2}t^2\right)\Big|_0^{200}=9000\text{m}.$$

因此列车应在进站前 200s,距离车站 9km 开始制动.

例 6.9 计算 $\int_0^1\frac{1}{\sqrt{4-x^2}}\mathrm{d}x$.

解 $\arcsin\frac{x}{2}$ 是 $\frac{1}{\sqrt{4-x^2}}$ 的一个原函数,所以

$$\int_0^1\frac{1}{\sqrt{4-x^2}}\mathrm{d}x=\arcsin\frac{x}{2}\Big|_0^1=\arcsin\frac{1}{2}-\arcsin 0=\frac{\pi}{6}-0=\frac{\pi}{6}.$$

例 6.10 计算 $\int_0^1|2x-1|\mathrm{d}x$.

解 因为被积函数是分段函数,故利用定积分的区间可加性,得

$$\int_0^1|2x-1|\mathrm{d}x=\int_0^{\frac{1}{2}}(1-2x)\mathrm{d}x+\int_{\frac{1}{2}}^1(2x-1)\mathrm{d}x=(x-x^2)\Big|_0^{\frac{1}{2}}+(x^2-x)\Big|_{\frac{1}{2}}^1=\frac{1}{2}.$$

习题 6.3

1. 求下列函数的导数:

(1) $y=\int_0^{x^2}\sqrt{1+2t}\,\mathrm{d}t$;

(2) $y=\int_{2x}^1\frac{\sin t}{t^2}\mathrm{d}t$;

(3) $y=\int_1^{x^2+1}t^2\ln t\,\mathrm{d}t$;

(4) $y=\int_x^{\sin x}\frac{1}{\sqrt{5+2t^2}}\mathrm{d}t$;

(5) 设函数 $y=y(x)$ 由方程 $\int_0^{y^2}\cos t\,\mathrm{d}t+\int_{x^2}^0 t^2\,\mathrm{d}t=0$ 确定,求 $\frac{\mathrm{d}y}{\mathrm{d}x}$.

2. 求下列极限:

(1) $\lim\limits_{x\to 0}\frac{\int_0^x\arctan t\,\mathrm{d}t}{x^2}$;

(2) $\lim\limits_{x\to 0}\frac{\int_0^{x^2}\sin t^2\,\mathrm{d}t}{\int_x^0 t[\ln(1+t^2)]^2\mathrm{d}t}$.

3. 计算下列定积分:

(1) $\int_0^{2\pi}|\sin x|\,\mathrm{d}x$;

(2) $\int_{\frac{1}{\sqrt{3}}}^{\sqrt{3}}\frac{1}{1+x^2}\mathrm{d}x$;

(3) $\int_0^{\frac{\pi}{4}}\tan^2 x\,\mathrm{d}x$;

(4) $\int_{-2}^2\max\{x,x^2\}\mathrm{d}x$.

4. 设 $f(x)$ 在 $(-\infty,+\infty)$ 上连续,且 $f(x)>0$,证明函数

$$F(x)=\frac{\int_0^x tf(t)\mathrm{d}t}{\int_0^x f(t)\mathrm{d}t}$$

在 $(0,+\infty)$ 内单调增加.

6.4 定积分的换元积分法

尽管从理论上来说，把不定积分与牛顿-莱布尼茨公式结合起来就解决了定积分的计算的问题，但我们仍然可以针对定积分本身的特点使计算过程得以简化.

定理 6.6 若函数 $f(x)$在区间$[a,b]$上连续，函数 $x=\varphi(t)$在区间$[\alpha,\beta]$上具有连续的导数，当 t 在区间$[\alpha,\beta]$上变化时，$x=\varphi(t)$的值在$[a,b]$上变化，且 $\varphi(\alpha)=a$，$\varphi(\beta)=b$，则

$$\int_a^b f(x)\mathrm{d}x=\int_\alpha^\beta f[\varphi(t)]\varphi'(t)\mathrm{d}t.$$

上式称为定积分的换元公式.

证 设 $F(x)$是 $f(x)$在$[a,b]$上的一个原函数，则

$$\int_a^b f(x)\mathrm{d}x=F(b)-F(a).$$

再设 $\Phi(t)=F[\varphi(t)]$，对 $\Phi(t)$求导，得

$$\Phi'(t)=\frac{\mathrm{d}F}{\mathrm{d}x}\frac{\mathrm{d}x}{\mathrm{d}t}=f(x)\varphi'(t)=f[\varphi(t)]\varphi'(t),$$

即 $\Phi(t)$是 $f[\varphi(t)]\varphi'(t)$的一个原函数，因此有

$$\int_\alpha^\beta f[\varphi(t)]\varphi'(t)\mathrm{d}t=\Phi(\beta)-\Phi(\alpha).$$

由 $\Phi(t)=F[\varphi(t)]$，$\varphi(\alpha)=a$，$\varphi(\beta)=b$，可知

$$\Phi(\beta)-\Phi(\alpha)=F[\varphi(\beta)]-F[\varphi(\alpha)]=F(b)-F(a),$$

所以

$$\int_a^b f(x)\mathrm{d}x=\int_\alpha^\beta f[\varphi(t)]\varphi'(t)\mathrm{d}t.$$

定积分的换元公式与不定积分的换元公式类似，但在应用定积分的换元公式时应注意以下两点：

(1) 用 $x=\varphi(t)$把变量 x 换成新变量 t 时，积分限也要换成相对应的新变量的积分限.

(2) 求出 $f[\varphi(t)]\varphi'(t)$的一个原函数 $\Phi(t)$后，不必像计算不定积分那样再把 $\Phi(t)$变换成原变量，在作变量代换的同时，积分限也要换成相应的新变量的积分限，就不必代回原来的变量 x 的函数，只需直接求出 $\Phi(t)$在新变量 t 的积分区间上的增量.

例 6.11 计算 $\displaystyle\int_1^{\mathrm{e}^3}\frac{\mathrm{d}x}{x\sqrt{1+\ln x}}$.

解 *方法 1*

$$\int_1^{\mathrm{e}^3}\frac{\mathrm{d}x}{x\sqrt{1+\ln x}}=\int_1^{\mathrm{e}^3}\frac{\mathrm{d}\ln x}{\sqrt{1+\ln x}}=\int_1^{\mathrm{e}^3}\frac{\mathrm{d}(1+\ln x)}{\sqrt{1+\ln x}}$$
$$=2\sqrt{1+\ln x}\Big|_1^{\mathrm{e}^3}=2\sqrt{1+\ln \mathrm{e}^3}-2\sqrt{1+\ln 1}=2.$$

方法 2 令 $t=\ln x$，则 $x=\mathrm{e}^t$，$\mathrm{d}x=\mathrm{e}^t\mathrm{d}t$，且当 $x=1$ 时，$t=0$；当 $x=\mathrm{e}^3$ 时，$t=3$. 于是

$$\int_1^{\mathrm{e}^3}\frac{\mathrm{d}x}{x\sqrt{1+\ln x}}=\int_0^3\frac{\mathrm{e}^t\mathrm{d}t}{\mathrm{e}^t\sqrt{1+t}}=\int_0^3\frac{\mathrm{d}t}{\sqrt{1+t}}=2\sqrt{1+t}\Big|_0^3=2.$$

方法 3 令$\sqrt{1+\ln x}=t$，则 $x=e^{t^2-1}$，$dx=2te^{t^2-1}dt$，且当 $x=1$ 时，$t=1$；当 $x=e^3$ 时，$t=2$. 于是

$$\int_1^{e^3}\frac{dx}{x\sqrt{1+\ln x}}=\int_1^2\frac{2te^{t^2-1}dt}{e^{t^2-1}t}=\int_1^2 2dt=2t\Big|_1^2=2.$$

例 6.12 计算$\int_0^a\sqrt{a^2-x^2}dx\,(a>0)$.

解 令 $x=a\sin t$，则 $dx=a\cos t\,dt$. 且当 $x=0$ 时，$t=0$；当 $x=a$ 时，$t=\frac{\pi}{2}$. 于是

$$\int_0^a\sqrt{a^2-x^2}dx=a\int_0^{\frac{\pi}{2}}\cos t\cdot a\cos t\,dt=a^2\int_0^{\frac{\pi}{2}}\frac{1+\cos 2t}{2}dt=\frac{a^2}{2}\int_0^{\frac{\pi}{2}}(1+\cos 2t)dt$$

$$=\frac{a^2}{2}\left(t+\frac{1}{2}\sin 2t\right)\Big|_0^{\frac{\pi}{2}}=\frac{\pi}{4}a^2.$$

例 6.13 设函数 $f(x)$在$[-a,a]$上连续，证明：

(1) 若 $f(x)$ 是偶函数，则$\int_{-a}^a f(x)dx=2\int_0^a f(x)dx$；

(2) 若 $f(x)$ 是奇函数，则$\int_{-a}^a f(x)dx=0$.

证 因为

$$\int_{-a}^a f(x)dx=\int_{-a}^0 f(x)dx+\int_0^a f(x)dx,$$

在上式右端第一项中，令 $x=-t$，则 $dx=-dt$，且当 $x=-a$ 时，$t=0$；当 $x=0$ 时，$t=0$. 故

$$\int_{-a}^0 f(x)dx=\int_a^0 f(-t)\cdot(-1)dt=\int_0^a f(-t)dt=\int_0^a f(-x)dx,$$

所以

$$\int_{-a}^a f(x)dx=\int_0^a f(-x)dx+\int_0^a f(x)dx=\int_0^a[f(-x)+f(x)]dx.$$

当 $f(x)$为偶函数时，$f(-x)=f(x)$，则$\int_{-a}^a f(x)dx=2\int_0^a f(x)dx$；

当 $f(x)$ 为奇函数时，$f(-x)=-f(x)$，则$\int_{-a}^a f(x)dx=\int_0^a 0dx=0$.

例 6.14 计算$\int_{-1}^1|x|\left(\frac{\arcsin x}{1+x^2}+x^2\right)dx$.

解 因为积分区间关于原点对称，且$|x|x^2$ 是偶函数，$\frac{|x|\arcsin x}{1+x^2}$是奇函数，由例 6.13 的结论，可得

$$\int_{-1}^1|x|\left(\frac{\arcsin x}{1+x^2}+x^2\right)dx=\int_{-1}^1|x|x^2dx=2\int_0^1x^3dx=2\cdot\frac{x^4}{4}\Big|_0^1=\frac{1}{2}.$$

例 6.15 若 $f(x)$在$[0,1]$上连续，证明：$\int_0^{\frac{\pi}{2}}f(\sin x)dx=\int_0^{\frac{\pi}{2}}f(\cos x)dx$.

证 设 $x=\frac{\pi}{2}-t$，则 $dx=-dt$，且当 $x=0$ 时，$t=\frac{\pi}{2}$；当 $x=\frac{\pi}{2}$时，$t=0$. 于是

$$\int_0^{\frac{\pi}{2}} f(\sin x)\mathrm{d}x = -\int_{\frac{\pi}{2}}^0 f\left[\sin\left(\frac{\pi}{2}-t\right)\right]\mathrm{d}t = \int_0^{\frac{\pi}{2}} f(\cos t)\mathrm{d}t = \int_0^{\frac{\pi}{2}} f(\cos x)\mathrm{d}x.$$

例 6.16 若 $f(x)$ 在 $[0,1]$ 上连续，证明：

$$\int_0^{\pi} x f(\sin x)\mathrm{d}x = \pi\int_0^{\frac{\pi}{2}} f(\sin x)\mathrm{d}x.$$

证

$$\int_0^{\pi} x f(\sin x)\mathrm{d}x = \int_0^{\frac{\pi}{2}} x f(\sin x)\mathrm{d}x + \int_{\frac{\pi}{2}}^{\pi} x f(\sin x)\mathrm{d}x.$$

对于上式右端第二项的积分，令 $\pi - x = t$，则 $-\mathrm{d}x = \mathrm{d}t$，且当 $x=\frac{\pi}{2}$ 时，$t=\frac{\pi}{2}$；当 $x=\pi$ 时，$t=0$. 于是

$$\begin{aligned}\int_{\frac{\pi}{2}}^{\pi} x f(\sin x)\mathrm{d}x &= \int_{\frac{\pi}{2}}^{0}(\pi - t) f(\sin t)(-\mathrm{d}t)\\ &= \int_0^{\frac{\pi}{2}}(\pi - t) f(\sin t)\mathrm{d}t = \int_0^{\frac{\pi}{2}}(\pi - x) f(\sin x)\mathrm{d}x,\end{aligned}$$

故

$$\begin{aligned}\int_0^{\pi} x f(\sin x)\mathrm{d}x &= \int_0^{\frac{\pi}{2}} x f(\sin x)\mathrm{d}x + \int_0^{\frac{\pi}{2}}(\pi - x) f(\sin x)\mathrm{d}x\\ &= \pi\int_0^{\frac{\pi}{2}} f(\sin x)\mathrm{d}x.\end{aligned}$$

习题 6.4

1. 计算下列定积分：

(1) $\int_0^1 \sqrt{(1-x^2)^3}\,\mathrm{d}x$；　　(2) $\int_0^a x^2\sqrt{a^2-x^2}\,\mathrm{d}x$；

(3) $\int_0^4 \frac{\mathrm{d}x}{1+\sqrt{x}}$；　　(4) $\int_1^{\sqrt{3}} \frac{\mathrm{d}x}{x^2\sqrt{1+x^2}}$.

2. 设 $f(x)=\begin{cases} x+1, & x\leqslant 1, \\ \frac{x^2}{2}, & x>1, \end{cases}$ 求 $\int_{-2}^1 f(x+1)\mathrm{d}x$.

3. 证明：若 $f(x)$ 是一个以 T 为周期的连续函数，则对任意的常数 a，有

$$\int_a^{a+T} f(x)\mathrm{d}x = \int_0^T f(x)\mathrm{d}x.$$

4. 设 $f(x)$ 在闭区间 $[a,b]$ 上连续，证明：$\int_a^b f(x)\mathrm{d}x = \int_a^b f(a+b-x)\mathrm{d}x$.

6.5 定积分的分部积分法

设函数 $u(x)$，$v(x)$ 在区间 $[a,b]$ 上具有连续导数，由函数乘积的导数公式，有

$$\mathrm{d}(u(x)v(x)) = v(x)\mathrm{d}u(x) + u(x)\mathrm{d}v(x),$$

移项得

$$u(x)\mathrm{d}v(x)=\mathrm{d}(u(x)v(x))-v(x)\mathrm{d}u(x).$$

等式两端在$[a,b]$上取定积分，得

$$\int_a^b u(x)\mathrm{d}v(x)=\int_a^b \mathrm{d}(u(x)v(x))-\int_a^b v(x)\mathrm{d}u(x),$$

即

$$\int_a^b u(x)\mathrm{d}v(x)=[u(x)v(x)]_a^b-\int_a^b v(x)\mathrm{d}u(x)$$

或

$$\int_a^b u(x)\mathrm{d}v(x)=[u(x)v(x)]_a^b-\int_a^b v(x)\mathrm{d}u(x).$$

这就是定积分的**分部积分公式**. 与不定积分的分部积分公式不同的是，这里可将原函数已经积出来的部分，先用上、下限代入.

例 6.17 计算$\int_0^{\frac{\pi}{4}} x\sec^2 x\,\mathrm{d}x$.

解 $\int_0^{\frac{\pi}{4}} x\sec^2 x\,\mathrm{d}x=\int_0^{\frac{\pi}{4}} x\,\mathrm{d}\tan x=x\tan x\Big|_0^{\frac{\pi}{4}}-\int_0^{\frac{\pi}{4}}\tan x\,\mathrm{d}x=\frac{\pi}{4}+\ln|\cos x|\Big|_0^{\frac{\pi}{4}}=\frac{\pi}{4}-\frac{\ln 2}{2}.$

例 6.18 计算$\int_{\frac{1}{2}}^1 \mathrm{e}^{-\sqrt{2x-1}}\,\mathrm{d}x$.

解 令$\sqrt{2x-1}=t$，则$x=\frac{t^2+1}{2}$，$\mathrm{d}x=t\,\mathrm{d}t$，且当$x=\frac{1}{2}$时，$t=0$；当$x=1$时，$t=1$. 于是

$$\begin{aligned}\int_{\frac{1}{2}}^1 \mathrm{e}^{-\sqrt{2x-1}}\,\mathrm{d}x&=\int_0^1 \mathrm{e}^{-t}t\,\mathrm{d}t=-\int_0^1 t\,\mathrm{d}\mathrm{e}^{-t}=[-t\mathrm{e}^{-t}]_0^1+\int_0^1\mathrm{e}^{-t}\,\mathrm{d}t\\&=-\frac{1}{\mathrm{e}}-[\mathrm{e}^{-t}]_0^1=1-\frac{2}{\mathrm{e}}.\end{aligned}$$

例 6.19 计算$\int_1^{\mathrm{e}}\sin(\ln x)\,\mathrm{d}x$.

解 设$I=\int_1^{\mathrm{e}}\sin(\ln x)\,\mathrm{d}x$，则

$$\begin{aligned}I&=x\sin(\ln x)\Big|_1^{\mathrm{e}}-\int_1^{\mathrm{e}}x\,\mathrm{d}\sin(\ln x)\\&=\mathrm{e}\sin 1-\int_1^{\mathrm{e}}x\cos(\ln x)\cdot\frac{1}{x}\mathrm{d}x=\mathrm{e}\sin 1-\int_1^{\mathrm{e}}\cos(\ln x)\,\mathrm{d}x\\&=\mathrm{e}\sin 1-x\cos(\ln x)\Big|_1^{\mathrm{e}}+\int_1^{\mathrm{e}}x\,\mathrm{d}\cos(\ln x)\\&=\mathrm{e}\sin 1-\mathrm{e}\cos 1+1-\int_1^{\mathrm{e}}x\sin(\ln x)\cdot\frac{1}{x}\mathrm{d}x\\&=\mathrm{e}\sin 1-\mathrm{e}\cos 1+1-I,\end{aligned}$$

移项，解得$I=\frac{\mathrm{e}\sin 1-\mathrm{e}\cos 1+1}{2}$.

例 6.20 求$I_n=\int_0^{\frac{\pi}{2}}\sin^n x\,\mathrm{d}x$，其中$n$为非负整数.

解 $I_0=\int_0^{\frac{\pi}{2}}\mathrm{d}x=\frac{\pi}{2},I_1=\int_0^{\frac{\pi}{2}}\sin x\,\mathrm{d}x=1.$

当 $n\geqslant 2$ 时,有

$$\begin{aligned}I_n&=-\int_0^{\frac{\pi}{2}}\sin^{n-1}x\,\mathrm{d}\cos x\\&=-[\sin^{n-1}x\cos x]_0^{\frac{\pi}{2}}+\int_0^{\frac{\pi}{2}}\cos x\,\mathrm{d}(\sin^{n-1}x)\\&=(n-1)\int_0^{\frac{\pi}{2}}\cos^2x\sin^{n-2}x\,\mathrm{d}x\\&=(n-1)\int_0^{\frac{\pi}{2}}(1-\sin^2x)\sin^{n-2}x\,\mathrm{d}x\\&=(n-1)\int_0^{\frac{\pi}{2}}\sin^{n-2}x\,\mathrm{d}x-(n-1)\int_0^{\frac{\pi}{2}}\sin^nx\,\mathrm{d}x\\&=(n-1)I_{n-2}-(n-1)I_n.\end{aligned}$$

移项,得到积分 I_n 的递推公式

$$I_n=\frac{n-1}{n}\cdot I_{n-2}.$$

(1) 当 n 为偶数时,设 $n=2m$,有

$$I_{2m}=\int_0^{\frac{\pi}{2}}\sin^{2m}x\,\mathrm{d}x=\frac{(2m-1)(2m-3)\cdots3\cdot1}{(2m)(2m-2)\cdots4\cdot2}\frac{\pi}{2}=\frac{(2m-1)!!}{(2m)!!}\frac{\pi}{2};$$

(2) 当 n 为奇数时,设 $n=2m+1$,有

$$I_{2m+1}=\int_0^{\frac{\pi}{2}}\sin^{2m+1}x\,\mathrm{d}x=\frac{(2m)(2m-2)\cdots4\cdot2}{(2m+1)(2m-1)\cdots5\cdot3}=\frac{(2m)!!}{(2m+1)!!}.$$

由例 6.20 及例 6.15 的结论可得

$$\int_0^{\frac{\pi}{2}}\sin^7x\,\mathrm{d}x=\frac{6\times4\times2}{7\times5\times3}=\frac{16}{35},\quad \int_0^{\frac{\pi}{2}}\cos^6x\,\mathrm{d}x=\frac{5\times3\times1}{6\times4\times2}\times\frac{\pi}{2}=\frac{5\pi}{32}.$$

习题 6.5

1. 计算下列定积分:

(1) $\int_0^1 x\mathrm{e}^{-x}\,\mathrm{d}x$; (2) $\int_0^1\ln(1+x^2)\,\mathrm{d}x$; (3) $\int_0^{\frac{\pi}{2}}x(1+\sin x)\,\mathrm{d}x$;

(4) $\int_0^1 x\arctan x\,\mathrm{d}x$; (5) $\int_0^{\frac{\pi}{2}}\mathrm{e}^{2x}\sin x\,\mathrm{d}x$; (6) $\int_0^{\frac{\pi}{4}}\sin^7 2x\,\mathrm{d}x$.

2. 设 $f''(x)$在$[a,b]$上连续,且 $f(0)=0,f(2)=4,f'(2)=2$,求 $\int_0^1 xf''(2x)\,\mathrm{d}x$.

6.6 广义积分

前面讨论的定积分 $\int_a^b f(x)\,\mathrm{d}x$,其积分区间必须是有限的,并且被积函数 $f(x)$是有界的.但是,在实际应用中,经常会碰到积分区间是无穷区间,或者函数是无界的情况."天问"

一号火星探测器是我国第一个承担火星探测任务的探测器，我国成为世界上第二个成功到达火星探索的国家. 探测火星首战即告捷，这是我国甚至人类史上的一项重要成就，这背后，是许多科研工作者呕心沥血才换来的成功. 那么“天问”一号的发射初速度是多少? 11.2km/s. 11.2km/s 是第二宇宙速度，是指物体完全摆脱地球引力束缚，飞离地球所需要的最小初速度，这个速度是如何计算出的呢? 根据功能原理，发射航天器时的初始动能必须大于等于上升到预定轨道处克服引力所做的功，而这个功的计算并不能简单地用力乘距离，因为物体在不同高度处所受的地球引力不同，随着高度的增加，引力将不断减弱，我们根据6.1节总结的定积分的思想来分析，在物体上升一小段距离的过程中，克服引力所做的功近似为距离地心处的万有引力乘上物体上升的一小段距离. 而火箭要无限远离地球，意味着这个距离趋向于正无穷，也就是积分区间变成了无穷区间，这已经超出了定积分的定义和牛顿-莱布尼茨公式所要求的有限区间，因此对定积分作如下两种推广，从而得出广义积分的概念.

6.6.1 无穷限的广义积分

定义 6.2 设函数 $f(x)$ 在区间 $[a,+\infty)$ 上连续，取 $b>a$，若

$$\lim_{b\to+\infty}\int_a^b f(x)\mathrm{d}x$$

存在，则称此极限值为函数 $f(x)$ 在无穷区间 $[a,+\infty)$ 上的**广义积分**，记作 $\int_a^{+\infty} f(x)\mathrm{d}x$，即

$$\int_a^{+\infty} f(x)\mathrm{d}x=\lim_{b\to+\infty}\int_a^b f(x)\mathrm{d}x.$$

这时也称广义积分 $\int_a^{+\infty} f(x)\mathrm{d}x$ **收敛**. 若上述极限不存在，则称广义积分 $\int_a^{+\infty} f(x)\mathrm{d}x$ **发散**.

类似地，可以定义 $f(x)$ 在 $(-\infty,b]$，$(-\infty,+\infty)$ 上的广义积分.

定义 6.3 设 $f(x)$ 在区间 $(-\infty,b]$ 上连续，取 $a<b$，若

$$\lim_{a\to-\infty}\int_a^b f(x)\mathrm{d}x$$

存在，则称此极限值为函数 $f(x)$ 在无穷区间 $(-\infty,b]$ 上的**广义积分**，记作 $\int_{-\infty}^b f(x)\mathrm{d}x$，即

$$\int_{-\infty}^b f(x)\mathrm{d}x=\lim_{a\to-\infty}\int_a^b f(x)\mathrm{d}x.$$

这时也称广义积分 $\int_{-\infty}^b f(x)\mathrm{d}x$ **收敛**. 若上述极限不存在，则称广义积分 $\int_{-\infty}^b f(x)\mathrm{d}x$ **发散**.

定义 6.4 设函数 $f(x)$ 在区间 $(-\infty,+\infty)$ 上连续，若广义积分 $\int_{-\infty}^0 f(x)\mathrm{d}x$ 和 $\int_0^{+\infty} f(x)\mathrm{d}x$ 都收敛，则称上述两广义积分之和为函数 $f(x)$ 在无穷区间 $(-\infty,+\infty)$ 上的

广义积分,记作 $\int_{-\infty}^{+\infty} f(x)\mathrm{d}x$,即

$$\int_{-\infty}^{+\infty} f(x)\mathrm{d}x=\int_{-\infty}^{0} f(x)\mathrm{d}x+\int_{0}^{+\infty} f(x)\mathrm{d}x.$$

这时也称广义积分 $\int_{-\infty}^{+\infty} f(x)\mathrm{d}x$ **收敛**.否则,就称广义积分 $\int_{-\infty}^{+\infty} f(x)\mathrm{d}x$ **发散**.

注 为了书写简便,实际运算过程中常常省去极限记号,而形式地把∞当成一个"数",直接利用牛顿-莱布尼茨公式的格式进行计算.若 $F(x)$ 是 $f(x)$ 的一个原函数,上述广义积分可写成

$$\int_{a}^{+\infty} f(x)\mathrm{d}x=[F(x)]\Big|_{a}^{+\infty}=\lim_{x\to+\infty} F(x)-F(a);$$

$$\int_{-\infty}^{b} f(x)\mathrm{d}x=[F(x)]\Big|_{-\infty}^{b}=F(b)-\lim_{x\to-\infty} F(x).$$

例 6.21 求 $\int_{0}^{+\infty}\frac{\mathrm{d}x}{1+x^2},\int_{-\infty}^{0}\frac{\mathrm{d}x}{1+x^2},\int_{-\infty}^{+\infty}\frac{\mathrm{d}x}{1+x^2}$.

解 $\int_{0}^{+\infty}\frac{\mathrm{d}x}{1+x^2}=\arctan x\Big|_{0}^{+\infty}=\lim_{x\to+\infty}\arctan x-\arctan 0=\frac{\pi}{2}$;

$\int_{-\infty}^{0}\frac{\mathrm{d}x}{1+x^2}=\arctan x\Big|_{-\infty}^{0}=\arctan 0-\lim_{x\to-\infty}\arctan x=\frac{\pi}{2}$;

$\int_{-\infty}^{\infty}\frac{\mathrm{d}x}{1+x^2}=\int_{-\infty}^{0}\frac{\mathrm{d}x}{1+x^2}+\int_{0}^{+\infty}\frac{\mathrm{d}x}{1+x^2}=\frac{\pi}{2}+\frac{\pi}{2}=\pi$.

例 6.22 求 $\int_{0}^{+\infty}\mathrm{e}^{-3x}\mathrm{d}x$.

解
$$\begin{aligned}\int_{0}^{+\infty}\mathrm{e}^{-3x}\mathrm{d}x&=-\frac{1}{3}\int_{0}^{+\infty}\mathrm{e}^{-3x}\mathrm{d}(-3x)=\left(-\frac{1}{3}\mathrm{e}^{-3x}\right)\Big|_{0}^{+\infty}\\&=-\frac{1}{3}\left(\lim_{x\to+\infty}\frac{1}{\mathrm{e}^{3x}}-\mathrm{e}^{0}\right)=\frac{1}{3}.\end{aligned}$$

例 6.23 讨论广义积分 $\int_{1}^{+\infty}\frac{\mathrm{d}x}{x^p}$ 的收敛性.

解 当 $p=1$ 时,有

$$\int_{1}^{+\infty}\frac{\mathrm{d}x}{x}=[\ln x]_{1}^{+\infty}=\lim_{x\to+\infty}\ln x-\ln 1=+\infty.$$

当 $p\neq 1$ 时,有

$$\int_{1}^{+\infty}\frac{\mathrm{d}x}{x^p}=\left[\frac{x^{1-p}}{1-p}\right]_{1}^{+\infty}=\lim_{x\to+\infty}\frac{x^{1-p}}{1-p}-\frac{1}{1-p}=\begin{cases}\frac{1}{p-1}, & p>1,\\ +\infty, & p<1.\end{cases}$$

因此,当 $p>1$ 时广义积分 $\int_{1}^{+\infty}\frac{1}{x^p}\mathrm{d}x$ 收敛,其值为 $\frac{1}{p-1}$,当 $p\leqslant 1$ 时广义积分 $\int_{1}^{+\infty}\frac{1}{x^p}\mathrm{d}x$ 发散.

6.6.2 无界函数的广义积分

若 x_0 是函数 $f(x)$ 的无穷间断点,即 $\lim_{x\to x_0} f(x)=\infty$,则称 x_0 是函数 $f(x)$ 的**瑕点**.

定义 6.5 设函数 $f(x)$ 在区间 $(a,b]$ 上连续，且 a 为瑕点. 取 $\eta>0$，若

$$\lim_{\eta\to 0^+}\int_{a+\eta}^{b} f(x)\mathrm{d}x$$

存在，则称此极限值为无界函数 $f(x)$ 在 $[a,b]$ 上的**广义积分**或**瑕积分**，记作 $\int_a^b f(x)\mathrm{d}x$，即

$$\int_a^b f(x)\mathrm{d}x = \lim_{\eta\to 0^+}\int_{a+\eta}^{b} f(x)\mathrm{d}x.$$

这时也称广义积分 $\int_a^b f(x)\mathrm{d}x$ **收敛**. 若上述极限不存在，则称广义积分 $\int_a^b f(x)\mathrm{d}x$ **发散**.

类似地，当 b 为瑕点时，可定义函数 $f(x)$ 在 $[a,b)$ 内的广义积分

$$\int_a^b f(x)\mathrm{d}x = \lim_{\eta\to 0^+}\int_{a}^{b-\eta} f(x)\mathrm{d}x.$$

定义 6.6 设函数 $f(x)$ 在区间 $[a,b]$ 上除 $c\in(a,b)$ 外连续，且 c 为瑕点，则函数 $f(x)$ 在区间 $[a,b]$ 上的广义积分定义为

$$\int_a^b f(x)\mathrm{d}x = \int_a^c f(x)\mathrm{d}x + \int_c^b f(x)\mathrm{d}x.$$

当上式右端两个广义积分都收敛时，称广义积分 $\int_a^b f(x)\mathrm{d}x$ **收敛**，否则称广义积分 $\int_a^b f(x)\mathrm{d}x$ **发散**.

例 6.24 计算 $\int_1^2 \frac{\mathrm{d}x}{x-1}$.

解 因为 $\lim\limits_{x\to 1^+}\frac{1}{x-1}=+\infty$，所以点 $x=1$ 是瑕点.

$$\begin{aligned}\int_1^2 \frac{\mathrm{d}x}{x-1} &= \lim_{\eta\to 0^+}\int_{1+\eta}^{2}\frac{\mathrm{d}x}{x-1} = \lim_{\eta\to 0^+}[\ln|x-1|]_{1+\eta}^{2}\\ &= \ln|2-1| - \lim_{\eta\to 0^+}\ln|1+\eta-1| = \infty.\end{aligned}$$

所以广义积分 $\int_1^2 \frac{\mathrm{d}x}{x-1}$ 发散.

例 6.25 计算 $\int_0^3 \frac{1}{\sqrt{9-x^2}}\mathrm{d}x$.

解 因为 $\lim\limits_{x\to 3^-}\frac{1}{\sqrt{9-x^2}}=+\infty$，所以点 $x=3$ 是瑕点.

$$\begin{aligned}\int_0^3 \frac{1}{\sqrt{9-x^2}}\mathrm{d}x &= \lim_{\eta\to 0^+}\int_0^{3-\eta}\frac{1}{\sqrt{9-x^2}}\mathrm{d}x = \lim_{\eta\to 0^+}\arcsin\frac{x}{3}\Big|_0^{3-\eta}\\ &= \lim_{\eta\to 0^+}\arcsin\frac{3-\eta}{3} - \arcsin 0 = \frac{\pi}{2}.\end{aligned}$$

例 6.26 讨论广义积分 $\int_0^1 \frac{1}{x^q}\mathrm{d}x$ 的敛散性($q>0$).

解 显然点 $x=0$ 是瑕点. 当 $q=1$ 时，有

$$\int_0^1 \frac{1}{x}\mathrm{d}x=\lim_{\eta\to0^+}\int_{0+\eta}^1 \frac{\mathrm{d}x}{x}=\lim_{\eta\to0^+}[\ln x]_\eta^1=\ln1-\lim_{\eta\to0^+}\ln\eta=+\infty.$$

当 $q\neq1$ 时，有

$$\int_0^1 \frac{1}{x^q}\mathrm{d}x=\lim_{\eta\to0^+}\int_{0+\eta}^1 \frac{\mathrm{d}x}{x^q}=\lim_{\eta\to0^+}\left[\frac{1}{-q+1}x^{-q+1}\right]_\eta^1$$

$$=\frac{1}{-q+1}-\lim_{\eta\to0^+}\left[\frac{1}{-q+1}\eta^{-q+1}\right]$$

$$=\frac{1}{1-q}-\begin{cases}0, & 1-q>0,\\ -\infty, & 1-q<0\end{cases}=\begin{cases}\frac{1}{1-q}, & q<1,\\ +\infty, & q>1.\end{cases}$$

因此，当 $q<1$ 时广义积分收敛；当 $q\geqslant1$ 时广义积分发散.

习题 6.6

判断下列积分的敛散性：

(1) $\int_0^{+\infty}\sin x\,\mathrm{d}x$；　(2) $\int_2^{+\infty}\frac{1}{x(\ln x)^2}\mathrm{d}x$；　(3) $\int_0^{+\infty}\frac{1}{(1+x^2)^{\frac{3}{2}}}\mathrm{d}x$；

(4) $\int_1^2\frac{1}{x\ln x}\mathrm{d}x$；　(5) $\int_0^1\frac{x\,\mathrm{d}x}{\sqrt{1-x^2}}$；　(6) $\int_{-\infty}^1\frac{1}{\sqrt[3]{x}}\mathrm{d}x$.

第6章测试题

一、单项选择题

1. $f(x)$ 在 $[a,b]$ 上连续是 $f(x)$ 在 $[a,b]$ 上可积的(　　).

A. 必要条件　B. 充分条件　C. 充要条件　D. 无关条件

2. $\int_0^{\pi}\sqrt{1-\sin^2 x}\,\mathrm{d}x=$(　　).

A. 0　B. 1　C. 2　D. -2

3. 设 $F(x)=\int_2^x(t+\sqrt{1+\ln^2 t})\mathrm{d}t$，则 $F'(1)=$(　　).

A. 0　B. 1　C. -1　D. 2

4. 设 $f(x)=\int_0^x(t-1)\mathrm{d}t$，则 $f(x)$ 有(　　).

A. 极小值$\frac{1}{2}$　B. 极大值$\frac{1}{2}$　C. 极小值$-\frac{1}{2}$　D. 极大值$-\frac{1}{2}$

5. 若 $\int_1^{\mathrm{e}}\frac{1}{x}f(\ln x)\mathrm{d}x=\int_a^b f(u)\mathrm{d}u$，则(　　).

A. $a=0,b=1$　B. $a=0,b=-1$　C. $a=1,b=\mathrm{e}$　D. $a=\mathrm{e},b=\frac{1}{\mathrm{e}}$

6. 以下各积分不属于广义积分的是(　　).

A. $\int_0^{+\infty}\frac{1}{1+x^2}\mathrm{d}x$　B. $\int_0^1\frac{1}{\sqrt{1-x^2}}\mathrm{d}x$　C. $\int_{-2}^{-4}\frac{1}{1-x^2}\mathrm{d}x$　D. $\int_0^2\frac{1}{(x-1)^2}\mathrm{d}x$

7. 下列广义积分中,发散的是(　　).

A. $\int_0^1 \frac{1}{\sqrt{1-x}}\mathrm{d}x$　　B. $\int_0^1 \frac{1}{x^2}\mathrm{d}x$　　C. $\int_0^{+\infty} \mathrm{e}^{-x}\mathrm{d}x$　　D. $\int_{-\infty}^{+\infty} \frac{1}{1+x^2}\mathrm{d}x$

二、填空题

1. $\frac{\mathrm{d}}{\mathrm{d}x}\int_0^{x^2} \sin t^2 \mathrm{d}t=$________; $\frac{\mathrm{d}}{\mathrm{d}x}\int \sin x^2 \mathrm{d}x=$________.

2. $\frac{\mathrm{d}}{\mathrm{d}x}\int_0^1 \sin x^2 \mathrm{d}x=$________.

3. 设 $f(x)$是连续的函数,则 $\int_{-a}^{a} x[f(x)+f(-x)]\mathrm{d}x=$________.

三、解答题

1. 求 $\lim\limits_{n\to\infty} \frac{1+\sqrt{2}+\cdots+\sqrt{n}}{n\sqrt{n}}$.

2. 求 $\lim\limits_{x\to+\infty} \frac{\left(\int_0^x \mathrm{e}^{t^2}\mathrm{d}t\right)^2}{\int_0^x t\mathrm{e}^{2t^2}\mathrm{d}t}$.

3. 已知

$$F(x)=\begin{cases} \dfrac{\int_0^x tf(t)\mathrm{d}t}{x^2}, & x\neq 0, \\ 0, & x=0, \end{cases}$$

讨论:(1)$F(x)$在 $x=0$ 处是否连续?(2)$F(x)$在 $x=0$ 处是否可导?

4. 设 $f(x)$在$[a,b]$上连续,在(a,b)内可导,$f'(x)\leqslant 0$,$F(x)=\frac{1}{x-a}\int_a^x f(t)\mathrm{d}t$,证明:在$(a,b)$内有 $F'(x)\leqslant 0$.

5. 设 $f(x)=\begin{cases} \dfrac{1}{(1+x)}, & x\geqslant 0, \\ \dfrac{1}{(1+\mathrm{e}^x)}, & x<0, \end{cases}$ 求:$\int_0^2 f(x-1)\mathrm{d}x$.

6. 设函数 $f(x)$在区间$[0,1]$上单调减少,证明:对任意的 $a\in(0,1)$,都有

$$\int_0^a f(x)\mathrm{d}x \geqslant a\int_0^1 f(x)\mathrm{d}x.$$

7. 设函数 $f(x)$在$(-\infty,+\infty)$上连续、可导,且 $F(x)=\int_0^x (x-2t)f(t)\mathrm{d}t$,证明:若 $f(x)$是偶函数,则 $F(x)$也是偶函数.

8. 若 $f''(x)$在$[0,\pi]$上连续,$f(0)=2$,$f(\pi)=1$,求 $\int_0^{\pi}[f(x)+f''(x)]\sin x\mathrm{d}x$.

9. 求函数 $f(x)=\int_0^x t\mathrm{e}^{-t}\mathrm{d}t$ 的极值和它的图像的拐点.

第7章

定积分的应用

定积分伴随着实际问题产生，并在产生后迅速成为解决许多实际问题的方法. 在几何学中，可以利用定积分解决平面图形的面积、平面曲线的弧长、旋转体的体积等问题；在物理学中，可以利用定积分解决变力做功、水压力、引力等问题；在经济学中，可以利用定积分建立经济模型，进行经济分析，解决总收益、总成本等问题. 此外，定积分在天文学、化学、生物学、工程学、机器学习等领域，也具有非常广泛的应用.

7.1 微元分析法

整体和部分是辩证关系中的两个概念，它们相互依存、相互影响，是辩证法的基本原理之一. 整体是由部分组成的，而部分也是整体的一部分. 整体和部分之间存在着密不可分的联系，整体包容了部分，部分反映了整体的特征和本质.

微元分析法即把整体分割为部分，通过求部分的近似值从而求出整体的近似值，进而求整体的精确值.

为了介绍微元分析法，首先回顾一下曲边梯形面积的求解问题.

由曲线 $y=f(x)(f(x)\geqslant 0)$，直线 $x=a$，$x=b$ 及 $y=0$ 所围成的曲边梯形，经过分割—近似代替—求和—取极限 4 个步骤后，其面积 A 可用定积分表示为

$$A=\lim_{\lambda\to 0}\sum_{i=1}^{n}f(\xi_i)\Delta x_i=\int_a^b f(x)\mathrm{d}x.$$

在这 4 个步骤中，最关键的是第 2 步“近似代替”，即第 i 个小区间上的曲边梯形的面积 ΔA_i 用小矩形的面积 $f(\xi_i)\Delta x_i$ 代替.

一般地，如果某个实际问题中的所求量 A 符合下列条件：

(1) A 与它所在的区间$[a,b]$及定义在$[a,b]$上的一个函数 $f(x)$有关. 例如，曲边梯形面积 A 的大小与其底所在区间$[a,b]$及曲线函数 $f(x)$有关；

(2) A 对于区间$[a,b]$具有可加性，即把区间$[a,b]$上的总量 A 分成它在各个子区间上的部分量 ΔA_i 之和，即 $A=\sum\Delta A_i$；

(3) 局部量 ΔA_i 的近似值可表示为 $f(\xi_i)\Delta x_i$，这里 $f(x)$是根据实际问题确定的函数.

那么，就可以用定积分来表达这个量 A.

通常写出这个量的定积分表达式分两步：

第 1 步　分割区间，写出微元.

分割区间$[a,b]$，取具有代表性的任意一个小区间(不必写出下标号)，记作$[x,x+\mathrm{d}x]$，设相应的局部量为ΔA，分析局部量ΔA，确定函数$f(x)$，写出近似等式

$$\Delta A \approx \mathrm{d}A = f(x)\mathrm{d}x.$$

第 2 步　求定积分得整体量.

令$\Delta x \to 0$对这些微元求和取极限，得到的定积分就是所要求的整体量

$$A = \int_a^b \mathrm{d}A = \int_a^b f(x)\mathrm{d}x.$$

上述方法，就称为**微元分析法**.

7.2　平面图形的面积

微积分对我国航天事业的发展提供了重要的技术支撑. 火箭发射前需要配备的火箭燃料数量；火箭发射过程中，因受到空气阻力的影响，需要重新调整补给的燃料数量. 这些问题都可以通过对火箭的加速度曲线下方的面积进行计算而加以解决. 下面介绍两种不同情形下的平面图形的面积的计算方法.

7.2.1　直角坐标系的情形

在第 6 章中我们已经知道，由连续曲线$y=f(x)(f(x)\geqslant 0)$，直线$x=a$，$x=b$及$y=0$所围成的曲边梯形的面积为

$$A = \int_a^b f(x)\mathrm{d}x.$$

若连续曲线$y=f(x)$，在区间$[a,b]$上不恒为非负的，则由连续曲线$y=f(x)$、x轴及两条直线$x=a$与$x=b$所围成的平面图形的面积为

$$A = \int_a^b |f(x)|\mathrm{d}x.$$

若连续曲线$x=\varphi(y)$在区间$[c,d]$上不恒为非负的，则由连续曲线$x=\varphi(y)$、y轴及两条直线$y=c$与$y=d$所围成的平面图形的面积为

$$A = \int_c^d |\varphi(y)|\mathrm{d}y.$$

例 7.1　求由连续曲线$y=\ln x$，x轴及两条直线$x=\frac{1}{2}$与$x=2$所围成的平面图形的面积.

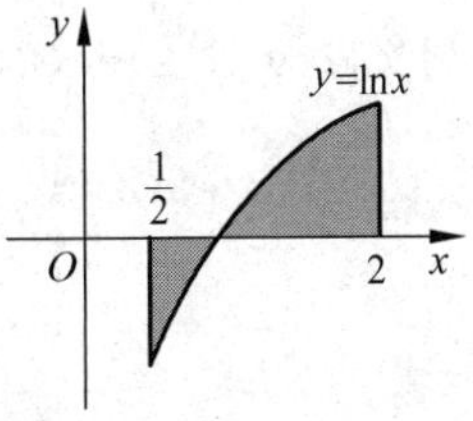

图 7.1　所求面积图示

解　如图 7.1 所示，在$\left[\frac{1}{2},1\right]$上，$\ln x\leqslant 0$，在$[1,2]$上，$\ln x\geqslant 0$，因此平面图形的面积为

$$A = \int_{\frac{1}{2}}^2 |\ln x|\mathrm{d}x = -\int_{\frac{1}{2}}^1 \ln x\mathrm{d}x + \int_1^2 \ln x\mathrm{d}x$$

$$= -[x\ln x - x]_{\frac{1}{2}}^1 + [x\ln x - x]_1^2 = \frac{3}{2}\ln 2 - \frac{1}{2}.$$

若平面区域是由区间$[a,b]$上的两条连续曲线$y=f(x)$与$y=g(x)$(彼此可能相交)及两条直线$x=a$与$x=b$围成(参见图7.2(a)),则它的面积为

$$A=\int_a^b |f(x)-g(x)|\mathrm{d}x.$$

若平面区域是由区间$[c,d]$上的两条连续曲线$x=\varphi(y)$与$x=\psi(y)$(彼此可能相交)及两条直线$y=c$与$y=d$围成(参见图7.2(b)),则它的面积为

$$A=\int_c^d |\varphi(y)-\psi(y)|\mathrm{d}y.$$

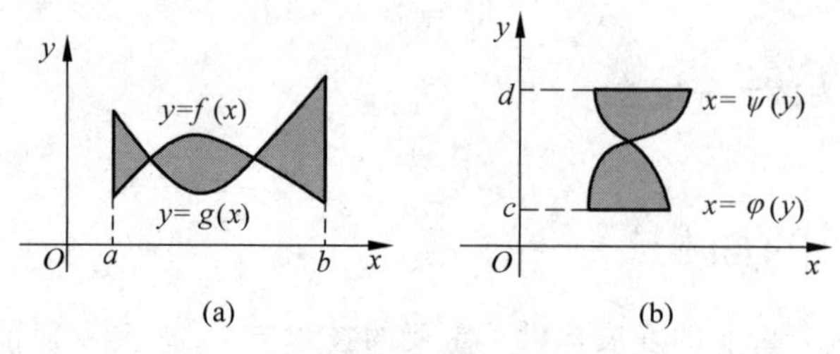

图7.2 面积与积分间关系示意图

例7.2 求由曲线$y^2=x,y=x^2$所围成图形的面积.

解 为了确定区域的范围,先求出两条曲线的交点.为此解方程组

$$\begin{cases}y^2=x,\\y=x^2,\end{cases}$$

得到交点为$(0,0)$和$(1,1)$,从而知道图形在直线$x=0$及$x=1$之间(参见图7.3).故所求面积为

$$A=\int_0^1(\sqrt{x}-x^2)\mathrm{d}x=\left[\frac{2}{3}x^{\frac{3}{2}}-\frac{1}{3}x^3\right]_0^1=\frac{1}{3}.$$

例7.3 求由抛物线$y^2=2x$和直线$y=-x+4$所围成的图形的面积.

解 先求出所给抛物线和直线的交点,为此解方程组

$$\begin{cases}y^2=2x,\\y=-x+4,\end{cases}$$

得到交点为$(2,2)$和$(8,-4)$(参见图7.4).

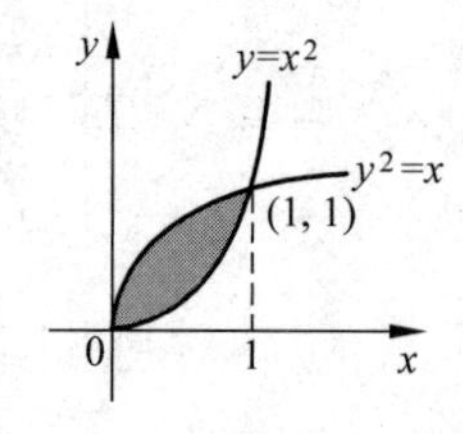

图7.3 所求面积图示

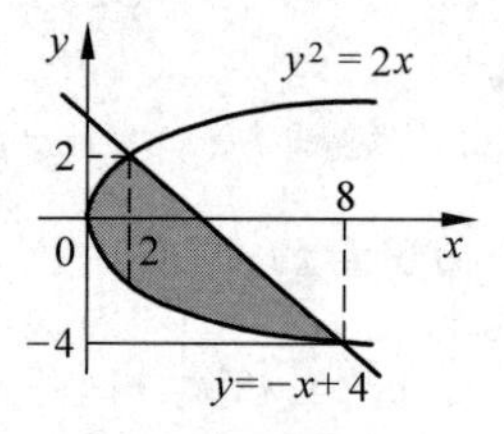

图7.4 所求面积图示

(1) 选横坐标x为积分变量,则x的变化区间为$[0,8]$,所求平面图形的面积为

$$A=\int_0^2 2\sqrt{2x}\,\mathrm{d}x+\int_2^8(-x+4+\sqrt{2x})\mathrm{d}x$$

$$=\frac{2}{3}[(2x)^{\frac{3}{2}}]_0^2+\left[\frac{1}{3}(2x)^{\frac{3}{2}}-\frac{1}{2}x^2+4x\right]_2^8=18.$$

(2) 选纵坐标 y 作为积分变量，则 y 的变化区间为$[-4,2]$，所求的面积为

$$A=\int_{-4}^{2}\left(4-y-\frac{y^2}{2}\right)\mathrm{d}y=\left[4y-\frac{1}{2}y^2-\frac{1}{6}y^3\right]_{-4}^{2}=18.$$

比较两种解法可以看出，若积分变量选得适当，计算就简便一些. 一般来说，选择积分变量时，应综合考察下列因素：

(1) 被积函数的原函数较易求得；

(2) 较少的分割区域；

(3) 积分上、下限比较简单.

另外，在计算面积时，要注意利用图形的对称性，若图形的边界曲线用参数方程表示较简单时，也可利用参数方程来计算.

例 7.4 求椭圆$\frac{x^2}{a^2}+\frac{y^2}{b^2}=1$(其中 $a>0,b>0$)所围成的面积.

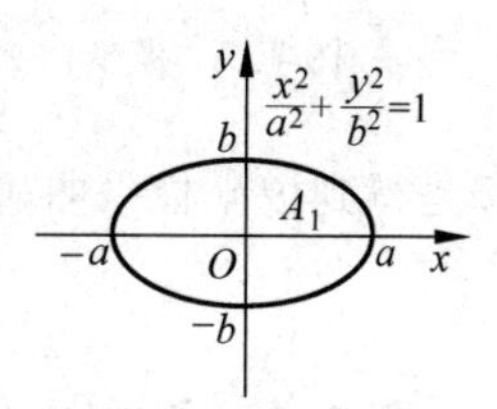

图 7.5 椭圆曲线

解 此椭圆关于两个坐标轴都对称(参见图 7.5)，故只需求在第一象限内的面积 A_1，则椭圆的面积为

$$A=4A_1=4\int_0^a y\,\mathrm{d}x.$$

利用椭圆的参数方程

$$\begin{cases}x=a\cos t,\\ y=b\sin t,\end{cases}$$

得到

$$y=b\sin t,\quad \mathrm{d}x=-a\sin t\,\mathrm{d}t,$$

当 $x=0$ 时，$t=\frac{\pi}{2}$；当 $x=a$ 时，$t=0$. 于是

$$A=4\int_0^a y\,\mathrm{d}x=4\int_{\frac{\pi}{2}}^{0}b\sin t(-a\sin t)\,\mathrm{d}t=4ab\int_0^{\frac{\pi}{2}}\sin^2 t\,\mathrm{d}t=4ab\cdot\frac{1}{2}\cdot\frac{\pi}{2}=\pi ab.$$

当 $a=b$ 时，就得到圆的面积公式 $A=\pi a^2$.

一般地，若曲边梯形的曲边 $y=f(x)$，$x\in[a,b]$由参数方程

$$\begin{cases}x=\varphi(t),\\ y=\psi(t),\end{cases}\quad \alpha\leqslant t\leqslant\beta$$

给出，且 $\varphi(t)$，$\psi(t)$在$[\alpha,\beta]$上具有连续导数，$\varphi'(t)>0$(对于 $\varphi'(t)<0$，或 $\psi'(t)\neq 0$ 的情形可作类似的讨论)，则 $\varphi(\alpha)=a$，$\varphi(\beta)=b$. 这时，曲边梯形的面积为

$$A=\int_a^b|f(x)|\,\mathrm{d}x=\int_\alpha^\beta|\psi(t)|\varphi'(t)\,\mathrm{d}t.$$

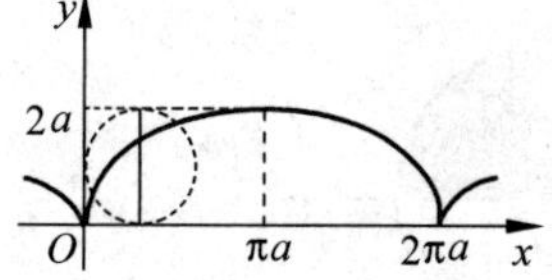

图 7.6 摆线图像

例 7.5 求摆线：$x=a(t-\sin t)$，$y=a(1-\cos t)$($a>0$，$0\leqslant t\leqslant 2\pi$)一拱与 x 轴围成的区域(参见图 7.6)的面积.

解 $x'=a(1-\cos t)$，$y=a(1-\cos t)$连续，由公式，摆线一拱与 x 轴围成的区域的面积为

$$A=\int_0^{2\pi}a(1-\cos t)a(1-\cos t)\mathrm{d}t=a^2\int_0^{2\pi}(1-\cos t)^2\mathrm{d}t=3\pi a^2.$$

7.2.2 极坐标系的情形

设曲线 AB 是由极坐标方程

$$r=f(\theta),\quad \alpha\leqslant\theta\leqslant\beta$$

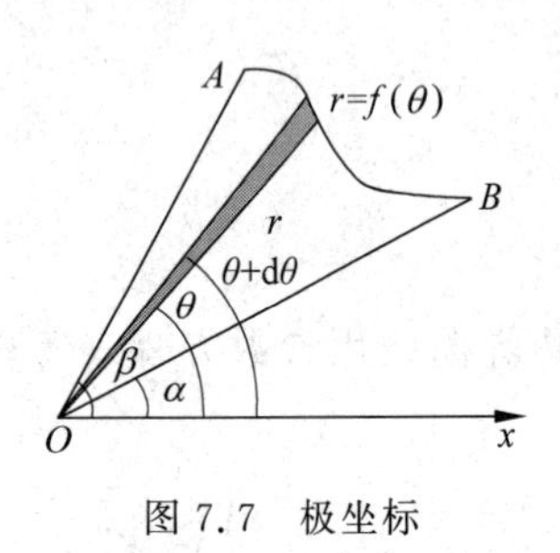

图 7.7 极坐标

给出，其中 $f(\theta)$ 在 $[\alpha,\beta]$ 上连续. 求由曲线 $r=f(\theta)$，两条半直线 $\theta=\alpha$ 和 $\theta=\beta$ 所围成的曲边扇形 OAB 的面积(参见图 7.7).

$\forall\theta\in[\alpha,\beta]$，相应于任一小区间 $[\theta,\theta+\mathrm{d}\theta]$ 的窄曲边扇形的面积，可以用半径为 $r=f(\theta)$，中心角为 $\mathrm{d}\theta$ 的圆扇形(可视为高等于 r，底等于 $r\mathrm{d}\theta$ 的三角形)的面积来近似代替，从而得到这个窄曲边扇形的面积的近似值，即曲边扇形的面积微元

$$\mathrm{d}S=\frac{1}{2}r^2\mathrm{d}\theta=\frac{1}{2}f^2(\theta)\mathrm{d}\theta,$$

于是得到极坐标中曲边扇形面积公式

$$S=\frac{1}{2}\int_\alpha^\beta r^2\mathrm{d}\theta=\frac{1}{2}\int_\alpha^\beta f^2(\theta)\mathrm{d}\theta.$$

例 7.6 求双纽线 $r^2=a^2\cos(2\theta)(a>0)$ 围成的区域的面积.

解 如图 7.8 所示，将双纽线放在直角坐标系中，可以看出它关于两个坐标轴都对称，双纽线围成的区域的面积是第一象限那部分区域面积的 4 倍. 在第一象限中，θ 的变化范围是 $\left[0,\frac{\pi}{4}\right]$，于是，双纽线围成的区域的面积为

$$A=4\int_0^{\frac{\pi}{4}}\frac{1}{2}r^2\mathrm{d}\theta=2\int_0^{\frac{\pi}{4}}a^2\cos(2\theta)\mathrm{d}\theta=2a^2\frac{\sin(2\theta)}{2}\bigg|_0^{\frac{\pi}{4}}=a^2.$$

例 7.7 计算心形线 $r=a(1+\cos\theta),a>0$ 所围成的图形的面积.

解 由 $\cos(-\theta)=\cos\theta$ 知，心形线 $r=a(1+\cos\theta)$ 的图像对称于极轴(参见图 7.9)，因此所求图形的面积是极轴以上部分图形面积的两倍. 对于极轴以上部分图形，θ 的变化范围是 $[0,\pi]$，于是心形线所围成的图形的面积为

$$\begin{aligned}A&=2\int_0^\pi\frac{1}{2}r^2\mathrm{d}\theta=\int_0^\pi a^2(1+\cos\theta)^2\mathrm{d}\theta\\&=a^2\int_0^\pi(1+2\cos\theta+\cos^2\theta)\mathrm{d}\theta=a^2\int_0^\pi\left(\frac{3}{2}+2\cos\theta+\frac{1}{2}\cos(2\theta)\right)\mathrm{d}\theta\\&=a^2\left[\frac{3}{2}\theta+2\sin\theta+\frac{1}{4}\sin(2\theta)\right]_0^\pi=\frac{3}{2}\pi a^2.\end{aligned}$$

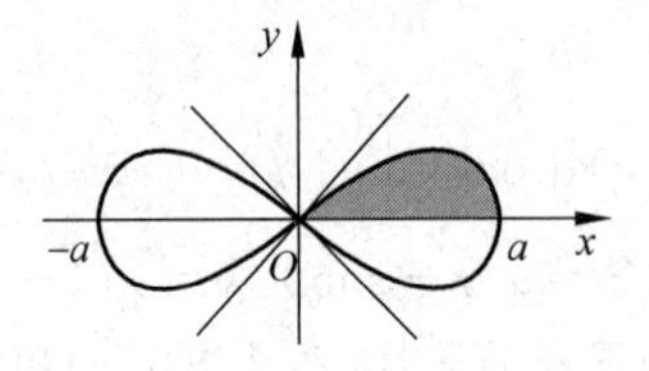

图 7.8 双纽线

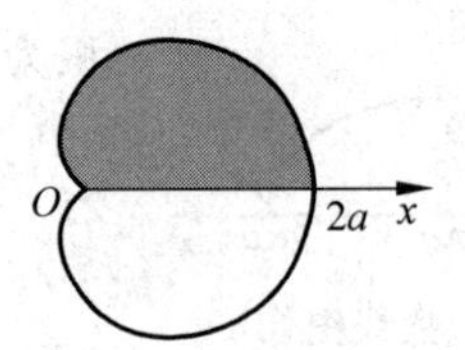

图 7.9 心形线

习题 7.2

1. 求下列曲线所围成的平面区域的面积：

(1) $y=\frac{1}{x}$与 $y=x$ 及 $x=2$；

(2) $y=\sin x, x=0, y=0$ 及 $x=\frac{3}{2}\pi$；

(3) $y=x^2-2x, y=0, x=1, x=3$；

(4) $y=x^2, y=x$ 与 $y=2x$.

2. 计算由抛物线 $y=-x^2+4x-3$ 及其在点(0,−3)和(3,0)处的切线所围成图形的面积.

3. 求下列平面曲线所围成的图形的面积($a>0$)：

(1) $x=a\cos^3 t, y=a\sin^3 t$；

(2) $r=2a(1-\cos\theta)$；

(3) $r=a\cos(2\theta)$；

(4) $r=3\cos\theta$ 及 $r=1+\cos\theta$.

7.3 体积

7.3.1 平行截面面积为已知函数的立体体积

设有一立体，被垂直于 x 轴的平面所截得到的截面面积为 $S(x)$ $(a\leqslant x\leqslant b)$，且 $S(x)$ 是 x 的连续函数，求该立体的体积(参见图 7.10). 这里用微元法推出体积公式.

取 x 为积分变量，x 的变化区间为$[a,b]$. 在区间$[a,b]$上任取一小区间$[x,x+\mathrm{d}x]$，则该小区间上对应的立体可近似看成是底为 $S(x)$、高为 $\mathrm{d}x$ 的柱体，其体积为

$$\mathrm{d}V=S(x)\mathrm{d}x,$$

积分，得

$$V=\int_a^b S(x)\mathrm{d}x.$$

例 7.8 底面半径为 R 的圆柱，被通过其底面直径且与底面交角为 α 的平面所截，求截体的体积 V.

解 底面圆的方程为

$$x^2+y^2=R^2,$$

用过点 x 且垂直于 x 轴的平面截立体所得的截面是直角三角形(参见图 7.11)，其面积为

$$S(x)=\frac{1}{2}y\cdot y\tan\alpha=\frac{1}{2}y^2\tan\alpha=\frac{1}{2}(R^2-x^2)\tan\alpha,$$

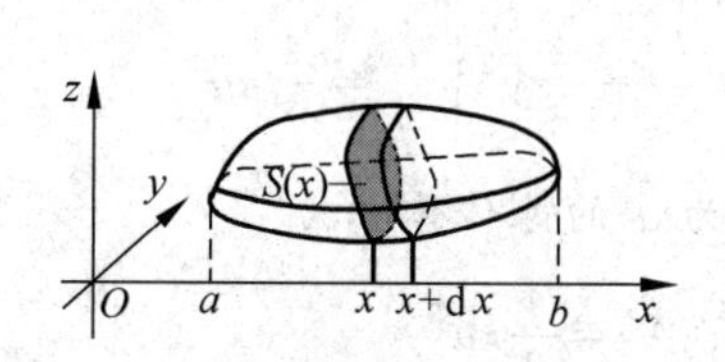

图 7.10 由截面面积求立体体积图示

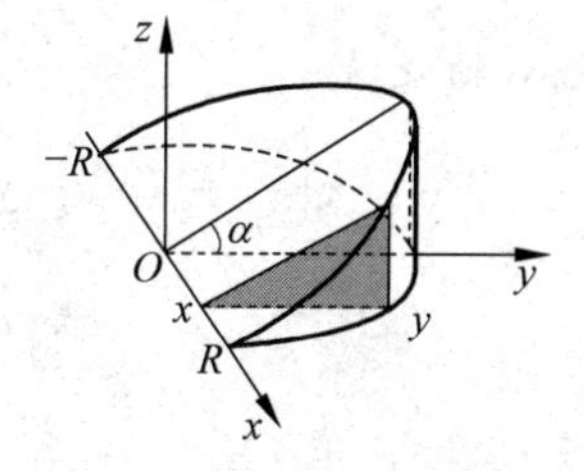

图 7.11 所求几何体图示

所以

$$V=\int_{-R}^{R} S(x)\mathrm{d}x=\frac{1}{2}\int_{-R}^{R}(R^2-x^2)\tan\alpha\,\mathrm{d}x=\tan\alpha\int_0^R(R^2-x^2)\mathrm{d}x$$

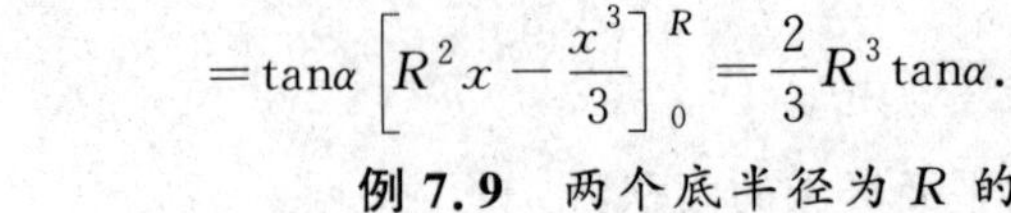

$$=\tan\alpha\left[R^2x-\frac{x^3}{3}\right]_0^R=\frac{2}{3}R^3\tan\alpha.$$

例 7.9 两个底半径为 R 的圆柱体垂直相交，求它们公共部分的体积.

解 如图 7.12 所示，公共部分的体积为第一卦限体积的 8 倍. 现考虑公共部分位于第一卦限的部分，此时，任一垂直于 Ox 轴的截面为正方形，因此截面面积为 $S(x)=R^2-x^2$，所以

$$V=8\int_0^R(R^2-x^2)\mathrm{d}x=8\left[R^2x-\frac{1}{3}x^3\right]_0^R=\frac{16}{3}R^3.$$

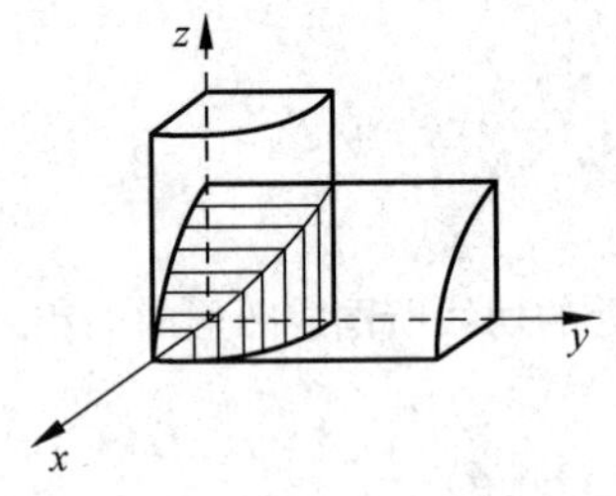

图 7.12 所求几何体图示

7.3.2 旋转体的体积

由连续曲线 $y=f(x)(\geqslant 0)$ 与两条直线 $x=a, x=b$ 及 x 轴所围成的曲边梯形绕 x 轴旋转，所得的立体称为**旋转体**(参见图 7.13).

显然，过点 $x(a\leqslant x\leqslant b)$ 且垂直于 x 轴的截面是以 $f(x)$ 为半径的圆，其面积是 $S(x)=\pi f^2(x)$，于是得旋转体的体积

$$V=\pi\int_a^b f^2(x)\mathrm{d}x.$$

图 7.13 旋转体图示

类似地，由连续曲线 $x=\varphi(y)$ 和两条直线 $y=c, y=d$ 及 y 轴所围成曲边梯形绕 y 轴旋转所生成的旋转体的体积为

$$V=\pi\int_c^d\varphi^2(y)\mathrm{d}y.$$

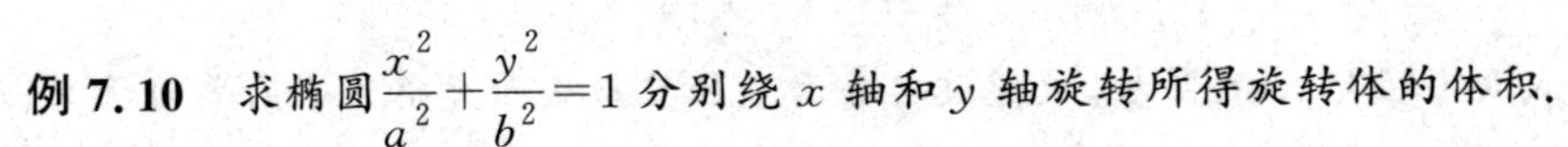

例 7.10 求椭圆 $\frac{x^2}{a^2}+\frac{y^2}{b^2}=1$ 分别绕 x 轴和 y 轴旋转所得旋转体的体积.

解 (1) 绕 x 轴旋转

此旋转体可以看作是由半个椭圆 $y=\frac{b}{a}\sqrt{a^2-x^2}$ 及 x 轴围成的图形绕 x 轴旋转而成的立体，于是，得

$$V_x=\pi\int_{-a}^a\frac{b^2}{a^2}(a^2-x^2)\mathrm{d}x=\pi\frac{b^2}{a^2}\left[a^2x-\frac{1}{3}x^3\right]_{-a}^a=\frac{4}{3}\pi ab^2.$$

(2) 绕 y 轴旋转

$$V_y=\pi\int_{-b}^b\frac{a^2}{b^2}(b^2-y^2)\mathrm{d}y=\pi\frac{a^2}{b^2}\left[b^2y-\frac{1}{3}y^3\right]_{-b}^b=\frac{4}{3}\pi a^2b.$$

当 $a=b$ 时，得半径为 a 的球体体积为

$$V=\frac{4}{3}\pi a^3.$$

例 7.11 求圆 $(x-b)^2+y^2=a^2(0<a<b)$ 绕 y 轴旋转一周所得的旋转体的体积.

解 圆的方程改写为 $x=b\pm\sqrt{a^2-y^2}$. 如图 7.14 所示，右半圆的方程是

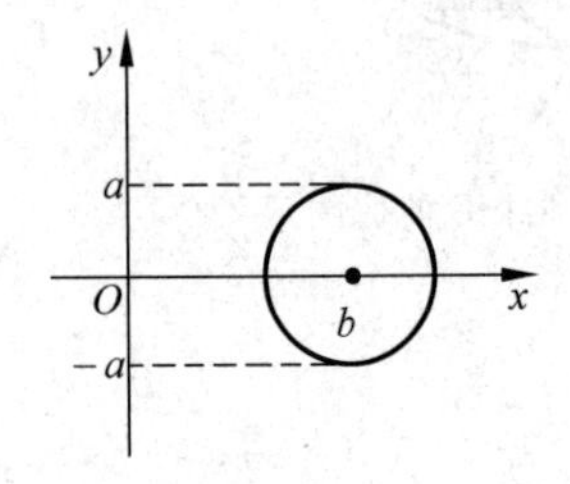

图 7.14 所给图形图示

$$x=b+\sqrt{a^2-y^2}=\varphi_1(y),$$

左半圆的方程是

$$x=b-\sqrt{a^2-y^2}=\varphi_2(y).$$

所求的旋转体(环体)的体积是分别以两个半圆为曲边的曲边梯形绕 y 轴旋转一周所得的旋转体的体积的差,即

$$\begin{aligned}V&=\pi\int_{-a}^{a}[\varphi_1(y)]^2\mathrm{d}y-\pi\int_{-a}^{a}[\varphi_2(y)]^2\mathrm{d}y\\&=\pi\int_{-a}^{a}\{[\varphi_1(y)]^2-[\varphi_2(y)]^2\}\mathrm{d}y\\&=\pi\int_{-a}^{a}\{(b+\sqrt{a^2-y^2})^2-(b-\sqrt{a^2-y^2})^2\}\mathrm{d}y\\&=8b\pi\int_{0}^{a}\sqrt{a^2-y^2}\,\mathrm{d}y\\&=8b\pi\left[\frac{y}{2}\sqrt{a^2-y^2}+\frac{a^2}{2}\arcsin\frac{y}{a}\right]_0^a=2a^2b\pi^2.\end{aligned}$$

或利用定积分的几何意义,求出 $\int_0^a\sqrt{a^2-y^2}\mathrm{d}y=\frac{\pi a^2}{4}$.

习题 7.3

1. 已知某立体的底面是一半径为 5 的圆,其中垂直于底面的一条直径的截面都是等边三角形,求该立体的体积.

2. 求由曲线 $y=\mathrm{e}^x$ 及直线 $x=0,x=1,y=0$ 所围成的平面图形绕 x 轴旋转一周,所得旋转体的体积.

3. 求由曲线 $y=x^2$ 与 $x=y^2$ 所围成的平面图形,分别绕 x 轴和 y 轴旋转一周,所得旋转体的体积.

4. 求由曲线 $y=\sqrt{2x-4}$,直线 $x=2,x=4$ 所围成图形分别绕 x 轴及 y 轴旋转所得旋转体的体积.

5. 求由曲线 $y=4-x^2$ 及直线 $y=0$ 所围成的图形绕直线 $x=3$ 旋转一圈所得旋转体的体积.

6. 计算由摆线 $x=a(t-\sin t),y=a(1-\cos t)$的一拱与直线 $y=0$ 所围成的图形分别绕 x 轴、y 轴旋转而成的旋转体的体积.

7. 证明:由 $y=f(x)(\geqslant 0)$,直线 $x=a,x=b$ 及 x 轴所围成的平面图形绕 y 轴旋转所成的旋转体的体积为

$$V=2\pi\int_a^b xf(x)\mathrm{d}x.$$

7.4 经济应用

在第 3 章中,我们利用微分学的思想求总量的变化率(边际变化).反过来,若已知总量的变化率(边际变化),我们也可以利用积分学的思想来求总量.

(1) 已知某产品在时刻 t 的总产量的变化率为 $f(t)$，则从时刻 t_1 到时刻 t_2 的总产量为

$$Q=\int_{t_1}^{t_2} f(t)\mathrm{d}t.$$

(2) 已知边际成本 $C'(x)$ 是产品的产量 x 的函数，则生产第 a 个单位产品到第 b 个单位产品的可变成本为

$$C_{a,b}=\int_{a-1}^{b} C'(x)\mathrm{d}x.$$

注 积分下限是 $a-1$ 而不是 a，例如生产第 1 个单位产品到第 5 个单位产品，则可变成本

$$C_{1,5}=\int_{0}^{5} C'(x)\mathrm{d}x.$$

也就是说，应该从生产第 1 个产品时算起.

(3) 已知总费用变化率为 $f(x)$，其中 x 表示变量，则总费用

$$F(x)=\int_{0}^{x} f(x)\mathrm{d}x.$$

(4) 已知某种新产品投入市场的销售速度为时间 t 的函数 $f(t)$，那么，在 T 个单位时间内，该产品的总销售量

$$S=\int_{0}^{T} f(t)\mathrm{d}t.$$

(5) 已知某一产品产量为 x 时的边际收益为 $R'(x)$，其总收益为 $R(x)$，销售量为 x 的平均收益为 $\bar{R}(x)$，则

$$R(x)=\int_{0}^{x} R'(x)\mathrm{d}x,\quad \bar{R}(x)=\frac{R(x)}{x}=\frac{1}{x}\int_{0}^{x} R'(x)\mathrm{d}x.$$

例 7.12 设某产品在时刻 t 总产量的变化率为 $f(t)=100+12t-0.6t^2$，求从 $t=2$ 到 $t=4$ 的总产量.

解 总产量 $Q=\int_{2}^{4}(100+12t-0.6t^2)\mathrm{d}t=[100t+6t^2-0.2t^3]_2^4$

$$=100(4-2)+6(4^2-2^2)-0.2(4^3-2^3)=260.8.$$

例 7.13 已知某企业的某种商品每周生产 x 单位时，总费用的变化率是 $f(x)=0.4x-12$(元/单位)，求总费用 $F(x)$；如果这种产品的销售单价是 20 元，求总利润 $L(x)$，并问每周生产多少单位时才能获得最大利润？

解 总费用

$$F(x)=\int_{0}^{x}(0.4x-12)\mathrm{d}x=[0.2x^2-12x]_0^x=0.2x^2-12x,$$

销售 x 单位商品得到的总收入为 $R(x)=20x$.

又利润 $L(x)=R(x)-F(x)$，所以

$$L(x)=20x-(0.2x^2-12x)=32x-0.2x^2.$$

令 $L'(x)=0$ ，即 $32-0.4x=0$，得 $x=80$，$f''(80)=-0.4<0$，因此最大利润为

$$L(80)=32\times 80-0.2\times 80^2=1280(\text{元}).$$

例 7.14 已知某产品的边际成本为 $C'(x)=2x^2-3x+2$(元/单位)求：

(1) 生产前 6 个单位产品的可变成本；

(2) 若固定成本 $C(0)=6$ 元，求前 6 个产品的平均成本；

(3) 求生产第 10 个到第 15 个单位产品时的平均成本.

解 (1) 生产前 6 个单位产品，即从生产第 1 个到第 6 个单位的可变成本为

$$C_{1,6}=\int_0^6(2x^2-3x+2)\mathrm{d}x=\left[\frac{2}{3}x^3-\frac{3}{2}x^2+2x\right]_0^6=102.$$

(2) $C(6)=\int_0^6(2x^2-3x+2)\mathrm{d}x+6=102+6=108, \bar{C}(6)=\frac{108}{6}=18(\text{元}/\text{单位})$.

(3) $C_{10,15}=\int_{10-1}^{15}(2x^2-3x+2)\mathrm{d}x=\left[\frac{2}{3}x^3-\frac{3}{2}x^2+2x\right]_9^{15}$

$$=\frac{2}{3}(15^3-9^3)-\frac{3}{2}(15^2-9^2)+2(15-9)$$

$$=1764-216+12=1560(\text{元}),$$

$\bar{C}_{10,15}=\frac{C_{10,15}}{6}=\frac{1560}{6}=260(\text{元})$.

例 7.15 设某产品每天生产 x 单位时，边际成本为 $C'(x)=4x$(元/单位)，其固定成本为 10 元，总收入 $R(x)$ 的变化率也是产量 x 的函数 $R'(x)=60-2x$. 求每天生产多少单位产品时，总利润 $L(x)$ 最大？

解 可变成本就是边际成本函数在 $[0,x]$ 上的定积分. 又已知固定成本为 10 元，所以总成本函数为

$$C(x)=\int_0^x 4x\mathrm{d}x+10=2x^2\Big|_0^x+10=2x^2+10,$$

而总收入函数为

$$R(x)=\int_0^x(60-2x)\mathrm{d}x=60x-x^2,$$

因而总利润函数为

$$L(x)=R(x)-C(x)=(60x-x^2)-(2x^2+10)=-3x^2+60x-10.$$

由 $L'(x)=60-6x=0$，得 $x=10$. 又 $L''(x)=-6<0$，所以每天生产 10 个单位产品可获得最大利润，最大利润为 $L(10)=290$(元).

习题 7.4

1. 某产品在时刻 t(单位：小时)的边际产量为 $f(t)=20+2t-0.5t^2$，求从 $t=0$ 到 $t=6$ 这 6 个小时的总产量(单位：件).

2. 设某商品的边际收益 $R'(x)=100-0.05x$，求商品的总收益函数.

3. 已知边际成本 $C'(x)=24-0.03x+0.006x^2$，生产 200 个单位的成本为 227000 元，求总成本.

4. 已知某商品的边际成本为 $C'(x)=15-0.2x$(元)，需求函数 $P=20-0.2x$，其中 P 为单价(单位：元/件)，x 为需求量(单位：件). 当需求量为 0 时，总成本 $C=12.5$，求：(1)商品的总收益和总利润函数；(2)求出取得最大利润的销售单价.

第7章测试题

一、求下列平面图形的面积：

1. 由曲线 $y=e^x$，直线 $x=0,x=1$ 及 x 轴围成的图形.

2. 由曲线 $y=\frac{1}{x}$，直线 $y=x,x=4$ 围成的图形.

3. 由曲线 $y=x^2$ 和直线 $y=x$ 围成的图形.

4. 由曲线 $y=x^2$，直线 $y=4$ 围成的图形.

5. 由曲线 $y=\sin x,y=\cos x$ 及直线 $x=0,x=\frac{\pi}{2}$ 围成的图形.

6. 由曲线 $y=x^2$ 与 $y=2-x^2$ 所围成的图形.

7. 由曲线 $2y^2=x+4$ 与 $y^2=x$ 所围成的图形.

8. 由曲线 $y=e^x$ 过原点的切线的左方以及 x 轴上方之间的图形.

二、求下列平面图形分别绕 x 轴、y 轴旋转产生的旋转体的体积：

1. 由曲线 $x^2+y^2=2$ 与 $y=x^2$ 所围成的图形.

2. 由曲线 $y=\frac{1}{x}$ 与直线 $y=x,x=2$ 所围成的图形.

3. 由曲线 $y=\ln x$ 与直线 $x=1,x=e$，x 轴所围成的图形.

4. 由曲线 $y=\sqrt{x}$ 与直线 $x=1,x=4$，x 轴所围成的图形.

5. 由曲线 $x^2+(y-5)^2=16$ 所围成的图形.

6. 由曲线 $y=\sin x$ 与直线 $x=0,x=\pi$，x 轴所围成的图形.

第8章

微分方程初步

微分方程几乎是与微积分同时发展起来的，由于它与力学、物理学的渊源很深，所以它在13世纪便成为一门独立的学科了. 1676年，莱布尼茨在给牛顿的信中，首先提出了"微分方程"这个名称. 在他们二人的著作中，都包含了很多微分方程的例子. 18世纪，欧拉解决了全微分方程和欧拉方程的解，提出了通解和特解的概念，指出了 n 阶线性微分方程通解的结构. 随后，泰勒得到了微分方程的奇解，拉格朗日推导了非齐次线性微分方程的常数变易法. 达朗贝尔最先开始研究微分方程组. 19世纪前半叶，柯西开始研究解的存在性和唯一性. 19世纪后半叶，数学家们开始利用群论来研究微分方程. 微分方程理论的探索仍在继续，而微分方程的实际应用价值也越来越明显. 现代科学技术，如空间技术、现代物理学、力学、化学、生物学、医药学、经济学等中的许多问题，都可以建立微分方程进行求解，而且微分方程也已成为数学建模中的一种重要方法.

8.1 微分方程的基本概念

例 8.1 已知曲线上任一点处的切线斜率等于这点横坐标的两倍，求曲线方程.

解 根据导数的几何意义，故所求曲线应满足方程

$$\frac{\mathrm{d}y}{\mathrm{d}x}=2x. \tag{8.1}$$

例 8.2 某商品的需求量 D 对价格 P 的弹性为 $2P$，求需求量 D 关于价格 P 的函数关系式.

解 设需求价格函数为 $D=f(P)$，由需求价格弹性的定义知

$$-\frac{\mathrm{d}D}{\mathrm{d}P}\cdot\frac{P}{D}=2P. \tag{8.2}$$

上述两个例子中方程(8.1)，方程(8.2)都是微分方程. 一般来说，凡表示自变量、未知函数及未知函数的导数(或微分)的关系式，称为**微分方程**. 微分方程中出现的未知函数的最高阶导数的阶数，称为**微分方程的阶**. 如方程(8.1)、方程(8.2)都是一阶微分方程，而方程 $y''=\sin x+x$ 和 $y''-2y'+y=0$ 都是二阶微分方程.

一阶微分方程的一般形式是

$$F(x,y,y')=0, \tag{8.3}$$

若能从方程(8.3)中解出 y',则得到方程

$$y'=f(x,y), \tag{8.4}$$

或

$$M(x,y)\mathrm{d}x+N(x,y)\mathrm{d}y=0. \tag{8.5}$$

方程(8.4)或方程(8.5)称为**一阶显方程**,方程(8.3)称为**一阶隐方程**.

代数方程的主要问题之一是求方程的根.所谓方程 $f(x)=0$ 的根 x_0 是指这样的数,在方程中令 $x=x_0$ 时,等式 $f(x_0)=0$ 成立.

与此相类似,微分方程的主要问题之一是求方程的解.

如果把某个函数以及它的导数代入微分方程,能使该方程成为恒等式,这个函数就称为**微分方程的解**.或者说,满足微分方程的函数称为微分方程的解.

例如,在例 7.1 中,$y=x^2+C$ 是 $\frac{\mathrm{d}y}{\mathrm{d}x}=2x$ 的解.在例 7.2 中,$D=C\mathrm{e}^{-2P}$ 是 $-\frac{\mathrm{d}D}{\mathrm{d}P}\cdot\frac{P}{D}=2P$ 的解.这两个解中包含任意常数的个数,与对应的微分方程的阶数相同,将这样的解,称为**微分方程的通解**.根据具体问题的需要,有时需确定通解中的任意常数.

设微分方程的未知函数为 $y=y(x)$,如果微分方程是一阶的,通常用来确定任意常数的条件是:当 $x=x_0$ 时,$y=y_0$,或 $y|_{x=x_0}=y_0$,其中 x_0,y_0 是给定的数值.

如果微分方程是二阶的,通常用来确定任意常数的条件是:当 $x=x_0$ 时,$y=y_0$,$y'=y'_0$;或写成 $y|_{x=x_0}=y_0$,$y'|_{x=x_0}=y'_0$,其中 x_0,y_0,y'_0 都是给定的数值.这样的条件称为**初始条件**.

通解中的任意常数确定后,所得出的解称为**微分方程的特解**.

习题 8.1

1. 判断下列方程中哪些是微分方程?并指出它的阶数.

(1) $y'=2x+6$; (2) $\frac{\mathrm{d}^2y}{\mathrm{d}x^2}=4y+x$;

(3) $x^2\mathrm{d}x+y^2\mathrm{d}y=0$; (4) $\frac{\mathrm{d}^2y}{\mathrm{d}x^2}+2x+\left(\frac{\mathrm{d}y}{\mathrm{d}x}\right)^5=0$;

(5) $y^2-3y+2=0$; (6) $y'''+8(y')^4+7y^8=\mathrm{e}^{2t}$.

2. 验证下列函数(C 为任意常数)是否为相应方程的解?是通解还是特解?

(1) $\frac{\mathrm{d}y}{\mathrm{d}x}-2y=0$, $y=\sin x$, $y=\mathrm{e}^x$, $y=C\mathrm{e}^{2x}$;

(2) $xy\mathrm{d}x+(1+x^2)\mathrm{d}y=0$, $y^2(1+x^2)=C$.

3. 一曲线通过点(1,0),且曲线上任意点(x,y)处切线的斜率为 x^2,求曲线的方程.

8.2 可分离变量的微分方程

形如

$$\frac{\mathrm{d}y}{\mathrm{d}x}=f(x)g(y) \tag{8.6}$$

的微分方程称为可分离变量的微分方程，其中 $f(x)$，$g(x)$分别是 x 或 y 的连续函数.

对方程(8.6)，当 $g(y)\neq 0$ 时，用$\dfrac{\mathrm{d}x}{g(y)}$乘方程的两端，得

$$\frac{\mathrm{d}y}{g(y)}=f(x)\mathrm{d}x.$$

这个过程称为**分离变量**，将上式两端分别积分，便得方程的通解

$$\int\frac{\mathrm{d}y}{g(y)}=\int f(x)\mathrm{d}x+C,\quad C\text{ 是任意常数}.$$

式(8.6)中若 $g(y)=0$ 有实根 y_0，则 $y=y_0$(y_0 为常数)，也是方程(8.6)的解.

中国是世界人口大国，在 20 世纪的一段时间内，我国人口的增长速率过快，从 20 世纪 70 年代开始实施计划生育政策，很长一段时间里，有效地控制了人口的增长. 但是随着人口老龄化提速，性别比例失调等结构性矛盾日益明显，我国开始积极地调整人口政策.

例 8.3(人口指数增长模型) 已知 $x(t)$表示 t 时刻的人口数量，且 $x(t)$是关于 t 的连续可微函数，r 表示单位时间人口增长率，求解微分方程$\dfrac{\mathrm{d}x}{\mathrm{d}t}=rx$，$x(0)=x_0$.

解 分离变量得$\dfrac{\mathrm{d}x}{x}=r\mathrm{d}t$，等式两边积分，得$\displaystyle\int\frac{\mathrm{d}x}{x}=\int r\mathrm{d}t$，即 $\ln|x|=rt+C_1$，$|x|=\mathrm{e}^{rt+C_1}$，$x=C\mathrm{e}^{rt}$.

将初值条件 $t=0$，$x=x_0$ 代入通解，得到 $C=x_0$，因此所得特解为 $x=x_0\mathrm{e}^{rt}$.

例 8.4 求微分方程 $\dfrac{\mathrm{d}y}{\mathrm{d}x}=-\dfrac{x}{y}$的通解和满足初始条件 $y|_{x=0}=1$ 的特解.

解 将原方程分离变量得

$$y\mathrm{d}y=-x\mathrm{d}x,$$

将等式两边分别积分，得通解

$$\frac{1}{2}y^2=-\frac{1}{2}x^2+C,\quad \text{即 } x^2+y^2=2C,\quad \text{或 } x^2+y^2=a^2,$$

这里 $2C$ 写成 a^2，a 是任意常数. 将初始条件 $y|_{x=0}=1$ 代入通解得 $a^2=1$，于是方程的特解为

$$x^2+y^2=1.$$

方程的通解为圆心在原点的一族同心圆，其特解是该圆族中过(0,1)点的单位圆.

例 8.5 求方程 $(1+y^2)\mathrm{d}x-x(1+x^2)y\mathrm{d}y=0$ 的通解.

解 当 $x\neq 0$ 时，用 $x(1+x^2)(1+y^2)$除方程两边得

$$\frac{\mathrm{d}x}{x(1+x^2)}-\frac{y\mathrm{d}y}{1+y^2}=0.$$

等式两边积分得

$$\int\frac{\mathrm{d}x}{x(1+x^2)}-\int\frac{y\mathrm{d}y}{1+y^2}=C_1.$$

因为

$$\int\frac{\mathrm{d}x}{x(1+x^2)}=\int\left(\frac{1}{x}-\frac{x}{1+x^2}\right)\mathrm{d}x=\ln|x|-\frac{1}{2}\ln(1+x^2),$$

$$\int \frac{y\mathrm{d}y}{1+y^2}=\frac{1}{2}\ln(1+y^2),$$

所以

$$\ln|x|-\frac{1}{2}\ln(1+x^2)-\frac{1}{2}\ln(1+y^2)=C_1.$$

即

$$\ln\frac{x^2}{(1+x^2)(1+y^2)}=2C_1 \quad 或 \quad \frac{x^2}{(1+x^2)(1+y^2)}=\mathrm{e}^{2C_1}=\frac{1}{C},$$

通解为$(1+x^2)(1+y^2)=Cx^2$.

此外方程还有解 $x=0$,对应于 $x(1+x^2)=0$ 的根.

有些微分方程从形式上看不是可分离变量的方程,但只要作适当的变量代换,就可将此方程转化为可分离变量的方程.下面介绍两种能化为可分离变量的微分方程的解法.

1. 形如

$$\frac{\mathrm{d}y}{\mathrm{d}x}=f(ax+by) \tag{8.7}$$

的方程,其中 a 和 b 是常数.

作变量代换 $z=ax+by$,两端对 x 求导,得

$$\frac{\mathrm{d}z}{\mathrm{d}x}=a+b\frac{\mathrm{d}y}{\mathrm{d}x},$$

因$\frac{\mathrm{d}y}{\mathrm{d}x}=f(z)$,故得

$$\frac{\mathrm{d}z}{\mathrm{d}x}=a+bf(z), \quad 或 \quad \frac{\mathrm{d}z}{a+bf(z)}=\mathrm{d}x.$$

方程(8.7)已化为可分离变量的方程,两边分别积分,得

$$x=\int\frac{\mathrm{d}z}{a+bf(z)}+C.$$

求出积分后再用 $ax+by$ 代替 z,便得方程(8.7)的通解.

例 8.6 求微分方程$\frac{\mathrm{d}y}{\mathrm{d}x}=\frac{1}{x-y}+1$ 的通解.

解 作变换 $z=x-y$,两端对 x 求导,得

$$\frac{\mathrm{d}z}{\mathrm{d}x}=1-\frac{\mathrm{d}y}{\mathrm{d}x}.$$

又因$\frac{\mathrm{d}y}{\mathrm{d}x}=\frac{1}{z}+1$,于是$\frac{\mathrm{d}z}{\mathrm{d}x}=1-\frac{1}{z}-1$,化简为 $z\mathrm{d}z=-\mathrm{d}x$.等式两边分别积分得 $z^2=-2x+C$.原方程的通解为$(x-y)^2=-2x+C$.

2. 齐次微分方程

形如

$$\frac{\mathrm{d}y}{\mathrm{d}x}=\varphi\left(\frac{y}{x}\right) \tag{8.8}$$

的方程称为**齐次微分方程**.

对方程(8.8)作变量代换$\frac{y}{x}=u$,即 $y=xu$,两端对 x 求导数得

$$\frac{\mathrm{d}y}{\mathrm{d}x}=u+x\frac{\mathrm{d}u}{\mathrm{d}x}.$$

又因$\frac{\mathrm{d}y}{\mathrm{d}x}=\varphi(u)$,于是 $u+x\frac{\mathrm{d}u}{\mathrm{d}x}=\varphi(u)$,分离变量得

$$\frac{\mathrm{d}u}{\varphi(u)-u}=\frac{\mathrm{d}x}{x}.$$

方程(8.8)已化为可分离变量的方程,等式两边分别积分得

$$\int\frac{\mathrm{d}u}{\varphi(u)-u}=\ln|x|+C.$$

求出积分后,再用$\frac{y}{x}$代替 u,便得方程(8.8)的通解.

注 由对称性,对齐次微分方程也可作代换$\frac{x}{y}=v$ 化为可分离变量方程,v 是 y 的新未知函数.

例 8.7 求微分方程 $y'=\frac{y}{x}+\tan\frac{y}{x}$ 的通解.

解 令 $u=\frac{y}{x}$,则 $y=ux$,等式两端求导得$\frac{\mathrm{d}y}{\mathrm{d}x}=u+x\frac{\mathrm{d}u}{\mathrm{d}x}$,代入方程,化简可得

$$u+x\frac{\mathrm{d}u}{\mathrm{d}x}=u+\tan u,\quad 即\ x\frac{\mathrm{d}u}{\mathrm{d}x}=\tan u.$$

分离变量,得$\frac{\cos u\,\mathrm{d}u}{\sin u}=\frac{\mathrm{d}x}{x}$.等式两端分别积分,得

$$\ln|\sin u|=\ln|x|+C_1,\quad 故\ |\sin u|=\mathrm{e}^{\ln|x|+C_1}=\mathrm{e}^{C_1}|x|,\quad 即\ \sin u=Cx,$$

于是原方程的通解为 $\sin\frac{y}{x}=Cx$.

习题 8.2

1. 用分离变量法求下列一阶微分方程的解:

(1) $\frac{\mathrm{d}y}{\mathrm{d}x}=\frac{x^2}{y}$;　　(2) $y'=\mathrm{e}^y\sin x$;

(3) $x\frac{\mathrm{d}y}{\mathrm{d}x}-y\ln y=0$;　　(4) $(xy^2+x)\mathrm{d}x+(y-x^2y)\mathrm{d}y=0$.

2. 将下列方程化为可分离变量的方程,并求解:

(1) $x^2y'+y^2=xyy'$;　　(2) $xy'=y\ln\frac{y}{x}$;

(3) $\left(x+y\cos\frac{y}{x}\right)\mathrm{d}x-x\cos\frac{y}{x}\mathrm{d}y=0$;　　(4) $y'=\frac{y}{x}+\mathrm{e}^{\frac{y}{x}}$;

(5) $\frac{\mathrm{d}y}{\mathrm{d}x}=\frac{1}{x+y}$.

8.3 一阶线性微分方程

在一阶微分方程中，若其未知函数和未知函数的导数都是一次的，则称为**一阶线性微分方程**.

一阶线性微分方程的一般形式为

$$\frac{\mathrm{d}y}{\mathrm{d}x}+P(x)y=Q(x), \tag{8.9}$$

其中 $P(x),Q(x)$ 都是已知的连续函数.

若 $Q(x)\equiv 0$，方程(8.9)变成

$$\frac{\mathrm{d}y}{\mathrm{d}x}+P(x)y=0, \tag{8.10}$$

称为**一阶线性齐次方程**.

当 $Q(x)\equiv 0$ 不成立时，方程(8.9)称为**一阶线性非齐次方程**.

8.3.1 一阶线性齐次方程的通解

1. 求一阶线性齐次方程(8.10)的通解

方程(8.10)是可分离变量的方程，当 $y\neq 0$ 时可改写为

$$\frac{\mathrm{d}y}{y}=-P(x)\mathrm{d}x,$$

等式两边积分得 $\ln|y|=-\int P(x)\mathrm{d}x+C_1$，故一阶线性齐次方程的通解为

$$y=\pm\mathrm{e}^{-\int P(x)\mathrm{d}x+C_1}=C\mathrm{e}^{-\int P(x)\mathrm{d}x}, \quad C \text{ 为任意常数}.$$

2. 求一阶线性非齐次方程(8.9)的通解.

前面已求得一阶线性齐次方程(8.10)的通解为

$$y=C\mathrm{e}^{-\int P(x)\mathrm{d}x},$$

其中 C 为任意常数. 现在设想非齐次方程(8.9)也有这种形式的解，但其中 C 不是任意常数，而是 x 的函数，即

$$y=C(x)\mathrm{e}^{-\int P(x)\mathrm{d}x}. \tag{8.11}$$

确定出 $C(x)$ 之后，可得非齐次方程的通解.

将函数(8.11)以及它的导数

$$y'=C'(x)\mathrm{e}^{-\int P(x)\mathrm{d}x}-C(x)P(x)\mathrm{e}^{-\int P(x)\mathrm{d}x}$$

代入方程(8.9)中，得

$$C'(x)\mathrm{e}^{-\int P(x)\mathrm{d}x}-C(x)P(x)\mathrm{e}^{-\int P(x)\mathrm{d}x}+C(x)P(x)\mathrm{e}^{-\int P(x)\mathrm{d}x}=Q(x),$$

即

$$C'(x)\mathrm{e}^{-\int P(x)\mathrm{d}x}=Q(x), \quad \text{或} \quad C'(x)=Q(x)\mathrm{e}^{\int P(x)\mathrm{d}x}.$$

等式两端积分得

$$C(x)=\int Q(x)e^{\int P(x)dx}dx+C_1.$$

所以线性非齐次方程(8.9)的通解为

$$y=C(x)e^{-\int P(x)dx}=e^{-\int P(x)dx}\left[\int Q(x)e^{\int P(x)dx}dx+C_1\right]. \tag{8.12}$$

上述将相应齐次方程通解中的任意常数 C 换为函数 $C(x)$ 求非齐次方程通解的方法，称为**常数变易法**.

从(8.12)式可以看出，线性方程(8.9)的通解由两项组成，其中一项 $C_1e^{-\int P(x)dx}$ 是相应的齐次方程(8.10)的通解，另一项为 $e^{-\int P(x)dx}\int Q(x)e^{\int P(x)dx}dx$，可以验证它是方程(8.9)的一个特解(通解中令 $C_1=0$ 时的情况).

例 8.8 解方程 $\frac{dy}{dx}-\frac{2y}{x+1}=(x+1)^{\frac{5}{2}}$.

解 $P(x)=\frac{-2}{x+1}$，$Q(x)=(x+1)^{\frac{5}{2}}$，故

$$\int P(x)dx=-2\int\frac{dx}{x+1}=-2\ln(x+1)=\ln(x+1)^{-2},$$

$$e^{\int P(x)dx}=e^{\ln(x+1)^{-2}}=(x+1)^{-2},\quad e^{-\int P(x)dx}=(x+1)^2.$$

方程的通解为

$$\begin{aligned}y&=(x+1)^2\left(\int(x+1)^{\frac{5}{2}}(x+1)^{-2}dx+C\right)\\&=(x+1)^2\left(\int(x+1)^{\frac{1}{2}}dx+C\right)=(x+1)^2\left(\frac{2}{3}(x+1)^{\frac{3}{2}}+C\right)\\&=\frac{2}{3}(x+1)^{\frac{7}{2}}+C(x+1)^2.\end{aligned}$$

例 8.9 求方程 $xy'+y=e^x$ 的通解.

解 原方程可化为 $y'+\frac{1}{x}y=\frac{e^x}{x}$，即 $P(x)=\frac{1}{x}$，$Q(x)=\frac{e^x}{x}$.

先求 $\int P(x)dx=\int\frac{1}{x}dx=\ln x$，故

$$e^{\int P(x)dx}=e^{\ln x}=x,\quad e^{-\int P(x)dx}=e^{-\ln x}=\frac{1}{x}.$$

代入通解公式(8.12)可得通解为

$$y=\frac{1}{x}\left(\int\frac{e^x}{x}\cdot x\,dx+C\right)=\frac{1}{x}\left(\int e^x dx+C\right)=\frac{1}{x}(e^x+C).$$

例 8.10 设某公司生产某产品在 t 时刻的成本为 $f(t)$，从 0 时刻到 t 时刻的平均成本为 $\frac{f(t)}{t}-t$，假设 $f(t)$ 连续且 $f(0)=0$，求成本函数 $f(t)$.

解 由已知得

$$\frac{\int_0^t f(x)\mathrm{d}x}{t}=\frac{f(t)}{t}-t, \quad 即 \quad \int_0^t f(x)\mathrm{d}x=f(t)-t^2.$$

等式两边同时对 t 求导并整理得 $f'(t)-f(t)=2t$. 由一阶线性微分方程通解公式,得

$$\begin{aligned}f(t)&=\mathrm{e}^{-\int(-1)\mathrm{d}t}\left[\int 2t\mathrm{e}^{\int(-1)\mathrm{d}t}\mathrm{d}t+C\right]=\mathrm{e}^t\left[\int 2t\mathrm{e}^{-t}\mathrm{d}t+C\right]\\&=\mathrm{e}^t\left[-\int 2t\mathrm{d}\mathrm{e}^{-t}+C\right]=\mathrm{e}^t\left[-2t\mathrm{e}^{-t}+2\int\mathrm{e}^{-t}\mathrm{d}t+C\right]\\&=\mathrm{e}^t\left[-2t\mathrm{e}^{-t}-2\mathrm{e}^{-t}+C\right]=C\mathrm{e}^t-2t-2.\end{aligned}$$

因为 $f(0)=0$,所以 $C=2$,故成本函数 $f(t)=2\mathrm{e}^t-2t-2$.

8.3.2 伯努利方程

形如

$$y'+P(x)y=Q(x)y^\alpha \quad (\alpha 为常数,且 \alpha\neq 0,1)$$

的方程称为**伯努利方程**(因为它是由 James Bernoulli 在 1695 年提出的). 它易于化成一阶线性微分方程来求解.

将方程两端同时除以 y^α,得

$$y^{-\alpha}y'+P(x)y^{1-\alpha}=Q(x).$$

令 $y^{1-\alpha}=z$,则$\frac{\mathrm{d}z}{\mathrm{d}x}=(1-\alpha)y^{-\alpha}\frac{\mathrm{d}y}{\mathrm{d}x}$,于是原方程可化为

$$\frac{\mathrm{d}z}{\mathrm{d}x}+(1-\alpha)P(x)z=(1-\alpha)Q(x).$$

这是一个一阶线性微分方程,可以求解. 求出 z 之后,再用 y 代回,即得伯努利方程的解.

另外,若 $\alpha>0$,则 $y=0$ 也是一个解.

例 8.11 求解微分方程$\frac{\mathrm{d}y}{\mathrm{d}x}-xy=-\mathrm{e}^{-x^2}y^3$.

解 这是一个伯努利方程,显然 $y=0$ 是一个解. 令 $z=y^{-2}$,则有

$$\frac{\mathrm{d}z}{\mathrm{d}x}+2xz=2\mathrm{e}^{-x^2}.$$

这是一阶线性微分方程,解之得

$$z=\mathrm{e}^{-x^2}(2x+C),$$

将 z 换成 y^{-2},即得原方程的通解为

$$y^2=\mathrm{e}^{x^2}(2x+C)^{-1}.$$

例 8.12 求$\frac{\mathrm{d}y}{\mathrm{d}x}-\frac{y}{2x}=\frac{x^2}{2y}$的通解.

解 令 $z=y^2$,则有$\frac{\mathrm{d}z}{\mathrm{d}x}=2y\frac{\mathrm{d}y}{\mathrm{d}x}$,代入原方程,则有$\frac{\mathrm{d}z}{\mathrm{d}x}-\frac{1}{x}z=x^2$,解得 $z=\frac{1}{2}x^3+Cx$.

又 $z=y^2$,所以原方程的通解为 $y^2=\frac{1}{2}x^3+Cx$.

习题 8.3

1. 解下列一阶线性微分方程：

(1) $\frac{dy}{dx}+y=x$；　　(2) $\frac{dy}{dx}+4y+5=0$；

(3) $y'=-2xy+xe^{-x^2}$；　　(4) $\frac{dy}{dx}-y=e^{-x}, y|_{x=0}=-1$；

(5) $y'-2xy=e^{x^2}\cos x$；　　(6) $\frac{dy}{dx}=\frac{1}{x+y}$.

2. 解下列方程：

(1) $x\frac{dy}{dx}-4y=x^2\sqrt{y}$；　　(2) $y'-\frac{1}{x}y=x^2y^4$.

8.4 几类可降阶的二阶微分方程

前面讨论了几种一阶微分方程的求解问题，本节将讨论几类特殊的二阶微分方程的解法.

8.4.1 $y''=f(x)$型

对于二阶微分方程 $y''=f(x)$，积分两次就可得出通解

$$y=\int\left[\int f(x)dx\right]dx+C_1x+C_2,\quad C_1,C_2\text{ 为任意常数}.$$

一般地，对 n 阶方程

$$y^{(n)}=f(x),$$

积分 n 次便可得到含有 n 个任意常数的通解.

8.4.2 $y''=f(x,y')$型

这种方程的右端不显含未知函数 y，可先把 y' 看作未知函数.

作代换 $y'=p(x)$，则 $y''=p'(x)$，原方程可以化为一阶方程

$$p'(x)=f(x,p(x)).$$

它是关于未知函数 $p(x)$的一阶微分方程. 这种方法称为**降阶法**. 解此一阶方程可求出其通解 $p=p(x,C_1)$.

再求解一阶微分方程 $y'=p(x,C_1)$ 积分即得原方程的通解

$$y=\int p(x,C_1)dx+C_2,\quad C_1,C_2\text{ 为任意常数}.$$

例 8.13 求方程 $y''-y'=e^x$ 的通解.

解 令 $y'=p(x)$，则 $y''=\frac{dp}{dx}$，原方程化为

$$\frac{dp}{dx}-p=e^x.$$

这是一阶线性微分方程. 由公式(8.12)得通解

$$p(x)=\mathrm{e}^{x}(x+C_1).$$

从而得 $y'=\mathrm{e}^{x}(x+C_1)$,两端积分即可得原方程通解为

$$y=\int \mathrm{e}^{x}(x+C_1)\mathrm{d}x=x\mathrm{e}^{x}-\mathrm{e}^{x}+C_1\mathrm{e}^{x}+C_2=\mathrm{e}^{x}(x-1+C_1)+C_2.$$

8.4.3 $y''=f(y,y')$型

这种方程的右端不显含自变量 x,作代换 $y'=p(y)$,则

$$y''=\frac{\mathrm{d}p}{\mathrm{d}y}\cdot\frac{\mathrm{d}y}{\mathrm{d}x}=\frac{\mathrm{d}p}{\mathrm{d}y}\cdot p,$$

故原方程化为

$$p\frac{\mathrm{d}p}{\mathrm{d}y}=f(y,p).$$

这是关于未知函数 $p(y)$的一阶微分方程,视 y 为自变量,p 是 y 的函数,设所求出的通解为 $p=p(y,C_1)$,则由关系式

$$\frac{\mathrm{d}y}{\mathrm{d}x}=p(y,C_1),$$

用分离变量法解此方程,可得原方程的通解 $y=y(x,C_1,C_2)$.

例 8.14 求方程 $yy''-y'^2=0$ 的通解.

解 作代换 $y'=p(y)$, 则 $y''=\frac{\mathrm{d}p}{\mathrm{d}y}\cdot p$,原方程化为

$$yp\frac{\mathrm{d}p}{\mathrm{d}y}-p^2=0,$$

分离变量有$\frac{\mathrm{d}p}{p}=\frac{\mathrm{d}y}{y}$, 积分得 $p=C_1y$, 即 $\frac{\mathrm{d}y}{\mathrm{d}x}=C_1y$.

再分离变量,求积分得原方程通解

$$y=C_2\mathrm{e}^{C_1x}.$$

习题 8.4

求下列二阶微分方程的解:

(1) $y''=2x+\cos x$; (2) $y^{(4)}=\cos x$;

(3) $y''-\frac{y'}{x}=0$; (4) $y''-y'-x=0$;

(5) $y''=2y^3,y(0)=y'(0)=1$; (6) $yy''-2(y')^2=0$.

8.5 线性微分方程解的性质与解的结构

一个 n 阶微分方程,若方程中出现的未知函数及未知函数的各阶导数都是一次的,则这个方程称为 **n 阶线性微分方程**,它的一般形式为

$$y^{(n)}+p_1(x)y^{(n-1)}+\cdots+p_{n-1}(x)y'+p_n(x)y=f(x),\tag{8.13}$$

其中 $p_1(x),\cdots,p_n(x),f(x)$ 都是已知的连续函数.

若 $f(x)\equiv 0$,则方程(8.13)变为

$$y^{(n)}+p_1(x)y^{(n-1)}+\cdots+p_{n-1}(x)y'+p_n(x)y=0,\tag{8.14}$$

方程(8.14)称为 **n 阶线性齐次方程**.

当 $n=2$ 时,方程(8.13)和方程(8.14)分别写成

$$y''+p_1(x)y'+p_2(x)y=f(x),\tag{8.15}$$

$$y''+p_1(x)y'+p_2(x)y=0.\tag{8.16}$$

下面讨论二阶线性微分方程的一些性质,事实上,二阶线性微分方程的这些性质,对于 n 阶线性微分方程也成立.

8.5.1 线性齐次方程解的性质

定理 8.1 设 y_1,y_2 是二阶线性齐次方程(8.16)的两个解,则 y_1,y_2 的线性组合 $y=C_1y_1+C_2y_2$ 也是方程(8.16)的解.其中 C_1,C_2 是任意常数.

证 由假设有

$$y_1''+p_1y_1'+p_2y_1\equiv 0,\quad y_2''+p_1y_2'+p_2y_2\equiv 0,$$

将 $y=C_1y_1+C_2y_2$ 代入(8.16)式,有

$$\begin{aligned}&(C_1y_1+C_2y_2)''+p_1(C_1y_1+C_2y_2)'+p_2(C_1y_1+C_2y_2)\\&=C_1(y''_1+p_1y'_1+p_2y_1)+C_2(y''_2+p_1y'_2+p_2y_2)\equiv 0.\end{aligned}$$

由此看来,如果 $y_1(x),y_2(x)$ 是方程(8.16)的解,那么 $C_1y_1(x)+C_2y_2(x)$ 就是方程(8.16)含有两个任意常数的解.那么,它是否为方程(8.16)的通解呢?为解决这个问题,需引入两个函数线性无关的概念.

若 $y_1(x),y_2(x)$ 中的任意一个都不是另一个的常数倍,也就是说 $\dfrac{y_1(x)}{y_2(x)}$ 不恒等于非零常数,则称 $y_1(x)$ 与 $y_2(x)$ **线性无关**,否则称 $y_1(x)$ 与 $y_2(x)$ **线性相关**.

例如,函数 $y_1=\mathrm{e}^x$ 与 $y_2=\mathrm{e}^{-x}$ 在任意区间上都是线性无关的.事实上,比式

$$\frac{y_1}{y_2}=\frac{\mathrm{e}^x}{\mathrm{e}^{-x}}=\mathrm{e}^{2x}\neq \text{常数}$$

在任意区间上都成立.

由定理 8.1 可知,若 y_1,y_2 为方程(8.16)的解,则 $C_1y_1+C_2y_2$ 也是方程(8.16)的解.但必须注意,并不是任意两个解的线性组合都是方程(8.16)的通解.例如,$y_1=\mathrm{e}^x,y_2=2\mathrm{e}^x$ 都是方程

$$y''-y=0$$

的解,但 $y=C_1y_1+C_2y_2=C_1\mathrm{e}^x+2C_2\mathrm{e}^x=(C_1+2C_2)\mathrm{e}^x$ 实际上只含一个任意常数 $C=C_1+2C_2$,y 就不是二阶方程的通解.这就是说,方程(8.16)的两个解必须满足一定条件,其组合才能构成通解.事实上,有下面的定理.

定理 8.2 若 $y_1(x), y_2(x)$ 是方程(8.16)的两个线性无关的解，则

$$y = C_1 y_1 + C_2 y_2$$

是方程(8.16)的通解.

有了这个定理，求二阶线性齐次方程的通解问题就转化为求它的两个线性无关的特解的问题. 方程(8.16)的任何两个线性无关的特解称为**基解组**.

例如，函数 $y_1 = x$ 与 $y_2 = x^2$ 是方程 $x^2 y'' - 2xy' + 2y = 0 (x > 0)$ 的解，易知 y_1 与 y_2 线性无关，所以方程的通解为

$$y = C_1 x + C_2 x^2.$$

8.5.2 线性非齐次方程解的结构

定理 8.3 设 $y_1(x)$ 是方程(8.15)的一个特解，$y_2(x)$ 是相应的齐次方程(8.16)的通解，则

$$Y = y_1(x) + y_2(x)$$

是方程(8.15)的通解.

证 因为 $y_1(x)$ 是方程(8.15)的解，即

$$y_1'' + p_1(x) y_1' + p_2(x) y_1 = f(x).$$

又 $y_2(x)$ 是方程(8.16)的解，即

$$y_2'' + p_1(x) y_2' + p_2(x) y_2 = 0.$$

对 $Y = y_1 + y_2$ 有

$$\begin{aligned} & Y'' + p_1(x) Y' + p_2(x) Y \\ = & (y_1 + y_2)'' + p_1(x)(y_1 + y_2)' + p_2(x)(y_1 + y_2) \\ = & [y''_1 + p_1(x) y'_1 + p_2(x) y_1] + [y''_2 + p_1(x) y'_2 + p_2(x) y_2] \\ = & f(x) + 0 = f(x). \end{aligned}$$

因此 $y_1 + y_2$ 是方程(8.15)的解. 又因 y_2 是方程(8.16)的通解，在其中含有两个任意常数，故 $y_1 + y_2$ 也含有两个任意常数，所以它是非齐次方程(8.15)的通解.

定理 8.4 若 $y(x) = y_1(x) + \mathrm{i} y_2(x)$（其中 $\mathrm{i} = \sqrt{-1}$）是方程

$$y'' + p_1(x) y' + p_2(x) y = f_1(x) + \mathrm{i} f_2(x) \tag{8.17}$$

的解，则 $y_1(x)$ 与 $y_2(x)$ 分别是方程

$$y'' + p_1(x) y' + p_2(x) y = f_1(x) \quad 和 \quad y'' + p_1(x) y' + p_2(x) y = f_2(x)$$

的解.

证 i 是虚单位，可看作常数，故 $y = y_1 + \mathrm{i} y_2$ 对 x 的一阶及二阶导数分别为

$$y' = y_1' + \mathrm{i} y_2', \quad y'' = y_1'' + \mathrm{i} y_2'',$$

代入方程(8.17)得

$$\begin{aligned} & (y_1'' + \mathrm{i} y_2'') + p_1(x)(y_1' + \mathrm{i} y_2') + p_2(x)(y_1 + \mathrm{i} y_2) \\ = & [y_1'' + p_1(x) y_1' + p_2(x) y_1] + \mathrm{i}[y_2'' + p_1(x) y_2' + p_2(x) y_2] \end{aligned}$$

$$=f_1(x)+\mathrm{i}f_2(x).$$

因为两个复数相等是指它们的实部和虚部分别相等,所以有

$$y_1''+p_1(x)y_1'+p_2(x)y_1=f_1(x),$$
$$y_2''+p_1(x)y_2'+p_2(x)y_2=f_2(x).$$

定理 8.5(叠加原理) 设 $y_1(x),y_2(x)$分别是方程

$$y''+p_1(x)y'+p_2(x)y=f_1(x)$$

和

$$y''+p_1(x)y'+p_2(x)y=f_2(x)$$

的解,则 $y_1(x)+y_2(x)$是方程

$$y''+p_1(x)y'+p_2(x)y=f_1(x)+f_2(x)$$

的解.

这个定理请读者自证.

习题 8.5

1. 判定下列各组函数哪些是线性相关的,哪些是线性无关的($\alpha\neq0,\beta\neq0$):

(1) $\mathrm{e}^x,\mathrm{e}^{2x}$;　　(2) $\mathrm{e}^x,2\mathrm{e}^x$;

(3) $x\mathrm{e}^{\alpha x},\mathrm{e}^{\alpha x}$;　　(4) $x,x+1$;

(5) $\mathrm{e}^{2x}\cos x,\mathrm{e}^{2x}\sin x$;　　(6) $\mathrm{e}^{\alpha x}\cos(\beta x),\mathrm{e}^{\alpha x}\sin(\beta x)$.

2. 验证下列函数 $y_1(x)$和 $y_2(x)$是否为所给方程的解?若是,能否由它们组成通解?通解为何?

(1) $y''+y-2y=0$, $y_1(x)=\mathrm{e}^x,y_2(x)=2\mathrm{e}^x$;

(2) $y''+y=0$, $y_1(x)=\cos x,y_2(x)=\sin x$;

(3) $y''-4y'+4y=0$, $y_1=\mathrm{e}^{2x},y_2=x\mathrm{e}^{2x}$.

3. 证明:如果函数 $y_1(x)$和 $y_2(x)$是方程(8.15)的两个解,那么 $y_1(x)-y_2(x)$是方程(8.16)的解.

8.6 二阶常系数线性齐次微分方程的解法

二阶常系数线性微分方程的一般形式为

$$y''+py'+qy=f(x), \tag{8.18}$$

其中 p,q 是已知的常数,$f(x)$是已知的连续函数.

当 $f(x)\equiv0$ 时,方程(8.18)变为

$$y''+py'+qy=0, \tag{8.19}$$

方程(8.19)称为二阶常系数线性齐次微分方程.

由定理 8.2 知,要求方程(8.19)的通解,只需求出它的两个线性无关的特解.为此,需进一步观察方程(8.19)的特点:它的左端是 y'',py'和 qy 三项之和,而右端为 0,什么样的函数具有这个特征呢?若某一函数的一阶导数和二阶导数都是同一函数的倍数,则有可能合

并为 0,这自然会想到指数函数 e^{rx}. 下面来验证这种想法.

设方程(8.19)具有指数函数形式的特解 $y=e^{rx}$(r 为待定常数),将 $y=e^{rx}$, $y'=re^{rx}$, $y''=r^2e^{rx}$ 代入方程(8.19)有

$$r^2e^{rx}+pre^{rx}+qe^{rx}=0,\quad 即\quad e^{rx}(r^2+pr+q)=0.$$

因 $e^{rx}\neq 0$,故必然有

$$r^2+pr+q=0, \tag{8.20}$$

这是一元二次代数方程,它有两个根

$$r_{1,2}=\frac{-p\pm\sqrt{p^2-4q}}{2}.$$

因此,只要 r_1 和 r_2 分别为方程(8.20)的根,则 $y=e^{r_1x}$, $y=e^{r_2x}$ 就都是方程(8.19)的特解,代数方程(8.20)称为微分方程(8.19)的**特征方程**,它的根称为**特征根**.

下面就三种情况讨论方程(8.19)的通解.

1. 特征方程有两个相异实根的情形

若 $p^2-4q>0$,则特征方程(8.20)有两个不相等的实根 r_1 和 r_2,这时 $y_1=e^{r_1x}$ 和 $y_2=e^{r_2x}$ 就是方程(8.19)的两个特解,由于 $\dfrac{y_1}{y_2}=\dfrac{e^{r_1x}}{e^{r_2x}}=e^{(r_1-r_2)x}\neq$常数,所以 y_1, y_2 线性无关,故方程(8.19)的通解为

$$y=C_1e^{r_1x}+C_2e^{r_2x}.$$

例 8.15 求 $y''+3y'-4y=0$ 的通解.

解 特征方程为

$$r^2+3r-4=(r+4)(r-1)=0,$$

特征根为 $r_1=-4$, $r_2=1$. 故方程的通解为

$$y=C_1e^{-4x}+C_2e^{x}.$$

2. 特征方程有两个相等的实根的情形

若 $p^2-4q=0$,则 $r=r_1=r_2=-\dfrac{p}{2}$,这时仅得到方程(8.19)的一个特解 $y_1=e^{rx}$,要求通解,还需找一个与 $y_1=e^{rx}$ 线性无关的特解 y_2.

既然 $\dfrac{y_2}{y_1}\neq$常数,则必有 $\dfrac{y_2}{y_1}=u(x)$,其中 $u(x)$ 为待定函数.

设 $y_2=u(x)e^{rx}$,则

$$y_2'=e^{rx}[ru(x)+u'(x)],\quad y_2''=e^{rx}[r^2u(x)+2ru'(x)+u''(x)],$$

代入方程(8.19)整理后得

$$e^{rx}[u''(x)+(2r+p)u'(x)+(r^2+pr+q)u(x)]=0.$$

因 $e^{rx}\neq 0$,且因 r 为特征方程(8.20)的重根,故 $r^2+pr+q=0$ 及 $2r+p=0$,于是上式成为 $u''(x)=0$. 即若 $u(x)$ 满足 $u''(x)=0$,则 $y_2=u(x)e^{rx}$ 即为方程(8.19)的另一特解.

显然,$u(x)=D_1x+D_2$ 是满足 $u''(x)=0$ 的函数,其中 D_1, D_2 是任意常数.

取最简单的 $u(x)=x$，于是 $y_2=x\mathrm{e}^{rx}$，且 $\dfrac{y_2}{y_1}=x\neq$ 常数，故方程(8.19)的通解为

$$y=C_1\mathrm{e}^{rx}+C_2x\mathrm{e}^{rx}=\mathrm{e}^{rx}(C_1+C_2x).$$

例 8.16 求方程 $\dfrac{\mathrm{d}^2s}{\mathrm{d}t^2}+2\dfrac{\mathrm{d}s}{\mathrm{d}t}+s=0$ 满足初始条件 $s|_{t=0}=4, \left.\dfrac{\mathrm{d}s}{\mathrm{d}t}\right|_{t=0}=-2$ 的特解.

解 特征方程为 $r^2+2r+1=0$，特征根为 $r_1=r_2=-1$，故方程通解为

$$s=\mathrm{e}^{-t}(C_1+C_2t).$$

以初始条件 $s|_{t=0}=4$ 代入上式，得 $C_1=4$，从而

$$s=\mathrm{e}^{-t}(4+C_2t).$$

由 $\dfrac{\mathrm{d}s}{\mathrm{d}t}=\mathrm{e}^{-t}(C_2-4-C_2t)$，以 $\left.\dfrac{\mathrm{d}s}{\mathrm{d}t}\right|_{t=0}=-2$ 代入得

$$-2=C_2-4,\quad 故\ C_2=2.$$

所求特解为

$$s=\mathrm{e}^{-t}(4+2t).$$

3. 特征方程有共轭复根的情形

若 $p^2-4q<0$，特征方程(8.20)有两个复根

$$r_1=\alpha+\mathrm{i}\beta,\quad r_2=\alpha-\mathrm{i}\beta,\quad 其中\quad \alpha=-\frac{p}{2},\quad \beta=\frac{\sqrt{4q-p^2}}{2}.$$

方程(8.19)有两个特解

$$y_1=\mathrm{e}^{(\alpha+\mathrm{i}\beta)x},\quad y_2=\mathrm{e}^{(\alpha-\mathrm{i}\beta)x}.$$

它们是线性无关的，故方程(8.19)的通解为

$$y=C_1\mathrm{e}^{(\alpha+\mathrm{i}\beta)x}+C_2\mathrm{e}^{(\alpha-\mathrm{i}\beta)x},$$

这是复函数形式的解. 为了表示成实函数形式的解，利用欧拉公式

$$\mathrm{e}^{(\alpha\pm\mathrm{i}\beta)x}=\mathrm{e}^{\alpha x}(\cos(\beta x)\pm\mathrm{i}\sin(\beta x)),$$

故有

$$\frac{y_1+y_2}{2}=\mathrm{e}^{\alpha x}\cos(\beta x),\quad \frac{y_1-y_2}{2\mathrm{i}}=\mathrm{e}^{\alpha x}\sin(\beta x).$$

由定理 8.1 知，$\mathrm{e}^{\alpha x}\cos(\beta x)$，$\mathrm{e}^{\alpha x}\sin(\beta x)$ 也是方程(8.19)的特解，显然它们是线性无关的. 因此方程(8.19)的通解的实函数形式为

$$y=\mathrm{e}^{\alpha x}(C_1\cos(\beta x)+C_2\sin(\beta x)).$$

例 8.17 求方程 $y''+2y'+5y=0$ 满足初始条件 $y(0)=1, y'(0)=-1$ 的特解.

解 特征方程为 $r^2+2r+5=0$，特征根为 $r_{1,2}=-1\pm2\mathrm{i}$，故通解为 $y=\mathrm{e}^{-x}(C_1\cos(2x)+C_2\sin(2x))$. 代入初始条件 $y(0)=1, y'(0)=-1$ 得 $C_1=1, C_2=0$，故特解为 $y=\mathrm{e}^{-x}\cos(2x)$.

习题 8.6

1. 求下列方程的通解：

(1) $y''-5y'+6y=0$；　(2) $2y''+y'-y=0$；

(3) $y''+2y'+y=0$；　(4) $y''+2y'+5y=0$；

(5) $3y''-2y'-8y=0$；　　　　(6) $y''+4y=0$.

2. 求下列方程的特解：

(1) $y''-4y'+3y=0$，$y|_{x=0}=6$，$y'|_{x=0}=10$；

(2) $y''-3y'-4y=0$，$y|_{x=0}=0$，$y'|_{x=0}=-5$.

8.7 二阶常系数线性非齐次微分方程的解法

本节讨论二阶常系数线性非齐次微分方程

$$y''+py'+qy=f(x) \tag{8.21}$$

的解法.

由前面讨论知，要求方程(8.21)的通解，只需求出它的一个特解和它相应的齐次方程的通解.求齐次方程的通解问题已解决，因此，求非齐次方程通解的问题就转化为求它的一个特解.

怎样求非齐次方程的一个特解呢？显然特解与方程(8.21)的右端函数 $f(x)$（$f(x)$称为自由项）有关，因此必须针对具体的 $f(x)$作具体分析.现在只对 $f(x)$的以下形式加以讨论：

(1) $f(x)=\phi(x)$；

(2) $f(x)=\phi(x)e^{\alpha x}$；

(3) $f(x)=\phi(x)e^{\alpha x}\cos(\beta x)$，或 $f(x)=\phi(x)e^{\alpha x}\sin(\beta x)$.

其中 $\phi(x)$是 x 的多项式，α，β 是实常数.

事实上，上述三种形式可归纳为下述形式：

$$f(x)=\phi(x)e^{(\alpha+i\beta)x}=\phi(x)e^{\alpha x}(\cos(\beta x)+i\sin(\beta x)).$$

当 $\alpha=\beta=0$ 时，即为(1)的情形；

当 $\beta=0$ 时，即为(2)的情形；

只取它的实部或虚部即为(3) 的情形，因此，可以先求方程

$$y''+py'+qy=\phi(x)e^{\alpha x}(\cos(\beta x)+i\sin(\beta x))$$

的通解，然后取其实部(或虚部)即为(3)所要求的特解.

因此仅讨论右端具有形式

$$f(x)=\phi(x)e^{\lambda x}$$

的情形(其中 λ 是复常数，即 $\lambda=\alpha+i\beta$)，则上述三种情形全包含在内了.

设方程(8.21)的右端为 $f(x)=\phi(x)e^{\lambda x}$，其中 $\phi(x)$为 x 的 m 次多项式，λ 是复常数(特殊情况下可以为 0，这时 $f(x)=\phi(x)$).

由于方程的系数是常数，再考虑到 $f(x)$的形式，可以想象方程(8.21)有形如

$$Y(x)=Q(x)e^{\lambda x}$$

的解，其中 $Q(x)$是待定的多项式.这种假设是否合理，要看能否确定出多项式的次数及其系数.为此，把 $Y(x)$代入方程(8.21)，由于

$$Y'(x)=Q'(x)e^{\lambda x}+\lambda Q(x)e^{\lambda x},$$

$$Y''(x)=Q''(x)e^{\lambda x}+2\lambda Q'(x)e^{\lambda x}+\lambda^2 Q(x)e^{\lambda x},$$

得

$$[Q''(x)e^{\lambda x}+2\lambda Q'(x)e^{\lambda x}+\lambda^2 Q(x)e^{\lambda x}]+$$
$$p[Q'(x)e^{\lambda x}+\lambda Q(x)e^{\lambda x}]+qQ(x)e^{\lambda x}\equiv\phi(x)e^{\lambda x},$$

即

$$Q''(x)+(2\lambda+p)Q'(x)+(\lambda^2+p\lambda+q)Q(x)\equiv\phi(x). \tag{8.22}$$

显然,为了要使这个恒等式成立,必须要求恒等式左端的次数与 $\phi(x)$ 的次数相同且同次项的系数也相等,故通过比较系数可定出 $Q(x)$ 的系数.

① 若 λ 不是特征方程的根,即

$$\lambda^2+p\lambda+q\neq 0,$$

这时(8.21)式左端的次数就是 $Q(x)$ 的次数,它应和 $\phi(x)$ 的次数相同,即 $Q(x)$ 是 m 次多项式,所以特解的形式是

$$Y(x)=(a_0x^m+a_1x^{m-1}+\cdots+a_m)e^{\lambda x}=Q(x)e^{\lambda x},$$

其中 $m+1$ 个系数 $a_0,a_1,\cdots,a_m$ 可由(8.22)式通过比较同次项系数求得.

② 若 λ 是特征方程的单根,即

$$\lambda^2+p\lambda+q=0,\quad 而且\quad 2\lambda+p\neq 0,$$

这时(8.21)式左端的最高次数由 $Q'(x)$ 决定,若 $Q(x)$ 仍是 m 次多项式,则(8.22)式左端是 $m-1$ 次多项式.为使左端是一个 m 次多项式,自然要找如

$$Y(x)=x(a_0x^m+a_1x^{m-1}+\cdots+a_m)e^{\lambda x}=xQ(x)e^{\lambda x}$$

形状的特解.其中 $m+1$ 个系数可由

$$[xQ(x)]''+(2\lambda+p)[xQ(x)]'\equiv\phi(x)$$

比较同次项系数而确定.

③ 若 λ 是特征方程的二重根,即

$$\lambda^2+p\lambda+q=0,\quad 且\quad 2\lambda+p=0.$$

为使(8.21)式左端是一个 m 次多项式,要找形如

$$Y(x)=x^2(a_0x^m+a_1x^{m-1}+\cdots+a_m)e^{\lambda x}=x^2Q(x)e^{\lambda x}$$

的特解,其中 $m+1$ 个系数可由

$$[x^2Q(x)]''\equiv\phi(x)$$

比较同次项系数而确定.

因而得到下面的结论:

若方程 $y''+py'+qy=f(x)$ 的右端是 $f(x)=\phi(x)e^{\lambda x}$,则方程具有形如

$$Y(x)=x^kQ(x)e^{\lambda x}$$

的特解,其中 $Q(x)$ 是与 $\phi(x)$ 同次的多项式,若 λ 是相应齐次方程的特征根,则式中的 k 是 λ 的重数,若 λ 不是特征根,则 $k=0$.

这个结论对于任意阶的线性常系数方程也是正确的.

例 8.18 求 $2y''+y'+5y=x^2+3x+2$ 的一特解(即 $e^{\lambda x}$ 中 $\lambda=0$).

解 因为相应的齐次方程的特征根不为 0,故令方程的特解为

$$Y(x)=ax^2+bx+c,$$

其中 a,b,c 是待定系数,则 $Y'=2ax+b$,$Y''=2a$,代入原方程得

$$4a+(2ax+b)+5(ax^2+bx+c)=x^2+3x+2,$$

或

$$5ax^2+(2a+5b)x+(4a+b+5c)=x^2+3x+2,$$

比较系数得联立方程

$$\begin{cases}5a=1,\\2a+5b=3,\\4a+b+5c=2,\end{cases}$$

解之,得 $a=\frac{1}{5},b=\frac{13}{25},c=\frac{17}{125}$. 方程的特解为

$$Y=\frac{1}{5}x^2+\frac{13}{25}x+\frac{17}{125}.$$

例 8.19 求 $y''-3y'+2y=xe^x$ 的通解.

解 因相应的齐次方程的特征方程 $\lambda^2-3\lambda+2=0$ 的根为 $\lambda_1=2,\lambda_2=1$,因此相应齐次方程的通解为 $C_1e^{2x}+C_2e^x$.

再求非齐次方程的特解,因 $\lambda=1$ 是特征方程的单根,故设特解为

$$Y=x(ax+b)e^x,$$

求出其导数,代入非齐次方程得

$$-2ax+(2a-b)=x,$$

比较系数得

$$\begin{cases}-2a=1,\\2a-b=0,\end{cases}$$

解之,得 $a=-\frac{1}{2},b=-1$,因此,非齐次方程的特解为

$$Y=x\left(-\frac{1}{2}x-1\right)e^x.$$

所以原方程的通解为

$$y=C_1e^{2x}+C_2e^x+x\left(-\frac{1}{2}x-1\right)e^x.$$

例 8.20 求 $y''+6y'+9y=5e^{-3x}$ 的特解.

解 特征方程为 $\lambda^2+6\lambda+9=0$,特征根

$$\lambda_1=\lambda_2=-3=\lambda,$$

即 -3 为特征方程的二重根,故设特解为

$$Y=Ax^2e^{-3x}.$$

由

$$Y'=(2Ax-3Ax^2)e^{-3x},\quad Y''=(2A-12Ax+9Ax^2)e^{-3x},$$

代入原方程整理得 $A=\frac{5}{2}$,即

$$Y=\frac{5}{2}x^2e^{-3x}.$$

例 8.21 求解方程 $y''-y=3e^{2x}$.

解 特征方程$\lambda^2-1=0$有两个实根$\lambda_1=1$和$\lambda_2=-1$,故对应齐次方程的通解为$C_1e^x+C_2e^{-x}$.原方程的右端$f(x)=3e^{2x}$的多项式部分是零次的,且2不是特征根,故设特解为

$$Y=Ae^{2x},$$

代入原方程得

$$3Ae^{2x}=3e^{2x},$$

于是$A=1$,因此求得特解为$Y=e^{2x}$,从而原方程的通解为

$$y=C_1e^x+C_2e^{-x}+e^{2x}.$$

例 8.22 求解方程$y''-y=4x\sin x$.

解 特征方程$\lambda^2-1=0$的特征根为$\lambda_1=1,\lambda_2=-1$,所以对应齐次方程通解为$C_1e^x+C_2e^{-x}$.

原方程右端$f(x)=4x\sin x$是$4xe^{ix}=4x(\cos x+i\sin x)$的虚部,故求特解时可考虑方程

$$y''-y=4xe^{ix}, \tag{8.23}$$

这里i不是特征根,故令

$$Y^*=(Ax+B)e^{ix},$$

代入方程(8.23)并整理得

$$[-2(Ax+B)+2iA]e^{ix}=4xe^{ix},$$

消去e^{ix},比较系数得

$$\begin{cases}-2A=4,\\-2B+2iA=0,\end{cases}$$

解之得$A=-2,B=-2i$,即方程(8.23)的特解为

$$\begin{aligned}Y^*&=(-2x-2i)e^{ix}=(-2x-2i)(\cos x+i\sin x)\\&=-2[(x\cos x-\sin x)+i(x\sin x+\cos x)].\end{aligned}$$

取其虚部,即得原方程的特解为

$$Y=-2x\sin x-2\cos x.$$

因此原方程的通解为

$$y=C_1e^x+C_2e^{-x}+(-2x\sin x-2\cos x).$$

例 8.23 求解方程$y''-y=3e^{2x}+4x\sin x$.

解 由定理8.5,可先将原方程分解为

$$y''-y=3e^{2x} \quad 和 \quad y''-y=4x\sin x,$$

在例8.21及例8.22中已分别求得这两个方程的特解为$Y_1=e^{2x},Y_2=-2(x\sin x+\cos x)$,故所求方程的特解为

$$Y_1+Y_2=e^{2x}-2(x\sin x+\cos x),$$

于是所求方程的通解为

$$y=C_1e^x+C_2e^{-x}+e^{2x}-2(x\sin x+\cos x).$$

习题 8.7

求下列方程的通解:

(1) $y''-4y'+3y=1$; (2) $2y''+5y'=5x^2-2x-1$;

(3) $y''+a^2y=\mathrm{e}^{ax}(a\neq 0)$；　　(4) $y''-4y=4x^2\mathrm{e}^x$；

(5) $y''-4y'+4y=8\mathrm{e}^{2x}$；　　(6) $y''+2y'+5y=2\mathrm{e}^{3x}+\cos x$.

8.8 差分方程简介

8.8.1 差分方程的基本概念

1. 差分

在科学技术和经济研究中，连续变化的时间内，变量 y 的变化速度是用$\dfrac{\mathrm{d}y}{\mathrm{d}t}$来刻画的；但在某些场合，变量要按一定的离散时间取值. 例如，在经济上进行动态分析，要判断某一经济计划完成的情况时，就依据计划期末指标的数值进行. 因此常取在规定的时间区间上的差商$\dfrac{\Delta y}{\Delta t}$来刻画变化速度. 如果选择 Δt 为 1，那么 $\Delta y=y(t+1)-y(t)$可以近似代表变量在时刻 t 的变化速度.

定义 8.1 设函数 $y=f(x)$，记为 y_x. 当 x 取遍非负整数时，函数值可以排成一个数列

$$y_0, y_1, \cdots, y_x, \cdots,$$

这时，差 $y_{x+1}-y_x$ 称为 y_x 的差分，也称为一阶差分，记为 Δy_x，即

$$\Delta y_x=y_{x+1}-y_x,$$

y_x 的一阶差分的差分

$$\Delta(\Delta y_x)=\Delta(y_{x+1}-y_x)=(y_{x+2}-y_{x+1})-(y_{x+1}-y_x),$$

记为 $\Delta^2 y_x$，即

$$\Delta^2 y_x=\Delta(\Delta y_x)=y_{x+2}-2y_{x+1}+y_x,$$

称为函数 y_x 的**二阶差分**.

同样可以定义三阶差分，四阶差分，……

$$\Delta^3 y_x=\Delta(\Delta^2 y_x),\quad \Delta^4 y_x=\Delta(\Delta^3 y_x),\quad \cdots.$$

二阶及二阶以上的差分统称为**高阶差分**.

由定义可知差分具有以下性质：

(1) $\Delta c y_x=c\Delta y_x$（c 为常数）；

(2) $\Delta(y_x+z_x)=\Delta y_x+\Delta z_x$.

例 8.24 求 $\Delta(x^2)$，$\Delta^2(x^2)$，$\Delta^3(x^2)$.

解 设 $y_x=x^2$，那么

$$\Delta y_x=\Delta(x^2)=(x+1)^2-x^2=2x+1,$$

$$\Delta^2 y_x=\Delta^2(x^2)=\Delta(2x+1)=[2(x+1)+1]-(2x+1)=2,$$

$$\Delta^3 y_x=\Delta(\Delta^2 y_x)=\Delta(2)=2-2=0.$$

例 8.25 设 $x^{(n)}=x(x-1)(x-2)\cdots(x-n+1)$，$x^{(0)}=1$，求 $\Delta x^{(n)}$.

解 设 $y_x=x^{(n)}=x(x-1)\cdots(x-n+1)$，则

$$\begin{aligned}\Delta y_x&=(x+1)^{(n)}-x^{(n)}\\&=(x+1)x(x-1)\cdots(x+1-n+1)-x(x-1)\cdots(x-n+1)\\&=[(x+1)-(x-n+1)]x(x-1)\cdots(x-n+2)\\&=nx^{(n-1)}.\end{aligned}$$

例 8.26 已知 $y_x=\lambda^x$，求 Δy_x.

解 因 $y_x=\lambda^x$，则 $y_{x+1}=\lambda^{x+1}=\lambda\cdot\lambda^x=\lambda y_x$，于是

$$\Delta y_x=y_{x+1}-y_x=(\lambda-1)\lambda^x.$$

2. 差分方程的一般概念

定义 8.2 含有自变量、未知函数以及未知函数的差分的方程称为**差分方程**. 方程中含有未知函数差分的最高阶数称为**差分方程的阶**.

n 阶差分方程的一般形式为

$$H(x,y_x,\Delta y_x,\Delta^2 y_x,\cdots,\Delta^n y_x)=0. \tag{8.24}$$

将

$$\Delta y_x=y_{x+1}-y_x,\quad \Delta^2 y_x=y_{x+2}-2y_{x+1}+y_x,$$
$$\Delta^3 y_x=y_{x+3}-3y_{x+2}+3y_{x+1}-y_x,\quad \cdots$$

代入方程(8.24)，则方程变成

$$F(x,y_x,y_{x+1},\cdots,y_{x+n})=0. \tag{8.25}$$

反之，方程(8.25)也可以化为方程(8.24)的形式. 因此差分方程也可以定义如下.

定义 8.2′ 含有自变量以及未知函数几个时期的符号的方程称为**差分方程**. 方程中含有未知函数时期符号的最大值与最小值的差称为**差分方程的阶**.

定义 8.3 若一个函数代入差分方程后，方程两边恒等，则称此函数为该**差分方程的解**.

设有差分方程 $y_{x+1}-y_x=2$，把函数 $y_x=15+2x$ 代入此方程，则

$$\text{左边}=[15+2(x+1)]-(15+2x)=2=\text{右边},$$

所以 $y_x=15+2x$ 是方程的解. 同样可验证 $y_x=A+2x$(A 为常数)也是差分方程的解.

一般要根据差分方程在初始时刻所处的状态，对差分方程附加一定的条件，这种附加条件称之为**初始条件**. 满足初始条件的解称为**特解**. 若差分方程的解中含有相互独立的任意常数的个数恰好等于方程的阶数，则称它为差分方程的**通解**.

3. 简单差分方程的解

首先考虑最简单的差分方程

$$\Delta y_x=0,$$

易知它的通解是 $y_x=A$(A 是任何实常数). 从而若 $\Delta y_x=\Delta z_x$，便有 $y_x-z_x=A$(A 是常数).

其次,若 $y_x=P_n(x)$,即 y_x 是关于 x 的 n 次多项式,则有

$$\Delta y_x=P_{n-1}(x),$$

因此,差分方程 $\Delta y_x=P_{n-1}(x)$的所有解都是 n 次多项式.

考虑差分方程

$$\Delta y_x=C \quad 或 \quad y_{x+1}-y_x=C.$$

由中学等差数列知识便知它的通解是

$$y_x=Cx+A, \quad A 是任意常数.$$

若差分方程是 $\Delta^n y_x=0$,由前面讨论易知 y_x 是 $n-1$ 次多项式,即

$$y_x=A_0+A_1x+A_2x^2+\cdots+A_{n-1}x^{n-1}, \quad A_0,A_1,\cdots,A_{n-1} 是任意常数.$$

8.8.2 一阶常系数线性差分方程

形如

$$y_{x+1}-ay_x=f(x) \quad (a\neq 0,常数) \tag{8.26}$$

的方程称为**一阶常系数线性方程**.其中 $f(x)$为已知函数,y_x 是未知函数.解差分方程就是求出方程中的未知函数.(8.26)式中当 $f(x)\neq 0$ 时,称之为**非齐次**的,否则称之为**齐次**的.

$$y_{x+1}-ay_x=0, \tag{8.27}$$

称为方程(8.26)相应的齐次方程.

下面介绍一阶常系数差分方程的解法.

1. 齐次方程(8.27)的解

显然,$y_x=0$ 是方程(8.27)的解.

若 $y_x\neq 0$,则有$\dfrac{y_{x+1}}{y_x}=a$,即$\{y_x\}$是公比为 a 的等比数列,于是方程(8.27)的通解为

$$y_x=Aa^x.$$

当 $a=1$ 时,通解为 $y_x=A$.

2. 非齐次方程(8.26)的解法

若 $\tilde{y}_x$ 是方程(8.26)的一个特解,Y_x 是方程(8.27)的通解,则 $y_x=\tilde{y}_x+Y_x$ 是方程(8.26)的通解.事实上

$$\tilde{y}_{x+1}-a\tilde{y}_x=f(x), \quad Y_{x+1}-aY_x=0,$$

两式相加得

$$(\tilde{y}_{x+1}+Y_{x+1})-a(\tilde{y}_x+Y_x)=f(x),$$

即 $y_x=\tilde{y}_x+Y_x$ 是方程(8.26)的通解.

因此,若 $\tilde{y}_x$ 是方程(8.26)的一个特解,则

$$y_x=\tilde{y}_x+Aa^x$$

就是方程(8.26)的通解.这样,为求方程(8.26)的通解,只需求出它的一个特解即可.下面讨论当 $f(x)$是某些特殊形式的函数时方程(8.26)的特解.

(1) $f(x)=P_n(x)$(n 次多项式),则方程(8.26)为

$$y_{x+1}-ay_x=P_n(x). \tag{8.28}$$

若 y_x 是 m 次多项式，则 y_{x+1} 也是 m 次多项式，并且当 $a\neq 1$ 时，$y_{x+1}-ay_x$ 仍是 m 次多项式，因此若 y_x 是方程(8.28)的解，应有 $m=n$.

于是，当 $a\neq 1$ 时，设 $\tilde{y}_x=B_0+B_1x+\cdots+B_nx^n$ 是方程(8.28)的特解，将其代入方程(8.28)，比较两端同次项的系数，确定出 $B_0,B_1,\cdots,B_n$，便得到方程(8.28)的特解.

当 $a=1$ 时，方程(8.28)成为

$$y_{x+1}-y_x=P_n(x),\quad 或\quad \Delta y_x=P_n(x).$$

因此，y_x 应是 $n+1$ 次多项式，此时设特解为 $\tilde{y}_x=x(B_0+B_1x+\cdots+B_nx^n)$，代入方程(8.28)，比较两端同次项系数来确定 $B_0,B_1,\cdots,B_n$，从而可得特解.

作为多项式的特殊情况 $P_n(x)=c$(c 为常数)，则方程(8.28)为

$$y_{x+1}-ay_x=c. \tag{8.29}$$

当 $a\neq 1$ 时，设 $\tilde{y}_x=k$，代入方程(8.29)得

$$k-ak=c,\quad 即\quad k=\frac{c}{1-a},$$

即方程(8.29)的特解为

$$\tilde{y}_x=\frac{c}{1-a}.$$

当 $a=1$ 时，设 $\tilde{y}_x=kx$，代入方程(8.28)，得 $k=c$，此时得方程(8.28)的特解

$$\tilde{y}_x=cx.$$

例 8.27 求差分方程 $y_{x+1}-3y_x=-2$ 的通解.

解 $a=3\neq 1, c=-2$，差分方程的通解为

$$y_x=1+A3^x.$$

例 8.28 求差分方程 $y_{x+1}-2y_x=3x^2$ 的通解.

解 设 $\tilde{y}_x=B_0+B_1x+B_2x^2$ 是方程的解，将它代入方程，则有

$$B_0+B_1(x+1)+B_2(x+1)^2-2B_0-2B_1x-2B_2x^2=3x^2,$$

整理得

$$(-B_0+B_1+B_2)+(-B_1+2B_2)x-B_2x^2=3x^2,$$

比较同次项系数得线性方程组

$$\begin{cases}-B_0+B_1+B_2=0,\\ -B_1+2B_2=0,\\ -B_2=3,\end{cases}$$

解得 $B_0=-9, B_1=-6, B_2=-3$，故给定方程的特解为

$$\tilde{y}_x=-9-6x-3x^2.$$

而相应的齐次方程的通解为 $A2^x$，于是得差分方程的通解为

$$y_x=-9-6x-3x^2+A2^x.$$

例 8.29 求差分方程 $y_{x+1}-y_x=3x^2+x+4$ 的通解.

解 设特解为 $\tilde{y}_x=x(B_0+B_1x+B_2x^2)$，代入原方程得

$$3B_2x^2+(2B_1+3B_2)x+(B_0+B_1+B_2)=3x^2+x+4,$$

比较系数得线性方程组

$$\begin{cases} 3B_2=3, \\ 2B_1+3B_2=1, \\ B_0+B_1+B_2=4, \end{cases}$$

解得 $B_0=4,B_1=-1,B_2=1$，特解为

$$\tilde{y}_x=x(4-x+x^2).$$

因而得通解

$$y_x=x^3-x^2+4x+A.$$

(2) $f(x)=cb^x$（其中 $c,b\neq 1$ 均为常数），则方程(8.26)为

$$y_{x+1}-ay_x=cb^x. \tag{8.30}$$

设方程(8.30)具有形如 $\tilde{y}_x=kx^sb^x$ 的特解.

当 $b\neq a$ 时，取 $s=0$，即 $\tilde{y}_x=kb^x$，代入方程(8.30)得

$$kb^{x+1}-akb^x=cb^x,$$

即 $k(b-a)=c$，所以

$$k=\frac{c}{b-a},$$

于是

$$\tilde{y}_x=\frac{c}{b-a}b^x. \tag{8.31}$$

当 $b=a$ 时，取 $s=1$，得方程(8.30)的特解

$$y_x=cxa^{x-1}.$$

例 8.30 求差分方程 $y_{x+1}-\frac{1}{2}y_x=\left(\frac{5}{2}\right)^x$ 的通解.

解 $a=\frac{1}{2},b=\frac{5}{2},c=1$ 代入方程(8.31)得到差分方程的通解

$$y_x=\frac{1}{2}\left(\frac{5}{2}\right)^x+A\left(\frac{1}{2}\right)^x.$$

例 8.31 在农业生产中，种植先于产出及产品出售一个适当的时期，t 时期该产品的价格 P_t 决定着生产者在下一时期愿意提供市场的产量 S_{t+1}，P_t 还决定着本期该产品的需求量 D_t，因此有

$$D_t=a-bP_t,\quad S_t=-c+dP_{t-1},\quad a,b,c,d \text{ 均为正的常数},$$

求价格随时间变动的规律.

解 假定在每一个时期中价格总是确定在市场售罄的水平上，即 $S_t=D_t$，因此可得到

$$-c+dP_{t-1}=a-bP_t,$$

即

$$bP_t+dP_{t-1}=a+c,$$

于是得

$$P_t+\frac{d}{b}P_{t-1}=\frac{a+c}{b},$$

其中 $a,b,c,d>0$,常数.

因为 $d>0,b>0$,所以 $\frac{d}{b}\neq -1$,这正是方程(8.39)形式的方程. 于是方程的特解为 $\widetilde{P}_x=\frac{a+c}{b+d}$,而相应齐次方程的通解为 $A\left(-\frac{d}{b}\right)^t$,故问题的通解为

$$P_t=\frac{a+c}{b+d}+A\left(-\frac{d}{b}\right)^t.$$

当 $t=0$ 时,$P_t=P_0$(初始价格),代入通解式得

$$A=P_0-\frac{a+c}{b+d},$$

即满足初始条件 $t=0$ 时 $P_t=P_0$ 的特解为

$$P_t=\frac{a+c}{b+d}+\left(P_0-\frac{a+c}{b+d}\right)\left(-\frac{d}{b}\right)^t.$$

习题 8.8

1. 求下列函数的差分:

(1) $y_x=c_1$;　　(2) $y_x=x^2$;

(3) $y_x=a^x$;　　(4) $y_x=\log_a x$.

2. 求下列差分方程的通解:

(1) $y_{x+1}-5y_x=3$;　　(2) $y_{x+1}+4y_x=2x^2+x-1$.

第 8 章测试题

一、填空题

1. 一阶线性微分方程的一般形式为$\frac{\mathrm{d}y}{\mathrm{d}x}+p(x)y=Q(x)$,相应的齐次方程为________,相应的齐次通解为________,用常数变易法,求得非齐次通解关键是确定 $C(x)$,经计算 $C'(x)=$________,故非齐次通解是________.

2. 伯努利方程一般形式为$\frac{\mathrm{d}y}{\mathrm{d}x}+p(x)y=Q(x)y^n\ (n\neq 0,1)$引入新的变量 $z=$________,就可以把伯努利方程化为线性方程________.

3. 二阶线性微分方程一般形式是________,相应的齐次方程是________,若 $\phi_1(x)$,$\phi_2(x)$是齐次方程的两个解,则当________时,$\phi_1(x)$与 $\phi_2(x)$是线性无关的,从而齐次方程的通解为________,设 $\varphi^*(x)$是非齐次方程的一个特解,则非齐次方程的通解为________.

4. $y''+ay'+by=0$ 的特征方程是________,当特征方程有两个相等的实根 $\lambda_1=\lambda_2$ 时,通解是________,当特征方程有两个共轭复根 $\alpha\pm\beta\mathrm{i}$ 时,通解是________.

5. 以 $\sin x$ 与 $\cos x$ 为基解组的二阶线性齐次方程为________.

6. 若 $y''+ay'+by=f(x)$ 有一特解 $y=\mathrm{e}^x$，相应的齐次方程的特征值 $\alpha\pm\beta\mathrm{i},\beta\neq 0$ 则方程的通解是________.

7. $y''+ay'+by=\varphi(x)\mathrm{e}^{\alpha x}\cos\beta x$，其中 $\varphi(x)$ 是 m 次多项式，$\beta\neq 0$，可先求解等式右边带复指数函数形式的方程 $y''+ay'+by=$________的特解；若齐次特征方程没有复根，方程具有________形式的特解；若 $\alpha\pm\beta\mathrm{i}$ 是齐次特征方程的特征根，则方程________具有________形式的特解.

8. 求方程 $y''+by=\varphi(x)\sin\beta x$ 的特解，可先考虑求自由项含复指数的方程的特解；若 $b<0$，则自由项含复指数的方程具有形如________的特解；若 $b=\beta^2>0$，则自由项含复指数的方程具有形如________的特解.

二、求解下列微分方程：

1. $y'+x^2y=0$.

2. $\dfrac{\mathrm{d}y}{\mathrm{d}x}=1+x+y^2+xy^2$.

3. $x\dfrac{\mathrm{d}y}{\mathrm{d}x}=\sqrt{1-y^2}$.

4. $\sin 2x\,\mathrm{d}x+\cos 3y\,\mathrm{d}y=0$.

5. $y'=\dfrac{2y-x}{2x-y}$.

6. $y\,\mathrm{d}x-(x+\sqrt{x^2+y^2})\,\mathrm{d}y=0$.

7. $\dfrac{\mathrm{d}y}{\mathrm{d}x}=\dfrac{y}{x}+\sqrt{1-\left(\dfrac{y}{x}\right)^2}$.

8. $xy'+y(\ln x-\ln y)=0,y(1)=\mathrm{e}^3$.

9. $\dfrac{\mathrm{d}y}{\mathrm{d}x}=(x+y)^2$.

10. $y'=\dfrac{x+2y+1}{2x+4y-1}$.

三、求解下列微分方程：

1. $y'+y=x$.

2. $\dfrac{\mathrm{d}y}{\mathrm{d}x}+2y=x\mathrm{e}^{-x}$.

3. $(1+x^2)y'-xy-x=0$.

4. $x\dfrac{\mathrm{d}y}{\mathrm{d}x}+2y=\sin x,y(\pi)=\dfrac{1}{\pi}$.

5. $y'+y=\mathrm{e}^x$.

6. $\dfrac{\mathrm{d}y}{\mathrm{d}x}=2x\mathrm{e}^{-x^2}-2xy$.

7. $xy'-2y=x^3\cos 2x$.

8. $x\,\mathrm{d}y-y\,\mathrm{d}x=y^2\mathrm{e}^y\,\mathrm{d}y$.

9. $\dfrac{\mathrm{d}y}{\mathrm{d}x}-\dfrac{4}{x}y=x^2\sqrt{y}$.

10. $2yy'+2xy^2=x\mathrm{e}^{-x^2}$.

11. $\dfrac{\mathrm{d}y}{\mathrm{d}x}+\dfrac{1}{3}y=\dfrac{1}{3}(1-2x)y^4$.

12. $xy'+y-y^2\ln x=0$.

四、求解下列微分方程：

1. $y''=x-\cos x$.

2. $y'''=\mathrm{e}^{3x}+\cos 2x$.

3. $y''=\dfrac{1}{x}y'$.

4. $(1+x^2)y''=2xy',y(0)=1,y'(0)=3$.

五、求解下列微分方程：

1. $y''-4y'+4y=0$.

2. $y''+2y'+5y=0$.

3. $\int_0^x 2tf(t)\,\mathrm{d}t=f(x)+x^2$.

4. $y''-4y'+13y=0,y(0)=0,y'(0)=3$.

六、求解下列微分方程：

1. $y''+y'=x^2$.

2. $y''-2y'-3y=3x+1$.

3. $y''-5y'+6y=xe^{2x}$.

4. $y''-4y'+4y=3e^{2x}$.

5. $y''-4y'=5, y(0)=1, y'(0)=0$.

6. $y''+y=x\cos 2x$.

7. $y''+y+\sin 2x=0, y(\pi)=y'(\pi)=1$.

8. $y''+4y=x\sin^2 x$.

9. 已知微分方程 $y''+ay'+by=ce^x$ 的通解为 $y=(C_1+C_2x)e^{-x}+e^x$，求 a,b,c 的值.

第9章

级　数

级数的概念起源于古希腊数学.早在2000多年前,亚里士多德就已经知道公比大于零小于1的几何级数的和是存在的.阿基米德在《抛物线图形求积法》一书中,使用几何级数求抛物线弓形面积.法国数学家奥雷姆用初等方法证明了调和级数是发散的.17世纪,随着微积分的发展,级数理论得到了系统性的发展.牛顿在他的《用无限多项方程的分析学》中,用级数反演法给出了$\sin x$,$\cos x$的幂级数,格雷戈里得到了$\tan x$,$\sec x$等函数的级数,莱布尼茨也独立地给出了$\sin x$,$\cos x$,$\arctan x$的幂级数展开式.17世纪后期和18世纪,为了适应航海、地理学、天文学的发展,牛顿和格雷戈里提出了著名的内插公式,极大地满足了对函数表的精度的较高要求.1715年,泰勒在《增量方法及其逆》这本书中,给出了单变量幂级数展开公式,即泰勒级数.1755年欧拉在微分学中将泰勒级数推广应用到多元函数,增大了泰勒级数的影响力,随后拉格朗日用带余项的泰勒级数作为函数论的基础,才正式确立了泰勒级数的重要性.后来麦克劳林重新得到泰勒公式在$x_0=0$时的特殊情形,即麦克劳林级数.欧拉研究了幂级数,得出了许多重要结论,其中最著名的是欧拉公式.高斯利用级数理论研究了二次型曲线的表示问题.19世纪初,库朗提出了级数的可乘性判别法.柯西提出了绝对和条件收敛判别法,并将级数理论应用到复变函数的研究中.黎曼利用柯西的结果,推广了复变函数的级数展开.狄利克雷利用傅里叶级数研究了偏微分方程的解.

在20世纪,级数理论的一个重要发展是泛函分析的产生,各种函数空间被定义为在某个测度下的可积函数的渐近等价类.这使得级数理论得以在更广泛的场景下发挥作用.级数是微积分中的一个重要概念,是表达和研究函数的重要形式之一,无论是在理论上和应用上都具有重要的意义.

9.1　级数的概念与性质

已知数列$\{u_n\}$,即

$$u_1,u_2,\cdots,u_n,\cdots. \tag{9.1}$$

将数列(9.1)的项依次用加号连接起来,即

$$u_1+u_2+u_3+\cdots+u_n+\cdots \quad \text{或} \quad \sum_{n=1}^{\infty}u_n \tag{9.2}$$

称为**数值级数**,简称**级数**.其中u_n称为级数(9.2)的第n项或通项.

级数(9.2)的前 n 项的和用 S_n 来表示，即

$$S_n = u_1 + u_2 + \cdots + u_n \quad 或 \quad S_n = \sum_{k=1}^{n} u_k,$$

称为级数(9.2)的 **n 项部分和**. 显然，对于给定的级数(9.2)，其任意 n 项部分和 S_n 都是已知的. 于是，级数(9.2)对应着一个部分和数列 $\{S_n\}$.

定义 9.1 若级数(9.2)的部分和数列 $\{S_n\}$ 收敛，设

$$\lim_{n\to\infty} S_n = S,$$

则称级数 $\sum\limits_{n=1}^{\infty} u_n$ **收敛**，S 是级数(9.2)的和，表示为

$$S = \sum_{n=1}^{\infty} u_n = u_1 + u_2 + \cdots + u_n + \cdots,$$

并称

$$R_n = u_{n+1} + u_{n+2} + \cdots = \sum_{k=n+1}^{\infty} u_k = S - S_n$$

为级数的**余和**.

若数列 $\{S_n\}$ 发散，则称级数(9.2)**发散**，此时级数(9.2)没有和.

例 9.1 判断几何(等比)级数 $\sum\limits_{n=1}^{\infty} ax^{n-1}(a \neq 0)$ 的收敛性.

解 (1) 当 $|x| \neq 1$ 时，由于

$$S_n = a + ax + \cdots + ax^{n-1} = \frac{a(1-x^n)}{1-x},$$

若 $|x| < 1$，则

$$\lim_{n\to\infty} S_n = \frac{a}{1-x},$$

所以 $|x| < 1$ 时，级数收敛. 若 $|x| > 1$，则

$$\lim_{n\to\infty} S_n = \infty,$$

所以，$|x| > 1$ 时，级数 $\sum\limits_{n=1}^{\infty} ax^{n-1}$ 发散.

(2) 当 $|x| = 1$ 时，有两种情况：

① 当 $x = 1$ 时，$S_n = an$，所以级数 $\sum\limits_{n=1}^{\infty} ax^{n-1}$ 发散.

② 当 $x = -1$ 时，$S_n = \begin{cases} a, & n 为奇数, \\ 0, & n 为偶数. \end{cases}$ 所以级数 $\sum\limits_{n=1}^{\infty} ax^{n-1}$ 发散.

综合以上可知：当 $|x| < 1$ 时，级数 $\sum\limits_{n=1}^{\infty} ax^{n-1}$ 收敛；当 $|x| \geqslant 1$ 时，级数 $\sum\limits_{n=1}^{\infty} ax^{n-1}$ 发散.

由于级数(9.2)的敛散性是由其部分和数列的敛散性决定的，所以可以把数列收敛的判

断方法用于级数上.

例 9.2 判断级数 $\sum_{n=1}^{\infty}\frac{1}{n}$（调和级数）的收敛性.

解 考虑它的前 n 项和

$$S_n=1+\frac{1}{2}+\cdots+\frac{1}{n}.$$

由于对一切 n，总有

$$\left(1+\frac{1}{n}\right)^n<\mathrm{e},$$

所以

$$\frac{1}{n}>\ln\left(1+\frac{1}{n}\right)=\ln\frac{n+1}{n},$$

于是

$$S_n=1+\frac{1}{2}+\cdots+\frac{1}{n}>\ln\frac{2}{1}+\ln\frac{3}{2}+\cdots+\ln\frac{n+1}{n}=\ln(n+1),$$

所以，当 $n\to\infty$ 时，S_n 是无穷大. 因此调和级数 $\sum_{n=1}^{\infty}\frac{1}{n}$ 发散.

调和级数 $\sum_{n=1}^{\infty}\frac{1}{n}$ 的通项是趋于零的，但是级数本身却趋于无穷大. 这个例子启示我们，虽然每一项微不足道，但是累积起来的结果却是惊人的，滴水成河，粒米成箩就是这个道理.

例 9.3 讨论级数 $\sum_{n=1}^{\infty}\frac{1}{n^2}$ 的收敛性.

解 显然，对一切 $n\neq1$，有

$$\frac{1}{n^2}<\frac{1}{n(n-1)}=\frac{1}{n-1}-\frac{1}{n}.$$

所以

$$\begin{aligned}S_n&=1+\frac{1}{2^2}+\frac{1}{3^2}+\cdots+\frac{1}{n^2}<1+\frac{1}{1\cdot2}+\frac{1}{2\cdot3}+\cdots+\frac{1}{n(n-1)}\\&=1+\left(1-\frac{1}{2}\right)+\left(\frac{1}{2}-\frac{1}{3}\right)+\cdots+\left(\frac{1}{n-1}-\frac{1}{n}\right)=2-\frac{1}{n}.\end{aligned}$$

因此 $S_n<2$. 又易知 $\{S_n\}$ 是单调增加的，由单调有界原理知 $\{S_n\}$ 收敛，即级数 $\sum_{n=1}^{\infty}\frac{1}{n^2}$ 收敛 $\left(\text{它的和是}\frac{\pi^2}{6}\right)$.

定理 9.1 若级数

$$\sum_{n=1}^{\infty}u_n=u_1+u_2+\cdots+u_n+\cdots$$

与级数

$$\sum_{n=1}^{\infty}v_n=v_1+v_2+\cdots+v_n+\cdots$$

都收敛，它们的和分别是 U 与 V，则对任意常数 a 与 b，以 au_n+bv_n 作为一般项而成的级数

$$\sum_{n=1}^{\infty}(au_n+bv_n)$$

也收敛，且其和为 $aU+bV$.

证 设 $U_n=u_1+u_2+\cdots+u_n$，$V_n=v_1+v_2+\cdots+v_n$，则 $\lim\limits_{n\to\infty}U_n=U$，$\lim\limits_{n\to\infty}V_n=V$. 又设 $\sum\limits_{n=1}^{\infty}(au_n+bv_n)$ 的前 n 项和是 S_n，则有

$$S_n=aU_n+bV_n,$$

因此

$$\lim_{n\to\infty}S_n=aU+bV,$$

所以

$$\sum_{n=1}^{\infty}(au_n+bv_n)=aU+bV.$$

例 9.4 判别级数 $\sum\limits_{n=1}^{\infty}\left(\frac{1}{2^n}+\frac{1}{4^n}\right)$ 的敛散性.

解 由于级数 $\sum\limits_{n=1}^{\infty}\frac{1}{2^n}$ 和 $\sum\limits_{n=1}^{\infty}\frac{1}{4^n}$ 都是公比小于 1 的等比级数，所以它们均收敛. 由定理 9.1 知，级数 $\sum\limits_{n=1}^{\infty}\left(\frac{1}{2^n}+\frac{1}{4^n}\right)$ 也收敛，且

$$\sum_{n=1}^{\infty}\left(\frac{1}{2^n}+\frac{1}{4^n}\right)=\sum_{n=1}^{\infty}\frac{1}{2^n}+\sum_{n=1}^{\infty}\frac{1}{4^n}=\frac{\frac{1}{2}}{1-\frac{1}{2}}+\frac{\frac{1}{4}}{1-\frac{1}{4}}=\frac{4}{3}.$$

定理 9.2 改变(包括去掉、加上、改变前后次序、改变数值)级数的有限项，不影响级数的敛散性.

证 这里仅对改变有限项的情形加以证明，其他情形类似.

设级数

$$\sum_{n=1}^{\infty}u_n=u_1+u_2+\cdots+u_m+u_{m+1}+\cdots,$$

改变有限项以后，从第 $m+1$ 项开始都没有改变，设新级数为

$$\sum_{n=1}^{\infty}v_n=v_1+v_2+\cdots+v_m+v_{m+1}+\cdots,\quad \text{当 } n>m \text{ 时}, v_n=u_n.$$

又设

$$u_1+u_2+\cdots+u_m=a,\quad v_1+v_2+\cdots+v_m=b,$$

记级数 $\sum\limits_{n=1}^{\infty}u_n$ 前 n 项和为 U_n，$\sum\limits_{n=1}^{\infty}v_n$ 前 n 项和是 V_n，则当 $n>m$ 时，有

$$U_n=V_n+a-b.$$

因此$\{U_n\}$与$\{V_n\}$具有相同的敛散性，从而上面两个级数具有相同的敛散性.

定理 9.3 若一个级数收敛，则加括号后所形成的新级数也收敛，且和不变.

证 设级数$\sum_{n=1}^{\infty}u_n$收敛，且和是S. 不失一般性，不妨设加括号后的新级数为

$$(u_1+u_2)+(u_3+u_4+u_5)+(u_6+u_7)+\cdots,$$

用W_m表示新级数的前m项部分和，用S_n表示原级数的前n项相应部分和，因此有

$$W_1=S_2,\quad W_2=S_5,\quad W_3=S_7,\quad \cdots,\quad W_m=S_n,\quad \cdots,$$

显然，$m\leqslant n$，则$m\to\infty$时，必有$n\to\infty$，于是

$$\lim_{m\to\infty}W_n=\lim_{n\to\infty}S_n=S.$$

注 定理9.3的逆命题并不成立，即有些级数加括号后收敛，原级数却发散.

例如，级数$(1-1)+(1-1)+\cdots+(1-1)+\cdots$收敛于0，但$1-1+1-1+\cdots+(-1)^{n-1}+\cdots$却不收敛.

定理 9.4 若级数$\sum_{n=1}^{\infty}u_n$收敛，则$\lim_{n\to\infty}u_n=0$.

证 由于级数收敛，可设$\lim_{n\to\infty}S_n=S$.

由于$u_n=S_n-S_{n-1}$（假定$S_0=0$），所以

$$\lim_{n\to\infty}u_n=\lim_{n\to\infty}S_n-\lim_{n\to\infty}S_{n-1}=S-S=0.$$

由此定理可知，若一级数收敛，则其一般项必趋于0，即级数收敛的必要条件是一般项趋于0. 因而若$\lim_{n\to\infty}u_n$不为0或不存在，则级数一定发散.

注 定理9.4的逆命题不成立. 例如，对于级数$\sum_{n=1}^{\infty}\frac{1}{n}$，虽然满足$\lim_{n\to\infty}u_n=\lim_{n\to\infty}\frac{1}{n}=0$，但是级数$\sum_{n=1}^{\infty}\frac{1}{n}$发散.

例 9.5 对于$p\leqslant 0$，判断级数$\sum_{n=1}^{\infty}\frac{1}{n^p}$的收敛性.

解 当$p<0$时，$\lim_{n\to\infty}\frac{1}{n^p}=+\infty\neq 0$；当$p=0$时，$\lim_{n\to\infty}\frac{1}{n^p}=1\neq 0$. 从而可知级数发散.

习题 9.1

1. 求下面级数的值：

(1) $\sum_{n=1}^{\infty}\frac{2^n+3^n}{6^n}$；　(2) $\sum_{n=1}^{\infty}\frac{1}{n(n+1)}$.

2. 判断下列级数的收敛性：

(1) $\sum_{n=1}^{\infty}\frac{1}{\sqrt{n+1}+\sqrt{n}}$；　(2) $\sum_{n=1}^{\infty}\frac{1}{4n^2-1}$；　(3) $\sum_{n=1}^{\infty}n^2$；　(4) $\sum_{n=1}^{\infty}\frac{n}{n+1}$.

9.2 正项级数

若级数 $\sum\limits_{n=1}^{\infty}u_n$ 各项都非负，即 $u_n\geqslant 0$，则称 $\sum\limits_{n=1}^{\infty}u_n$ 为**正项级数**. 显然正项级数的部分和数列 $\{S_n\}$ 是单调递增数列

$$S_1\leqslant S_2\leqslant S_3\leqslant\cdots\leqslant S_{n-1}\leqslant S_n\leqslant\cdots.$$

由单调有界原理可得下面的定理.

定理 9.5 正项级数收敛的充要条件是它的部分和数列有界.

例 9.6 判别级数 $\sum\limits_{n=1}^{\infty}\dfrac{\sin\dfrac{\pi}{n+1}}{3^n}$ 的收敛性.

解 由于 $\sum\limits_{n=1}^{\infty}\dfrac{\sin\dfrac{\pi}{n+1}}{3^n}$ 为正项级数，且

$$\begin{aligned}S_n&=\frac{1}{3}+\frac{\sin\dfrac{\pi}{3}}{3^2}+\frac{\sin\dfrac{\pi}{4}}{3^3}+\cdots+\frac{\sin\dfrac{\pi}{n+1}}{3^n}<\frac{1}{3}+\frac{1}{3^2}+\frac{1}{3^3}+\cdots+\frac{1}{3^n}\\&=\frac{\dfrac{1}{3}\left(1-\dfrac{1}{3^n}\right)}{1-\dfrac{1}{3}}=\frac{1}{2}-\frac{1}{2\cdot 3^n}<\frac{1}{2},\end{aligned}$$

所以部分和数列 $\{S_n\}$ 有界，由定理 9.5 知，级数 $\sum\limits_{n=1}^{\infty}\dfrac{\sin\dfrac{\pi}{n+1}}{3^n}$ 收敛.

由定理 9.5，可以建立下面的比较判别法.

定理 9.6(比较判别法) 若两正项级数 $\sum\limits_{n=1}^{\infty}u_n$ 及 $\sum\limits_{n=1}^{\infty}v_n$，满足 $u_n\leqslant cv_n$，c 是正常数，$n=1,2,\cdots$，则有：

(1) 若 $\sum\limits_{n=1}^{\infty}v_n$ 收敛，则 $\sum\limits_{n=1}^{\infty}u_n$ 收敛；

(2) 若 $\sum\limits_{n=1}^{\infty}u_n$ 发散，则 $\sum\limits_{n=1}^{\infty}v_n$ 发散.

证 考虑 $\sum\limits_{n=1}^{\infty}u_n$ 及 $\sum\limits_{n=1}^{\infty}v_n$ 的部分和数列 $\{U_n\}$ 和 $\{V_n\}$.

(1) 设 $\lim\limits_{n\to\infty}V_n=V$，由于 $U_n\leqslant cV_n$，从而 $U_n\leqslant cV$. 由定理 9.5 知级数 $\sum\limits_{n=1}^{\infty}u_n$ 收敛.

(2) 由于(2)是(1)的逆否命题，(1)成立时(2)也成立.

例 9.7 判断广义调和级数

$$\sum_{n=1}^{\infty}\frac{1}{n^p}=1+\frac{1}{2^p}+\cdots+\frac{1}{n^p}+\cdots$$

的敛散性.

解 当 $p\leqslant 1$ 时,$\frac{1}{n^p}\geqslant\frac{1}{n}$,以前曾证明级数 $\sum_{n=1}^{\infty}\frac{1}{n}$ 发散,由比较判别法知 $\sum_{n=1}^{\infty}\frac{1}{n^p}$ 发散.

当 $p>1$ 时,由于 $f(x)=\frac{1}{x^p}$ 是单调减少趋于 0 的,因此有(参见图 9.1)

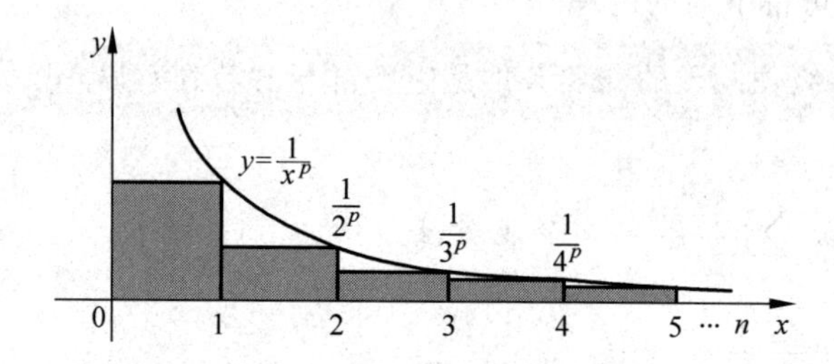

图 9.1 广义调和级数的几何图示

$$\frac{1}{n^p}=\frac{1}{n^p}\cdot 1=\int_{n-1}^{n}\frac{1}{n^p}\mathrm{d}x<\int_{n-1}^{n}\frac{1}{x^p}\mathrm{d}x,\quad n\geqslant 2,$$

所以

$$\sum_{n=1}^{n}\frac{1}{n^p}<1+\int_{1}^{2}\frac{\mathrm{d}x}{x^p}+\int_{2}^{3}\frac{\mathrm{d}x}{x^p}+\cdots+\int_{n-1}^{n}\frac{\mathrm{d}x}{x^p}=1+\int_{1}^{n}\frac{\mathrm{d}x}{x^p}.$$

由于 $p>1$,所以无穷积分 $\int_{1}^{+\infty}\frac{\mathrm{d}x}{x^p}$ 收敛于 $\frac{1}{p-1}$,因此有

$$\sum_{n=1}^{n}\frac{1}{n^p}<1+\frac{1}{p-1}=\frac{p}{p-1},$$

即级数的部分和有界,因此 $\sum_{n=1}^{\infty}\frac{1}{n^p}$ 收敛.

综上所述,广义调和级数在 $p>1$ 时收敛,在 $p\leqslant 1$ 时发散.

例 9.8 判断 $\sum_{n=0}^{\infty}\frac{1}{n\sqrt{n+2}}$ 的收敛性.

解 由于 $\frac{1}{n\sqrt{n+2}}<\frac{1}{n\sqrt{n}}=\frac{1}{n^{\frac{3}{2}}}$,而级数 $\sum_{n=1}^{\infty}\frac{1}{n^{\frac{3}{2}}}$ 收敛,由比较判别法知,级数 $\sum_{n=0}^{\infty}\frac{1}{n\sqrt{n+2}}$ 收敛.

比较判别法有如下的极限形式.

推论 设有两正项级数 $\sum_{n=1}^{\infty}u_n$ 及 $\sum_{n=1}^{\infty}v_n\,(v_n\neq 0)$,且

$$\lim_{n\to\infty}\frac{u_n}{v_n}=k,\quad 0\leqslant k\leqslant+\infty.$$

则有：(1) 若 $0<k<+\infty$，则 $\sum_{n=1}^{\infty}u_n$ 与 $\sum_{n=1}^{\infty}v_n$ 具有相同的敛散性.

(2) 当 $k=0$ 时，若 $\sum_{n=1}^{\infty}v_n$ 收敛，则 $\sum_{n=1}^{\infty}u_n$ 收敛；

(3) 当 $k=+\infty$ 时，若 $\sum_{n=1}^{\infty}v_n$ 发散，则 $\sum_{n=1}^{\infty}u_n$ 发散.

请读者自己给出证明.

例 9.9 判定下列正项级数的敛散性：

(1) $\sum_{n=1}^{\infty}\sin\frac{1}{n}$；　　(2) $\sum_{n=1}^{\infty}3^n\tan\frac{\pi}{4^n}$.

解 (1) 取 $v_n=\frac{1}{n}$，则有

$$\lim_{n\to\infty}\frac{\sin\frac{1}{n}}{\frac{1}{n}}=1,$$

已知级数 $\sum_{n=1}^{\infty}\frac{1}{n}$ 发散，由推论 1 得级数 $\sum_{n=1}^{\infty}\sin\frac{1}{n}$ 也发散.

(2) 取 $v_n=\left(\frac{3}{4}\right)^n$，则有

$$\lim_{n\to\infty}\frac{3^n\tan\frac{\pi}{4^n}}{\left(\frac{3}{4}\right)^n}=\lim_{n\to\infty}\frac{3^n\frac{\pi}{4^n}}{\left(\frac{3}{4}\right)^n}=\pi,$$

已知级数 $\sum_{n=1}^{\infty}\left(\frac{3}{4}\right)^n$ 收敛，由推论 1 得，级数 $\sum_{n=1}^{\infty}3^n\tan\frac{\pi}{4^n}$ 也收敛.

应用正项级数的比较判别法，不仅能直接判别某些正项级数的敛散性，并能导出下面比较简便的正项级数敛散性的判别法.

定理 9.7（达朗贝尔判别法、比值判别法） 设有正项级数 $\sum_{n=1}^{\infty}u_n$. 如果

$$\lim_{n\to\infty}\frac{u_{n+1}}{u_n}=l$$

存在，那么：(1)当 $l<1$ 时，级数收敛；(2)当 $l>1$ 时，级数发散.

证 (1) 取 $q(l<q<1)$，由数列极限的保序性，存在正整数 N，$\forall n>N$，有

$$\frac{u_{n+1}}{u_n}<q,$$

于是

$$\frac{u_{N+2}}{u_{N+1}}<q,\quad \frac{u_{N+3}}{u_{N+2}}<q,\quad \cdots,$$

从而

$$u_{N+m} < q u_{N+m-1} < q^2 u_{N+m-2} < \cdots < q^{m-1} u_{N+1}.$$

由于无穷级数$\sum\limits_{m=1}^{\infty} u_{N+1} q^{m-1} = u_{N+1} \sum\limits_{m=1}^{\infty} q^{m-1}$ 收敛，由比较判别法知$\sum\limits_{m=1}^{\infty} u_{N+m}$ 收敛，从而$\sum\limits_{n=1}^{\infty} u_n$ 收敛.

(2) 留作练习.

例 9.10 判断下列级数的收敛性：

(1) $\sum\limits_{n=1}^{\infty} \frac{x^n}{n}\ (x > 0)$； (2) $\sum\limits_{n=1}^{\infty} \frac{n\left|\sin\sqrt{n}\right|}{3^n}$.

解 (1) 由于

$$\lim_{n\to\infty} \frac{u_{n+1}}{u_n} = \lim_{n\to\infty} \frac{\frac{x^{n+1}}{n+1}}{\frac{x^n}{n}} = x,$$

所以当 $0<x<1$ 时级数收敛，当 $x>1$ 时级数发散，而当 $x=1$ 时为调和级数，发散.

(2) 由于$\frac{n\left|\sin\sqrt{n}\right|}{3^n} \leqslant \frac{n}{3^n}$，而级数 $\sum\limits_{n=1}^{\infty} \frac{n}{3^n}$ 满足

$$\lim_{n\to\infty} \frac{\frac{n+1}{3^{n+1}}}{\frac{n}{3^n}} = \frac{1}{3} < 1,$$

由达朗贝尔判别法，级数 $\sum\limits_{n=1}^{\infty} \frac{n}{3^n}$ 收敛，再由比较判别法知 $\sum\limits_{n=1}^{\infty} \frac{n\left|\sin\sqrt{n}\right|}{3^n}$ 收敛.

定理 9.8(柯西判别法) 设有正项级数 $\sum\limits_{n=1}^{\infty} u_n$，如果

$$\lim_{n\to\infty} \sqrt[n]{u_n} = l$$

存在，那么：(1)当 $l<1$ 时，级数收敛；(2)当 $l>1$ 时，级数发散.

证 (1) 由极限定义，对于 $q(l<q<1)$，由数列极限的保序性，存在正整数 N，$\forall n>N$ 有

$$\sqrt[n]{u_n} < q,$$

则有 $u_n<q^n\ (n>N)$，因为级数 $\sum\limits_{m=1}^{\infty} q^{N+m}$ 收敛，由比较判别法知$\sum\limits_{m=1}^{\infty} u_{N+m}$ 收敛，从而 $\sum\limits_{n=1}^{\infty} u_n$ 收敛.

(2) 留作练习.

例 9.11 判断下列级数的敛散性：

(1) $\sum\limits_{n=1}^{\infty} \left(\frac{2n}{3n+1}\right)^n$； (2) $\sum\limits_{n=1}^{\infty} n^n 2^{-n}$.

解 (1) 因为

$$\lim_{n\to\infty} \sqrt[n]{u_n} = \lim_{n\to\infty} \sqrt[n]{\left(\frac{2n}{3n+1}\right)^n} = \lim_{n\to\infty} \frac{2n}{3n+1} = \frac{2}{3} < 1,$$

所以级数 $\sum_{n=1}^{\infty}\left(\frac{2n}{3n+1}\right)^n$ 收敛.

(2) 因为

$$\lim_{n\to\infty}\sqrt[n]{u_n}=\lim_{n\to\infty}\sqrt[n]{n^n 2^{-n}}=\lim_{n\to\infty}\frac{n}{2}=+\infty,$$

所以级数 $\sum_{n=1}^{\infty}n^n 2^{-n}$ 发散.

习题 9.2

判定下列级数的敛散性：

(1) $\sum_{n=1}^{\infty}\frac{1}{2n+1}$；

(2) $\sum_{n=1}^{\infty}\frac{1}{2n^2+1}$；

(3) $\sum_{n=1}^{\infty}\frac{1}{\sqrt{4n^2-2}}$；

(4) $\sum_{n=1}^{\infty}\frac{1}{n}\sin\frac{1}{n}$；

(5) $\sum_{n=1}^{\infty}\sin\frac{\pi}{3^n}$；

(6) $\sum_{n=1}^{\infty}\sin\frac{\pi}{n}$；

(7) $\sum_{n=1}^{\infty}\frac{n!}{2^n}$；

(8) $\sum_{n=1}^{\infty}\frac{3^n}{n\cdot 4^n}$；

(9) $\sum_{n=1}^{\infty}(n+1)^2\sin\frac{\pi}{2^n}$；

(10) $\sum_{n=1}^{\infty}\frac{n!}{n^n}$；

(11) $\sum_{n=1}^{\infty}\frac{2n-1}{2^n}$；

(12) $\sum_{n=1}^{\infty}\frac{(n!)^2}{(2n)!}$；

(13) $\sum_{n=1}^{\infty}\left(1-\cos\frac{\pi}{n}\right)$；

(14) $\sum_{n=1}^{\infty}2^n\sin\frac{\pi}{3^n}$；

(15) $\sum_{n=1}^{\infty}\frac{3^n}{5^n-4^n}$；

(16) $\sum_{n=1}^{\infty}\frac{1}{1+a^n}\ (a>0)$；

(17) $\sum_{n=1}^{\infty}\frac{x^n}{n!}(x>0)$；

(18) $\sum_{n=1}^{\infty}\frac{1}{n^n}$；

(19) $\sum_{n=0}^{\infty}\left(\frac{\mathrm{e}}{\pi}\right)^n$；

(20) $\sum_{n=0}^{\infty}\left(\frac{b}{a}\right)^n(a>b>0)$.

9.3 一般级数，绝对收敛

在 9.2 节，假定级数的每一项都是非负的. 如果级数的每一项都小于或等于零，那么乘以-1后就转化为正项级数，而这个正项级数与原级数具有相同的敛散性. 其次，如果级数中从某一项以后，所有的项具有相同的符号，因为去掉有限项不改变级数的敛散性，从而也可按正项级数来处理.

当级数中的正数项与负数项均为无穷多项时，称为**一般级数**. 首先讨论正负相间的级数.

如果级数可以用下面形式给出：

$$\sum_{n=1}^{\infty}(-1)^{n-1}u_n=u_1-u_2+u_3-u_4+\cdots+u_{2k-1}-u_{2k}+\cdots$$

或

$$\sum_{n=1}^{\infty}(-1)^{n}u_n=-u_1+u_2-u_3+\cdots+(-1)^{n}u_n+\cdots,$$

其中 $u_n>0(n=1,2,\cdots)$，那么称此级数为**交错级数**.

关于交错级数，有下面判别收敛的定理.

定理 9.9(莱布尼茨判别法) 对于交错级数

$$\sum_{n=1}^{\infty}(-1)^{n-1}u_n,\quad u_n>0,$$

若(1) $u_n\geqslant u_{n+1},\forall n\in\mathbb{Z}_+$；(2) $\lim\limits_{n\to\infty}u_n=0$，则级数 $\sum\limits_{n=1}^{\infty}(-1)^{n-1}u_n$ 收敛.

证 考虑级数的前 $2n$ 项部分和，$S_{2k+2}=S_{2k}+(u_{2k+1}-u_{2k+2})$，由条件(1)知，$u_{2k+1}-u_{2k+2}\geqslant 0$，所以 $S_{2k+2}\geqslant S_{2k}$，即$\{S_{2k}\}$单调增加. 其次

$$\begin{aligned}S_{2k}&=u_1-u_2+u_3-u_4+\cdots+u_{2n-1}-u_{2n}\\&=u_1-(u_2-u_3)-(u_4-u_5)-\cdots-(u_{2n-2}-u_{2n-1})-u_{2n}<u_1,\end{aligned}$$

根据单调有界原理知$\{S_{2k}\}$收敛，设 $\lim\limits_{k\to\infty}S_{2k}=A$，则

$$\lim_{k\to\infty}S_{2k+1}=\lim_{k\to\infty}(S_{2k}+u_{2k+1})=\lim_{k\to\infty}S_{2k}+\lim_{k\to\infty}u_{2k+1}=A+0=A,$$

所以有 $\lim\limits_{n\to\infty}S_n=A$.

例 9.12 判定交错级数 $\sum\limits_{n=1}^{\infty}\frac{(-1)^{n-1}}{n}$ 的敛散性.

解 这里 $u_n=\frac{1}{n}$，显然有 $u_n>u_{n+1}$ 且 $\lim\limits_{n\to\infty}u_n=0$，由莱布尼茨判别法知此级数收敛.

例 9.13 判定交错级数 $\sum\limits_{n=1}^{\infty}\frac{(-1)^{n-1}\ln n}{n}$ 的收敛性.

解 这里 $u_n=\frac{\ln n}{n}$，显然 $\lim\limits_{n\to\infty}u_n=\lim\limits_{n\to\infty}\frac{\ln n}{n}=0$.

设 $u(x)=\frac{\ln x}{x},x\geqslant 1$，则 $u'(x)=\frac{1-\ln x}{x^2}<0(x\geqslant 3)$. 故当 $n\geqslant 3$ 时，$u_n>u_{n+1}$，由莱布尼茨判别法知，级数 $\sum\limits_{n=1}^{\infty}\frac{(-1)^{n-1}\ln n}{n}$ 收敛.

定理 9.10 若级数 $\sum\limits_{n=1}^{\infty}|u_n|$ 收敛，则级数 $\sum\limits_{n=1}^{\infty}u_n$ 也收敛.

证 因 $0\leqslant|u_n|+u_n\leqslant 2|u_n|$，所以级数 $\sum\limits_{n=1}^{\infty}(|u_n|+u_n)$ 为正项级数.

又因级数 $\sum\limits_{n=1}^{\infty}|u_n|$ 收敛，所以由比较判别法知，级数 $\sum\limits_{n=1}^{\infty}(|u_n|+u_n)$ 收敛.

又 $u_n=(|u_n|+u_n)-|u_n|$，故级数 $\sum\limits_{n=1}^{\infty}u_n$ 收敛.

注 定理 9.10 的逆命题不成立. 例如交错级数 $\sum\limits_{n=1}^{\infty}\dfrac{(-1)^{n-1}}{n}$ 收敛，但调和级数 $\sum\limits_{n=1}^{\infty}\dfrac{1}{n}$ 发散.

定义 9.2 若级数 $\sum\limits_{n=1}^{\infty}u_n$ 的各项绝对值组成的级数 $\sum\limits_{n=1}^{\infty}|u_n|$ 收敛，则称级数 $\sum\limits_{n=1}^{\infty}u_n$ 绝对收敛.

例 9.14 判断级数

$$\sum_{n=1}^{\infty}\frac{(-1)^{[\sqrt{n}]}}{n^2}=-1-\frac{1}{2^2}-\frac{1}{3^2}+\frac{1}{4^2}+\frac{1}{5^2}+\frac{1}{6^2}+\frac{1}{7^2}+\frac{1}{8^2}-\frac{1}{9^2}-\cdots$$

的收敛性(其中 $[\sqrt{n}]$ 表示不大于 $\sqrt{n}$ 的最大整数).

解 由于级数 $\sum\limits_{n=1}^{\infty}\dfrac{1}{n^2}$ 收敛，应用定理 9.10，可知级数 $\sum\limits_{n=1}^{\infty}\dfrac{(-1)^{[\sqrt{n}]}}{n^2}$ 收敛.

定义 9.3 若级数 $\sum\limits_{n=1}^{\infty}u_n$ 收敛，而 $\sum\limits_{n=1}^{\infty}|u_n|$ 发散，则称级数 $\sum\limits_{n=1}^{\infty}u_n$ **条件收敛**.

显然，条件收敛的级数必有无穷多项正项，同时又有无穷多项负项. 条件收敛的原因是正负抵消，而绝对收敛的原因是每项都很小.

例如，级数 $\sum\limits_{n=1}^{\infty}\dfrac{(-1)^{n-1}}{n}$ 收敛，而由它各项的绝对值组成的调和级数 $\sum\limits_{n=1}^{\infty}\dfrac{1}{n}$ 发散，因此级数 $\sum\limits_{n=1}^{\infty}\dfrac{(-1)^{n-1}}{n}$ 条件收敛.

例 9.15 判断下面级数的收敛性：

(1) $\sum\limits_{n=1}^{\infty}\dfrac{(-1)^n n!}{n^n}$；　　(2) $\sum\limits_{n=1}^{\infty}\dfrac{x^n}{n}$.

解 (1) $\sum\limits_{n=1}^{\infty}\dfrac{(-1)^n n!}{n^n}$ 各项绝对值组成的级数是 $\sum\limits_{n=1}^{\infty}\dfrac{n!}{n^n}$，对于这个正项级数，利用达朗贝尔判别法，有

$$\lim_{n\to\infty}\frac{u_{n+1}}{u_n}=\lim_{n\to\infty}\frac{\dfrac{(n+1)!}{(n+1)^{n+1}}}{\dfrac{n!}{n^n}}=\lim_{n\to\infty}\left(\frac{n}{n+1}\right)^n=\frac{1}{\mathrm{e}}<1,$$

所以级数 $\sum\limits_{n=1}^{\infty}\dfrac{n!}{n^n}$ 收敛，因此原级数绝对收敛.

(2) 对于级数 $\sum\limits_{n=1}^{\infty}\dfrac{x^n}{n}$，当 $x=0$ 时，级数显然收敛. 当 $x\neq 0$ 时，有

$$\lim_{n\to\infty}\frac{\left|\frac{x^{n+1}}{n+1}\right|}{\left|\frac{x^n}{n}\right|}=\lim_{n\to\infty}\frac{n}{n+1}|x|=|x|,$$

所以$|x|<1$时，级数绝对收敛.

若$|x|>1$，当n充分大时，有$\left|\frac{x^{n+1}}{n+1}\right|>\left|\frac{x^n}{n}\right|$，可见级数一般项$u_n$不满足$\lim\limits_{n\to\infty}u_n=0$，所以级数发散.

当$x=1$时，级数为$\sum\limits_{n=1}^{\infty}\frac{1}{n}$，是发散的；当$x=-1$时，级数为$\sum\limits_{n=1}^{\infty}\frac{(-1)^n}{n}$，条件收敛.

习题 9.3

判断下面级数的收敛性(是绝对收敛、条件收敛还是发散)：

(1) $\sum\limits_{n=1}^{\infty}(-1)^n\ln\frac{n+1}{n}$； (2) $\sum\limits_{n=1}^{\infty}\frac{(-1)^{n-1}}{(2n-1)^2}$； (3) $\sum\limits_{n=2}^{\infty}\frac{(-1)^n}{\ln(n+1)}$；

(4) $\sum\limits_{n=1}^{\infty}\frac{(-1)^n}{n^p}$； (5) $\sum\limits_{n=1}^{\infty}\frac{\cos(n\pi)}{\sqrt{n^3+n}}$； (6) $\sum\limits_{n=1}^{\infty}(-1)^{n+1}\frac{\sin\frac{\pi}{n+1}}{\pi^{n+1}}$；

(7) $\sum\limits_{n=1}^{\infty}\frac{(-1)^{n-1}}{a+bn}(a>0,b>0)$； (8) $\sum\limits_{n=1}^{\infty}\frac{(-1)^n n^2}{3^n}$.

9.4 幂级数

9.4.1 函数项级数

设有函数序列

$$f_1(x),f_2(x),\cdots,f_n(x),\cdots,$$

其中每一个函数都在同一区间I上有定义，则表达式

$$\sum_{n=1}^{\infty}f_n(x)=f_1(x)+f_2(x)+\cdots+f_n(x)+\cdots \tag{9.3}$$

称为定义在区间I上的**函数项级数**.

当$x=x_0\in I$时，级数(9.3)就成为常数项级数

$$\sum_{n=1}^{\infty}f_n(x_0)=f_1(x_0)+f_2(x_0)+\cdots+f_n(x_0)+\cdots. \tag{9.4}$$

若级数(9.4)收敛，则称x_0是函数项级数(9.3)的**收敛点**. 函数项级数(9.3)的所有收敛点的集合称为它的**收敛域**.

显然，函数项级数(9.3)在收敛域的每个点都有和. 于是，函数项级数(9.3)的和是定义在收敛域上的函数，称为级数(9.3)的**和函数**.

例如，级数$\sum\limits_{n=1}^{\infty}x^{n-1}$是公比等于$x$的等比级数，当$|x|<1$时，级数收敛；当$|x|\geqslant1$时，

级数发散.所以级数的收敛域是区间$(-1,1)$,而其和是$\frac{1}{1-x}$.再如,级数$\sum_{n=1}^{\infty}\frac{\sin^n x}{n^2}$对任意$x\in(-\infty,+\infty)$都收敛,所以它的收敛域为$(-\infty,+\infty)$.

9.4.2 幂级数及其收敛性

形如

$$\sum_{n=0}^{\infty}a_n x^n=a_0+a_1x+a_2x^2+\cdots+a_nx^n+\cdots \tag{9.5}$$

和

$$\sum_{n=0}^{\infty}a_n(x-a)^n=a_0+a_1(x-a)+a_2(x-a)^2+\cdots+a_n(x-a)^n+\cdots \tag{9.6}$$

的级数称为**幂级数**,其中a_n是与x无关的实数,称为幂级数的**系数**.

由于用变量代换$x-a=y$可将级数(9.6)化为级数(9.5)的形式,因此下面主要讨论级数(9.5).

下面要研究的问题是:

(1) 已知幂级数$\sum_{n=0}^{\infty}a_nx^n$,如何求收敛域$D$及和函数$f(x)$的有限表达的解析式;

(2) 已知$f(x)$,如何求出它对应的幂级数.

本节将给出这些问题的部分解答.

定理 9.11(阿贝尔[①]定理)

(1) 如果级数(9.5)当$x=x_0\neq 0$时收敛,那么对于所有满足不等式

$$|x|<|x_0|$$

的x值,级数(9.5)绝对收敛.

(2) 如果级数(9.5)当$x=x_0'$时发散,那么对于所有满足不等式

$$|x|>|x_0'|$$

的x值,级数(9.5)发散.

证 (1) 因为$|a_nx^n|=|a_nx_0^n|\left|\frac{x}{x_0}\right|^n$,而根据假定,级数$\sum_{n=0}^{\infty}a_nx_0^n$是收敛的,所以它的通项$a_nx_0^n$当$n\to\infty$时趋于零,因而是有界的,即存在$M>0$,使

$$|a_nx_0^n|\leqslant M,\quad n=1,2,\cdots,$$

从而

$$|a_nx^n|=\left|a_nx_0^n\frac{x^n}{x_0^n}\right|\leqslant M\left|\frac{x}{x_0}\right|^n.$$

根据条件$|x|<|x_0|$,$\left|\frac{x}{x_0}\right|<1$,故等比级数$\sum_{n=0}^{\infty}M\left|\frac{x}{x_0}\right|^n$是收敛的.再根据比较判别法知

① 阿贝尔(N. H. Abel,1802—1829年),挪威数学家.

级数 $\sum_{n=0}^{\infty}|a_n x^n|$ 也是收敛的. 所以 $|x|<|x_0|$ 时,级数(9.5)绝对收敛.

(2) 假定级数(9.5)对于满足 $|x|>|x'_0|$ 的某一个 x 值收敛,则由定理的结论(1)知,级数(9.5)当 $x=x'_0$ 时将绝对收敛,这与假设矛盾.

定理 9.12 设级数(9.5)既非对所有 x 值收敛,也不只在 $x=0$ 时收敛,则必有一个确定的正数 R 存在,使得级数当 $|x|<R$ 时,绝对收敛,当 $|x|>R$ 时发散.

定理 9.12 中的正数 R 称为幂级数的**收敛半径**. 对于两种极端情况,规定: 如果级数只在 $x=0$ 时收敛, $R=0$; 当级数对所有 x 值收敛时, $R=+\infty$.

定理 9.13 设有幂级数 $\sum_{n=0}^{\infty}a_n x^n$,且有

$$\lim_{n\to\infty}\left|\frac{a_n}{a_{n+1}}\right|=R,$$

则 R 即为该级数的收敛半径.

证 对于幂级数 $\sum_{n=0}^{\infty}a_n x^n=\sum_{n=0}^{\infty}u_n$,则有

$$\lim_{n\to\infty}\left|\frac{u_{n+1}}{u_n}\right|=\lim_{n\to\infty}\left|\frac{a_{n+1}}{a_n}x\right|=\frac{|x|}{R}=l.$$

显然,若 R 是非零的有限数,当 $|x|<R$ 时, $l<1$,此时幂级数收敛; 当 $|x|>R$ 时, $l>1$,幂级数发散.

对于 $R=\infty$ 和 $R=0$ 也有类似的讨论,请读者补充证明.

例 9.16 求级数 $\sum_{n=0}^{\infty}\frac{x^n}{n+1}$ 的收敛半径和收敛域.

解 因 $a_n=\frac{1}{n+1}$,则 $\lim_{n\to\infty}\frac{a_n}{a_{n+1}}=\lim_{n\to\infty}\frac{n+2}{n+1}=1$,故得收敛半径 $R=1$.

当 $x=1$ 时,幂级数变为调和级数 $\sum_{n=0}^{\infty}\frac{1}{n+1}$,它是发散的.

当 $x=-1$ 时,幂级数变为交错级数 $\sum_{n=0}^{\infty}\frac{(-1)^n}{n+1}$,由莱布尼茨判别法易知,此级数收敛.

综上所述,幂级数的收敛域为 $[-1,1)$.

例 9.17 求级数 $\sum_{n=0}^{\infty}\frac{(x-1)^n}{(n+1)^2}$ 的收敛域.

解 级数 $\sum_{n=0}^{\infty}\frac{(x-1)^n}{(n+1)^2}$ 不是关于 x 的幂级数,而是关于 $x-1$ 的幂级数,设 $x-1=t$,则

$$\sum_{n=0}^{\infty}\frac{(x-1)^n}{(n+1)^2}=\sum_{n=0}^{\infty}\frac{t^n}{(n+1)^2}=\sum_{n=0}^{\infty}a_n t^n,$$

显然有 $L=\lim_{n\to\infty}\frac{a_n}{a_{n+1}}=1$,因此,幂级数 $\sum_{n=0}^{\infty}\frac{t^n}{(n+1)^2}$ 的收敛半径 $R=1$.

由于 $\sum_{n=0}^{\infty}\frac{1}{(n+1)^2}$ 收敛，故 $|t|=1$ 时幂级数也收敛. 因此，幂级数 $\sum_{n=0}^{\infty}\frac{t^n}{(n+1)^2}$ 的收敛域是 $-1\leqslant t\leqslant 1$. 而 $x=t+1$，因此，原级数的收敛域是 $[0,2]$.

例 9.18 求级数 $\sum_{n=0}^{\infty}\frac{x^{2n}}{2^n}$ 的收敛域.

解 显然 $a_{2k+1}=0(k=0,1,2,\cdots)$，所以 $\lim_{n\to\infty}\left|\frac{a_{n+1}}{a_n}\right|$ 不存在，因此不能直接运用定理 9.13.

可设 $x^2=t$，便有

$$\sum_{n=0}^{\infty}\frac{x^{2n}}{2^n}=\sum_{n=0}^{\infty}\frac{t^n}{2^n},\quad t\geqslant 0,$$

此时应用定理 9.13 求得 $R=2$，而当 $t=2$ 时，级数 $\sum_{n=0}^{\infty}\frac{t^n}{2^n}$ 变为级数 $\sum_{n=0}^{\infty}1$，它是发散的. 因此，$\sum_{n=0}^{\infty}\frac{t^n}{2^n}$ 的收敛域是 $[0,2)$. 由 $x^2=t<2$，有 $-\sqrt{2}<x<\sqrt{2}$，级数 $\sum_{n=0}^{\infty}\frac{x^{2n}}{2^n}$ 的收敛域是 $(-\sqrt{2},\sqrt{2})$.

9.4.3 幂级数的性质

由于幂级数是定义在其收敛区间上的函数，因此，函数的相应运算可以作用在幂级数上，下面给出幂级数运算的几个性质，证明从略.

(1) 幂级数 $\sum_{n=0}^{\infty}a_nx^n$ 的和函数 $S(x)$ 在其定义域内任一点都连续；

(2) 幂级数 $\sum_{n=0}^{\infty}a_nx^n$ 的和函数 $S(x)$ 在收敛区间 $(-R,R)$ 内可微，且有

$$S'(x)=\sum_{n=1}^{\infty}na_nx^{n-1},\quad -R<x<R,$$

即幂级数在收敛区间内可以逐项求导数，且收敛半径不变；

(3) 若幂级数 $f(x)=\sum_{n=0}^{\infty}a_nx^n$ 的收敛半径是 R，则对于 $\forall x\in(-R,R)$，都有

$$\int_0^x f(t)\mathrm{d}t=\sum_{n=0}^{\infty}\int_0^x a_nt^n\mathrm{d}t=\sum_{n=0}^{\infty}\frac{a_n}{n+1}x^{n+1},\quad -R<x<R.$$

例 9.19 设 $f(x)=\sum_{n=1}^{\infty}\frac{x^n}{n}$，求 $f(x)$ 的收敛区间(定义区间)和解析表达式，并求交错级数 $\sum_{n=1}^{\infty}\frac{(-1)^n}{n}$ 的和.

解 对于 $f(x)=\sum_{n=1}^{\infty}\frac{x^n}{n}=\sum_{n=1}^{\infty}a_nx^n$，由

$$\lim_{n\to\infty}\left|\frac{a_n}{a_{n+1}}\right|=\lim_{n\to\infty}\frac{n+1}{n}=1,$$

可知收敛半径 $R=1$. 易知幂级数在 $x=1$ 处为调和级数,不收敛,在 $x=-1$ 处为收敛的交错级数. 所以 $f(x)$ 的收敛区间(定义区间)是 $[-1,1)$.

由于

$$f'(x)=\sum_{n=1}^{\infty}x^{n-1}=1+x+x^2+\cdots+x^n+\cdots=\frac{1}{1-x},$$

可知 $f(x)=-\ln(1-x)+C$.

在 $f(x)=\sum_{n=1}^{\infty}\frac{x^n}{n}$ 中,令 $x=0$,得 $f(0)=0$,于是 $0=-\ln(1-0)+C$,得 $C=0$,因此 $f(x)=-\ln(1-x)$,即

$$\sum_{n=1}^{\infty}\frac{x^n}{n}=-\ln(1-x).$$

令 $x=-1$ 即得 $\sum_{n=1}^{\infty}\frac{(-1)^n}{n}=-\ln 2$.

习题 9.4

1. 求下列幂级数的收敛区间:

(1) $\sum_{n=1}^{\infty}\frac{2^n}{n+1}x^n$;　　(2) $\sum_{n=1}^{\infty}\frac{x^n}{n!}$;

(3) $\sum_{n=1}^{\infty}(x-1)^n$;　　(4) $\sum_{n=1}^{\infty}\frac{(x-2)^n}{\sqrt{n+2}}$;

(5) $\sum_{n=1}^{\infty}\frac{x^{2n-1}}{2^n}$;　　(6) $\sum_{n=1}^{\infty}\frac{n}{2^n}x^{2n}$.

2. 求下面函数的和函数:

(1) $\sum_{n=1}^{\infty}nx^{n-1}$ $(|x|<1)$;　　(2) $\sum_{n=0}^{\infty}\frac{x^{2n+1}}{2n+1}$ $(-1<x<1)$.

9.5 函数的幂级数展开

从 9.4 节可知,幂级数作为一种新的表达函数的方式,具有很好的性质,而且运算方便. 因此,若能把一个函数展开成幂级数,无论是在理论上,还是在近似计算上都有很大的好处. 因此,首先讨论下面的问题.

如果 $f(x)$ 在区间 $(-r,r)$ 内能够展成幂级数,即

$$f(x)=\sum_{n=0}^{\infty}a_nx^n, \tag{9.7}$$

那么各系数 a_n 分别是什么? 由于右侧是幂级数,可以有任意阶的导数. 因此,要求 $f(x)$ 具有任意阶的导数.

规定 $f^{(0)}(x)=f(x)$.

令 $x=0$,由(9.7)式有

$$a_0=f(0),$$

对(9.7)式两边求导,再令 $x=0$,便有

$$a_1=f'(0),$$

继续以上过程,不难发现

$$a_n=\frac{f^{(n)}(0)}{n!}.$$

一般地,若 $f(x)$有 $n+1$ 阶导数,则称

$$M_n(x)=f(0)+\frac{f'(0)}{1!}x+\frac{f''(0)}{2!}x^2+\cdots+\frac{f^{(n)}(0)}{n!}x^n$$

为 $f(x)$的 n 次**麦克劳林多项式**.若 $f(x)$有任意阶的导数,则称级数

$$\sum_{n=0}^{\infty}\frac{f^{(n)}(0)}{n!}x^n=f(0)+\frac{f'(0)}{1!}x+\cdots+\frac{f^{(n)}(0)}{n!}x^n+\cdots$$

为 $f(x)$的**麦克劳林级数**.

现在的问题是:具有任意阶导数的 $f(x)$的麦克劳林级数是否一定收敛于 $f(x)$?

对于

$$f(x)=\begin{cases}e^{-\frac{1}{x^2}}, & x\neq 0,\\ 0, & x=0,\end{cases}$$

可以证明,$f(x)$在 0 处具有任意阶导数,且各阶导数都是 0,因此 $f(x)$的麦克劳林级数是

$$\sum_{n=0}^{\infty}\frac{f^{(n)}(0)}{n!}x^n=0,$$

它显然不收敛于 $f(x)$.

可见,一个函数的麦克劳林级数未必收敛于这个函数本身.

现在要问,在什么条件下 $f(x)$的麦克劳林级数能收敛于 $f(x)$?

设

$$\begin{aligned}R_n(x)&=f(x)-M_n(x)\\&=f(x)-\left[f(0)+f'(0)x+\frac{f''(0)}{2!}x^2+\cdots+\frac{f^{(n)}(0)}{n!}x^n\right],\end{aligned}$$

则有下面的结论.

引理 9.1 设 $f(t)$在 $0\sim x$ 之间具有 $n+1$ 阶导数,则有

$$R_n(x)=\frac{f^{(n+1)}(\xi)}{(n+1)!}x^{n+1},$$

其中 ξ 在 0 与 x 之间.

证 首先把 x 看成一个固定的数,且 $x>0$(对 $x<0$ 情形,证法相同),设 $L=\dfrac{f(x)-M_n(x)}{x^{n+1}}$,则有

$$\begin{aligned}f(x)&=M_n(x)+Lx^{n+1}\\&=\left[f(0)+f'(0)x+\frac{f''(0)}{2!}x^2+\cdots+\frac{f^{(n)}(0)}{n!}x^n\right]+Lx^{n+1}.\end{aligned}$$

令

$$\varphi(t)=f(t)-M_n(t)-Lt^{n+1},\quad 0\leqslant t\leqslant x,$$

即

$$\varphi(t)=f(t)-\left[f(0)+f'(0)t+\frac{f''(0)}{2!}t^2+\cdots+\frac{f^{(n)}(0)}{n!}t^n\right]-Lt^{n+1},$$

则有

$$\varphi(0)=\varphi'(0)=\varphi''(0)=\cdots=\varphi^{(n)}(0)=0,$$

由于

$$\varphi(x)=f(x)-M_n(x)-Lx^{n+1}=0,$$

所以由罗尔定理知，存在 $x_1\in(0,x)$ 使得 $\varphi'(x_1)=0$. 又 $\varphi'(0)=0$，$\varphi'(x_1)=0$，对 $\varphi'(t)$ 再次应用罗尔定理知，存在 $x_2\in(0,x_1)$，使 $\varphi''(x_2)=0$，如此进行 n 次，便有：存在 x_n，使 $\varphi^{(n)}(x_n)=0$. 最后，对 $\varphi^{(n)}(t)$ 应用罗尔定理，故存在 $\xi\in(0,x_n)$ 使 $\varphi^{(n+1)}(\xi)=0$.

由于 $\varphi^{(n+1)}(t)=f^{(n+1)}(t)-(n+1)!L$，因此

$$f^{(n+1)}(\xi)-(n+1)!\,L=0,$$

从而

$$L=\frac{f^{(n+1)}(\xi)}{(n+1)!},\quad \xi\in(0,x).$$

因此有

$$R_n(x)=\frac{f^{(n+1)}(\xi)}{(n+1)!}x^{n+1},\quad \xi\in(0,x).$$

由引理 9.1 可得到下面定理.

定理 9.14 若在区间 I 上，$\lim\limits_{n\to\infty}\dfrac{f^{(n+1)}(\xi)}{(n+1)!}x^{n+1}=0$，则函数在该区间可以展成麦克劳林级数

$$f(x)=f(0)+\frac{f'(0)}{1!}x+\frac{f''(0)}{2!}x^2+\cdots+\frac{f^{(n)}(0)}{n!}x^n+\cdots,\quad -R<x<R.$$

下面举例说明如何把函数展成麦克劳林级数.

例 9.20 求 $f(x)=\mathrm{e}^x$ 的麦克劳林展开式.

解 由于 $f^{(n)}(x)=\mathrm{e}^x$，所以 $f^{(n)}(0)=1(n=1,2,\cdots)$，于是 e^x 的麦克劳林级数为

$$1+x+\frac{x^2}{2!}+\cdots+\frac{x^n}{n!}+\cdots,$$

收敛半径 $R=+\infty$，并且

$$R_n(x)=\frac{\mathrm{e}^{\xi}x^{n+1}}{(n+1)!},$$

其中 ξ 在 0 和 x 之间. 由于 $\lim\limits_{n\to\infty}\dfrac{x^{n+1}}{(n+1)!}=0$①，$\mathrm{e}^{\xi}$ 有界，所以

---

① 因级数 $\sum\limits_{n=0}^{\infty}\dfrac{x^{n+1}}{(n+1)!}$ 收敛，所以 $\lim\limits_{n\to\infty}\dfrac{x^{n+1}}{(n+1)!}=0$.

$$\lim_{n\to\infty}R_n=0,$$

这样,麦克劳林级数收敛于 e^x,即

$$e^x=1+\frac{x}{1!}+\frac{x^2}{2!}+\cdots+\frac{x^n}{n!}+\cdots,\quad -\infty<x<+\infty.$$

特别地,当 $x=1$ 时,有 $e=1+\frac{1}{1!}+\frac{1}{2!}+\cdots+\frac{1}{n!}+\cdots$.

作为上面展开式的一个应用,现在证明 e 是无理数.

事实上,假如 e 不是无理数,则存在正整数 p 和 q,使 $e=\frac{q}{p}$,即 $\frac{1}{e}=\frac{p}{q}$. 再由 e^x 的展开式,令 $x=-1$,得

$$\frac{1}{e}=\frac{1}{2!}-\frac{1}{3!}+\frac{1}{4!}-\frac{1}{5!}+\cdots+\frac{(-1)^q}{q!}+R_q.$$

由交错级数余项性质可知 $0<|R_q|<\frac{1}{(q+1)!}$,即

$$0<\left|\frac{1}{e}-\left(\frac{1}{2!}-\frac{1}{3!}+\frac{1}{4!}-\frac{1}{5!}+\cdots+\frac{(-1)^q}{q!}\right)\right|<\frac{1}{(q+1)!},$$

也就是

$$0<\left|\frac{p}{q}-\left(\frac{1}{2!}-\frac{1}{3!}+\frac{1}{4!}-\frac{1}{5!}+\cdots+\frac{(-1)^q}{q!}\right)\right|<\frac{1}{(q+1)!},$$

各项乘以 $q!$ 有

$$0<\left|\frac{p}{q}-S_q\right|q!<\frac{1}{q+1},$$

而中间是一正整数,这是不可能的,可见 e 是无理数.

例 9.21 求 $f(x)=\sin x$ 的麦克劳林展开式.

解 由于 $f^{(n)}(x)=\sin\left(x+\frac{n\pi}{2}\right)$,可见 $f^{(n)}(0)=\sin\frac{n\pi}{2}$,依次取 $0,1,0,-1,\cdots$,于是 $\sin x$ 的麦克劳林级数为

$$x-\frac{x^3}{3!}+\frac{x^5}{5!}-\cdots+\frac{(-1)^n x^{2n+1}}{(2n+1)!}+\cdots.$$

易知,它的收敛半径 $R=+\infty$.

由于 $f^{(n+1)}(x)$ 有界,所以 $\lim\limits_{n\to\infty}R_n(x)=0$. 于是,$\sin x$ 的麦克劳林级数收敛于 $\sin x$,即

$$\begin{aligned}\sin x&=x-\frac{x^3}{3!}+\frac{x^5}{5!}-\cdots+(-1)^n\frac{x^{2n+1}}{(2n+1)!}+\cdots\\&=\sum_{n=0}^{\infty}\frac{(-1)^n x^{2n+1}}{(2n+1)!},\quad -\infty<x<+\infty.\end{aligned}$$

例 9.22 求 $f(x)=\cos x$ 的麦克劳林展开式.

解 由例 9.21 的结果 $\sin x=\sum\limits_{n=0}^{\infty}\frac{(-1)^n x^{2n+1}}{(2n+1)!}$,两边对 x 求导得

$$\cos x=\sum_{n=0}^{\infty}\frac{(-1)^n x^{2n}}{(2n)!},\quad -\infty<x<+\infty,$$

即

$$\cos x = 1 - \frac{x^2}{2!} + \frac{x^4}{4!} - \frac{x^6}{6!} + \cdots + \frac{(-1)^n x^{2n}}{(2n)!} + \cdots, \quad -\infty < x < +\infty.$$

例 9.23 求 $f(x)=\ln(1+x)$ 的麦克劳林展开式.

解 $f'(x)=\dfrac{1}{x+1}=1-x+\cdots+(-1)^n x^n+\cdots, \quad -1<x<1.$

上式两边从 $0\sim x$ 积分,得

$$f(x)=x-\frac{x^2}{2}+\frac{x^3}{3}-\cdots+(-1)^n \frac{x^{n+1}}{n+1}+\cdots,$$

即

$$\ln(1+x)=x-\frac{x^2}{2}+\frac{x^3}{3}-\cdots+(-1)^n \frac{x^{n+1}}{n+1}+\cdots$$
$$=\sum_{n=0}^{\infty}(-1)^n \frac{x^{n+1}}{n+1}, \quad -1<x\leqslant 1.$$

一般地,若 $f(x)$ 在 $x=a$ 的邻域内有任意阶导数,则称关于 $x-a$ 的麦克劳林展开式为 $f(x)$ 在 $x=a$ 处的**泰勒级数**,相应的 n 次多项式称为 $f(x)$ 的**泰勒多项式**. 而泰勒展开式是麦克劳林展开式的一般情形. 易知,$f(x)$ 在 $x=a$ 处的泰勒级数是

$$f(a)+\frac{f'(a)}{1!}(x-a)^1+\frac{f''(a)}{2!}(x-a)^2+\cdots+\frac{f^{(n)}(a)}{n!}(x-a)^n+\cdots.$$

有时利用麦克劳林展开式可求出相应的泰勒展开式.

事实上,$f(a+x)$ 的麦克劳林展开式就是 $f(t)$ 在 a 处的泰勒展开式(设 $x+a=t$).

例 9.24 求 $f(x)=\ln x$ 在 $x=1$ 处的泰勒展开式.

解 $f(x)=\ln[1+(x-1)]$

$$=(x-1)-\frac{(x-1)^2}{2}+\frac{(x-1)^3}{3}-\cdots+(-1)^n \frac{(x-1)^{n+1}}{n+1}+\cdots,$$

其中 $-1<x-1<1$,即 $0<x<2$.

例 9.25 求 $f(x)=(1+x)^\alpha$ 的麦克劳林展开式.

解 先求出 $(1+x)^\alpha$ 在 $x=0$ 处的各阶导数,易知

$$f^{(n)}(0)=\alpha(\alpha-1)\cdots(\alpha-n+1),$$

于是 $(1+x)^\alpha$ 的麦克劳林级数为

$$1+\alpha x+\frac{\alpha(\alpha-1)}{2!}x^2+\cdots+\frac{\alpha(\alpha-1)\cdots(\alpha-n+1)}{n!}x^n+\cdots.$$

易求出它的收敛半径 $R=1$,可以证明,上述幂级数在 $(-1,1)$ 内收敛于 $(1+x)^\alpha$(证明从略),即

$$(1+x)^\alpha=1+\alpha x+\frac{\alpha(\alpha-1)}{2!}x^2+\cdots+\frac{\alpha(\alpha-1)\cdots(\alpha-n+1)}{n!}x^n+\cdots.$$

特别地,当 $\alpha=\dfrac{1}{2}$ 时,有

$$\sqrt{1+x}=1+\frac{1}{2}x+\frac{\frac{1}{2}\left(\frac{1}{2}-1\right)}{2!}x^2+\frac{\frac{1}{2}\left(\frac{1}{2}-1\right)\left(\frac{1}{2}-2\right)}{3!}x^3+\cdots$$

$$=1+\frac{1}{2}x-\frac{1}{2\times 4}x^2+\frac{1\times 3}{2\times 4\times 6}x^3-\frac{1\times 3\times 5}{2\times 4\times 6\times 8}x^4+\cdots$$

$$=1+\frac{1}{2}x+\sum_{n=2}^{\infty}(-1)^{n-1}\frac{(2n-3)!!}{(2n)!!}x^n,\quad -1<x\leqslant 1.$$

当 $\alpha=-\frac{1}{2}$ 时,有

$$\frac{1}{\sqrt{1+x}}=1-\frac{1}{2}x+\frac{1\times 3}{2\times 4}x^2-\frac{1\times 3\times 5}{2\times 4\times 6}x^3+\frac{1\times 3\times 5\times 7}{2\times 4\times 6\times 8}x^4-\cdots$$

$$=1+\sum_{n=1}^{\infty}(-1)^n\frac{(2n-1)!!}{(2n)!!}x^n,\quad -1<x\leqslant 1.$$

习题 9.5

1. 已知函数 $f(x)=x^4\cos x$,试

(1) 将 $f(x)$ 展开成幂级数;　　　(2) 求解 $f^{(10)}(0)$.

2. 求幂级数 $\sum\limits_{n=0}^{\infty}\frac{(-1)^n x^{2n}}{n!}$ 的和函数.

3. 将函数 $f(x)=\frac{1}{x^2-3x+2}$ 展开成幂级数,并指出其收敛区间.

4. 将 $f(x)=\frac{1}{5-x}$ 展成关于 $x-2$ 的幂级数,并求收敛区间.

*9.6 幂级数的应用

幂级数作为函数的一种表达方式,可以把一些非初等函数精确地表达出来.用幂级数表达函数时,求导数、求积分特别简单,而且它的部分和就是一个多项式,因此被广泛用于计算函数值、导数值、积分值的近似值.

例 9.26 求函数 $\int_0^y\frac{\sin x}{x}dx$ 的幂级数表达式,并计算积分 $\int_0^1\frac{\sin x}{x}dx$ 的近似值,精确到 10^{-4}.

解 因 $\sin x=x-\frac{x^3}{3!}+\frac{x^5}{5!}-\cdots+(-1)^n\frac{x^{2n+1}}{(2n+1)!}+\cdots$,所以

$$\frac{\sin x}{x}=1-\frac{x^2}{3!}+\frac{x^4}{5!}-\cdots+(-1)^n\frac{x^{2n}}{(2n+1)!}+\cdots,$$

于是,有

$$\int_0^y\frac{\sin x}{x}dx=y-\frac{y^3}{3\times 3!}+\frac{y^5}{5\times 5!}-\cdots+$$

$$(-1)^n\frac{y^{2n+1}}{(2n+1)(2n+1)!}+\cdots,\quad -\infty<y<+\infty.$$

$$\int_0^1\frac{\sin x}{x}dx=1-\frac{1}{3\times 3!}+\frac{1}{5\times 5!}-\frac{1}{7\times 7!}+\cdots,$$

等式右边是一交错级数,误差易于估计.

因为$\frac{1}{7\times7!}\approx\frac{1}{35280}<10^{-4}$，所以只要计算开始3项就够了，即

$$\int_0^1\frac{\sin x}{x}\mathrm{d}x\approx1-\frac{1}{3\times3!}+\frac{1}{5\times5!}\approx1-0.05556+0.00167\approx0.9461.$$

例 9.27 证明欧拉公式：$\mathrm{e}^{\mathrm{i}\theta}=\cos\theta+\mathrm{i}\sin\theta$(其中 i 为虚单位).

证 对于实数 x，有

$$\mathrm{e}^x=1+\frac{x}{1!}+\frac{x^2}{2!}+\cdots+\frac{x^n}{n!}+\cdots,$$

对于复数 z，可利用此幂级数来定义 e^z，

$$\mathrm{e}^z=1+\frac{z}{1!}+\frac{z^2}{2!}+\cdots+\frac{z^n}{n!}+\cdots,$$

当 $z=\mathrm{i}\theta$ 时(θ 为实数)，有

$$\begin{aligned}\mathrm{e}^{\mathrm{i}\theta}&=1+\frac{\mathrm{i}\theta}{1!}+\frac{(\mathrm{i}\theta)^2}{2!}+\cdots+\frac{(\mathrm{i}\theta)^n}{n!}+\cdots,\\&=\left(1-\frac{\theta^2}{2!}+\frac{\theta^4}{4!}-\cdots\right)+\mathrm{i}\left(\theta-\frac{\theta^3}{3!}+\frac{\theta^5}{5!}-\cdots\right)=\cos\theta+\mathrm{i}\sin\theta.\end{aligned}$$

在欧拉公式 $\mathrm{e}^{\mathrm{i}\theta}=\cos\theta+\mathrm{i}\sin\theta$ 中，令 $\theta=\pi$ 得

$$\mathrm{e}^{\mathrm{i}\pi}+1=0.$$

有时也把上述公式称为欧拉公式.这个简捷的公式中包含了5个最重要、最常用的数：0，1，i，π，e.堪称最完美的数学公式之一.

例 9.28 求微分方程 $y''-xy=0$ 的通解.

解 设方程有级数形式的解

$$y=a_0+a_1x+a_2x^2+\cdots+a_nx^n+\cdots.$$

将它对 x 微分两次，得

$$y''=2\times1a_2+3\times2a_3x+\cdots+n(n-1)a_nx^{n-2}+\cdots+(n+1)na_{n+1}x^{n-1}+\\(n+2)(n+1)a_{n+2}x^n+\cdots.$$

将 y 及 y''的表达式代入原方程中，得

$$[2\times1a_2+3\times2a_3x+\cdots+n(n-1)a_nx^{n-2}+\cdots+(n+1)na_{n+1}x^{n-1}+\\(n+2)(n+1)a_{n+2}x^n+\cdots]-x[a_0+a_1x+a_2x^2+\cdots+a_nx^n+\cdots]\equiv0.$$

比较系数得

$$2\times1a_2=0,\quad 3\times2a_3-a_0=0,\quad 4\times3a_4-a_1=0,\quad 5\times4a_5-a_2=0,\quad\cdots$$

从而得

$$a_2=0,\quad a_3=\frac{a_0}{3\times2},\quad a_4=\frac{a_1}{4\times3},\quad a_5=\frac{a_2}{5\times4},\quad\cdots,$$

一般地，可推得

$$a_{3k}=\frac{a_0}{2\times3\times5\times6\cdots(3k-1)3k},\quad a_{3k+1}=\frac{a_1}{3\times4\times6\times7\cdots3k(3k+1)},\quad a_{3k+2}=0,$$

其中 a_0,a_1 是任意的.因而

$$y=a_0\left[1+\frac{x^3}{2\times3}+\frac{x^6}{2\times3\times5\times6}+\cdots+\frac{x^{3n}}{2\times3\times5\times6\cdots(3n-1)3n}+\cdots\right]+$$

$$a_1\left[x+\frac{x^4}{3\times4}+\frac{x^7}{3\times4\times6\times7}+\cdots+\frac{x^{3n+1}}{3\times4\times6\times7\cdots3n(3n+1)}+\cdots\right].$$

这个幂级数的收敛半径是$+\infty$，因而级数的和(其中包括两个任意常数a_0,a_1)便是所求的通解.

第9章测试题

一、填空题

1. 已知$a_1=2,\lim\limits_{n\to\infty}a_n=2$，则级数$\sum\limits_{n=1}^{\infty}(a_n-a_{n+1})=$________.

2. $1+2+\cdots+1000+\frac{1}{2}+\frac{1}{4}+\frac{1}{8}+\cdots=$________.

3. $\sum\limits_{n=1}^{\infty}\frac{3^n+2}{9^n}=$________.

4. 若正项级数$\sum\limits_{n=1}^{\infty}u_n$收敛，则$\sum\limits_{n=1}^{\infty}\frac{\sqrt{u_n}}{n}$是________(收敛或发散).

5. $\lim\limits_{n\to\infty}\frac{2^n}{n!}=$________.

6. 级数$\sum\limits_{n=1}^{\infty}(-1)^n\frac{1}{n^p}$，当________时级数绝对收敛，当________时级数条件收敛，当________时级数发散.

7. 若级数$\sum\limits_{n=1}^{\infty}u_n$绝对收敛，则$\sum\limits_{n=1}^{\infty}u_n$必定________；若级数$\sum\limits_{n=1}^{\infty}u_n$条件收敛，则级数$\sum\limits_{n=1}^{\infty}|u_n|$必定________(收敛，发散).

8. $\int_0^1 x\left(1-\frac{x^2}{1!}+\frac{x^4}{2!}-\frac{x^6}{3!}+\frac{x^8}{4!}-\cdots\right)dx=$________.

二、判断下列级数的收敛性：

1. $\sum\limits_{n=1}^{\infty}\frac{1}{(n+1)(n+2)}$.

2. $\sum\limits_{n=1}^{\infty}2^n\sin\frac{\pi}{n^3}$.

3. $\sum\limits_{n=1}^{\infty}\frac{1}{n\cdot n!}$.

4. $\sum\limits_{n=1}^{\infty}\ln\left(1+\frac{1}{n}\right)$.

5. $\sum\limits_{n=1}^{\infty}n$.

6. $\sum\limits_{n=1}^{\infty}\frac{n+3^n}{n\cdot3^n}$.

7. $\sum\limits_{n=1}^{\infty}\frac{n}{3^n}$.

8. $\sum\limits_{n=0}^{\infty}\frac{1}{n!}$(规定$0!=1$).

9. $\sum\limits_{n=1}^{\infty}nx^n(x>0)$.

10. $\sum\limits_{n=1}^{\infty}\frac{1}{2^n-n}$.

11. $\sum\limits_{n=1}^{\infty}\frac{n^2}{n!}$.

12. $\sum\limits_{n=1}^{\infty}\frac{1}{\sqrt{n(n^2+1)}}$.

13. $\sum\limits_{n=1}^{\infty}\ln\left(1+\frac{1}{n^2}\right)$.

14. $\sum\limits_{n=1}^{\infty}\frac{\cos n\pi}{\sqrt{n^3+n}}$.

15. $\sum\limits_{n=1}^{\infty}\frac{2^n}{n(n+1)}$.

16. $\sum\limits_{n=1}^{\infty}n\tan\frac{\pi}{2^{n+1}}$.

17. $\sum\limits_{n=1}^{\infty}\frac{\ln n}{n^{\frac{3}{2}}}$.

18. $\sum\limits_{n=1}^{\infty}\frac{1}{\sqrt{n}}\ln\left(1+\frac{1}{n}\right)$.

19. $\sum_{n=2}^{\infty} \frac{(-1)^n+1}{\ln n}$.　　20. $\sum_{n=1}^{\infty} \frac{n!}{n^n}$.　　21. $\sum_{n=1}^{\infty} \frac{n!}{n^n} 2^n \sin \frac{n\pi}{5}$.

22. $\sum_{n=1}^{\infty} (-1)^{n+1} \frac{1}{\pi^{n+1}} \sin \frac{\pi}{n+1}$.　　23. $\sum_{n=1}^{\infty} (-1)^{n-1} \frac{\ln n}{n!}$.　　24. $\sum_{n=1}^{\infty} (-1)^{n-1} \frac{\ln n}{n}$.

三、求下列幂级数的收敛域及和函数：

1. $\sum_{n=1}^{\infty} \frac{x^n}{n4^n}$.　　2. $\sum_{n=0}^{\infty} (2n+1)x^{2n}$.　　3. $\sum_{n=0}^{\infty} \frac{x^{2n+1}}{2n+1}$.

4. $\sum_{n=0}^{\infty} \frac{x^{2n}}{2n+1}$.　　5. $\sum_{n=0}^{\infty} \frac{4n^2+4n+3}{2n+1} x^{2n}$.

四、将下列函数展开成幂级数：

1. 将$\frac{1}{x}$展开成关于 $x-2$ 的幂级数.

2. 将 $f(x)=\frac{1}{(2-x)^2}$展开成幂级数.

3. 将 $f(x)=\frac{x-1}{4-x}$在 $x=1$ 处展开成幂级数.

4. 将 $f(x)=\frac{1}{x^2-x-2}$在 $x=1$ 处展开成幂级数.

5. 将 $f(x)=\frac{1}{x^2+3x+2}$展开成幂级数.

第10章

多元函数的微分学

前面讨论的函数只有一个自变量，这种函数称为一元函数. 但许多实际问题中，涉及多个因素，反映到数学上就是一个变量依赖于多个变量的情形，这就提出了多元函数以及相应的微积分问题. 多元函数微分学是一元函数微分学的扩展，目前在几何、物理、经济等多个领域都有着广泛的应用. 例如，在经济学中，我们可以使用多元函数微分学来确定产品的最优产量和价格，以使利润最大化. 在物理学中，我们可以使用多元函数微分学来优化力学系统的能量和动量. 本章的讨论主要以二元函数为主，二元以上的函数可以类推.

10.1 空间解析几何简介

向量与物理学中的力学、运动学等有着天然的联系，很多物理量如力、速度、位移以及电场强度、磁感应强度等都是向量. 将向量这一工具应用到物理中，可以使物理问题的解决更简捷、更清晰，此外向量在机器人设计与操控、卫星定位、飞船设计等现代技术中也有着广泛的应用. 空间向量是处理空间问题的重要方法，通过将空间元素间的位置关系转化为数量关系，将几何问题的证明转化为数量的运算，化繁难为简易，化复杂为简单，是一种重要的解决问题的手段和方法.

10.1.1 空间直角坐标系

1. 空间点的直角坐标

过空间一个定点 O，作三条互相垂直的数轴，它们都以 O 为原点，且一般有相同的度量单位，这三条数轴分别称为 Ox 轴（横轴），Oy 轴（纵轴），Oz 轴（竖轴），这就建立了**空间直角坐标系**. 点 O 称为**坐标原点**，数轴 Ox，Oy，Oz 统称为**坐标轴**. 若将右手的拇指和食指分别指着 Ox 轴和 Oy 轴的正方向，则中指所指的方向为 Oz 轴的正方向，这样的坐标系称为**右手坐标系**，否则称为**左手坐标系**.

任意两条坐标轴可以确定一个平面，如 x 轴和 y 轴确定 xOy 面，以此类推，y 轴和 z 轴确定 yOz 面，z 轴和 x 轴确定 zOx 面，这三个面统称为**坐标面**. 三个坐标面将空间分成八个部分，每一部分称为一个**卦限**. 把含三个坐标轴正向的卦限称为第Ⅰ卦限，在 xOy 平面的上部如图 10.1 所示，依逆时针顺序得Ⅰ，Ⅱ，Ⅲ，Ⅳ四个卦限. 在 xOy 平面下部与第Ⅰ卦限相对的为第Ⅴ卦限，依逆时针顺序得Ⅵ，Ⅶ，Ⅷ三个卦限．取定了空间直角坐标系后，就可以建立起空间的点与数组之间的对应关系．

设 M 为空间中一点，过 M 点作三个平面分别垂直于三条坐标轴，它们与 x 轴，y 轴，z 轴的交点依次为 P,Q,R（参见图 10.2），设 P,Q,R 三点在三个坐标轴的坐标依次为 x,y,z．这样，空间一点 M 就唯一地确定了一个有序数组 (x,y,z)，称为 M 的**直角坐标**，其中 x 称为点 M 的**横坐标**，y 称为**纵坐标**，z 称为**竖坐标**，记为 $M(x,y,z)$．

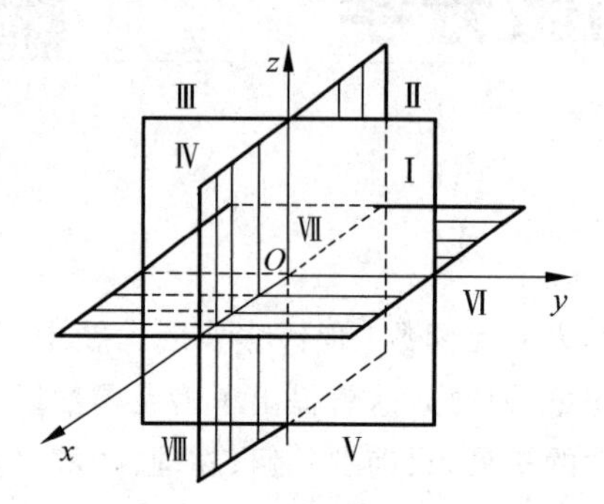

图 10.1 空间直角坐标系的卦限

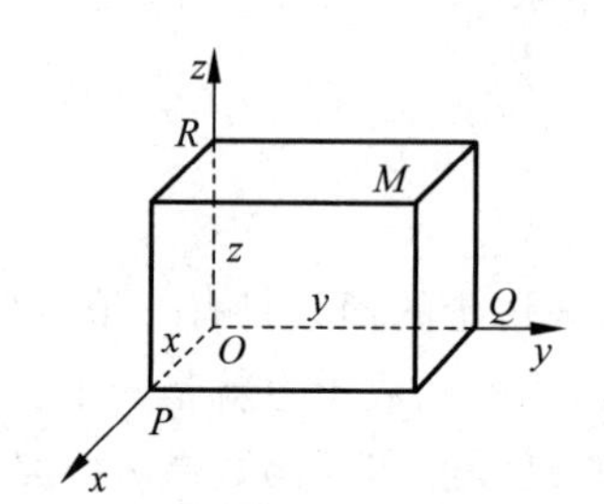

图 10.2 空间直角坐标系中点的坐标

反过来，给定了数组 (x,y,z)，依次在 x 轴，y 轴，z 轴上取与 x,y,z 相应的点 P,Q,R，然后分别过点 P,Q,R 作平面垂直于 x 轴，y 轴，z 轴，这三个平面的交点 M，就是以数组 (x,y,z) 为坐标的点．

在空间中给定一个直角坐标系，根据上述定义，我们就建立了空间中的点与其坐标之间的一一对应关系．

2. 两点间的距离

在平面直角坐标系中，任意两点 $M_1(x_1,y_1)$，$M_2(x_2,y_2)$ 之间的距离公式为 $|M_1M_2|=\sqrt{(x_2-x_1)^2+(y_2-y_1)^2}$．现在我们来给出空间直角坐标系中任意两点间的距离公式．

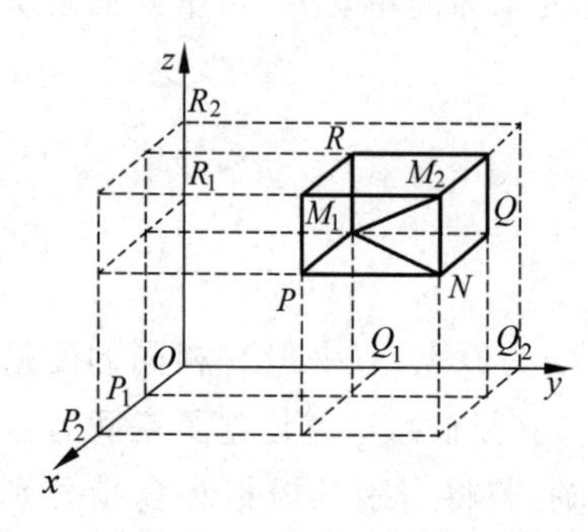

图 10.3 空间直角坐标系中两点间的距离

设 $M_1(x_1,y_1,z_1)$，$M_2(x_2,y_2,z_2)$ 为空间两点，可用两点的坐标来表达它们之间的距离 d．

过 M_1，M_2 分别作垂直于三条坐标轴的平面，这六个平面围成的长方体以 M_1M_2 为对角线（参见图 10.3），根据勾股定理可以证明长方体对角线的长度的平方，等于它的三条棱长的平方和，即

$$\begin{aligned} d^2 &= |M_1M_2|^2=|M_1N|^2+|NM_2|^2 \\ &= |M_1P|^2+|M_1Q|^2+|M_1R|^2, \end{aligned}$$

由于

$$|M_1P|=|P_1P_2|=|x_2-x_1|,$$
$$|M_1Q|=|Q_1Q_2|=|y_2-y_1|,$$
$$|M_1R|=|R_1R_2|=|z_2-z_1|,$$

所以

$$d=|M_1M_2|=\sqrt{(x_2-x_1)^2+(y_2-y_1)^2+(z_2-z_1)^2},$$

这就是空间中两点间距离的公式. 特殊地,点 $M(x,y,z)$ 与坐标原点 $O(0,0,0)$ 的距离为

$$d=|OM|=\sqrt{x^2+y^2+z^2}.$$

10.1.2 曲面与方程

在日常生活中,我们常常会看到各种曲面,如反光镜面、一些建筑物的表面、球面等. 类似在平面解析几何中把平面曲线看作动点的轨迹一样,在空间解析几何中,曲面也可看作具有某种性质的动点的轨迹.

在空间几何中,任何曲面都看作点的几何轨迹. 在这样的意义下,如果曲面 S 与三元方程

$$F(x,y,z)=0, \tag{10.1}$$

有如下关系:

① 曲面 S 上任一点的坐标都满足方程(10.1);

② 不在曲面上的点的坐标都不满足方程(10.1).

那么,就称方程(10.1)为曲面 S 的方程,而称曲面 S 为方程(10.1)的图形(参见图 10.4). 建立了空间曲面与其方程的联系后,我们就可以通过研究方程的解析性质来研究曲面的几何性质.

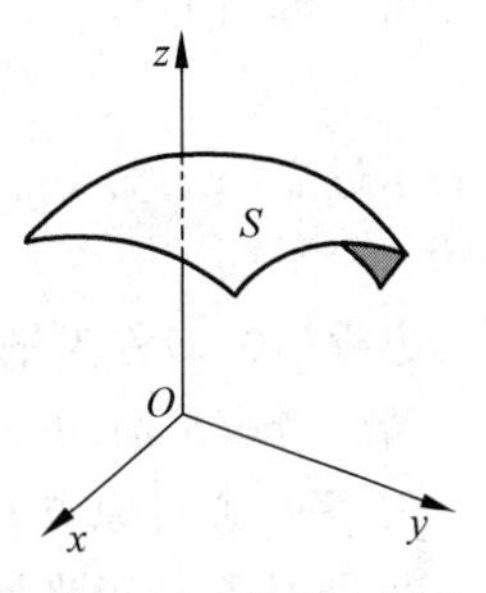

图 10.4 曲面示意图

如果方程对 x,y,z 是一次的,所表示的曲面称为**一次曲面**,平面是一次曲面. 如果方程是二次的,所表示的曲面称为**二次曲面**.

1. 平面

(1) 平面的点法式方程

定义 10.1 设 π 是空间的一个平面,若非零向量 $\boldsymbol{n}$ 与平面 π 垂直,则称向量 $\boldsymbol{n}$ 为平面 π 的**法向量**.

显然,平面 π 上的每一个向量与平面 π 的法向量 $\boldsymbol{n}$ 垂直.

设已知平面上一定点 $P_0(x_0,y_0,z_0)$ 与平面的法向量 $\boldsymbol{n}=(A,B,C)$,其中 A,B,C 不全为零,现在来建立这个平面的方程.

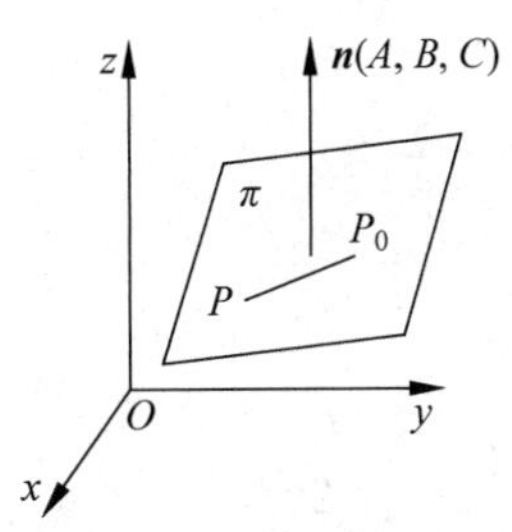

图 10.5 空间中的平面及其法线

设 $P(x,y,z)$ 是平面上任一点(参见图 10.5),作向量 $\overrightarrow{P_0P}$,由于 $\overrightarrow{P_0P}$ 在平面上,因此必与法向量 $\boldsymbol{n}$ 垂直. 根据两向量垂直的条件,可得

$$\boldsymbol{n}\cdot\overrightarrow{P_0P}=0.$$

而 $\overrightarrow{P_0P}=(x-x_0,y-y_0,z-z_0)$,

于是 $\boldsymbol{n}\cdot\overrightarrow{P_0P}=(A,B,C)\cdot(x-x_0,y-y_0,z-z_0)=0$,

即

$$A(x-x_0)+B(y-y_0)+C(z-z_0)=0, \tag{10.2}$$

其中 A,B,C 不全为零,这就是过已知点 $P_0(x_0,y_0,z_0)$,法向量为 $\boldsymbol{n}=(A,B,C)$ 的平面方程. 方程(10.2)称为平面的点法式方程.

例 10.1 设过点$(2,-3,1)$且以 $\boldsymbol{n}=(1,-2,3)$ 为法向量的平面方程.

解 由平面的点法式方程(10.2),得所求平面方程为

$$1(x-2)-2(y+3)+3(z-1)=0, \quad 即 \quad x-2y+3z-11=0.$$

(2) 平面的一般式方程

方程(10.2)可化为

$$Ax+By+Cz+(-Ax_0-By_0-Cz_0)=0,$$

把常数项$(-Ax_0-By_0-Cz_0)$记作D,得

$$Ax+By+Cz+D=0, \tag{10.3}$$

其中A,B,C,D都是常数,且A,B,C三个系数不全为零,由以上讨论可知,任何平面都可用x,y,z的一次方程(10.3)来表示.

反过来,x,y,z的一次方程(10.3)是否都表示平面呢?方程(10.3)是一个三元方程,当A,B,C不全为零时,它有无穷多组解,设x_0,y_0,z_0是它的一组解,则有等式

$$Ax_0+By_0+Cz_0+D=0,$$

由方程(10.3)减去上式得

$$A(x-x_0)+B(y-y_0)+C(z-z_0)=0,$$

它表示过点(x_0,y_0,z_0)而法向量为(A,B,C)的平面,由此可知,x,y,z的一次方程(10.3)表示一个平面.

方程(10.3)称为平面的一般式方程.

请读者由平面的一般式方程来讨论在坐标系中有特殊位置的一些平面的方程:

① 平面通过原点$O(0,0,0)$;

② 平面平行于坐标轴;

③ 平面通过坐标轴;

④ 平面垂直于坐标轴;

⑤ 坐标平面.

注 在平面解析几何中,一次方程表示一条直线;在空间解析几何中,一次方程表示一个平面.例如,$x+y=0$.

例 10.2 求过三点(2,3,0),(-2,-3,4)和(0,6,0)的平面的方程.

解 设所求平面方程为

$$Ax+By+Cz+D=0,$$

其中A,B,C,D为待定系数,把已知三点的坐标代入,得线性方程组

$$\begin{cases} 2A+3B+D=0,\\ -2A-3B+4C+D=0,\\ 6B+D=0. \end{cases}$$

解得

$$A=-\frac{D}{4},\quad B=-\frac{D}{6},\quad C=-\frac{D}{2},$$

代入平面方程并化简得

$$3x+2y+6z-12=0.$$

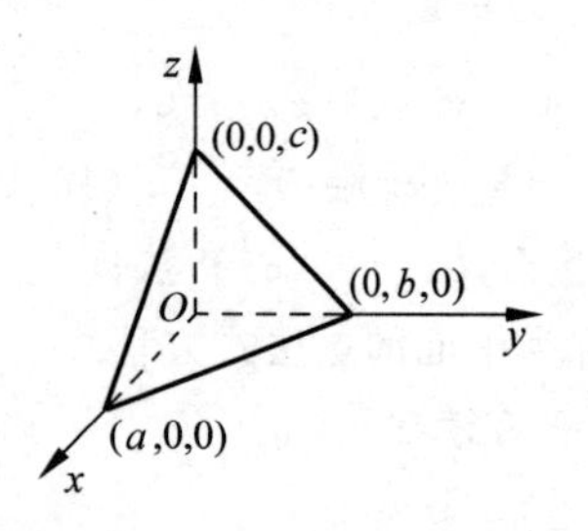

图 10.6 平面的截距示意图

(3) 平面的截距式方程

设平面在三个坐标轴上的截距分别为a,b,c,且a,b,c均不为0(参见图10.6),求这个平面的方程.

把平面与坐标轴的交点坐标$(a,0,0)$,$(0,b,0)$,$(0,0,c)$

分别代入平面的一般式方程，得关于 A,B,C,D 的线性方程组

$$\begin{cases} Aa \qquad\qquad + D = 0, \\ \qquad Bb \qquad + D = 0, \\ \qquad\qquad Cc + D = 0. \end{cases}$$

解得

$$A = -\frac{D}{a},\quad B = -\frac{D}{b},\quad C = -\frac{D}{c},$$

代入平面方程，并化简整理得

$$\frac{x}{a} + \frac{y}{b} + \frac{z}{c} = 1,$$

这就是所求平面的方程，称为平面的截距式方程.

例如，若平面在坐标轴上的截距分别为 $a=1,b=1,c=1$，则平面的方程为

$$x + y + z = 1.$$

注 通过原点或平行于坐标轴的平面没有截距式方程.

2. 球面

空间中与一个定点有等距离的点的集合称为**球面**，定点称为**球心**，定距离称为**半径**. 若球心为 $Q(a,b,c)$，半径为 R，设点 $P(x,y,z)$ 为球面上任一点，则由于 $|PQ|=R$，故有

$$\sqrt{(x-a)^2+(y-b)^2+(z-c)^2} = R,$$

消去根式，得球面方程

$$(x-a)^2+(y-b)^2+(z-c)^2 = R^2. \tag{10.4}$$

若球心在原点 $O(0,0,0)$，则球面方程为

$$x^2+y^2+z^2 = R^2.$$

将球面方程(10.4)展开得

$$x^2+y^2+z^2-2ax-2by-2cz+(a^2+b^2+c^2-R^2)=0,$$

即方程具有

$$x^2+y^2+z^2+2Ax+2By+2Cz+D=0 \tag{10.5}$$

的形式.

反过来，方程(10.5)经过配方，可化为

$$(x+A)^2+(y+B)^2+(z+C)^2+D-(A^2+B^2+C^2)=0.$$

当 $A^2+B^2+C^2-D>0$ 时，方程(10.5)表示球心在$(-A,-B,-C)$，半径为 $\sqrt{A^2+B^2+C^2-D}$ 的球面；

当 $A^2+B^2+C^2-D=0$，方程(10.5)表示一点；

当 $A^2+B^2+C^2-D<0$，方程(10.5)没有轨迹.

3. 柱面

设空间有任意一条曲线 L，过 L 上的一点引一条直线 b，直线 b 沿 L 作平行移动所形成的曲面称为**柱面**. 曲线 L 称为**准线**. 动直线的每一位置，称为柱面的**一条母线**(参见图 10.7(a)).

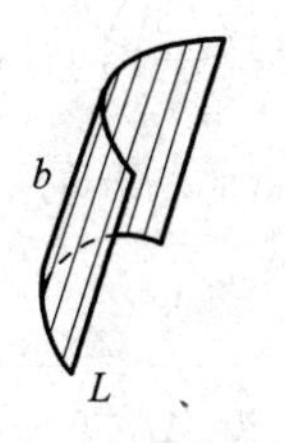

(a) 母线与准线

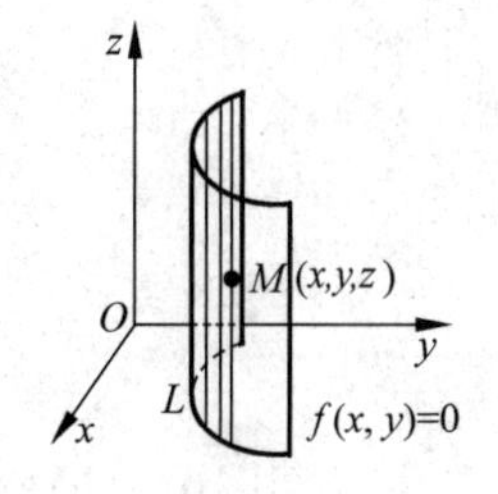

(b) 正柱面

图 10.7 柱面图示

准线 L 是直线的柱面为平面,准线 L 是圆的柱面称为圆柱面. 若母线 b 与准线圆所在的平面垂直,这个柱面称为**正柱面**. 这里主要是讨论母线平行于坐标轴的柱面方程.

如果柱面的母线平行于 z 轴,并且柱面与坐标面 xOy 的交线 L 方程为 $f(x,y)=0$,曲线 L 上点的坐标满足这个方程,柱面上的其他点也满足这个方程,因为柱面上其他点的横坐标和纵坐标分别与曲线 L 上某一点的坐标相等. 因此,以 L 为准线,母线平行于 z 轴的柱面的方程就是 $f(x,y)=0$(参见图 10.7(b)).

同理,$g(y,z)=0$ 和 $h(z,x)=0$ 分别表示母线平行于 x 轴和 y 轴的柱面. 一般来说,空间中点的直角坐标 x,y,z 间的一个方程中若是缺少一个坐标,则这个方程所表示的轨迹是一个柱面,它的母线平行于所缺少的那个坐标的坐标轴,它的准线就是与母线垂直的坐标平面上原方程所表示的平面曲线.

例如 $x^2+z^2=1$ 在 zOx 平面上表示一个圆,而在空间中则表示一个以此圆为准线,母线平行于 y 轴的圆柱面(参见图 10.8(a)); 又如 $y-x^2=0$ 在 xOy 平面上表示一条以 y 轴为轴的抛物线,而在空间中则表示以此抛物线为准线,母线平行于 z 轴的抛物柱面(参见图 10.8(b)).

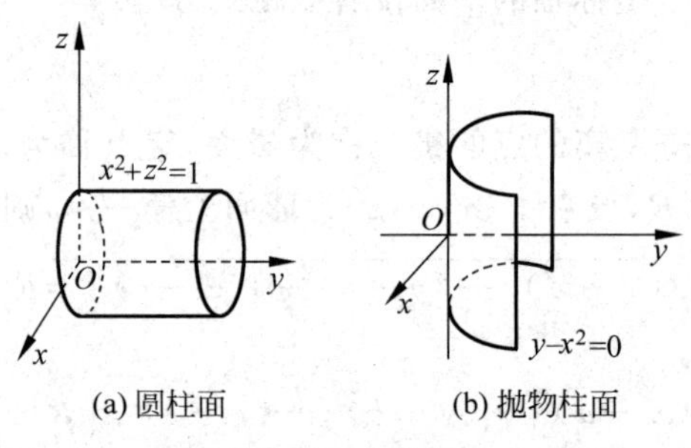

图 10.8 柱面

4. 锥面

设 L 为一条已知平面曲线,B 为 L 所在平面外的一个固定点,过点 B 引直线 b 与 L 相交,直线 b 绕点 B 沿 L 移动所构成的曲面称为锥面,点 B 称为顶点,动直线称为锥面的母线,L 称为准线(参见图 10.9(a)). 准线 L 是圆的锥面称为圆锥面. 若圆锥面顶点 B 与准线的圆心 O 的连线 OB 与准线所在的平面垂直,这个圆锥面就称为正圆锥面(参见图 10.9(b)).

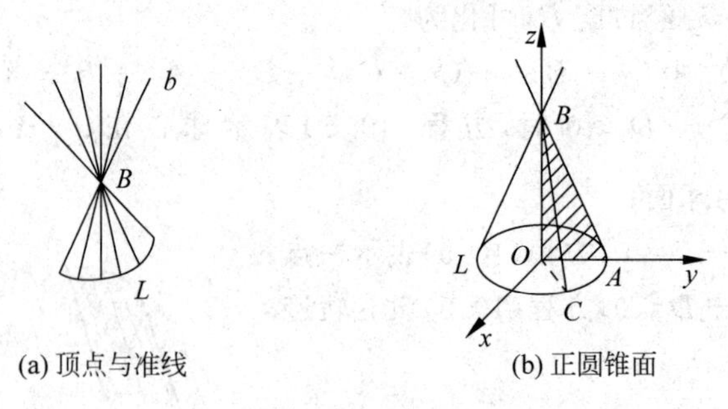

图 10.9 锥面

如图 10.9(b)所示,设 AOB 为一直角三角形,O 为直角顶点,我们以直角边 OB 为轴,将斜边 AB 绕轴旋转,则可得到以 B 为顶点的一个正圆锥面. 取 OB 作 z 轴,OA 为 y 轴,建立一个直角坐标系，设 $OB=b$，$OA=R$，则点 B 坐标为 $(0,0,b)$，设 $P(x,y,z)$ 为母线 BC 上任一点，并且 C 点的坐标为 $(\alpha,\beta,0)$，因 C 点在 xOy 平面上，故 C 点的坐标应满足 $\alpha^2+\beta^2=R^2$. 因 $\overrightarrow{BP}/\!/\overrightarrow{BC}$，所以 $(x-0,y-0,z-b)$ 与 $(\alpha-0,\beta-0,0-b)$ 成比例，故有

$$\frac{x}{\alpha}=\frac{y}{\beta}=\frac{z-b}{-b},$$

因 $\alpha^2+\beta^2=R^2$，得 $\dfrac{x^2+y^2}{R^2}=\dfrac{(z-b)^2}{b^2}$，即 $b^2(x^2+y^2)-R^2(z-b)^2=0$.

这就是正圆锥面的方程.

下面讨论由方程

$$\frac{x^2}{a^2}+\frac{y^2}{b^2}-\frac{z^2}{c^2}=0 \tag{10.6}$$

所确定的曲面.

由方程(10.6)确定的曲面有下面的特征.

(1) 坐标原点在曲面上，并且若点 $M_0(x_0,y_0,z_0)$ 在曲面上，则对任意的 t，点 (tx_0,ty_0,tz_0) 也在曲面上，因为当 t 取遍一切实数时，点 (tx_0,ty_0,tz_0) 取遍原点与点 $M_0(x_0,y_0,z_0)$ 的连线上的一切点，即 OM_0 上的任何点都在曲面上，因此曲面(10.6)由通过原点 O 的直线构成.

由于方程(10.6)是二次齐次方程，所以方程(10.6)确定的曲面亦称为**二次锥面**.

(2) 用平行于坐标面 xOy 的平面 $z=h$ ($h=0$ 时为坐标面 xOy) 截曲面(10.6)，平面 $z=0$ 截曲面(10.6)于原点 O. 平面 $z=h(h\neq 0)$ 截曲面(10.6)，截痕为一椭圆：

$$\begin{cases}\dfrac{x^2}{a^2}+\dfrac{y^2}{b^2}=\dfrac{h^2}{c^2},\\ z=h,\end{cases}$$

此椭圆的半轴分别为 $\dfrac{a|h|}{c}$，$\dfrac{b|h|}{c}$，中心在 z 轴上，半轴随 $|h|$ 的增大而增大(参见图 10.10)，当 $a=b$ 时，锥面为正圆锥面.

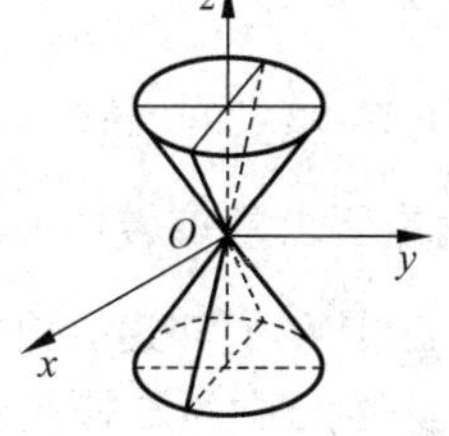

图 10.10 二次锥面及其截痕

5. 旋转曲面

旋转曲面在现实生活中有许多实际应用，例如，在工程学中，工程师可以使用旋转曲面来描述和分析机械零件的形状和运动，在产品设计中，旋转曲面也常用于建模和制造；卫星天线普遍采用旋转抛物面天线，这种天线在频率很高的信号的接收和发射方面扮演着重要的角色；化工厂或热电厂的冷却塔的外形常采用旋转单叶双曲面，其优点是对流快，散热效能好. 了解旋转曲面的性质可以帮助我们更好地理解和欣赏现实生活中的各种形状和物体.

一已知平面曲线 l 绕平面上一定直线旋转所成的曲面称为旋转曲面，定直线称为旋转曲面的轴，曲线 l 的每一位置称为这旋转曲面的一条母线.

把一条直线绕与它平行的定直线旋转得到的曲面是正圆柱面(参见图 10.11(a))，绕与它相交的定直线旋转而得到的曲面是正圆锥面(参见图 10.11(b)). 一个圆绕它的一条直径旋转得到的曲面是球面(参见图 10.11(c)).

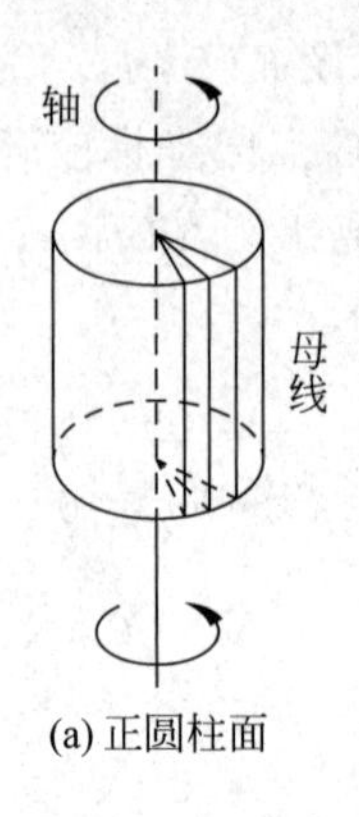

(a) 正圆柱面

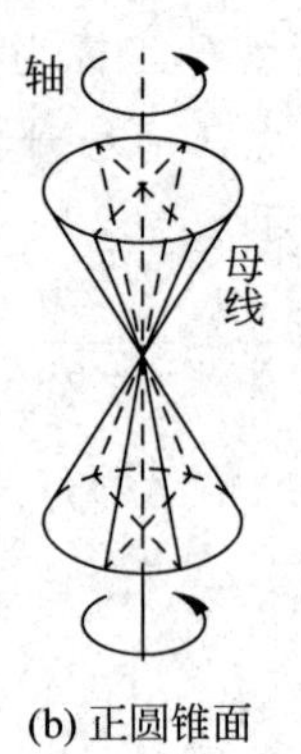

(b) 正圆锥面

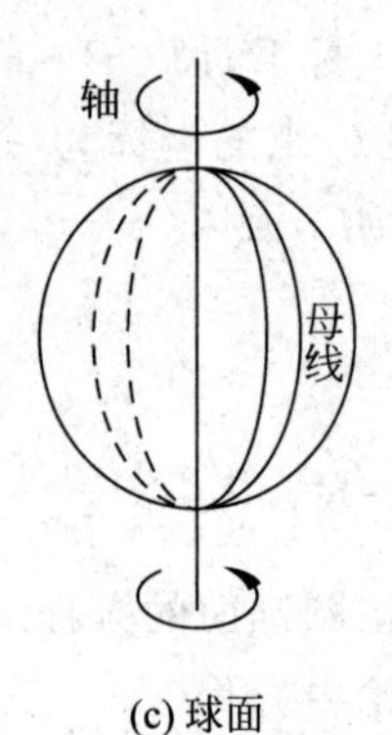

(c) 球面

图 10.11 旋转曲面

设 yOz 平面上一条已知曲线 L,它的方程为

$$\begin{cases} f(y,z)=0, \\ x=0. \end{cases}$$

把这条曲线绕 z 轴旋转,就得到一个以 z 轴为轴的旋转曲面.

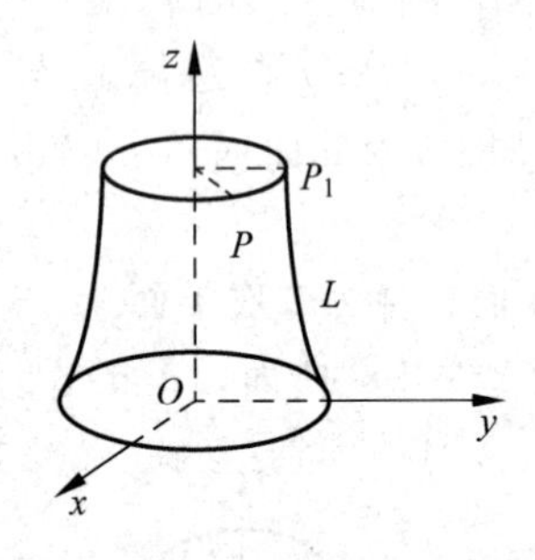

图 10.12 绕 z 轴旋转图示

设 $P_1(0,y_1,z_1)$为曲线 L 上任一点(参见图 10.12),则

$$f(y_1,z_1)=0,$$

当曲线 L 绕 z 轴旋转时,点 P_1 也绕 z 轴旋转到另一点 $P(x,y,z)$,这时 $z=z_1$ 保持不变,且 P 与 z 轴的距离恒等于$|y_1|$,即$\sqrt{x^2+y^2}=|y_1|$,因此

$$f(\pm\sqrt{x^2+y^2},z)=0.$$

这就是所求的旋转曲面的方程.

于是我们知道,在曲线 L 的方程 $f(y,z)=0$ 中,将 y 以$\pm\sqrt{x^2+y^2}$代替,就得到 L 绕 z 轴旋转所成的旋转曲面的方程.

同理,曲线 L 绕 y 轴旋转所成的旋转曲面的方程为

$$f(y,\pm\sqrt{x^2+z^2})=0.$$

考查将下列各曲线绕对应的轴旋转一周,所生成的旋转曲面的方程.

例如,椭圆

$$\begin{cases} \dfrac{x^2}{a^2}+\dfrac{z^2}{b^2}=1, \\ z=0 \end{cases}$$

绕 x 轴旋转所成的曲面方程为

$$\frac{x^2}{a^2}+\frac{y^2+z^2}{b^2}=1.$$

若以同一椭圆绕 z 轴旋转,则所成的曲面方程为

$$\frac{x^2+y^2}{a^2}+\frac{z^2}{b^2}=1.$$

这两种曲面都称为旋转椭球面.

再如双曲线$\begin{cases}\dfrac{x^2}{a^2}-\dfrac{z^2}{b^2}=1,\\ y=0\end{cases}$绕 x 轴旋转,所成曲面的方程是

$$\frac{x^2}{a^2}-\frac{y^2+z^2}{b^2}=1.$$

若将同一双曲线绕 z 轴旋转,则所成的曲面方程为

$$\frac{x^2+y^2}{a^2}-\frac{z^2}{b^2}=1.$$

这两种曲面都称为旋转双曲面.

而抛物线$\begin{cases}y^2=2pz,\\ x=0\end{cases}$绕 z 轴旋转所成的曲面的方程是

$$x^2+y^2=2pz.$$

这种曲面称为旋转抛物面.

6. 椭球面

由方程

$$\frac{x^2}{a^2}+\frac{y^2}{b^2}+\frac{z^2}{c^2}=1 \tag{10.7}$$

所确定的曲面称为**椭球面**.这里 a,b,c 都是正数(参见图 10.13).

显然,方程(10.7)左端的每一项都不能大于1,从而有

$$|x|\leqslant a,\quad |y|\leqslant b,\quad |z|\leqslant c.$$

这说明椭球面上的所有点,都在由 6 个平面 $x=\pm a, y=\pm b, z=\pm c$ 所围成的长方体内,a,b,c 称为椭球面的半轴.

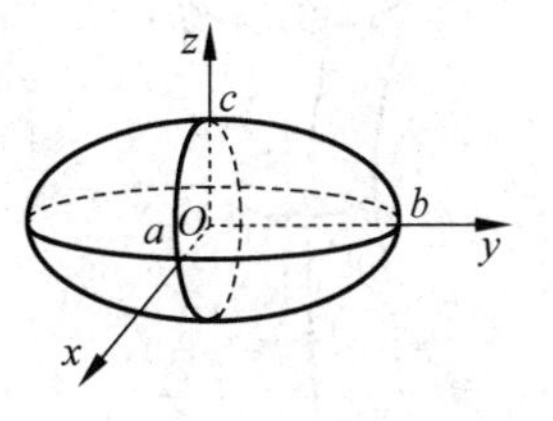

图 10.13 椭球面

现在来研究椭球面的性质.

(1) 对称性:椭球面对于坐标平面、坐标轴和坐标原点都对称;

(2) 椭球面被三个坐标面 xOy, yOz, zOx 所截的截痕分别为椭圆:

$$\begin{cases}\dfrac{x^2}{a^2}+\dfrac{y^2}{b^2}=1,\\ z=0;\end{cases}\quad \begin{cases}\dfrac{y^2}{b^2}+\dfrac{z^2}{c^2}=1,\\ x=0;\end{cases}\quad \begin{cases}\dfrac{x^2}{a^2}+\dfrac{z^2}{c^2}=1,\\ y=0.\end{cases}$$

用平行于坐标面 xOy 的平面 $z=h(|h|<c)$ 截椭球面,截痕为椭圆

$$\begin{cases}\dfrac{x^2}{a^2}+\dfrac{y^2}{b^2}=1-\dfrac{h^2}{c^2},\\ z=h\end{cases}\quad \text{或写为}\quad \begin{cases}\dfrac{x^2}{a^2\left(1-\dfrac{h^2}{c^2}\right)}+\dfrac{y^2}{b^2\left(1-\dfrac{h^2}{c^2}\right)}=1,\\ z=h,\end{cases}$$

此椭圆的半轴为

$$\frac{a}{c}\sqrt{c^2-h^2},\quad \frac{b}{c}\sqrt{c^2-h^2},$$

若 $h=\pm c$,则截痕缩为两点:$(0,0,c)$与$(0,0,-c)$.

至于平行于其他两个坐标面的平面截此椭球面时,所得到的结果完全类似.

(3) 若 $a=b=c\neq 0$,则方程(10.7)表示一个球面.

当 a,b,c 三个数中有两个相等时,例如 $a=b\neq c$,则方程(10.7)变为

$$\frac{x^2+y^2}{a^2}+\frac{z^2}{c^2}=1,$$

这是一个旋转椭球面,它由椭圆

$$\begin{cases}\dfrac{x^2}{a^2}+\dfrac{z^2}{c^2}=1,\\ y=0,\end{cases}$$

绕 z 轴旋转而成.

7. 单叶双曲面

由方程

$$\frac{x^2}{a^2}+\frac{y^2}{b^2}-\frac{z^2}{c^2}=1,\quad \frac{x^2}{a^2}-\frac{y^2}{b^2}+\frac{z^2}{c^2}=1,\quad -\frac{x^2}{a^2}+\frac{y^2}{b^2}+\frac{z^2}{c^2}=1,$$

所确定的曲面均称为**单叶双曲面**,其中 a,b,c 均为正数,称为双曲面的**半轴**. 现以

$$\frac{x^2}{a^2}+\frac{y^2}{b^2}-\frac{z^2}{c^2}=1 \tag{10.8}$$

为例,来考查曲面被坐标面及其平行平面所截得的截痕(参见图 10.14).

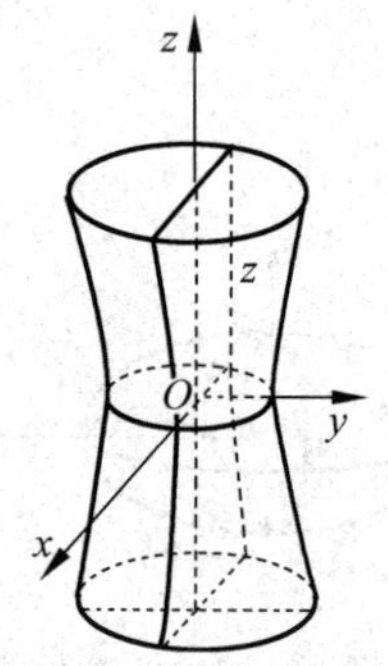

图 10.14 单叶双曲面图示

显然,它对于坐标面、坐标轴和坐标原点都是对称的.

(1) 用平行于坐标面 xOy 的平面 $z=h$ 截曲面(10.8),其截痕是椭圆

$$\begin{cases}\dfrac{x^2}{a^2}+\dfrac{y^2}{b^2}=1+\dfrac{h^2}{c^2},\\ z=h,\end{cases}$$

其半轴为 $\dfrac{a}{c}\sqrt{c^2+h^2}$, $\dfrac{b}{c}\sqrt{c^2+h^2}$. 当 $h=0$ 时(xOy 面),半轴最小.

(2) 坐标面 xOz 截曲面(10.8)的截痕是双曲线

$$\begin{cases}\dfrac{x^2}{a^2}-\dfrac{z^2}{c^2}=1,\\ y=0,\end{cases}$$

它的实轴与 x 轴重合,虚轴与 z 轴重合,半轴为 a 和 c. 用平行于坐标面 xOz 的平面 $y=h$ 截曲面(10.8)的截痕是

$$\begin{cases}\dfrac{x^2}{a^2}-\dfrac{z^2}{c^2}=1-\dfrac{h^2}{b^2},\\ y=h.\end{cases}$$

若 $|h|<b$,则为实轴平行于 x 轴,虚轴平行于 z 轴的双曲线;

若 $|h|>b$,则为实轴平行于 z 轴,虚轴平行于 x 轴的双曲线;

若 $|h|=b$,则上述截痕方程变成

$$\begin{cases}\left(\dfrac{x}{a}+\dfrac{z}{c}\right)\left(\dfrac{x}{a}-\dfrac{z}{c}\right)=0,\\ y=h,\end{cases}$$

这表示平面 $y=\pm b$ 与单叶双曲面的截痕是一对相交的直线，交点为 $(0,b,0)$ 和 $(0,-b,0)$.

(3) 坐标面 yOz 和平行于 yOz 的平面截曲面(10.8)的截痕与坐标面 xOz 截曲面(10.8)的截痕类似.

(4) 若 $a=b$，则曲面(10.8)变成**单叶旋转双曲面**.

8. 双叶双曲面

由方程

$$-\frac{x^2}{a^2}+\frac{y^2}{b^2}+\frac{z^2}{c^2}=-1,\quad \frac{x^2}{a^2}-\frac{y^2}{b^2}+\frac{z^2}{c^2}=-1,\quad \frac{x^2}{a^2}+\frac{y^2}{b^2}-\frac{z^2}{c^2}=-1,$$

所确定的曲面均称为**双叶双曲面**，这里 a,b,c 为正数.

这里只讨论

$$\frac{x^2}{a^2}+\frac{y^2}{b^2}-\frac{z^2}{c^2}=-1.$$

(1) 关于坐标面、坐标轴和原点都对称，它与 xOz 面和 yOz 面的交线分别是双曲线

$$\begin{cases}\dfrac{x^2}{a^2}-\dfrac{z^2}{c^2}=-1,\\ y=0\end{cases}\quad 和 \quad \begin{cases}\dfrac{y^2}{b^2}-\dfrac{z^2}{c^2}=-1,\\ x=0,\end{cases}$$

这两条双曲线有共同的实轴，实轴的长度也相等，它与 xOy 面不相交.

(2) 用平行于 xOy 面的平面 $z=h(|h|\geqslant c)$ 去截它，当 $|h|>c$ 时，截痕是椭圆

$$\begin{cases}\dfrac{x^2}{a^2}+\dfrac{y^2}{b^2}=\dfrac{h^2}{c^2}-1,\\ z=h,\end{cases}$$

它的半轴随 $|h|$ 的增大而增大，当 $|h|=c$ 时，截痕是一个点；$|h|<c$ 时，没有交点. 显然双叶双曲面有两支，位于坐标面 xOy 两侧，无限延伸(参见图 10.15).

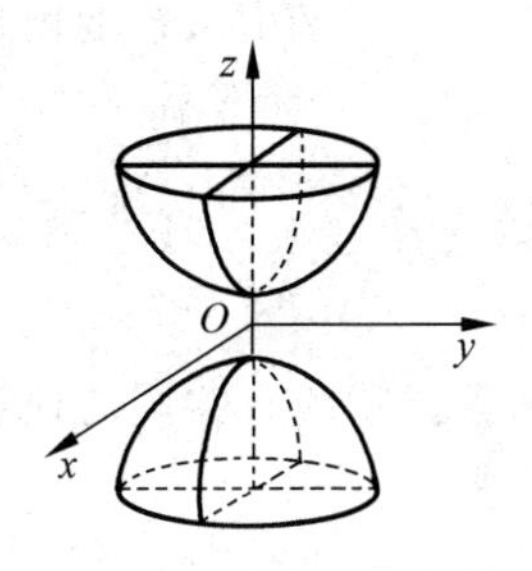

图 10.15 双叶双曲面图示

9. 椭圆抛物面

由方程

$$\frac{x^2}{a^2}+\frac{y^2}{b^2}=z$$

确定的曲面称为**椭圆抛物面**. 它关于坐标面 xOz 和坐标面 yOz 对称，关于 z 轴也对称，但是它没有对称中心，它与对称轴的交点称为顶点，因 $z\geqslant 0$，故整个曲面在 xOy 面的上侧，它与坐标面 xOz 和坐标面 yOz 的交线是抛物线

$$\begin{cases}x^2=a^2z,\\ y=0\end{cases}\quad 和 \quad \begin{cases}y^2=b^2z,\\ x=0,\end{cases}$$

这两条抛物线有共同的顶点和轴.

用平行于 xOy 面的平面 $z=h(h>0)$ 去截它，截痕是椭圆

$$\begin{cases}\dfrac{x^2}{a^2}+\dfrac{y^2}{b^2}=h,\\ z=h,\end{cases}$$

这个椭圆的半轴随 h 增大而增大(参见图 10.16).

10. 双曲抛物面

由方程

$$-\frac{x^2}{a^2}+\frac{y^2}{b^2}=z$$

确定的曲面称为**双曲抛物面**.

它关于坐标面 xOz 和 yOz 是对称的，关于 z 轴也是对称的，但是它没有对称中心，它与坐标面 xOz 和坐标面 yOz 的截痕分别是抛物线(参见图 10.17).

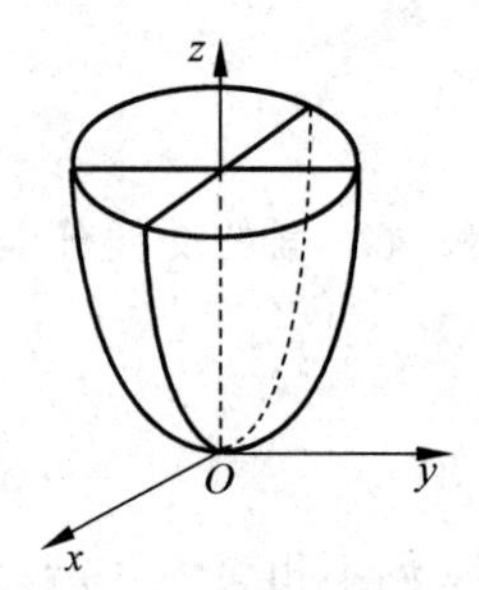

图 10.16 椭圆抛物面图示

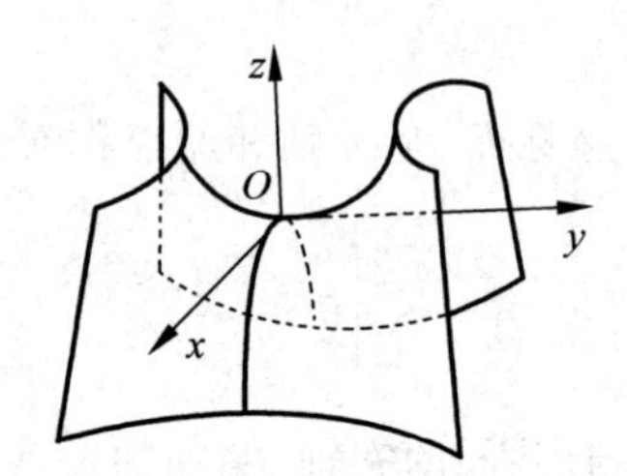

图 10.17 双曲抛物面图示

$$\begin{cases}x^2=-a^2z,\\ y=0\end{cases} \quad 和 \quad \begin{cases}y^2=b^2z,\\ x=0,\end{cases}$$

这两条抛物线有共同的顶点和轴，但轴的方向相反. 用平行于 xOy 面的平面 $z=h$ 去截它，截痕是

$$\begin{cases}-\dfrac{x^2}{a^2}+\dfrac{y^2}{b^2}=h,\\ z=h.\end{cases}$$

当 $h\neq0$ 时，截痕总是双曲线：若 $h>0$，双曲线的实轴平行于 y 轴；若 $h<0$，双曲线的实轴平行于 x 轴.

10.1.3 空间曲线

1. 空间曲线的一般方程

设有两个相交曲面 S_1 与 S_2，它们的方程分别为

$$F(x,y,z)=0,\quad G(x,y,z)=0.$$

又设它们的交线为 C(参见图 10.18). 若 $P(x,y,z)$是曲线 C 上的点，则点 P 必同时为两个曲面 S_1 和 S_2 上的点，因而其坐标同时满足这两个曲面方程. 反之，若 P 的坐标同时满足这

两个曲面方程，则点 P 必同时在两个曲面 S_1 和 S_2 上，因而它一定在曲面的交线 C 上. 因此，联立方程组

$$\begin{cases} F(x,y,z)=0, \\ G(x,y,z)=0 \end{cases}$$

是空间曲线 C 的方程. 此方程组称为空间曲线的**一般方程**.

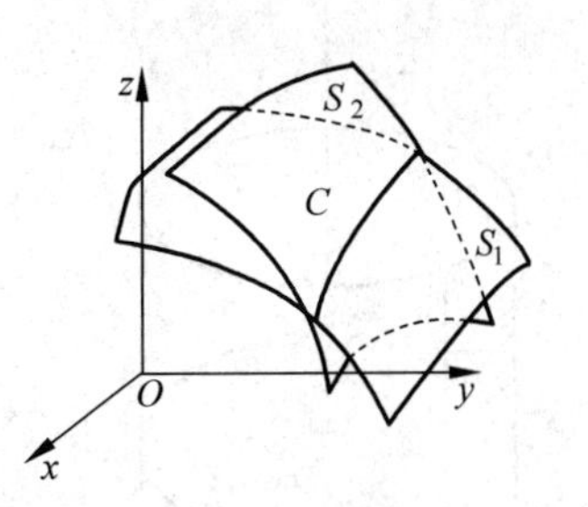

图 10.18　相交曲面图示

例 10.3　方程组

$$\begin{cases} x^2+y^2=1, \\ 2x+3y+3z=6 \end{cases}$$

表示怎样的曲线？

解　第一个方程表示母线平行于 z 轴的圆柱面，第二个方程表示一个平面，因此，方程组表示上述圆柱面与平面的交线(参见图 10.19).

例 10.4　方程组

$$\begin{cases} z=\sqrt{a^2-x^2-y^2}, \\ \left(x-\dfrac{a}{2}\right)^2+y^2=\left(\dfrac{a}{2}\right)^2 \end{cases}$$

表示怎样的曲线？

解　第一个方程表示球心在坐标原点、半径为 a 的上半球面，第二个方程表示母线平行于 z 轴的圆柱面，因此方程组就表示上述半球面与圆柱面的交线(参见图 10.20).

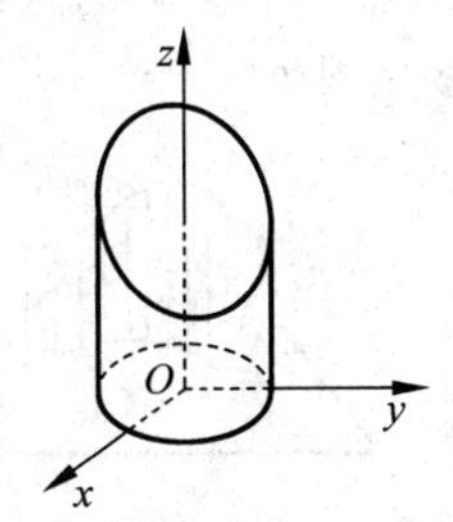

图 10.19　圆柱面与平面相交图示

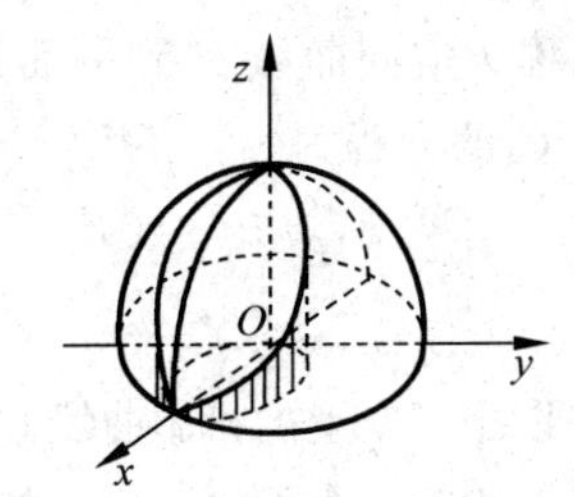

图 10.20　半球与圆柱面相交图示

2. 空间曲线的参数方程

一般地，空间曲线 C 上动点 P 的坐标 x,y,z 也可表示为参数 t 的函数

$$\begin{cases} x=x(t), \\ y=y(t), \\ z=z(t), \end{cases} \tag{10.9}$$

其中 t 为参数，当参数 t 取定一个值 t_1，就得到 $x_1=x(t_1)$，$y_1=y(t_1)$，$z_1=z(t_1)$，从而确定曲线 C 上的一个点 $P_1(x_1,y_1,z_1)$，随着 t 的变动便可得到曲线 C 上的全部点. 方程组(10.9)称为**空间曲线的参数方程**.

例 10.5　空间一动点 P 在圆柱面 $x^2+y^2=a^2$ 上以角速度 ω 绕 z 轴旋转，同时又以线速度 v 沿平行于 z 轴的方向上升(这里 ω 与 v 都是常数)，动点 P 运动的轨迹称为螺旋线(参见图 10.21)，试建立其参数方程.

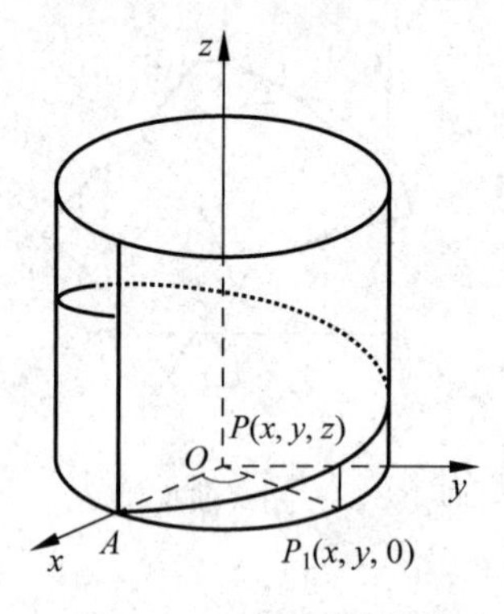

图 10.21 螺旋线图示

解 取时间 t 为参数，当 $t=0$ 时，设动点在 x 轴的点 $A(a,0,0)$ 上，经过时间 t，动点 A 运动到点 $P(x,y,z)$，从点 P 作坐标平面 xOy 的垂线与坐标面 xOy 相交于点 P_1，坐标为 $(x,y,0)$，因为动点在圆柱面上以角速度 ω 绕 z 轴旋转，所以 $\angle AOP_1=\omega t$，从而

$$\begin{cases}x=OP_1\cos\angle AOP_1=a\cos(\omega t),\\ y=OP_1\sin\angle AOP_1=a\sin(\omega t).\end{cases}$$

又因为动点同时以线速度 v 沿平行于 z 轴的方向上升，所以

$$z=P_1P=vt,$$

因此，螺旋线的参数方程为

$$\begin{cases}x=a\cos(\omega t),\\ y=a\sin(\omega t),\\ z=vt.\end{cases}$$

若取 $\theta=\angle AOP_1=\omega t$ 作为参数，则螺旋线的参数方程写为

$$\begin{cases}x=a\cos\theta,\\ y=a\sin\theta,\\ z=b\theta,\end{cases}\quad 其中\ b=\frac{v}{\omega}.$$

3. 空间曲线在坐标平面上的投影

设已知空间曲线 C 和平面 π，若从空间曲线 C 上每一点作平面 π 的垂线，所有垂线所构成的投影曲面称为空间曲线 C 到平面 π 的**投影柱面**(参见图 10.22).

设空间曲线 C 的方程为

$$\begin{cases}F(x,y,z)=0,\\ G(x,y,z)=0.\end{cases}\tag{10.10}$$

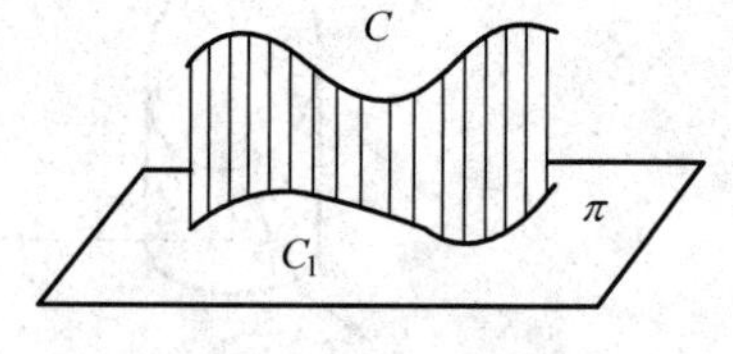

图 10.22 投影柱面图示

求曲线 C 在坐标平面 xOy 上的投影曲线 C_1 的方程. 从方程组(10.10)中消去 z，得到一个不含变量 z 的方程

$$\Phi(x,y)=0,$$

它表示母线平行于 z 轴的柱面，而且由于曲线 C 上的点的坐标满足方程组(10.10)，因而也必然满足方程 $\Phi(x,y)=0$. 这就是说，柱面 $\Phi(x,y)=0$ 过曲线 C. 因此它就是空间曲线 C 到坐标柱面 xOy 的投影柱面. 于是曲线 C 在 xOy 平面上的投影曲线 C_1 的方程为

$$C_1:\begin{cases}\Phi(x,y)=0,\\ z=0.\end{cases}$$

同理，从方程组(10.10)中消去 x(或 y)，也可以得到曲线 C 在坐标面 yOz(或 zOx)上的投影曲线的方程.

例 10.6 求曲线

$$C:\begin{cases}x^2+y^2=z^2,\\ z^2=y\end{cases}$$

在坐标面 xOy 和 yOz 上的投影曲线的方程.

解 曲线 C 是圆锥面和母线平行于 x 轴的柱面的交线.由曲线方程组中消去 z,得到

$$x^2+y^2=y, \quad 即 \quad x^2+\left(y-\frac{1}{2}\right)^2=\frac{1}{4},$$

它是曲线 C 在坐标面 xOy 的投影柱面的方程,因此曲线 C 在坐标面 xOy 上的投影曲线方程为

$$\begin{cases} x^2+\left(y-\dfrac{1}{2}\right)^2=\dfrac{1}{4}, \\ z=0, \end{cases}$$

这是以 $\left(0,\frac{1}{2},0\right)$ 为圆心,$\frac{1}{2}$ 为半径的圆.

因为曲面 $z^2=y$ 是过曲线 C 且母线平行于 x 轴的柱面,所以它就是曲线 C 在坐标平面 yOz 上的投影柱面,因而曲线 C 在坐标平面 yOz 上的投影曲线的方程为

$$\begin{cases} z^2=y, \\ x=0, \end{cases}$$

这是一条抛物线.

习题 10.1

1. 求满足下列条件的平面方程：

(1) 过点 $A(2,4,-6)$ 且与向径 $\overrightarrow{OA}$ 垂直；

(2) 过点 $(3,0,-1)$ 且与平面 $3x+7y-5z-12=0$ 平行；

(3) 过点 $(1,1,1)$ 和点 $(0,1,-1)$ 且与平面 $x+y+z=0$ 相垂直.

2. 指出下列方程在平面解析几何与空间解析几何中分别表示什么几何图形：

(1) $x-y=1$； (2) $x^2-2y^2=1$；

(3) $x^2-2y=1$； (4) $2x^2+y^2=1$.

3. 写出以点 $c(1,3,-2)$ 为球心并通过坐标原点的球的方程.

4. 写出下列曲线绕指定轴旋转所生成的旋转曲面的方程：

(1) xOz 平面上的抛物线 $z^2=5x$ 绕 x 轴旋转；

(2) xOy 平面上的双曲线 $4x^2-9y^2=36$ 绕 y 轴旋转；

(3) xOy 平面上的圆 $(x-2)^2+y^2=1$ 绕 y 轴旋转.

5. 旋转椭球面 $\frac{x^2+y^2}{12}+\frac{z^2}{9}=1$ 被平面 $z=2$ 所截得一圆,求这个圆的周长.

6. 画出下列各曲(平)面所围成的立体图形：

(1) $x=0,y=0,z=0,3x+2y+z=6$；

(2) $x=0,y=0,z=0,x=2,y=1,3x+4y+2z-12=0$；

(3) $x=0,y=0,z=0,x+y=1,z=x^2+y^2+4$；

(4) $y=\sqrt{x},y=2\sqrt{x},z=0,x+z=4$.

7. 方程组 $\begin{cases} x^2+y^2=1, \\ y^2+z^2=1 \end{cases}$ 表示怎样的曲线？

8. 求曲线$\begin{cases}x^2+y^2+9z^2=1,\\ z^2=x^2+y^2\end{cases}$在 xOy 平面上投影曲线的方程.

10.2 二元函数的基本概念

10.2.1 平面点集合

设 $P_0(x,y)$是平面上任一点,则平面上以 P_0 为中心,以 r 为半径的圆的内部所有点的集合称为 P_0 的 r(**圆形**)**邻域**,记为 $U(P_0,r)$,即

$$U(P_0,r)=\left\{P\,\middle|\,|P-P_0|<r\right\}=\{(x,y)\mid(x-x_0)^2+(y-y_0)^2<r^2\}.$$

这里$|P-P_0|$指的是 P 与 P_0 的距离,不难理解为什么这个邻域称为圆形邻域.

以 P_0 为中心,以 $2r$ 为边长的正方形内部所有点(正方形的边平行于坐标轴)的集合,称为点 P_0 的 r(**方形**)**邻域**,记作

$$\delta(P_0,r)=\left\{(x,y)\,\middle|\,|x-x_0|<r,\ |y-y_0|<r\right\}.$$

r 也称为邻域的半径.

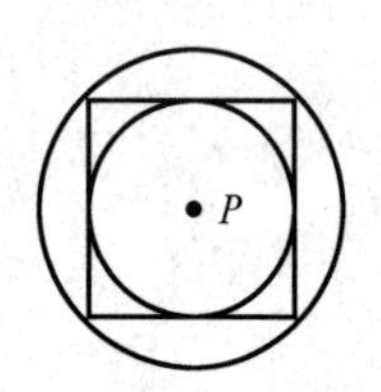

图 10.23 一点的圆形邻域与方形邻域

这两种邻域只是形式的不同,没有本质的区别.这是因为,一个点 P 的圆形邻域内必存在点 P 的方形邻域,一个点 P 的方形邻域内也必存在点 P 的圆形邻域(参见图 10.23).圆形邻域和方形邻域统称为**邻域**.当不必指明邻域的半径 r 时,则把点 P 的邻域表示为 $U(P)$.

设 E 是平面的一个子集,P 是平面上一点,若存在 $U(P)$,使得 $U(P)\subset E$,则称 P 是 E 的**内点**.若 P 的任何邻域内既有点属于 E,又有点不属于 E,则称 P 是 E 的**界点**.E 的界点的集合,称为 E 的**边界**.

设 D 是平面的一个子集,若 D 的每一点都是内点,则称 D 是平面的一个**开集**.

设 D 是平面的一个子集,若 D 的任意两点都能用含于 D 的折线连接起来,则称 D 是**连通**的.

若 D 既是连通的,又是开集,则称 D 为**开区域**.常见的平面开区域是由封闭曲线围成的不包含边界的部分.

这里,不严格地给出平面闭区域的概念,将开区域加上它的边界,称为**闭区域**.

若一区域中各点到坐标原点的距离都小于某个正数 M,则称区域是**有界区域**,否则称为**无界区域**. 例如

$$\left\{(x,y)\,\middle|\,1<\frac{x^2}{3}+\frac{y^2}{4}\leqslant 5\right\}$$

就是有界区域,而

$$\{(x,y)\mid x+y>1\}$$

是无界区域.

10.2.2 二元函数的定义

在生产中，产量 Y 与投入资金 K 和劳动力 L 之间，有如下的关系：

$$Y=AK^{\alpha}L^{\beta}, \quad (A,\alpha,\beta \text{ 为正的常数}).$$

在西方经济学中称此函数关系为 Cobb-Douglass 生产函数.

当投入资金 K 和劳动力 L 的值分别给定时，按照上述关系式，产量 Y 就有一个确定的值与它们对应.

设电阻 R 是 R_1,R_2 并联后的总电阻，由电学知识知道，它们之间具有如下的关系：

$$R=\frac{R_1R_2}{R_1+R_2}, \quad R_1>0,R_2>0.$$

当电阻 R_1,R_2 取定后，R 的值就唯一确定了.

定义 10.2 设 D 是一平面点集，若按照某个对应法则 f，对于 D 中的每个点 (x,y)，都能得到唯一的实数 z 与这个点对应，则称这个对应法则 f 为定义在 D 上的**二元函数**，记为

$$z=f(x,y), \quad (x,y)\in D,$$

其中 D 称为函数 $z=f(x,y)$ 的**定义域**. 函数值的集合称为函数的**值域**，记为 $R(f)$，即

$$R(f)=\{f(x,y)\mid (x,y)\in D\}.$$

在空间坐标系中由下面的点组成的集合称为函数 $z=f(x,y)$ 的**图像**，记作 $G(f)$，

$$G(f)=\{(x,y,f(x,y))\mid (x,y)\in D\}.$$

例如，设三角形底为 x，高为 y，则三角形的面积 z 可表示为 x,y 的函数

$$z=\frac{1}{2}xy.$$

在这个具体问题中，函数的定义域是 $x>0,y>0$，即平面直角坐标系内第一象限的点，函数的值域是大于零的实数，即

$$D(f)=\{(x,y)\mid x>0,y>0\}, \quad R(f)=(0,+\infty).$$

若抛开函数的具体意义，仅由一个表达式给出函数，则函数的定义域应理解为使解析式有意义的 (x,y) 点组成的集合.

例如，设 $z=x^2+y^2$，则函数定义域 $D(f)$ 是平面所有点组成的集合，即 $D(f)=\mathbb{R}^2$，易知，该函数的图像是旋转抛物面.

而对于函数 $z=\dfrac{1}{\sqrt{R^2-x^2-y^2}}$，其定义域为 $R^2-x^2-y^2>0$，即 $x^2+y^2<R^2$，所以函数定义域为平面上以坐标原点为中心、半径为 R 的圆的内部，即

$$D(f)=\{(x,y)\mid x^2+y^2<R^2\},$$

函数的值域是 $\left[\dfrac{1}{R},+\infty\right)$.

再如，$f(x,y)=\arcsin x$，则函数对 y 没有要求，$x\in[-1,1]$，因此，其定义域是平面上的带形区域：

$$\{(x,y)\mid -1\leqslant x\leqslant 1,-\infty<y<+\infty\}.$$

习题 10.2

1. 求下列函数的定义域,并指出是哪种类型的区域:

(1) $z=\ln(y^2-2x)$;　　(2) $z=\dfrac{\sqrt{y-x}}{\sqrt{x^2+y^2-R^2}}$;

(3) $z=\arcsin\dfrac{1}{\sqrt{x^2+y^2}}$;　　(4) $z=\sqrt{y-\sqrt{x}}$;

(5) $z=\dfrac{1}{\sqrt{x+y}}-\dfrac{1}{\sqrt{x-y}}$;　　(6) $z=\ln(xy)$.

2. 根据已知条件,写出下列函数的表达式:

(1) $f(x,y)=x^y+y^x$,求 $f(xy,x+y)$;

(2) $f\left(\dfrac{y}{x}\right)=\dfrac{\sqrt{x^2+y^2}}{|x|}$,求 $f(x)$;

(3) 设 $z=f(x,y)=x+y+\varphi(x,y)$. 若当 $y=0$ 时 $z=x^2$,求函数 $\varphi(x)$, $f(x,y)$.

10.3 二元函数的极限和连续

回忆一下邻域的概念,将 $\mathring{U}(P,r)=U(P,r)\setminus\{P\}$ 称为点 P 的**去心邻域**,这个邻域既可以指圆形邻域,也可以指方形邻域.

仿照一元函数极限的定义,可以给出二元函数极限的定义.

设二元函数 $z=f(x,y)$ 在 D 上有定义,点 $P_0(x_0,y_0)$ 是 D 的内点或界点,A 是一个常数,若对任意的正数 ε,都存在一个正数 δ,使得对于 $\forall P(x,y)\in \mathring{U}(P_0,\delta)\cap D$,都有

$$|f(x,y)-A|<\varepsilon,$$

则称 P 趋向 P_0 时 $f(P)$ 以 A 为极限,记作

$$\lim_{P\to P_0} f(P)=A,$$

也可写作 $\lim\limits_{\substack{x\to x_0\\ y\to y_0}} f(x,y)=A$,或 $\lim\limits_{(x,y)\to(x_0,y_0)} f(x,y)=A$.

在上述的极限定义中,如果选定圆形区域或方形区域,便有两种等价叙述形式.

第一种形式:圆形邻域的极限形式.

$\forall\varepsilon>0,\exists\delta>0,\forall P(x,y)\in D$,当 $0<\sqrt{(x-x_0)^2+(y-y_0)^2}<\delta$ 时,有

$$|f(x,y)-A|<\varepsilon,$$

则称 P 趋向 P_0 时 $f(P)$ 以 A 为极限,记作

$$\lim_{\substack{x\to x_0\\ y\to y_0}} f(x,y)=A.$$

第二种形式:方形邻域的极限形式.

$\forall\varepsilon>0,\exists\delta>0,\forall P(x,y)\in D$,当 $|x-x_0|<\delta$ 且 $|y-y_0|<\delta$,$(x,y)\neq(x_0,y_0)$ 时,有

$$|f(x,y)-A|<\varepsilon,$$

则称 P 趋向 P_0 时 $f(P)$ 以 A 为极限，记作

$$\lim_{\substack{x\to x_0\\y\to y_0}} f(x,y)=A.$$

例 10.7 求证：$\lim\limits_{\substack{x\to 2\\y\to 4}}(xy-4x-2y+10)=2$.

证 分析：要使

$$|xy-4x-2y+10-2|=|(x-2)(y-4)|<\varepsilon,$$

只需 $|x-2|<\sqrt{\varepsilon}$，$|y-4|<\sqrt{\varepsilon}$ 即可. 因此 $\forall\varepsilon>0$，$\exists\delta=\sqrt{\varepsilon}>0$，当 $|x-2|<\delta$，$|y-4|<\delta$ 时，有

$$|xy-4x-2y+10-2|=|(x-2)(y-4)|<\varepsilon,$$

从而结论成立.

例 10.8 求 $\lim\limits_{\substack{x\to 0\\y\to 2}}\dfrac{\sin xy}{x}$.

解 $\lim\limits_{\substack{x\to 0\\y\to 2}}\dfrac{\sin xy}{x}=\lim\limits_{\substack{x\to 0\\y\to 2}}\dfrac{\sin xy}{xy}\cdot y=\lim\limits_{\substack{x\to 0\\y\to 2}}\dfrac{\sin xy}{xy}\cdot\lim\limits_{\substack{x\to 0\\y\to 2}}y=1\times 2=2$.

例 10.9 设 $f(x,y)=(x^2+y^2)\sin\dfrac{1}{x^2+y^2}$ $((x,y)\neq(0,0))$，求证 $\lim\limits_{\substack{x\to 0\\y\to 0}}f(x,y)=0$.

证 因为

$$\left|(x^2+y^2)\sin\frac{1}{x^2+y^2}-0\right|=|x^2+y^2|\cdot\left|\sin\frac{1}{x^2+y^2}\right|\leqslant x^2+y^2,$$

可见，对任意给定的 $\varepsilon>0$，取 $\delta=\sqrt{\varepsilon}$，则当 $0<\sqrt{(x-0)^2+(y-0)^2}<\delta$ 时，有

$$\left|(x^2+y^2)\sin\frac{1}{x^2+y^2}-0\right|<\varepsilon$$

成立，所以 $\lim\limits_{\substack{x\to 0\\y\to 0}}f(x,y)=0$.

从以上三例可以看出，根据不同的极限类型，可以选取相应的圆形邻域或方形邻域.

由于一元函数的极限只有两种趋近方式：左极限和右极限. 所以一元函数极限比较简单. 但二元函数趋向一点的方式有无数种，因而二元函数的极限就比一元函数复杂得多，它要求变量以任意方式趋向 (x_0,y_0) 时极限都存在并且相等.

例 10.10 求证函数 $f(x,y)=\dfrac{xy}{x^2+y^2}$ 当 $(x,y)\to(0,0)$ 时的极限不存在.

证 当点 (x,y) 沿直线 $y=x$ 趋向于 $(0,0)$ 时，有

$$f(x,y)=\frac{x^2}{2x^2}\to\frac{1}{2},$$

而当点 (x,y) 沿直线 $y=2x$ 趋向于 $(0,0)$ 时，有

$$f(x,y)=\frac{2x^2}{5x^2}\to\frac{2}{5},$$

可见，$\lim\limits_{\substack{x\to 0\\ y\to 0}} f(x,y)$不存在(参见图 10.24).

下面给出二元函数连续的定义.

设 $f(x,y)$在 $P(x_0,y_0)$的某邻域内有定义，若

$$\lim_{\substack{x\to x_0\\ y\to y_0}} f(x,y)=f(x_0,y_0),$$

则称 $f(x,y)$在点(x_0,y_0)**连续**.

二元函数在一点 P_0 连续可以用分析语言描述如下：

$\forall \varepsilon>0,\exists \delta>0$，对任意 P：$|P-P_0|<\delta$，有

$$|f(P)-f(P_0)|<\varepsilon.$$

若函数的定义域 D 是由一曲线围成的(参见图 10.25)，则在定义域边界上点 P_0 的连续定义为：$\forall \varepsilon>0,\exists \delta>0,\forall P$：$P\in D\cap(P_0,\delta)$，有

$$|f(P)-f(P_0)|<\varepsilon.$$

它是一元函数在区间端点处连续概念在平面上的推广.

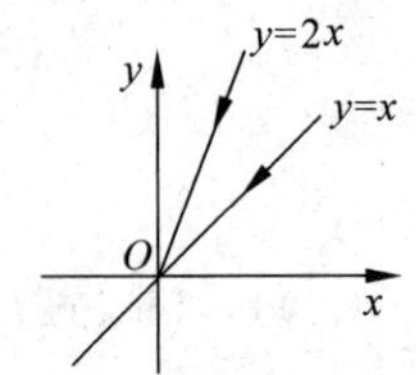

图 10.24 沿不同直线趋向于(0,0)图示

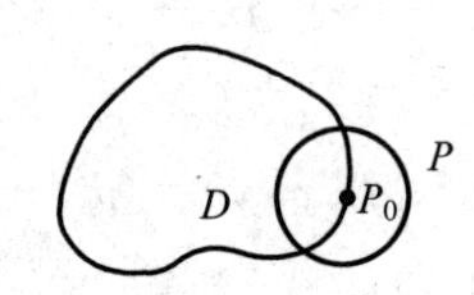

图 10.25 边界点图示

例 10.11 讨论函数

$$f(x,y)=\begin{cases}\dfrac{xy}{x^2+y^2}, & x^2+y^2\neq 0,\\ 0, & x^2+y^2=0\end{cases}$$

在点(0,0)处的连续性.

解 由例 10.10 知 $f(x,y)$在点(0,0)处极限不存在.故函数在点(0,0)不连续.

若 $z=f(x,y)$在区域 D 内每一点都连续，则称 $z=f(x,y)$在区域 D 上连续.

与闭区间上一元连续函数类似，在闭区域上连续二元函数也有一些好的性质.

性质 10.1 有界闭区域 D 上的二元连续函数是**有界**的；

性质 10.2 有界闭区域 D 上的二元连续函数能取得最大值与最小值；

性质 10.3 有界闭区域 D 上的二元连续函数具有**介值性**.

这 3 条性质可以概括为：在有界闭区域 D 上的二元连续函数

$$z=f(x,y),\quad (x,y)\in D,$$

它的值域是一个闭区间$[m,M]$($m=M$ 时，值域是一点).

与一元初等函数类似，二元初等函数是可以用一个式子所表示的函数，这个式子由一元基本初等函数经过有限次四则运算及有限次复合所形成，例如

$$f(x,y)=\frac{\sin(x^2+y^2)}{1+x^2}+\sqrt{y},\quad \mathrm{e}^{x+\cos y}$$

等都是二元初等函数.根据一元初等函数的连续性,不难得出:二元初等函数在其定义域内是连续的.

由上面的性质,若已知 $z=f(x,y)$是初等函数,而(x_0,y_0)是其定义域内的一个点,则

$$\lim_{\substack{x\to x_0\\y\to y_0}} f(x,y)=f(x_0,y_0).$$

例 10.12 求$\lim\limits_{\substack{x\to 2\\y\to 4}}(xy-4x-2y+10)$.

解 函数 $f(x,y)=xy-4x-2y+10$ 是初等函数,它的定义域为$\mathbb{R}^2$. 因此,$f(x,y)$在$\mathbb{R}^2$ 上每一点都连续,于是有

$$\lim_{\substack{x\to 2\\y\to 4}}(xy-4x-2y+10)=f(2,4)=2.$$

例 10.13 求$\lim\limits_{\substack{x\to 0\\y\to 0}}\dfrac{\sqrt{xy+1}-1}{xy}$.

解 $\lim\limits_{\substack{x\to 0\\y\to 0}}\dfrac{\sqrt{xy+1}-1}{xy}=\lim\limits_{\substack{x\to 0\\y\to 0}}\dfrac{xy}{xy(\sqrt{xy+1}+1)}=\lim\limits_{\substack{x\to 0\\y\to 0}}\dfrac{1}{\sqrt{xy+1}+1}=\dfrac{1}{\sqrt{0\times 0+1}+1}=\dfrac{1}{2}$.

习题 10.3

1. 用极限定义证明$\lim\limits_{\substack{x\to 0\\y\to 0}}\dfrac{xy}{\sqrt{x^2+y^2}}=0$.

2. 证明下列极限不存在:

(1) $\lim\limits_{\substack{x\to 0\\y\to 0}}\dfrac{x+y}{x-y}$;　　(2) $\lim\limits_{\substack{x\to 0\\y\to 0}}\dfrac{x^2y^2}{x^2y^2+(x-y)^2}$.

3. 求极限:

(1) $\lim\limits_{\substack{x\to 0\\y\to 0}}\dfrac{\sin(xy)}{\sin x\sin y}$;　　(2) $\lim\limits_{\substack{x\to 0\\y\to 0}}\dfrac{1-xy}{x^2+y^2}$;

(3) $\lim\limits_{\substack{x\to 0\\y\to 0}}\dfrac{2-\sqrt{xy+4}}{xy}$;　　(4) $\lim\limits_{\substack{x\to \infty\\y\to \infty}}\dfrac{1}{x^2+y^2}$.

4. 下列函数在何处是间断的?

(1) $z=\dfrac{y^2+x}{y^2-x}$;　　(2) $z=\dfrac{1}{\sin x\cdot\sin y}$.

5. 讨论函数 $f(x,y)=\begin{cases}xy\sin\dfrac{1}{\sqrt{x^2+y^2}}, & (x,y)\neq(0,0),\\ 0, & (x,y)=(0,0)\end{cases}$ 在$(0,0)$处是否连续.

10.4 偏导数

一元函数的导数定义为函数增量与自变量增量的比值的极限,它刻画了函数对于自变量的变化率.对于多元函数来说,由于自变量个数的增多,函数关系就更为复杂,但是我们仍

然可以考虑函数对于某一个自变量的变化率，也就是在其中一个自变量发生变化，而其余自变量都保持不变的情形下，考虑函数对于该自变量的变化率. 例如由物理学知，一定量理想气体的体积 V，压强 P 与绝对温度 T 之间存在某种联系，我们可以观察在等温条件下（T 视为常数）体积对于压强的变化率，也可以分析在等压过程中（P 视为常数）体积对于温度的变化率. 多元函数对于某一个自变量的变化率引出了多元函数的偏导数概念.

定义 10.3 设二元函数 $z=f(x,y)$ 在 $P_0(x_0,y_0)$ 的某邻域内有定义，若把第二个变量固定为 $y=y_0$，一元函数 $z=f(x,y_0)$ 在 $x=x_0$ 可导，即

$$\lim_{\Delta x\to 0}\frac{f(x_0+\Delta x,y_0)-f(x_0,y_0)}{\Delta x}$$

存在，则称此极限为函数 $f(x,y)$ 在点 $P_0(x_0,y_0)$ **关于 x 的偏导数**，记作

$$f'_x(x_0,y_0),\ \frac{\partial f}{\partial x}(x_0,y_0) \quad 或 \quad \left.\frac{\partial z}{\partial x}\right|_{(x_0,y_0)},\ z'_x(x_0,y_0).$$

类似地，若 $x=x_0$（常数），一元函数 $z=f(x_0,y)$ 在 $y=y_0$ 可导，即

$$\lim_{\Delta y\to 0}\frac{f(x_0,y_0+\Delta y)-f(x_0,y_0)}{\Delta y}$$

存在，则称此极限为函数 $f(x,y)$ 在点 $P_0(x_0,y_0)$ **关于 y 的偏导数**，记作

$$f'_y(x_0,y_0),\ \frac{\partial f}{\partial y}(x_0,y_0) \quad 或 \quad \left.\frac{\partial z}{\partial y}\right|_{(x_0,y_0)},\ z'_y(x_0,y_0).$$

由偏导数的定义，在已知偏导数存在的前提下，求多元函数对一个量的偏导数时，只需将其他的变量视为常数，用一元函数的微分法即可.

例 10.14 某工厂生产甲、乙两种产品，总成本（单位：元）对两种产品产量 x,y（单位：千克）的函数为 $c(x,y)=3x^2+2xy+5y^2+10$，求两种产品产量分别在 $x=9,y=8$ 时的边际成本.

解 $\dfrac{\partial c(x,y)}{\partial x}=6x+2y$，$\dfrac{\partial c(x,y)}{\partial y}=2x+10y$，

$$\left.\frac{\partial c(x,y)}{\partial x}\right|_{(9,8)}=70,\quad \left.\frac{\partial c(x,y)}{\partial y}\right|_{(9,8)}=98.$$

例 10.15 设 $f(x,y)=\sin xy+x^2y^3$，求 $f'_x(x,y)$ 及 $f'_y(x,y)$.

解 $f'_x(x,y)=y\cos xy+2xy^3$，$f'_y(x,y)=x\cos xy+3x^2y^2$.

例 10.16 设 $f(x,y)=\mathrm{e}^x\cos y^2+\arctan x$，求 f'_x 及 f'_y.

解 $f'_x(x,y)=\mathrm{e}^x\cos y^2+\dfrac{1}{1+x^2}$，$f'_y(x,y)=-2y\mathrm{e}^x\sin y^2$.

一般地，若函数 $z=f(x,y)$ 在区域 D 内的每一点 (x,y) 处，偏导函数 $\dfrac{\partial z}{\partial x}$ 及 $\dfrac{\partial z}{\partial y}$ 都存在，则 $\dfrac{\partial z}{\partial x}$ 及 $\dfrac{\partial z}{\partial y}$ 还是 x,y 的二元函数，称其为函数 $z=f(x,y)$ 的偏导函数. 若它们偏导数仍存在，则称这些偏导数为二元函数 $z=f(x,y)$ 的**二阶偏导数**，记作

$$\frac{\partial^2 z}{\partial x^2}=\frac{\partial}{\partial x}\left(\frac{\partial z}{\partial x}\right)=f''_{xx},\quad \frac{\partial^2 z}{\partial x\partial y}=\frac{\partial}{\partial y}\left(\frac{\partial z}{\partial x}\right)=f''_{xy},$$

$$\frac{\partial^2 z}{\partial y\partial x}=\frac{\partial}{\partial x}\left(\frac{\partial z}{\partial y}\right)=f''_{yx},\quad \frac{\partial^2 z}{\partial y^2}=\frac{\partial}{\partial y}\left(\frac{\partial z}{\partial y}\right)=f''_{yy}.$$

仿此可以定义二元函数更高阶的偏导数.

例 10.17 求本节例 10.15 与例 10.16 中函数的二阶偏导数.

解 对于 $f(x,y)=\sin xy+x^2y^3$,已求得

$$\frac{\partial f}{\partial x}=y\cos xy+2xy^3,\quad \frac{\partial f}{\partial y}=x\cos xy+3x^2y^2,$$

于是有

$$\frac{\partial^2 f}{\partial x^2}=\frac{\partial}{\partial x}\left(\frac{\partial f}{\partial x}\right)=-y^2\sin xy+2y^3,$$

$$\frac{\partial^2 f}{\partial x\partial y}=\frac{\partial}{\partial y}\left(\frac{\partial f}{\partial x}\right)=\cos xy-xy\sin xy+6xy^2,$$

$$\frac{\partial^2 f}{\partial y\partial x}=\frac{\partial}{\partial x}\left(\frac{\partial f}{\partial y}\right)=\cos xy-xy\sin xy+6xy^2,$$

$$\frac{\partial^2 f}{\partial y^2}=\frac{\partial}{\partial y}\left(\frac{\partial f}{\partial y}\right)=-x^2\sin xy+6x^2y.$$

对于 $f(x,y)=\mathrm{e}^x\cos y^2+\arctan x$,已求得

$$\frac{\partial f}{\partial x}=\mathrm{e}^x\cos y^2+\frac{1}{1+x^2},\quad \frac{\partial f}{\partial y}=-2y\mathrm{e}^x\sin y^2,$$

因而有

$$\frac{\partial^2 f}{\partial x^2}=\frac{\partial}{\partial x}\left(\frac{\partial f}{\partial x}\right)=\mathrm{e}^x\cos y^2-\frac{2x}{(1+x^2)^2},$$

$$\frac{\partial^2 f}{\partial x\partial y}=\frac{\partial}{\partial y}\left(\frac{\partial f}{\partial x}\right)=-2y\mathrm{e}^x\sin y^2,$$

$$\frac{\partial^2 f}{\partial y\partial x}=\frac{\partial}{\partial x}\left(\frac{\partial f}{\partial y}\right)=-2y\mathrm{e}^x\sin y^2,$$

$$\frac{\partial^2 f}{\partial y^2}=\frac{\partial}{\partial y}\left(\frac{\partial f}{\partial y}\right)=-2\mathrm{e}^x\sin y^2-4y^2\mathrm{e}^x\cos y^2.$$

在二阶偏导数中,$\frac{\partial^2 f}{\partial x\partial y}$与$\frac{\partial^2 f}{\partial y\partial x}$称为**混合偏导数**. 在上面例子中,求混合偏导时,与变量的先后顺序没有关系,但是,并非任何函数的二阶混合偏导数都相等. 一般地,可以证明下面的结论.

定理 10.1 若 $f(x,y)$的二阶偏导数$\frac{\partial^2 f}{\partial x\partial y}$与$\frac{\partial^2 f}{\partial y\partial x}$是关于$(x,y)$的连续函数,则

$$\frac{\partial^2 f}{\partial x\partial y}=\frac{\partial^2 f}{\partial y\partial x}.$$

证明略.

习题 10.4

1. 证明对于函数 $f(x,y)=\begin{cases}\dfrac{xy}{x^2+y^2}, & (x,y)\neq(0,0),\\ 0, & (x,y)=(0,0),\end{cases}$

(1) $f'_x(0,0)$及$f'_y(0,0)$均存在；

(2) $f(x,y)$在$(0,0)$点不连续.

2. 对于二元函数，讨论连续性与偏导数存在之间的关系.

3. 给出多元函数偏导数定义，并计算下面函数的偏导数：

(1) $u=x^{\frac{y}{z}}$； (2) $u=\mathrm{e}^{z(x^2+y^2+z^2)}$.

4. 求下列函数的二阶偏导数：

(1) $z=x^4+y^4-4x^2y^2$； (2) $z=\arctan\dfrac{y}{x}$； (3) $z=y^x$.

5. $z=xy+\mathrm{e}^{x+y}\cos x$，求 $z'_x, z'_y, z''_{xy}, z''_{xx}, z''_{yy}$.

6. 验证函数 $u=\mathrm{e}^{-kn^2t}\sin nx$ 满足热传导方程 $u'_t=ku''_{xx}$.

7. 验证函数 $u=\ln(x+at)$满足波动方程 $u''_{tt}=au''_{xx}$.

8. 验证函数 $u=\arctan\dfrac{x}{y}$ 满足拉普拉斯方程 $u''_{xx}+u''_{yy}=0$.

10.5 全微分

我们知道，一元函数的微分 $\mathrm{d}y$ 定义为自变量改变量的线性函数，且当 $\Delta x\to 0$ 时，$\mathrm{d}y$ 与 Δy 的差是 Δx 的高阶无穷小，即 $\Delta y=A\Delta x+o(\Delta x)$（其中 A 是 $f(x)$在点 x 处的导数).

定义 10.4 设二元函数 $z=f(x,y)$在点(x,y)的某邻域内有定义，若对于定义域中的另一点$(x+\Delta x,y+\Delta y)$，函数的全改变量 Δz 可以写成下面的形式：

$$\Delta z=f(x+\Delta x,y+\Delta y)-f(x,y)=A\Delta x+B\Delta y+o(\rho),$$

其中 A,B 是与 $\Delta x,\Delta y$ 无关的常数，$\rho=\sqrt{(\Delta x)^2+(\Delta y)^2}$，则称 $z=f(x,y)$在点(x,y)处**可微**. Δz 的线性主要部分 $A\Delta x+B\Delta y$ 称为 $f(x,y)$在点(x,y)的**全微分**，用 $\mathrm{d}z$ 或 $\mathrm{d}f$ 来表示，即

$$\mathrm{d}z=A\Delta x+B\Delta y.$$

定理 10.2 若函数 $z=f(x,y)$在点(x,y)可微分，则 $z=f(x,y)$在点(x,y)偏导数存在.

证 由可微定义，存在常数 A,B，使

$$f(x+\Delta x,y+\Delta y)-f(x,y)=A\Delta x+B\Delta y+o(\rho).$$

令 $\Delta y=0$，便有

$$f(x+\Delta x,y)-f(x,y)=A\Delta x+o(\Delta x),$$

用 Δx 除上式等号两端，再取极限($\Delta x\to 0$)，有

$$\frac{\partial z}{\partial x}=\lim_{\Delta x\to 0}\frac{f(x+\Delta x,y)-f(x,y)}{\Delta x}=A,$$

同样也可以证明$\frac{\partial z}{\partial y}=B$，因此定理得证.

由定理 10.2，若函数 $z=f(x,y)$在点(x,y)可微，则

$$\mathrm{d}z=\frac{\partial z}{\partial x}\Delta x+\frac{\partial z}{\partial y}\Delta y.$$

定理 10.3 若函数 $z=f(x,y)$在点(x,y)的某邻域有连续的偏导数，则 $z=f(x,y)$在点(x,y)处可微分.

证 对于点(x,y)邻域内的任意点$(x+\Delta x,y+\Delta y)$，有

$$\begin{aligned}\Delta z&=f(x+\Delta x,y+\Delta y)-f(x,y)\\&=f(x+\Delta x,y+\Delta y)-f(x+\Delta x,y)+f(x+\Delta x,y)-f(x,y)\\&=f'_y(x+\Delta x,y+\theta_1\Delta y)\Delta y+f'_x(x+\theta_2\Delta x,y)\Delta x,\quad 0<\theta_i<1,\ i=1,2.\end{aligned}$$

由偏导函数 $f'_x(x,y)$及 $f'_y(x,y)$的连续性，可知当 $\Delta x\to 0,\Delta y\to 0$ 时，

$$f'_x(x+\theta_2\Delta x,y)\to f'_x(x,y),$$
$$f'_y(x+\Delta x,y+\theta_1\Delta y)\to f'_y(x,y),$$

因而

$$f'_x(x+\theta_2\Delta x,y)=f'_x(x,y)+\alpha,$$
$$f'_y(x+\Delta x,y+\theta_1\Delta y)=f'_y(x,y)+\beta,$$

其中 $\alpha,\beta\to 0$(当 $\rho\to 0$ 时). 因此

$$\alpha\Delta x+\beta\Delta y=o(\rho),$$

从而

$$\Delta z=f'_x(x,y)\Delta x+f'_y(x,y)\Delta y+o(\rho),$$

即 $z=f(x,y)$在点(x,y)处可微分，且

$$\mathrm{d}z=f'_x(x,y)\Delta x+f'_y(x,y)\Delta y.$$

多元函数的全微分的相关性质反映了当自变量发生增量 Δx 时对应函数所引起的变化，在经济中应用于动态分析.

例 10.18 某地区一民营企业的产品年产量由其所投入产品生产的新式设备数目 x_1 和旧式设备数目 x_2 共同决定. 年产量 S 满足 $S(x_1,x_2)=8x_1^3x_2^2$. 假如该民营企业原本投入新式设备 15 台、旧式设备 30 台进行生产，现计划再引进新式设备 1 台，则需要减少多少台旧式设备才能保持企业的年产量无变化.

解 利用二阶导数的全微分性质得

$$\frac{\partial S}{\partial x_1}=24x_1^2x_2^2,\quad \frac{\partial S}{\partial x_2}=16x_1^3x_2.$$

因此当$(x_1,x_2)=(15,30)$时，$\frac{\partial S}{\partial x_1}=4860000$，$\frac{\partial S}{\partial x_2}=1620000$.

又由 $\Delta S=\mathrm{d}S\approx\frac{\partial S}{\partial x_1}\Delta x_1+\frac{\partial S}{\partial x_2}\Delta x_2=0$ 得，$\Delta x_2=-\frac{\frac{\partial S}{\partial x_1}}{\frac{\partial S}{\partial x_2}}\Delta x_1=-3\Delta x_1$.

故若在题设条件下，新式设备增加1台，需使旧式设备减少3台才能保持企业年产量不发生变化.

例 10.19 求 $z=f(x,y)=x$ 与 $z=g(x,y)=y$ 的全微分.

解 由于$\frac{\partial f}{\partial x}=1,\frac{\partial f}{\partial y}=0$，因此 $\mathrm{d}x=\Delta x$. 同理可得 $\mathrm{d}y=\Delta y$.

因此，在以后的全微分表达式中，可以写成下面形式：

$$\mathrm{d}z=f'_x(x,y)\mathrm{d}x+f'_y(x,y)\mathrm{d}y.$$

例 10.20 求 $z=\mathrm{e}^{\sqrt{x^2+y^2}}$ 的全微分.

解 $\frac{\partial z}{\partial x}=\frac{x}{\sqrt{x^2+y^2}}\mathrm{e}^{\sqrt{x^2+y^2}}$， $\frac{\partial z}{\partial y}=\frac{y}{\sqrt{x^2+y^2}}\mathrm{e}^{\sqrt{x^2+y^2}}$，

所以

$$\mathrm{d}z=\frac{\mathrm{e}^{\sqrt{x^2+y^2}}}{\sqrt{x^2+y^2}}(x\mathrm{d}x+y\mathrm{d}y).$$

例 10.21 已知 $f(x,y)=\sqrt{|xy|}$，研究函数 $f(x,y)$ 在 $(0,0)$ 点的(1)连续性；(2)偏导数存在性；(3)可微性.

解 (1) $f(x,y)=\sqrt{|xy|}=(x^2y^2)^{\frac{1}{4}}$ 是初等函数，在 $(0,0)$ 点有定义，因此，在 $(0,0)$ 点连续.

(2) 因为

$$\lim_{\Delta x\to 0}\frac{f(\Delta x,0)-f(0,0)}{\Delta x}=\lim_{\Delta x\to 0}\frac{0}{\Delta x}=0,$$

所以，$f(x,y)$ 在 $(0,0)$ 点关于 x 的偏导数存在并且 $f'_x(0,0)=0$. 同理可知 $f(x,y)$ 在 $(0,0)$ 点处关于 y 的偏导数也存在并且 $f'_y(0,0)=0$.

(3) 若 $f(x,y)$ 在 $(0,0)$ 点可微分，必有

$$\Delta f=f(\Delta x,\Delta y)-f(0,0)=f'_x\Delta x+f'_y\Delta y+o(\rho),$$

即

$$\sqrt{|\Delta x\Delta y|}=o\left(\sqrt{(\Delta x)^2+(\Delta y)^2}\right),$$

但 $(\Delta x,\Delta y)$ 沿 $\Delta x=\Delta y$ 趋向于 $(0,0)$ 点时，极限

$$\lim_{\substack{\Delta x\to 0\\ \Delta y\to 0}}\frac{\sqrt{|\Delta x\Delta y|}}{\sqrt{(\Delta x)^2+(\Delta y)^2}}=\frac{1}{\sqrt{2}},$$

因此

$$\lim_{\substack{\Delta x\to 0\\ \Delta y\to 0}}\frac{\sqrt{|\Delta x\Delta y|}}{\sqrt{(\Delta x)^2+(\Delta y)^2}}\neq 0,$$

矛盾. 于是 $f(x,y)=\sqrt{|xy|}$ 在(0,0)点不可微.

习题 10.5

1. 已知函数

$$f(x,y)=\begin{cases}\dfrac{\sqrt{|xy|}}{x^2+y^2}\sin(x^2+y^2), & (x,y)\neq(0,0),\\ 0, & (x,y)=(0,0).\end{cases}$$

(1) 求证 $f(x,y)$在(0,0)处两个偏导数都存在;

(2) 证明 $f(x,y)$在(0,0)处不可微;

$\left(\text{提示: 证明在点}(0,0)\text{处}\dfrac{\Delta f-(f'_x\Delta x+f'_y\Delta y)}{\rho}\to 0\text{ 不成立.}\right)$

(3) 以上结论说明了什么?

2. 对于一元函数来说,有:(1)可导必连续;(2)可导等价于可微. 对于二元函数,讨论“连续”“偏导数存在”“可微”“偏导数连续”之间的关系.

3. 若定义在 $\mathbb{R}^2$ 上的二元函数 $f(x,y)$满足下面条件,则称 $z=f(x,y)$是线性函数:

(1) $f(\lambda x,\lambda y)=\lambda f(x,y),\lambda\in\mathbb{R}$;

(2) $f(x_1+x_2,y_1+y_2)=f(x_1,y_1)+f(x_2,y_2)$.

试证明: $z=f(x,y)$是线性函数,当且仅当存在常数 A,B,使

$$f(x,y)=Ax+By.$$

4. 计算 $1.04^{2.02}$ 的近似值.(提示: 用全微分近似代替全增量.)

10.6 复合函数和隐函数的偏导数

10.6.1 复合函数的偏导数公式

设函数 $z=f(u,v)$,而 u 和 v 又是变量(x,y)的函数: $u=\varphi(x,y),v=\psi(x,y)$,因此

$$z=f[\varphi(x,y),\psi(x,y)]$$

是(x,y)的复合函数,复合时,要求内函数的“值域”含于外函数的定义域,即

$$R(\varphi,\psi)\subset Df(u,v),$$

其中

$$R(\varphi,\psi)=\{(\varphi(x,y),\psi(x,y))\mid(x,y)\in D\}.$$

定理 10.4 若函数 $u=\varphi(x)$及 $v=\psi(x)$在 x 处可导,而 $z=f(u,v)$在相应的点(u,v)处可微,则复合函数 $z=f[\varphi(x),\psi(x)]$在 x 处也可导,且

$$\frac{\mathrm{d}z}{\mathrm{d}x}=\frac{\partial z}{\partial u}\frac{\mathrm{d}u}{\mathrm{d}x}+\frac{\partial z}{\partial v}\frac{\mathrm{d}v}{\mathrm{d}x}.$$

证 给自变量 x 一个改变量 Δx,相应地 u 和 v 有改变量 Δu 和 Δv,从而 z 有改变量 Δz. 由可微定义,有

$$\Delta z=f'_u(u,v)\Delta u+f'_v(u,v)\Delta v+\alpha\rho,$$

其中 $\rho=\sqrt{(\Delta u)^2+(\Delta v)^2}$，$\lim\limits_{\rho\to 0}\alpha=0$.

上面等式两端用 Δx 除，有

$$\frac{\Delta z}{\Delta x}=f'_u(u,v)\frac{\Delta u}{\Delta x}+f'_v(u,v)\frac{\Delta v}{\Delta x}+\alpha\frac{\rho}{\Delta x}.$$

等号两端取极限（$\Delta x\to 0$），有

$$\lim_{\Delta x\to 0}\frac{\Delta z}{\Delta x}=f'_u(u,v)\lim_{\Delta x\to 0}\frac{\Delta u}{\Delta x}+f'_v(u,v)\lim_{\Delta x\to 0}\frac{\Delta v}{\Delta x}+\lim_{\Delta x\to 0}\alpha\frac{\rho}{\Delta x}.$$

因为 $u=\varphi(x)$ 及 $v=\psi(x)$ 在 x 处可导，并且

$$\lim_{\Delta x\to 0}\alpha\frac{\rho}{\Delta x}=\lim_{\Delta x\to 0}\alpha\sqrt{\left(\frac{\Delta u}{\Delta x}\right)^2+\left(\frac{\Delta v}{\Delta x}\right)^2}=0,$$

因此

$$\frac{\mathrm{d}z}{\mathrm{d}x}=\frac{\partial z}{\partial u}\frac{\mathrm{d}u}{\mathrm{d}x}+\frac{\partial z}{\partial v}\frac{\mathrm{d}v}{\mathrm{d}x}.$$

推论 若函数 $u=\varphi(x,y)$ 及 $v=\psi(x,y)$ 的偏导数存在，而 $z=f(u,v)$ 关于 u,v 可微，则复合函数 $z=f[\varphi(x,y),\psi(x,y)]$ 的偏导数存在，且

$$\frac{\partial z}{\partial x}=\frac{\partial z}{\partial u}\frac{\partial u}{\partial x}+\frac{\partial z}{\partial v}\frac{\partial v}{\partial x},\tag{10.11}$$

$$\frac{\partial z}{\partial y}=\frac{\partial z}{\partial u}\frac{\partial u}{\partial y}+\frac{\partial z}{\partial v}\frac{\partial v}{\partial y}.\tag{10.12}$$

证 将 y 看作常数，应用定理10.4，得(10.11)式. 将 x 看作常数，再应用定理10.4，得(10.12)式.

注 对于常见的函数，都是可导的，因此，在应用上很少去验证定理10.4的条件.

例 10.22 求 $z=(x^2+y^2)^{(x^2-y^2)}$ 的偏导数.

解 设 $u=x^2+y^2$，$v=x^2-y^2$，则 $z=u^v$. 可得

$$\frac{\partial z}{\partial u}=vu^{v-1}=\frac{v}{u}z,\quad \frac{\partial z}{\partial v}=u^v\ln u=z\ln u,$$

因此

$$\begin{aligned}\frac{\partial z}{\partial x}&=\frac{\partial z}{\partial u}\frac{\partial u}{\partial x}+\frac{\partial z}{\partial v}\frac{\partial v}{\partial x}=z\left(2x\,\frac{v}{u}+2x\ln u\right)\\&=2xz\left(\frac{v}{u}+\ln u\right)=2x(x^2+y^2)^{x^2-y^2}\left(\frac{x^2-y^2}{x^2+y^2}+\ln(x^2+y^2)\right),\\\frac{\partial z}{\partial y}&=\frac{\partial z}{\partial u}\frac{\partial u}{\partial y}+\frac{\partial z}{\partial v}\frac{\partial v}{\partial y}=z\left(\frac{v}{u}2y-2y\ln u\right)\\&=2yz\left(\frac{x^2-y^2}{x^2+y^2}-\ln(x^2+y^2)\right)\\&=2y(x^2+y^2)^{(x^2-y^2)}\left(\frac{x^2-y^2}{x^2+y^2}-\ln(x^2+y^2)\right).\end{aligned}$$

例 10.23 $y=x^{\sin x}$，求 y'.

解 设 $y=u^v$，$u=x$，$v=\sin x$，则

$$\frac{\partial y}{\partial u}=vu^{v-1},\quad \frac{\partial y}{\partial v}=u^{v}\ln u,$$

因此

$$y'=\frac{\partial y}{\partial u}\frac{\partial u}{\partial x}+\frac{\partial y}{\partial v}\frac{\partial v}{\partial x}=u^{v}\left(\frac{v}{u}\cdot 1+\ln u\cos x\right)=x^{\sin x}\left(\frac{\sin x}{x}+\cos x\ln x\right).$$

复合函数的求导公式不难推广到任意有限多个中间变量或自变量的情况.

例如,设 $w=f(u,v,s,t)$,而 u,v,s,t 都是 x,y 与 z 的函数:

$$u=u(x,y,z),\quad v=v(x,y,z),\quad s=s(x,y,z),\quad t=t(x,y,z).$$

则复合函数 $w=f[u(x,y,z),v(x,y,z),s(x,y,z),t(x,y,z)]$对三个自变量 x,y,z 的偏导数为

$$\frac{\partial w}{\partial x}=\frac{\partial w}{\partial u}\frac{\partial u}{\partial x}+\frac{\partial w}{\partial v}\frac{\partial v}{\partial x}+\frac{\partial w}{\partial s}\frac{\partial s}{\partial x}+\frac{\partial w}{\partial t}\frac{\partial t}{\partial x},$$

$$\frac{\partial w}{\partial y}=\frac{\partial w}{\partial u}\frac{\partial u}{\partial y}+\frac{\partial w}{\partial v}\frac{\partial v}{\partial y}+\frac{\partial w}{\partial s}\frac{\partial s}{\partial y}+\frac{\partial w}{\partial t}\frac{\partial t}{\partial y},$$

$$\frac{\partial w}{\partial z}=\frac{\partial w}{\partial u}\frac{\partial u}{\partial z}+\frac{\partial w}{\partial v}\frac{\partial v}{\partial z}+\frac{\partial w}{\partial s}\frac{\partial s}{\partial z}+\frac{\partial w}{\partial t}\frac{\partial t}{\partial z}.$$

多元函数的复合函数求导公式比较复杂,必须特别注意在复合函数中哪些是自变量,哪些是中间变量.一般来说,复合函数对某一变量求偏导数时,若与该变量有关的中间变量有 n 个,则复合函数求导公式的右端包含 n 项之和,其中每一项是因变量对一个中间变量的偏导数与这个中间变量对该自变量的偏导数的乘积.

例 10.24 设 $F=f(x,xy,xyz)$,求$\frac{\partial F}{\partial x},\frac{\partial F}{\partial y},\frac{\partial F}{\partial z}$.

解 设 $u=x,v=xy,w=xyz$,有 $F=f(u,v,w)$,并且用 f'_1,f'_2,f'_3分别代替$\frac{\partial f}{\partial u},\frac{\partial f}{\partial v},\frac{\partial f}{\partial w}$,于是

$$\frac{\partial F}{\partial x}=\frac{\partial f}{\partial u}\frac{\partial u}{\partial x}+\frac{\partial f}{\partial v}\frac{\partial v}{\partial x}+\frac{\partial f}{\partial w}\frac{\partial w}{\partial x}=f'_1+f'_2y+f'_3yz;$$

$$\frac{\partial F}{\partial y}=\frac{\partial f}{\partial v}\frac{\partial v}{\partial y}+\frac{\partial f}{\partial w}\frac{\partial w}{\partial y}=f'_2x+f'_3xz;$$

$$\frac{\partial F}{\partial z}=\frac{\partial f}{\partial w}\frac{\partial w}{\partial z}=f'_3xy.$$

例 10.25 设 $z=uv+\sin t$,而 $u=\mathrm{e}^t,v=\cos t$,求全导数$\frac{\mathrm{d}z}{\mathrm{d}t}$.

解 $$\frac{\mathrm{d}z}{\mathrm{d}t}=\frac{\partial z}{\partial u}\frac{\mathrm{d}u}{\mathrm{d}t}+\frac{\partial z}{\partial v}\frac{\mathrm{d}v}{\mathrm{d}t}+\frac{\partial z}{\partial t}=v\mathrm{e}^t-u\sin t+\cos t$$

$$=\mathrm{e}^t\cos t-\mathrm{e}^t\sin t+\cos t=\mathrm{e}^t(\cos t-\sin t)+\cos t.$$

10.6.2 隐函数的导数和偏导数公式

在一元函数微分学中,讨论了隐函数的求导方法.现在利用偏导数来推导出隐函数的导数和偏导数公式.

1. 若因变量 y 和自变量 x 之间的函数关系由方程

$$F(x,y)=0$$

确定,则称函数 $y=y(x)$ 为由方程 $F(x,y)=0$ 确定的**隐函数**. 显然,隐函数 $y(x)$ 满足恒等式

$$F(x,y(x))\equiv 0. \tag{10.13}$$

由(10.13)式两边对 x 求导数,得

$$\frac{\partial F}{\partial x}+\frac{\partial F}{\partial y}\frac{\mathrm{d}y}{\mathrm{d}x}=0,$$

当 $\dfrac{\partial F}{\partial y}\neq 0$ 时,有

$$\frac{\mathrm{d}y}{\mathrm{d}x}=-\frac{\dfrac{\partial F}{\partial x}}{\dfrac{\partial F}{\partial y}}.$$

这就是由方程 $F(x,y)=0$ 确定的隐函数 $y(x)$ 的求导公式.

2. 若因变量 z 和自变量 x,y 之间的函数关系由方程

$$F(x,y,z)=0$$

确定,则称函数 $z=z(x,y)$ 为由方程 $F(x,y,z)=0$ 确定的隐函数. 显然,隐函数 $z(x,y)$ 满足恒等式

$$F(x,y,z(x,y))\equiv 0. \tag{10.14}$$

由(10.14)式两边对 x,y 求偏导数,得

$$\frac{\partial F}{\partial x}+\frac{\partial F}{\partial z}\frac{\partial z}{\partial x}=0,\quad \frac{\partial F}{\partial y}+\frac{\partial F}{\partial z}\frac{\partial z}{\partial y}=0,$$

当 $\dfrac{\partial F}{\partial z}\neq 0$ 时,有

$$\frac{\partial z}{\partial x}=-\frac{\dfrac{\partial F}{\partial x}}{\dfrac{\partial F}{\partial z}},\quad \frac{\partial z}{\partial y}=-\frac{\dfrac{\partial F}{\partial y}}{\dfrac{\partial F}{\partial z}}. \tag{10.15}$$

这就是由方程 $F(x,y,z)=0$ 确定的隐函数 $z(x,y)$ 的求偏导数公式.

例 10.26 求由方程 $\dfrac{x^2}{a^2}+\dfrac{y^2}{b^2}+\dfrac{z^2}{c^2}=1$ 确定函数 z 的偏导数.

解法 1 两边先对 x 求偏导数,记住 z 是 x 的函数,得

$$\frac{2x}{a^2}+\frac{2z}{c^2}\frac{\partial z}{\partial x}=0,\quad 解得\quad \frac{\partial z}{\partial x}=-\frac{c^2x}{a^2z}.$$

两边对 y 求偏导数,有

$$\frac{2y}{b^2}+\frac{2z}{c^2}\frac{\partial z}{\partial y}=0,\quad 解得\quad \frac{\partial z}{\partial y}=-\frac{c^2y}{b^2z}.$$

解法 2 设 $F(x,y,z)=\dfrac{x^2}{a^2}+\dfrac{y^2}{b^2}+\dfrac{z^2}{c^2}-1$,则

$$\frac{\partial F}{\partial x}=\frac{2x}{a^2},\quad \frac{\partial F}{\partial y}=\frac{2y}{b^2},\quad \frac{\partial F}{\partial z}=\frac{2z}{c^2}.$$

由公式(10.15),有

$$\frac{\partial z}{\partial x}=-\frac{c^2x}{a^2z},\quad \frac{\partial z}{\partial y}=-\frac{c^2y}{b^2z}.$$

习题 10.6

1. 求下列复合函数的导数或偏导数:

(1) $z=x\sin y$,求$\frac{\partial z}{\partial y}$;

(2) $u=\mathrm{e}^{x^3+y^2+z}$,求$\frac{\partial u}{\partial x},\frac{\partial u}{\partial y},\frac{\partial u}{\partial z}$;

(3) $u=\mathrm{e}^{x-2y}$,其中 $x=\sin t,y=t^3$,求$\frac{\mathrm{d}u}{\mathrm{d}t}$;

(4) $z=x^2y-xy^2$,其中 $x=u\cos v,y=u\sin v$,求$\frac{\partial z}{\partial u},\frac{\partial z}{\partial v}$;

(5) $w=f(u,v)$,其中 $u=x+y+z,v=x^2+y^2+z^2$,求$\frac{\partial w}{\partial x},\frac{\partial w}{\partial y},\frac{\partial w}{\partial z}$;

(6) $w=\tan(3x+2y^2-z)$,其中 $y=\frac{1}{x},z=x^2$,求$\frac{\mathrm{d}w}{\mathrm{d}x}$;

(7) $z=f(x,y)$,其中 $x=r\cos\theta,y=r\sin\theta$,求 z'_r,z'_θ.

2. 求下列方程确定的函数 $y(x)$的导数$\frac{\mathrm{d}y}{\mathrm{d}x}$:

(1) $x^2+2xy-y^2=a^2$; (2) $x^y=y^x$; (3) $\ln\sqrt{x^2+y^2}=\arctan\frac{y}{x}$.

3. 求由下列方程确定的函数 $z(x,y)$的偏导数$\frac{\partial z}{\partial x},\frac{\partial z}{\partial y}$:

(1) $\mathrm{e}^z-xyz=0$; (2) $\cos^2x+\cos^2y+\cos^2z=1$;

(3) $x^3+y^3+z^3-3axyz=0$.

4. 设 $z=f(xy,x^2+y^2)$,其中 f 具有二阶连续偏导数,求$\frac{\partial^2 z}{\partial x^2},\frac{\partial^2 z}{\partial y^2}$.

5. 求由方程 $x^2-2y^2+z^2-4x+2z-5=0$ 确定的函数 $z(x,y)$的全微分.

6. 设 $u=f(x-y,y-z,z-x)$,证明:$\frac{\partial u}{\partial x}+\frac{\partial u}{\partial y}+\frac{\partial u}{\partial z}=0$.

10.7 二元函数的极值

极值是函数中的重要内容,函数极值的理论在生活中有重要的实际意义,无论在科学研究,还是物流,实际规划工程,通常要解决如何投资量输出最大,产出最多,最高效率优化.这些实际问题都可以转化为一个数学问题来研究,进而转化为函数的极值问题.

10.7.1 普通极值

在实际问题中,不仅需要一元函数的极值,而且还需要多元函数的极值.下面是关于二元函数极值的讨论,其结果可以推广到二元以上的函数.

定义 10.5 设二元函数 $z=f(x,y)$ 在 (x_0,y_0) 的某邻域 U 内有定义,若对 $\forall (x,y)\in U$,有

$$f(x,y)\leqslant f(x_0,y_0)\quad (f(x,y)\geqslant f(x_0,y_0)),$$

则称 $z=f(x,y)$ 在点 (x_0,y_0) 处取得**极大值(极小值)** $f(x_0,y_0)$,点 (x_0,y_0) 称为函数 $z=f(x,y)$ 的**极大点(极小点)**. 极大值和极小值统称为**极值**,极大点和极小点统称为**极值点**.

例如,旋转抛物面 $z=x^2+y^2$ 在点(0,0)处有极小值 0,而半球面 $z=\sqrt{1-x^2-y^2}$ 在点(0,0)处有极大值 1.

在研究极值中,偏导数起着很大的作用.

定理 10.5(二元函数极值的必要条件) 若函数 $z=f(x,y)$ 在点 (x_0,y_0) 处有极值,且存在偏导数,则有

$$f'_x(x_0,y_0)=f'_y(x_0,y_0)=0.$$

证 固定 y 使 $y=y_0$,则 $z=f(x,y_0)$ 是关于 x 的一元函数,显然此函数在 x_0 处取得极值并且可导,因此 z 关于 x 的导数是 0,即 $f'_x(x_0,y_0)=0$. 同样地,也有 $f'_y(x_0,y_0)=0$.

使两个偏导数都是 0 的点 (x_0,y_0) 称为函数的**驻点**.

由定理 10.5,对于可导函数来说,极值点一定是驻点. 但对于不可导函数,或函数在其不可导的点,也可能有极值,例如:函数 $z=\sqrt{x^2+y^2}$ 在点(0,0)有极小值 0,但是容易证明在点(0,0)函数的两个偏导数都不存在.

函数的驻点和偏导数不存在的点统称为二元函数的**临界点**. 由定理 10.5 可知,极值点一定是临界点.

例 10.27 讨论函数 $f(x,y)=y^2-x^2$ 的极值.

解 令 $f'_x(x,y)=f'_y(x,y)=0$,求得驻点是(0,0).

当 x 固定为 0 时,$\forall y\neq 0, f(0,y)=y^2>0$;当 y 固定为 0 时,$\forall x\neq 0, f(x,0)=-x^2<0$. 因此在(0,0)点既不能取得极大值也不能取得极小值,即(0,0)不是极值点.

注 (0,0,0)是马鞍面 $z=y^2-x^2$ 的鞍点.

由上面的讨论可知,偏导数存在的函数的极值点一定是驻点,但驻点未必是极值点. 那么,驻点在什么条件下一定是极值点呢?

定理 10.6(二元函数极值的充分条件) 设 $z=f(x,y)$ 在 (x_0,y_0) 的邻域内有连续的二阶偏导数,且 (x_0,y_0) 点是函数的驻点. 设

$$A=f''_{xx}(x_0,y_0),\quad B=f''_{xy}(x_0,y_0)=f''_{yx}(x_0,y_0),\quad C=f''_{yy}(x_0,y_0),$$

则

(1) 若 $B^2-AC<0$, $f(x,y)$ 在点 (x_0,y_0) 取得极值,并且

① A(或 C)为正号,(x_0,y_0) 是极小点;

② A(或 C)为负号,(x_0,y_0) 是极大点.

(2) 若 $B^2-AC>0$，(x_0,y_0)不是极值点.

(3) 若 $B^2-AC=0$，(x_0,y_0)可能是极值点，也可能不是极值点.

定理的证明从略.

例 10.28 求函数 $z=x^2-xy+y^2+9x-6y$ 的极值.

解 $z'_x=2x-y+9$，$z'_y=-x+2y-6$，令 $z'_x=z'_y=0$，解得 $x=-4$，$y=1$，所以$(-4,1)$是驻点.

又求得 $z''_{xx}=2$，$z''_{xy}=-1$，$z''_{yy}=2$，可知 $B^2-AC=-3<0$. 于是$(-4,1)$是极小点，且极小值为 $f(-4,1)=-21$.

例 10.29 求周长为 l 的所有三角形的最大面积.

解 由秦九韶-海伦公式，三角形面积与三边之间的关系式为

$$s=\sqrt{p(p-a)(p-b)(p-c)},$$

其中 a,b,c 是三边长，p 为周长的一半. 由于面积的表达式带根号，因此，先求面积的平方 A 的极值.

设三角形有两条边长是 x 与 y，则第三边长是 $l-x-y$，因此，面积的平方 A 可表示为

$$\begin{aligned}A&=\frac{l}{2}\left(\frac{l}{2}-x\right)\left(\frac{l}{2}-y\right)\left(x+y-\frac{l}{2}\right)\\&=\frac{l}{2}\left[x^2y+xy^2-\frac{l}{2}(x+y)^2-\frac{l}{2}xy+\frac{l^2}{2}(x+y)-\frac{l^3}{8}\right].\end{aligned}$$

求得

$$\frac{\partial A}{\partial x}=\frac{l}{2}\left[2xy+y^2-l(x+y)+\frac{l^2}{2}-\frac{l}{2}y\right],$$

$$\frac{\partial A}{\partial y}=\frac{l}{2}\left[x^2+2xy-l(x+y)+\frac{l^2}{2}-\frac{l}{2}x\right].$$

令$\dfrac{\partial A}{\partial x}=\dfrac{\partial A}{\partial y}=0$，得

$$\begin{cases}2xy+y^2-l(x+y)+\dfrac{l^2}{2}-\dfrac{l}{2}y=0,\\x^2+2xy-l(x+y)+\dfrac{l^2}{2}-\dfrac{l}{2}x=0,\end{cases}$$

两式相减，得

$$(x-y)\left(x+y-\frac{l}{2}\right)=0,$$

由三边不等式关系，只有 $x=y$ 时上式成立，代入原方程，求得 $x=y=\dfrac{l}{3}$. 由于此实际问题的最大值一定存在，因此当三角形是等边三角形时，面积最大，且此时最大面积是$\dfrac{\sqrt{3}}{36}l^2$.

10.7.2 条件极值

在求极值中，经常会出现自变量满足一定条件的极值问题，如例 10.29 便可以看作是求

三元函数

$$A=\frac{l}{2}\left(\frac{l}{2}-x\right)\left(\frac{l}{2}-y\right)\left(\frac{l}{2}-z\right)$$

在条件 $x+y+z=l$ 下的极值问题.这类附有条件的极值问题称为**条件极值问题**.

同样可以定义 n 元函数带有 m 个附加条件的条件极值问题.

下面以三元函数带有两个附加条件的条件极值为例,来介绍求这类条件极值的一般方法——**拉格朗日乘数方法**.

在条件 $g_1(x,y,z)=0$ 和 $g_2(x,y,z)=0$ 下,求函数 $u=f(x,y,z)$ 的极值.

首先假定函数 $g_1(x,y,z),g_2(x,y,z),f(x,y,z)$ 在所考虑的区域内有连续的偏导数.

第 1 步 引入辅助函数

$$F(x,y,z,\lambda_1,\lambda_2)=f(x,y,z)+\lambda_1 g_1(x,y,z)+\lambda_2 g_2(x,y,z),$$

这里把 λ_1 与 λ_2 都看作变量.

第 2 步 令 F 关于 5 个变量的偏导数都是 0,求出相应的驻点.

第 3 步 根据实际问题判断驻点是否是极值点.

例 10.30 求 (x_0,y_0,z_0) 到平面 $Ax+By+Cz+D=0$ 的距离.

解 点到平面上的距离指的是点到平面上各点距离的最小值.因为当距离取得最小值时,距离的平方也取得最小值,所以求函数

$$f(x,y,z)=(x-x_0)^2+(y-y_0)^2+(z-z_0)^2$$

在条件 $Ax+By+Cz+D=0$ 下的最小值.

因此,作辅助函数

$$F(x,y,z,\lambda)=(x-x_0)^2+(y-y_0)^2+(z-z_0)^2+\lambda(Ax+By+Cz+D).$$

求 F 对 4 个变量的偏导数,可得方程组

$$\begin{cases}2(x-x_0)+\lambda A=0,\\2(y-y_0)+\lambda B=0,\\2(z-z_0)+\lambda C=0,\\Ax+By+Cz+D=0,\end{cases}$$

易求出

$$x=x_0-\frac{\lambda A}{2},\quad y=y_0-\frac{\lambda B}{2},\quad z=z_0-\frac{\lambda C}{2},$$

$$\lambda=\frac{2(Ax_0+By_0+Cz_0+D)}{A^2+B^2+C^2},$$

于是,方程组只有唯一一组解

$$x=x_0-\frac{A(Ax_0+By_0+Cz_0+D)}{A^2+B^2+C^2},$$

$$y=y_0-\frac{B(Ax_0+By_0+Cz_0+D)}{A^2+B^2+C^2},$$

$$z=z_0-\frac{C(Ax_0+By_0+Cz_0+D)}{A^2+B^2+C^2}.$$

$$(x-x_0)^2+(y-y_0)^2+(z-z_0)^2=\frac{\lambda^2}{4}(A^2+B^2+C^2).$$

显然,这个问题存在最小值.因此求得 $f(x,y,z)$ 的最小值为

$$\frac{(Ax_0+By_0+Cz_0+D)^2}{A^2+B^2+C^2},$$

而点(x_0,y_0,z_0)到平面 $Ax+By+Cz+D=0$ 的距离为

$$d=\frac{|Ax_0+By_0+Cz_0+D|}{\sqrt{A^2+B^2+C^2}}.$$

例 10.31 某消费者购买甲、乙两种商品的价格为 $P_x=1,P_y=4$,消费者用 48 个单位的费用购买这两种商品.又知当购买量分别为 x,y 时,消费的效用函数为 $U=x^{\frac{1}{2}}y$,问消费者如何购买,可以得到最大效用,并求最大效用.

解 令拉格朗日函数 $L(x,y,\lambda)=x^{\frac{1}{2}}y+\lambda(x+4y-48)$,求偏导数,得联立方程组

$$\begin{cases}L'_x(x,y,\lambda)=\frac{1}{2}x^{-\frac{1}{2}}y+\lambda=0,\\ L'_y(x,y,\lambda)=x^{\frac{1}{2}}+4\lambda=0,\\ x+4y=48,\end{cases}$$

解得 $x=16,y=8$.因此当购买量 x 为 16,y 为 8 时,可以得到最大效用,最大效用为 32.

例 10.32 设销售收入 R(单位:万元)与花费在两种广告宣传的费用 x,y(单位:万元)之间的关系为

$$R=\frac{200x}{x+5}+\frac{100y}{10+y},$$

利润额相当于五分之一的销售收入,并要扣除广告费用.已知广告费用总预算金是 25 万元,试问如何分配两种广告费用使利润最大?

解 设利润为 z,有

$$z=\frac{1}{5}R-x-y=\frac{40x}{x+5}+\frac{20y}{10+y}-x-y,$$

限制条件为 $x+y=25$,这是条件极值问题.令

$$L(x,y,\lambda)=\frac{40x}{x+5}+\frac{20y}{20+y}-x-y-\lambda(x+y-25),$$

从而

$$L_x=\frac{200}{(x+5)^2}-1+\lambda=0,\quad L_y=\frac{200}{(10+y)^2}-1+\lambda=0,$$

整理得

$$(5+x)^2=(10+y)^2.$$

解得 $x=15,y=10$.

因此,当投入两种广告的费用分别为 15 万元和 10 万元时,可使利润最大.

10.7.3 多元函数的最大值与最小值问题

已知有界闭区域上的连续函数在该区域上必有最大值和最小值.设函数在区域内只有

有限个临界点，且最大值、最小值在区域的内部取得，那么它一定是函数的极大值或极小值. 所以欲求多元函数的最大值、最小值，可以先求出函数在定义域内部所有临界点处的值以及函数在区域边界上的最大值和最小值，这些值中最大的一个就是最大值，最小的一个就是最小值.

例 10.33 求函数 $f(x,y)=xy-x^2$ 在正方形闭区域 $D=[0,1;\ 0,1]$上的最大值和最小值.

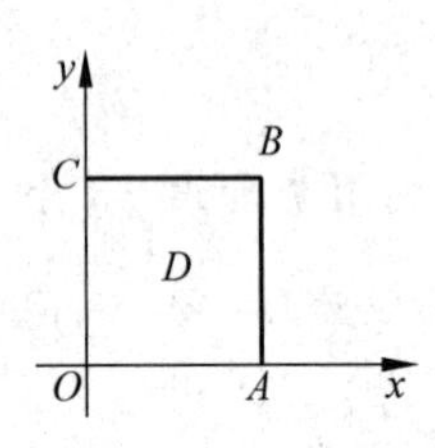

图 10.26 正方形区域图示

解 $f'_x(x,y)=y-2x$，$f'_y(x,y)=x$. 令 $f'_x(x,y)=0$，$f'_y(x,y)=0$，解得驻点$(0,0)$，它恰好在区域的边界上(参见图 10.26)，函数在 D 的内部无临界点. 所以函数的最大值和最小值只能在 D 的边界上取得. 边界由 4 条直线段组成.

在 OA 上，$f(x,0)=-x^2(0\leqslant x\leqslant 1)$，因此，$f(x,y)$在 OA 上的最大值为 0，最小值为-1；在 AB 上，$f(1,y)=y-1(0\leqslant y\leqslant 1)$，因此，$f(x,y)$在 AB 上的最大值为 0，最小值为-1；在 BC 上，$f(x,1)=x-x^2(0\leqslant x\leqslant 1)$，因此，$f(x,y)$在 BC 上的最大值为$\frac{1}{4}$，最小值为 0；在 OC 上，恒有 $f(0,y)=0$.

综上所述，$f(x,y)$在 D 上的最大值为$\frac{1}{4}$，最小值为-1.

例 10.34 求函数 $f(x,y)=x^2-y^2$ 在闭区域 $D=\{(x,y)\,|\,2x^2+y^2\leqslant 1\}$上的最大值与最小值.

解 在区域的内部，函数 $f(x,y)=x^2-y^2$ 有唯一的驻点$(0,0)$，$f(0,0)=0$. 在边界曲线 $2x^2+y^2=1$ 上，$f(x,y)=3x^2-1\left(-\frac{1}{\sqrt{2}}\leqslant x\leqslant\frac{1}{\sqrt{2}}\right)$. 函数 $f(x,y)$在边界上的最大值为 $f\left(\frac{1}{\sqrt{2}},0\right)=\frac{1}{2}$，最小值为 $f(0,1)=-1$. 所以函数 $f(x,y)$在 D 上的最大值为$\frac{1}{2}$，最小值为-1.

注 函数 $f(x,y)=x^2-y^2$ 在边界曲线 $2x^2+y^2=1$ 上最大值与最小值问题，实际上是条件极值问题，在此例中是把条件极值化为普通极值来解决的.

习题 10.7

1. 求函数的极值：

(1) $f(x,y)=6(x-x^2)(4y-y^2)$； (2) $f(x,y)=xy+x^3+y^3$；

(3) $f(x,y)=xy(a-x-y)$； (4) $f(x,y)=e^x(x+y^2+2y)$.

2. 求下列函数在约束方程下的最大、最小值：

(1) $f(x,y)=2x+y$，$x^2+4y^2=1$； (2) $f(x,y,z)=xyz$，$x^2+2y^2+3z^2=6$.

3. 求曲面 $xy-z^2+1=0$ 上离原点最近的点.

4. 求内接于半径为 a 的球且有最大体积的长方体的边长.

5. 要制造一个无盖的圆柱形容器，其容积为 V，要求表面积 A 最小，问该容器的高度 H 和半径 R 应是多少?

6. 设 n 个正数 $a_1,a_2,\cdots,a_n$ 的和为定值 a,求 $\sqrt[n]{a_1a_2\cdots a_n}$ 的最大值,并由此推得不等式

$$\sqrt[n]{a_1a_2\cdots a_n}\leqslant\frac{a_1+a_2+\cdots+a_n}{n}.$$

7. 求函数 $f(x,y)=x^2y(4-x-y)$ 在由 x 轴,y 轴和直线 $x+y=6$ 所围成的闭区域 D 上的最大值与最小值.

8. 求曲线 $\begin{cases}z=x^2+2y^2,\\ z=6-2x^2-y^2\end{cases}$ 上点的 z 坐标的最大、最小值.

第10章测试题

1. 填空题

(1) 二元函数 $z=f(x,y)$ 在点 $P_0(x_0,y_0)$处的两个偏导数存在是 $z=f(x,y)$在点 $P_0(x_0,y_0)$处连续的________条件(填：充分、必要、充要或无关).

(2) 若点 $P(x,y)$以不同的方式趋于 $P_0(x_0,y_0)$时,$f(x,y)$趋于不同的常数,则函数 $f(x,y)$在 $P_0(x_0,y_0)$处的二重极限________.

(3) 若函数 $z=f(x,y)$的两个混合偏导数$\frac{\partial^2 z}{\partial x\partial y}$,$\frac{\partial^2 z}{\partial y\partial x}$在区域 D ________,则这两个混合偏导数相等.

(4) 设 $f(x,y)=3x+2y$,则 $f(1,f(x,y))=$________.

2. 计算下列二元函数的定义域,并绘出定义域的图形：

(1) $z=\sqrt{1-x^2-y^2}$;

(2) $z=\ln(x+y)$;

(3) $z=\frac{1}{\ln(x+y)}$;

(4) $z=\ln(xy-1)$.

3. 求下列函数的极限：

(1) $\lim\limits_{\substack{x\to0\\y\to0}}\frac{y\sin2^x}{\sqrt{xy+1}-1}$;

(2) $\lim\limits_{\substack{x\to0\\y\to0}}\frac{1-\sqrt{x^2y+1}}{x^3y^2}\sin(xy)$;

(3) $\lim\limits_{\substack{x\to0\\y\to0}}\frac{xy\mathrm{e}^x}{4-\sqrt{16+xy}}$.

4. 求下列函数的偏导数：

(1) $u=x\sin y+y\cos x$;

(2) $u=x\mathrm{e}^y+y\mathrm{e}^{-x}$.

5. 设函数 $z=z(x,y)$由 $yz+zx+xy=3$ 所确定,试求$\frac{\partial z}{\partial x}$,$\frac{\partial z}{\partial y}$(其中 $x+y\neq0$).

6. 求函数 $z=2x^2-3xy+2y^2+4x-3y+1$ 的极值.

7. 设 $z=\mathrm{e}^{3x+2y}$,而 $x=\cos t$,$y=t^2$,求$\frac{\mathrm{d}z}{\mathrm{d}t}$.

8. 求函数 $z=\ln(x^2+y^2+\mathrm{e}^{xy})$的全微分.

9. 设函数 $u=f(x,y,z)$ 由方程 $u^2+z^2+y^2-x=0$ 确定,其中 $z=xy^2+y\ln y-y$,

求$\dfrac{\partial u}{\partial x}$.

10. 某工厂生产两种商品的日产量分别为 x,y(件),总成本函数

$$C(x,y)=1000+8x^2-xy+12y^2\text{(元)}.$$

商品的限额为 $x+y=42$,求最小成本.

11. 证明:曲线$\begin{cases}x^2-z=0,\\3x+2y+1=0\end{cases}$上点$(1,-2,1)$处的法平面与直线$\begin{cases}9x-7y-21z=0,\\x-y-z=0\end{cases}$平行.

12. 证明:函数 $f(x,y)=(1+\mathrm{e}^y)\cos x-y\mathrm{e}^y$ 有无穷多个极大值,但无极小值.

第11章

重 积 分

我们在前面讨论了定积分，它的被积函数是一元函数，积分范围是数轴上的一个区间，本章将要把前面学习过的积分概念和计算方法推广到被积函数是多元函数，积分范围是平面区域的情形，这将便于我们讨论用多元函数表示的一些量的计算问题.重积分是微积分的一个重要概念，它在实际生活中有着广泛的应用，例如在金融领域，重积分可以被用来描述和预测价格的动态变化，通过重积分的方法可以模拟股票价格、期货价格等金融产品的价格轨迹，为投资者提供决策依据；在环境科学中，计算地球上某一区域的碳排放量或氧气消耗量时，重积分发挥了重要作用，通过对大气中的各种气体的浓度分布进行重积分计算，可以准确地了解整个地球的气体排放情况，为环保政策的制定提供科学依据；在社会研究方面，重积分可以用来计算一些社会指标，如人口密度、贫富差距、教育水平等.因此，我们应该更加深入地了解和学习重积分的相关知识，以便更好地将其应用于实际生活中.

11.1 二重积分的概念和性质

在一元函数微积分中，为了求曲边梯形的面积问题，引入了定积分的概念.在数学和物理中，也有涉及二元函数的类似的问题.

11.1.1 曲顶柱体的体积

设有一立体，它的底是 xOy 平面上的闭区域 D，它的侧面是以 D 的边界为准线、母线平行于 z 轴的柱面，它的顶是曲面 $z=f(x,y)$. 这里，$f(x,y)\geqslant 0$，且在 D 上连续. 这种立体称为**曲顶柱体**.如图 11.1 所示.

现在来讨论如何计算曲顶柱体的体积 V.

若已知此柱体的顶为平行于坐标面 xOy 的平面，即 $z=c$，则此曲顶柱体的体积为 $V=cS(D)$，这里 $S(D)$是指 D 的面积. 对于一般的曲顶柱体，用一些平顶柱体的面积近似地代替它，具体的方法是：

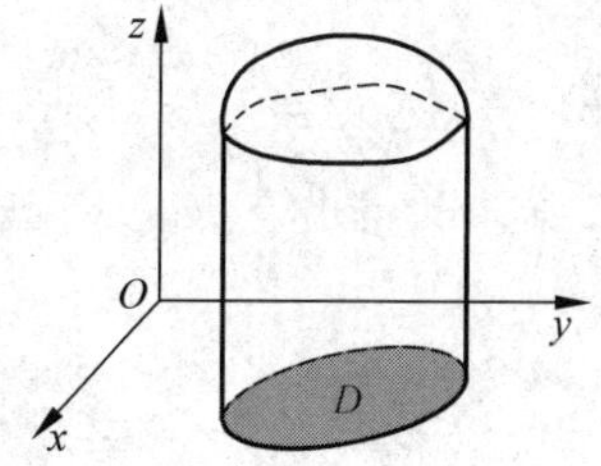

图 11.1 曲顶柱体图示

(1) 用一组曲线网把区域 D 分成 n 个小闭区域 σ_1，σ_2，$\cdots$，σ_n，它们的面积记作 $\Delta\sigma_1$，$\Delta\sigma_2$，$\cdots$，$\Delta\sigma_n$，这样曲顶柱被分成了 n 个小曲顶柱体

$$\Delta V_1, \Delta V_2, \cdots, \Delta V_n;$$

(2) 在每个小区域上任取一点：

$$(\xi_1, \eta_1) \in \sigma_1, \quad (\xi_2, \eta_2) \in \sigma_2, \quad \cdots, \quad (\xi_n, \eta_n) \in \sigma_n,$$

用 $f(\xi_i, \eta_i)$代表第 i 个小曲顶柱体的高,并把所有小柱体的体积用平顶柱体的体积近似表示：$\Delta V_i \approx f(\xi_i, \eta_i)\Delta\sigma_i (i=1,2,\cdots,n)$；

(3) 求和,得曲顶柱体体积的近似值

$$V \approx \sum_{i=1}^{n} f(\xi_i, \eta_i)\Delta\sigma_i.$$

当然,求得的和不能精确地表示曲顶柱体的真实体积,但我们相信,当把 D 分得越来越细时,所求出的和则越来越接近真实的体积值.

(4) 设 n 个小闭区域的直径最大者是 d,即

$$d = \max\{d(\sigma_1), d(\sigma_2), \cdots, d(\sigma_n)\},$$

当 $d \to 0$ 时,$\sum\limits_{i=1}^{n} f(\xi_i, \eta_i)\Delta\sigma_i$ 的极限就是所要求的体积 V,即

$$V = \lim_{d \to 0} \sum_{i=1}^{n} f(\xi_i, \eta_i)\Delta\sigma_i.$$

11.1.2 二重积分的定义

类似于求曲顶柱体体积的问题还有很多,解决这些问题的方法相似,若抛开其具体的意义,在数学上进行抽象,便得出了二重积分的定义.

定义 11.1 设 $z=f(x,y)$是有界闭区域 D 上的有界函数,把区域 D 任意分成 n 个小区域$\sigma_1, \sigma_2, \cdots, \sigma_n$,第 i 个小区域的面积记作 $\Delta\sigma_i (i=1,2,\cdots,n)$,在每个小区域内任取一点

$$(\xi_i, \eta_i) \in \sigma_i, \quad i=1,2,\cdots,n,$$

作和

$$S = \sum_{i=1}^{n} f(\xi_i, \eta_i)\Delta\sigma_i.$$

设 $d=\max\{d(\sigma_1), d(\sigma_2), \cdots, d(\sigma_n)\}$,若

$$\lim_{d \to 0} \sum_{i=1}^{n} f(\xi_i, \eta_i)\Delta\sigma_i$$

存在,则称 $f(x,y)$ 在区域 D 上**可积**,而将极限值称为函数 $z=f(x,y)$ 在闭区域 D 上的**二重积分**,记作$\iint\limits_D f(x,y)\mathrm{d}\sigma$,即

$$\iint\limits_D f(x,y)\mathrm{d}\sigma = \lim_{d \to 0} \sum_{i=1}^{n} f(\xi_i, \eta_i)\Delta\sigma_i.$$

这里,$f(x,y)$称为**被积函数**,$\mathrm{d}\sigma$ 称为**面积元素**,x 和 y 称为**积分变量**,D 称为**积分区域**,$f(x,y)\mathrm{d}\sigma$称为**被积表达式**.

在多数情况下,用一些平行于坐标轴的网状直线分割区域 D,那么,除了少数边缘上的小区域外,其余的小区域都是矩形,设它的边长是 Δx_j 和 Δy_k,则 $\Delta\sigma_i=\Delta x_j\Delta y_k$,因此,面积元素 $d\sigma$ 有时也用 $dxdy$ 表示.于是,二重积分写作

$$\iint_D f(x,y)dxdy,$$

其中 $dxdy$ 称为直角坐标系中的面积元素.

给出了二重积分的定义,这时自然要提出问题:什么样的函数在有界闭区域 D 上是可积的?结论如下:

(1) 若函数 $f(x,y)$ 在有界闭区域 D 上连续,则函数 $f(x,y)$ 在 D 上的二重积分存在.

(2) 若函数 $f(x,y)$ 在有界闭区域 D 上有界且分片连续①,则函数 $f(x,y)$ 在 D 上的二重积分存在.

11.1.3 二重积分的性质

与定积分类似,不难得出二重积分的如下性质,这里首先假定所讨论的函数都是可积的.

性质 11.1(线性性质)

$$\iint_D [af(x,y)+bg(x,y)]\,d\sigma=a\iint_D f(x,y)d\sigma+b\iint_D g(x,y)d\sigma,\quad a,b \text{ 是常数}.$$

性质 11.2(区域可加性) 若 $D=D_1\cup D_2$,且 D_1 与 D_2 公共部分面积是 0,则有

$$\iint_D f(x,y)d\sigma=\iint_{D_1} f(x,y)d\sigma+\iint_{D_2} f(x,y)d\sigma.$$

性质 11.3 若 $f(x,y)=1$,则 $\iint_D f(x,y)d\sigma=\sigma$,这里 σ 是区域 D 的面积.

性质 11.4 若 $f(x,y)\geqslant 0,(x,y)\in D$,则

$$\iint_D f(x,y)d\sigma\geqslant 0.$$

性质 11.5(中值定理) 设函数 $f(x,y)$ 在有界闭区域 D 上连续,σ 是 D 的面积,则在 D 上至少存在一点 (ξ,η) 使

$$\iint_D f(x,y)d\sigma=f(\xi,\eta)\sigma.$$

证明留作练习.

例 11.1 某金融公司销售两个金融产品,销售Ⅰ产品 x 个单位,Ⅱ产品 y 个单位的利润为 $P(x,y)=-(x-200)^2-(y-100)^2+5000$.现已知一个星期内产品Ⅰ的销售数量在 150～200 个单位之间变动,产品Ⅱ的销售数量在 80～100 个单位之间变动,求销售这两种产品一周的平均利润.

分析 对于上述问题,如果采用单纯的数学计算可能还需要其他的一些已知条件,这样是无法解决实际问题的.若采用二重积分的中值定理,则可以解决该问题.

---

① 所谓函数在 D 上分片连续,是指可以把 D 分成有限个小区域,函数在每个小区域内都连续.

解 由于 x,y 的变化范围为 $D=\{(x,y)\mid 150\leqslant x\leqslant 200,80\leqslant y\leqslant 100\}$，所以 D 的面积为 $\sigma=50\times 20=1000$. 由二重积分的中值定理，该公司销售这两种产品一周的平均利润为

$$\frac{1}{\sigma}\iint_D P(x,y)\mathrm{d}\sigma=\frac{1}{1000}\iint_D[-(x-200)^2-(y-100)^2+5000]\mathrm{d}\sigma\approx 4033.$$

因此，销售这两种产品一周的平均利润为 4033 元.

习题 11.1

1. 证明：若在 D 上，$f(x,y)\leqslant g(x,y)$，则有 $\iint_D f(x,y)\mathrm{d}\sigma\leqslant\iint_D g(x,y)\mathrm{d}\sigma$.

2. 证明：$\left|\iint_D f(x,y)\mathrm{d}\sigma\right|\leqslant\iint_D\left|f(x,y)\right|\mathrm{d}\sigma$.

3. 证明性质 11.5(中值定理).

4. 设 $I_1=\iint_{D_1}(x^2+y^2)^3\mathrm{d}\sigma, D_1: -1\leqslant x\leqslant 1, -2\leqslant y\leqslant 2$；$I_2=\iint_{D_2}(x^2+y^2)^3\mathrm{d}\sigma, D_2: 0\leqslant x\leqslant 1, 0\leqslant y\leqslant 2$.

试用二重积分的几何意义说明 I_1 和 I_2 之间的关系.

11.2 二重积分的计算

按照二重积分定义来计算二重积分，只对少数被积函数和积分区域都很简单的情形是可行的，对一般的情形，需要另寻他径——化二重积分为二次积分(或累次积分). ①

1. 积分区域是矩形区域

设 D 是矩形区域：$a\leqslant x\leqslant b, c\leqslant y\leqslant d$，$z=f(x,y)$ 在 D 上连续，则对任意固定的 $x\in[a,b]$，$f(x,y)$ 作为 y 的函数在 $[c,d]$ 上可积，即 $\int_c^d f(x,y)\mathrm{d}y$ 是 x 的函数，记作

$$F(x)=\int_c^d f(x,y)\mathrm{d}y.$$

$F(x)$ 称为由含变量 x 的积分 $\int_c^d f(x,y)\mathrm{d}y$ 所确定的函数(以下同).

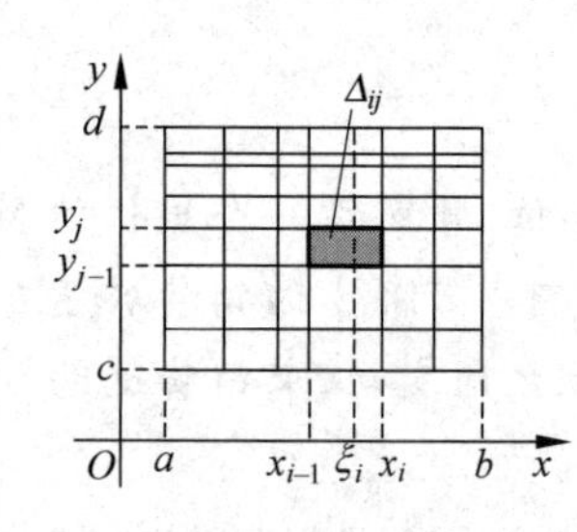

图 11.2 积分区域剖分图示

在区间 $[a,b]$ 及 $[c,d]$ 内分别插入分点

$$a=x_0<x_1<\cdots<x_{n-1}<x_n=b,$$
$$c=y_0<y_1<\cdots<y_{m-1}<y_m=d,$$

作两组直线 $x=x_i(i=1,2,\cdots,n)$，$y=y_j(j=1,2,\cdots,m)$，将矩形 D 分成 $n\times m$ 个小矩形区域 Δ_{ij}：$x_{i-1}\leqslant x\leqslant x_i, y_{j-1}\leqslant y\leqslant y_j$，$\Delta x_i=x_i-x_{i-1}$，$\Delta y_j=y_j-y_{j-1}(i=1,2,\cdots,n; j=1,2,\cdots,m)$(参见图 11.2).

① 二次积分也称累次积分.

设 $f(x,y)$在 Δ_{ij} 上的最大值、最小值分别为 M_{ij} 和 m_{ij}，在$[x_{i-1},x_i]$中任取一点 ξ_i，则有

$$m_{ij}\Delta y_j \leqslant \int_{y_{j-1}}^{y_j} f(\xi_i,y)\mathrm{d}y \leqslant M_{ij}\Delta y_j,$$

对所有的 j 相加，得

$$\sum_{j=1}^{m} m_{ij}\Delta y_j \leqslant \int_c^d f(\xi_i,y)\mathrm{d}y \leqslant \sum_{j=1}^{m} M_{ij}\Delta y_j,$$

再乘以 Δx_i，然后对所有的 i 相加，得

$$\sum_{i=1}^{n}\sum_{j=1}^{m} m_{ij}\Delta x_i\Delta y_j \leqslant \sum_{i=1}^{n} F(\xi_i)\Delta x_i \leqslant \sum_{i=1}^{n}\sum_{j=1}^{m} M_{ij}\Delta x_i\Delta y_j,$$

记 $d=\max\limits_{i,j}\{\Delta_{ij}$ 的直径$\}$，由于 $f(x,y)$在 D 上连续，所以可积，当 $d\to 0$ 时，上述不等式两端趋于同一极限——$f(x,y)$在 D 上的二重积分. 于是 $F(x)$在$[a,b]$上可积，而且

$$\iint_D f(x,y)\mathrm{d}x\mathrm{d}y = \int_a^b F(x)\mathrm{d}x = \int_a^b \left[\int_c^d f(x,y)\mathrm{d}y\right]\mathrm{d}x.$$

这样，二重积分可以化为二次定积分来计算. 同样，也可以采用先对 x 后对 y 的积分次序

$$\iint_D f(x,y)\mathrm{d}x\mathrm{d}y = \int_c^d \left[\int_a^b f(x,y)\mathrm{d}x\right]\mathrm{d}y.$$

为了书写方便，可将

$$\int_a^b \left[\int_c^d f(x,y)\mathrm{d}y\right]\mathrm{d}x \quad \text{记作} \quad \int_a^b \mathrm{d}x\int_c^d f(x,y)\mathrm{d}y,$$

$$\int_c^d \left[\int_a^b f(x,y)\mathrm{d}x\right]\mathrm{d}y \quad \text{记作} \quad \int_c^d \mathrm{d}y\int_a^b f(x,y)\mathrm{d}x,$$

则有

$$\iint_D f(x,y)\mathrm{d}x\mathrm{d}y = \int_a^b \mathrm{d}x\int_c^d f(x,y)\mathrm{d}y = \int_c^d \mathrm{d}y\int_a^b f(x,y)\mathrm{d}x.$$

注 可以证明，上述公式当被积函数 $f(x,y)$在 D 上可积时也成立.

2. 积分区域 D 是 x 型区域

所谓 x 型区域，即任何平行于 y 轴的直线与 D 的边界最多交于两点或有一段重合，这时 D 可表示为

$$y_1(x) \leqslant y \leqslant y_2(x), \quad a \leqslant x \leqslant b,$$

其中 $y_1(x)$及 $y_2(x)$在$[a,b]$上连续(参见图 11.3(a)).

这时可作一包含 D 的矩形区域 D_1：$a\leqslant x\leqslant b, c\leqslant y\leqslant d$，并作一辅助函数

$$\bar{f}(x,y)=\begin{cases} f(x,y), & (x,y)\in D, \\ 0, & (x,y)\notin D. \end{cases}$$

于是，由积分的性质及前面的结果知

$$\iint_D f(x,y)\mathrm{d}x\mathrm{d}y = \iint_{D_1} \bar{f}(x,y)\mathrm{d}x\mathrm{d}y$$

$$= \int_a^b \mathrm{d}x\int_c^d \bar{f}(x,y)\mathrm{d}y = \int_a^b \mathrm{d}x\int_{y_1(x)}^{y_2(x)} f(x,y)\mathrm{d}y.$$

3. 积分区域 D 是 y 型区域

所谓 y 型区域,即任何平行于 x 轴的直线与 D 的边界最多交于两点或有一段重合,这时 D 可表示为

$$x_1(y)\leqslant x\leqslant x_2(y),\quad c\leqslant y\leqslant d,$$

其中 $x_1(y)$ 及 $x_2(y)$ 在 $[c,d]$ 上连续(参见图 11.3(b)).

完全类似于 2. 的情形,可得

$$\iint\limits_D f(x,y)\mathrm{d}x\mathrm{d}y=\int_c^d\mathrm{d}y\int_{x_1(y)}^{x_2(y)}f(x,y)\mathrm{d}x.$$

4. 混合区域

对任意有界闭区域 D,若 D 既不是 x 型区域,也不是 y 型区域,则可以把区域 D 分割成有限个区域,使每个子区域是 x 型的或 y 型的,然后利用二重积分关于区域的可加性进行计算(参见图 11.3(c)).

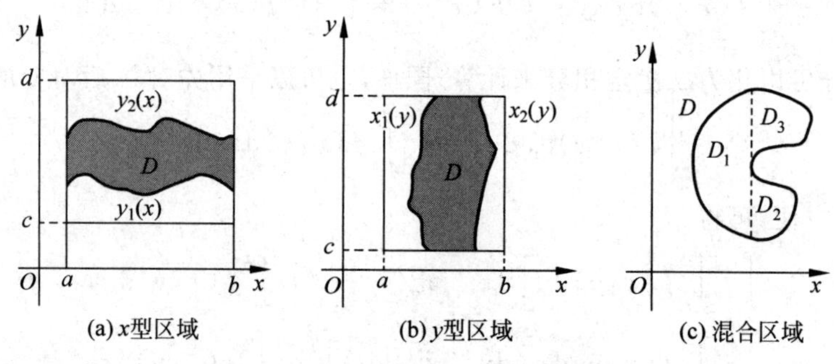

图 11.3 不同类型的积分区域图示

例 11.2 求 $\iint\limits_D \mathrm{e}^{x+y}\mathrm{d}x\mathrm{d}y$,其中 D: $0\leqslant x\leqslant 1, 1\leqslant y\leqslant 2$.

解 区域是矩形区域,有

$$\iint\limits_D \mathrm{e}^{x+y}\mathrm{d}x\mathrm{d}y=\int_0^1\mathrm{d}x\int_1^2\mathrm{e}^{x+y}\mathrm{d}y.$$

对于第一次积分,y 是积分变量,x 可以认为是常量,于是

$$\int_1^2\mathrm{e}^{x+y}\mathrm{d}y=\mathrm{e}^x\int_1^2\mathrm{e}^y\mathrm{d}y=\mathrm{e}^x(\mathrm{e}^2-\mathrm{e}),$$

因此

$$\int_0^1\mathrm{d}x\int_1^2\mathrm{e}^{x+y}\mathrm{d}y=\int_0^1\mathrm{e}^x(\mathrm{e}^2-\mathrm{e})\mathrm{d}x=\mathrm{e}(\mathrm{e}-1)^2.$$

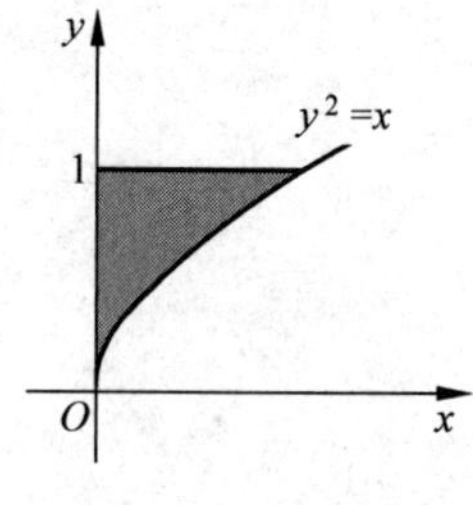

图 11.4 积分区域图示

例 11.3 求 $\iint\limits_D \mathrm{e}^{\frac{x}{y}}\mathrm{d}x\mathrm{d}y$,其中 D 是由抛物线 $y^2=x$ 和直线 $y=1$ 及 y 轴所围成的区域.

解 如图 11.4 所示,区域 D 既是 x 型区域,又是 y 型区域,因此,按不同的积分次序有

$$\iint\limits_D \mathrm{e}^{\frac{x}{y}}\mathrm{d}x\mathrm{d}y=\int_0^1\mathrm{d}x\int_{\sqrt{x}}^1\mathrm{e}^{\frac{x}{y}}\mathrm{d}y$$

与

$$\iint_D e^{\frac{x}{y}}\,dx\,dy=\int_0^1 dy\int_0^{y^2} e^{\frac{x}{y}}\,dx.$$

由于不定积分 $\int e^{\frac{x}{y}}\,dy$ 难以求出，因此，选用先对 x 再对 y 积分比较方便，此时

$$\iint_D e^{\frac{x}{y}}\,dx\,dy=\int_0^1 dy\int_0^{y^2} e^{\frac{x}{y}}\,dx=\int_0^1 y(e^y-1)\,dy=\frac{1}{2}.$$

可见，选取哪种积分次序，对于能否顺利地计算至关重要.

例 11.4 计算积分 $\int_0^1 dy\int_y^1 e^{x^2}\,dx$.

解 若直接计算，$\int e^{x^2}\,dx$ 不是初等函数，因此考虑交换积分次序，首先确定积分区域 D 是由下面三条线围成：$y=0, x=y, x=1$，如图 11.5 所示．此区域也可以看成 x 型区域，因此

$$\int_0^1 dy\int_y^1 e^{x^2}\,dx=\iint_D e^{x^2}\,dx\,dy=\int_0^1 dx\int_0^x e^{x^2}\,dy=\int_0^1 x e^{x^2}\,dx=\frac{1}{2}(e-1).$$

例 11.5 求两个底圆半径相等的直交圆柱面：$x^2+y^2=R^2$ 及 $x^2+z^2=R^2$ 所围成的立体的体积(当 $R=1$ 时，即为牟合方盖).

解 利用立体关于坐标平面的对称性，只需算出它在第一卦限部分的体积即可.

所求第一卦限部分可以看成是一个曲顶柱体，它的顶是曲面 $z=\sqrt{R^2-x^2}$ (参见图 11.6(a))，于是它的底是半径为 R 的圆的 1/4 部分(参见图 11.6(b)).

$$V_1=\iint_D \sqrt{R^2-x^2}\,d\sigma,$$

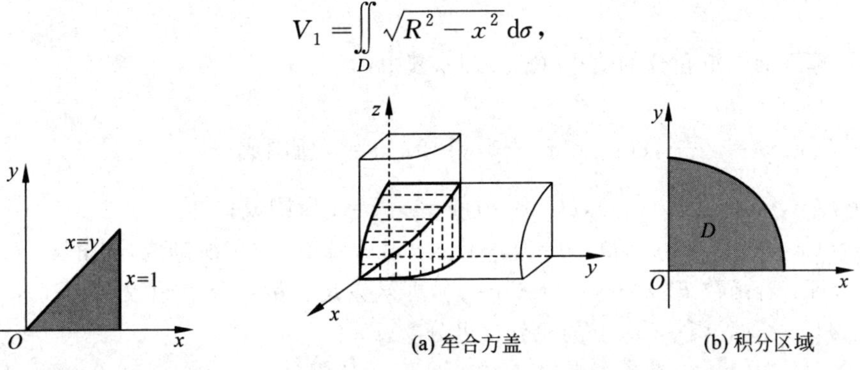

(a) 牟合方盖　(b) 积分区域

图 11.5 积分区域图示　图 11.6 所求几何体及积分区域图示

化为累次积分，得

$$V_1=\iint_D \sqrt{R^2-x^2}\,d\sigma=\int_0^R dx\int_0^{\sqrt{R^2-x^2}} \sqrt{R^2-x^2}\,dy=\int_0^R (R^2-x^2)\,dx=\frac{2}{3}R^3,$$

从而所求立体体积为 $V=8V_1=\dfrac{16}{3}R^3$.

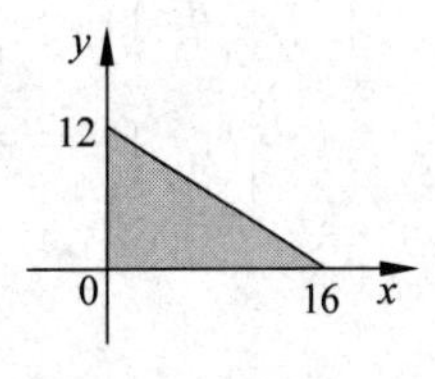

图 11.7 问题图示

例 11.6 某城市的地形呈直角三角形分布，斜边临一条河，由于受到交通条件的限制，城市发展不太均衡. 若以两条直角边为坐标轴建立直角坐标系，则位于 x 轴和 y 轴上的城市长度分别为 16km 和 12km(参见图 11.7)，且税收情况与地理位置的关系大体为 $R(x,y)=$

$20x+10y$(万元/km^2),求该城市的税收总值.

解 $$\iint_D R(xy)\mathrm{d}x\mathrm{d}y=\int_0^{16}\mathrm{d}x\int_0^{12-\frac{3}{4}x}(20x+10y)\mathrm{d}y$$

$$=\int_0^{16}\left(720+150x-\frac{195}{16}x^2\right)\mathrm{d}x=14080.$$

因此该城市的税收总值为 14080 万元.

习题 11.2

1. 计算下面二重积分:

(1) $\iint\limits_D |y-x^2|\mathrm{d}\sigma, D: -1\leqslant x\leqslant 1, 0\leqslant y\leqslant 1$;

(2) $\iint\limits_D (x^2+y^2)\mathrm{d}\sigma$, D 是区域, $|x|\leqslant 1, |y|\leqslant 1$;

(3) $\iint\limits_D \sin xy\,\mathrm{d}\sigma, D: [-1,1]\times[-2,2]$;

(4) $\iint\limits_D x^2y\,\mathrm{d}x\mathrm{d}y$,其中 D 是圆域 $x^2+y^2\leqslant 1$;

(5) $\iint\limits_D (x^2-y^2)\mathrm{d}\sigma$, D 是闭区域, $0\leqslant y\leqslant \sin x, 0\leqslant x\leqslant \pi$;

(6) $\int_1^3\mathrm{d}x\int_{x-1}^2 \sin y^2\mathrm{d}y$.

2. 计算下面二重积分的值 $\iint\limits_D f(x,y)\mathrm{d}\sigma$,其中:

(1) $f(x,y)=\dfrac{x}{y+1}, D: y=x^2+1, y=2x, x=0$ 所围成;

(2) $f(x,y)=\cos(x+y), D: x=0, y=x, y=1$ 所围成;

(3) $f(x,y)=x^2+y^2, D: y=x, y=x+a, y=a, y=3a$ 所围成,这里 $a>0$.

3. 求证:若函数 $F(x,y)=f(x)g(y)$,即函数是变量可分离函数,则 $F(x,y)$ 在矩形区域 $D: a\leqslant x\leqslant b, c\leqslant y\leqslant d$ 上的积分也可分离,即

$$\iint_D F(x,y)\mathrm{d}x=\int_a^b f(x)\mathrm{d}x\int_c^d g(y)\mathrm{d}y.$$

4. 改变下面积分的次序:

(1) $\int_1^{\mathrm{e}}\mathrm{d}x\int_0^{\ln x} f(x,y)\mathrm{d}y$;

(2) $\int_0^4\mathrm{d}y\int_{-\sqrt{4-y}}^{\frac{1}{2}(y-4)} f(x,y)\mathrm{d}x$;

(3) $\int_1^2\mathrm{d}x\int_{2-x}^{\sqrt{2x-x^2}} f(x,y)\mathrm{d}y$;

(4) $\int_0^{2\pi}\mathrm{d}x\int_0^{\sin x} f(x,y)\mathrm{d}y$;

(5) $\int_0^1\mathrm{d}x\int_0^{\sqrt{2x-x^2}} f(x,y)\mathrm{d}y+\int_1^2\mathrm{d}x\int_0^{2-x} f(x,y)\mathrm{d}y$.

11.3 利用极坐标计算二重积分

在计算二重积分时，如果积分区域的边界曲线或被积函数的表达式用极坐标变量 r,θ 表达比较简单时，可以考虑利用极坐标来计算二重积分 $\iint\limits_D f(x,y)\mathrm{d}\sigma$.

按照二重积分的定义，有

$$\iint\limits_D f(x,y)\mathrm{d}\sigma=\lim_{d\to 0}\sum_{i=1}^{n} f(\xi_i,\eta_i)\Delta\sigma_i.$$

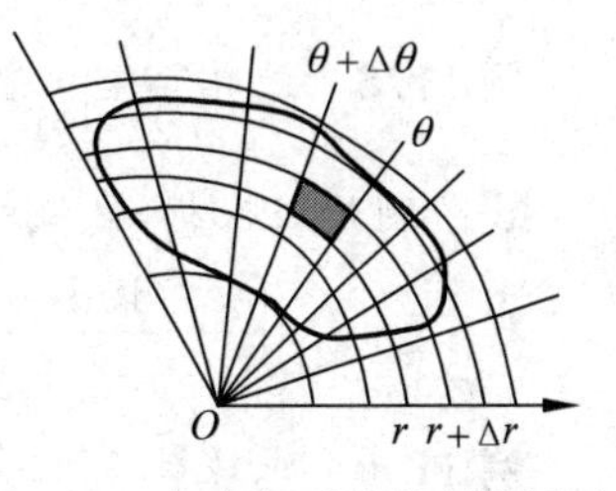

图 11.8 极坐标系下的剖分图示

在直角坐标系中，用两组平行于坐标轴的直线把区域 D 分成若干方形小块，因而求得 $\Delta\sigma=\Delta x_i\Delta y_i$. 在极坐标系中，当然用 $r=$常数，$\theta=$常数的曲线网分割区域 D，如图 11.8 所示，在阴影部分所对应的扇环形区域，圆心角是 $\Delta\theta$，外弧半径是 $r+\Delta r$，内弧半径是 r，因此，阴影部分的面积是

$$\Delta\sigma=\frac{1}{2}(r+\Delta r)^2\Delta\theta-\frac{1}{2}r^2\Delta\theta=r\Delta r\Delta\theta+\frac{1}{2}(\Delta r)^2\Delta\theta,$$

略去高阶无穷小，便有 $\Delta\sigma\approx r\Delta r\Delta\theta$，所以面积元素是 $\mathrm{d}\sigma=r\mathrm{d}r\mathrm{d}\theta$，而被积函数变为

$$f(x,y)=f(r\cos\theta,r\sin\theta),$$

于是在直角坐标系中的二重积分变为在极坐标系中的二重积分

$$\iint\limits_D f(x,y)\mathrm{d}\sigma=\iint\limits_D f(r\cos\theta,r\sin\theta)r\mathrm{d}r\mathrm{d}\theta.$$

计算极坐标系下的二重积分，也要将它化为累次积分.

类似于直角坐标的情形，若对每条过极点的射线 $\theta=\theta_0$ 与区域的边界至多有两个交点 $r_1(\theta_0)$ 及 $r_2(\theta_0)$，$r_1(\theta_0)\leqslant r_2(\theta_0)$，而 θ 的范围是 $\alpha\leqslant\theta\leqslant\beta$，则区域 D 可表示为(参见图 11.9)

$$D=\{(r,\theta)\mid r_1(\theta)\leqslant r\leqslant r_2(\theta),\alpha\leqslant\theta\leqslant\beta\},$$

因此二重积分可化为累次积分

$$\iint\limits_D f(r\cos\theta,r\sin\theta)r\mathrm{d}r\mathrm{d}\theta=\int_\alpha^\beta\mathrm{d}\theta\int_{r_1(\theta)}^{r_2(\theta)} f(r\cos\theta,r\sin\theta)r\mathrm{d}r.$$

若极点在区域 D 的内部或边界，则 $r_1(\theta)=0$，如图 11.10(a)及图 11.10(b)所示，此时图 11.11(a)中区域及图 11.11(b)中区域对应的二重积分可分别表示为

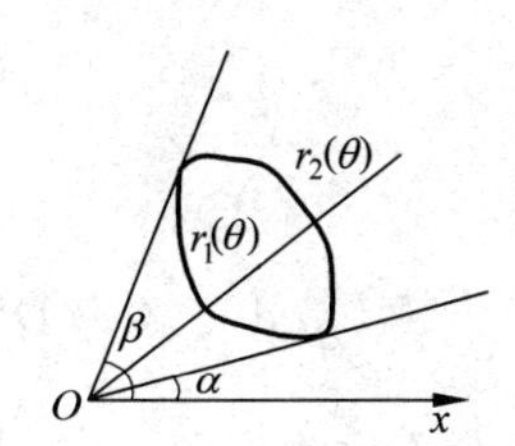

图 11.9 极点在区域外时的图示

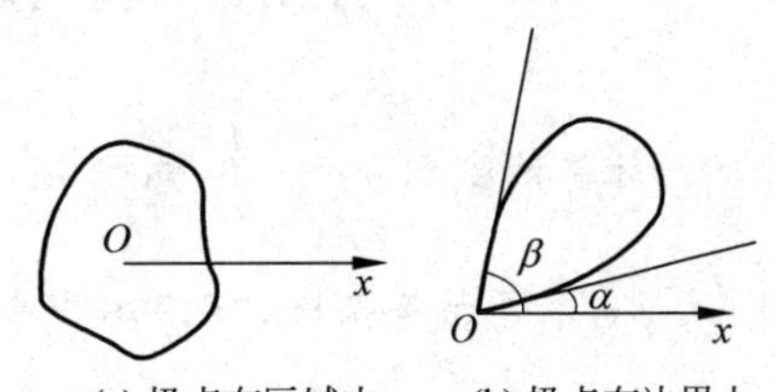

图 11.10 极点在区域内及边界上时的图示

$$\int_0^{2\pi}\mathrm{d}\theta\int_0^{r(\theta)}f(r\cos\theta,r\sin\theta)r\,\mathrm{d}r,\quad 及\quad \int_\alpha^\beta\mathrm{d}\theta\int_0^{r(\theta)}f(r\cos\theta,r\sin\theta)r\,\mathrm{d}r.$$

例 11.7 计算半径为 R 的圆的面积.

解 圆的面积 A 可表示为 $A=\iint\limits_D\mathrm{d}\sigma$,其中 D 是圆的内部区域,取圆心为极点,因此

$$A=\int_0^{2\pi}\mathrm{d}\theta\int_0^R r\,\mathrm{d}r=\int_0^{2\pi}\frac{R^2}{2}\mathrm{d}\theta=\pi R^2.$$

例 11.8 计算二重积分 $\iint\limits_D\frac{\mathrm{d}x\,\mathrm{d}y}{1+x^2+y^2}$,其中区域 $D=\{(x,y)\mid 1\leqslant x^2+y^2\leqslant 4\}$.

解 利用极坐标,区域的边界曲线是 $r_1(\theta)=1$ 与 $r_2(\theta)=2$,因此

$$\iint\limits_D\frac{\mathrm{d}x\,\mathrm{d}y}{1+x^2+y^2}=\int_0^{2\pi}\mathrm{d}\theta\int_1^2\frac{r}{1+r^2}\mathrm{d}r=\int_0^{2\pi}\frac{1}{2}\ln\frac{5}{2}\mathrm{d}\theta=\pi\ln\frac{5}{2}.$$

例 11.9 求球体 $x^2+y^2+z^2\leqslant 4a^2$ 被圆柱面 $x^2+y^2=2ax\,(a>0)$ 所截得的立体的体积.

解 如图 11.11(a)所示,由对称性,所截的部分是以 D 为底(参见图 11.11(b))的曲顶柱体体积的 4 倍,而曲顶柱体顶面的方程是 $z=\sqrt{4a^2-x^2-y^2}$. 因此

$$V=4\iint\limits_D\sqrt{4a^2-x^2-y^2}\,\mathrm{d}x\,\mathrm{d}y,$$

利用极坐标,便得

$$V=4\iint\limits_D\sqrt{4a^2-r^2}\,r\,\mathrm{d}r\,\mathrm{d}\theta=4\int_0^{\frac{\pi}{2}}\mathrm{d}\theta\int_0^{2a\cos\theta}\sqrt{4a^2-r^2}\,r\,\mathrm{d}r$$

$$=\frac{32}{3}a^3\int_0^{\frac{\pi}{2}}(1-\sin^3\theta)\mathrm{d}\theta=\frac{32}{3}a^3\left(\frac{\pi}{2}-\frac{2}{3}\right).$$

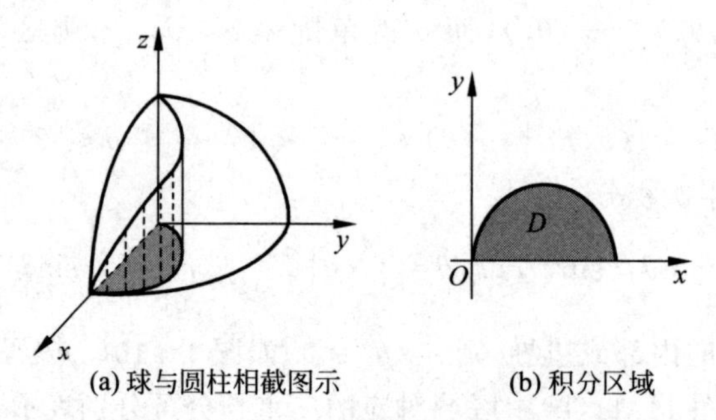

(a) 球与圆柱相截图示　　(b) 积分区域

图 11.11 所求几何体及积分区域图示

例 11.10 计算泊松积分 $I=\int_{-\infty}^{+\infty}\mathrm{e}^{-x^2}\mathrm{d}x$.

解 $\int\mathrm{e}^{-x^2}\mathrm{d}x$ 不是初等函数,“积”不出来. 先求 $k=\iint\limits_D\mathrm{e}^{-(x^2+y^2)}\mathrm{d}x\,\mathrm{d}y$,其中 D 是整个平面,显然,这类似于一元函数的广义积分,因此,k 可用累次积分表示为

$$k=\int_{-\infty}^{+\infty}\mathrm{d}x\int_{-\infty}^{+\infty}\mathrm{e}^{-(x^2+y^2)}\mathrm{d}y=\int_{-\infty}^{+\infty}\mathrm{e}^{-x^2}\mathrm{d}x\int_{-\infty}^{+\infty}\mathrm{e}^{-y^2}\mathrm{d}y=I^2,$$

而把上述积分用极坐标表示,便有

$$k=\int_0^{2\pi}\mathrm{d}\theta\int_0^{+\infty}\mathrm{e}^{-r^2}r\,\mathrm{d}r.$$

又

$$\int_0^{+\infty}\mathrm{e}^{-r^2}r\,\mathrm{d}r=\left[-\frac{\mathrm{e}^{-r^2}}{2}\right]_0^{+\infty}=\frac{1}{2},$$

所以

$$k=\int_0^{2\pi}\frac{1}{2}\mathrm{d}\theta=\pi,$$

于是 $I^2=\pi, I=\sqrt{\pi}$.

习题 11.3

1. 画出积分区域,把 $\iint\limits_D f(x,y)\mathrm{d}x\mathrm{d}y$ 表示为极坐标形式的累次积分,其中积分区域 D 是:

(1) $D=\{(x,y)\mid x^2+y^2\leqslant 1, x+y>1\}$;

(2) $D=\{(x,y)\mid 1\leqslant x^2+y^2\leqslant 2x, y\geqslant 0\}$;

(3) 圆 $x^2+(y-b)^2=R^2$ 所围成,其中 $0<R<b$;

(4) $D=\{(x,y)\mid a^2\leqslant x^2+y^2\leqslant b^2, 0<a<b\}$;

(5) 由 x 轴、y 轴及 $x+y=1$ 所围成;

(6) 由 x 轴及 $2y=-x^2+1$ 所围成.

2. 计算下面二重积分:

(1) $I=\iint\limits_D(x^2-2x+3y+2)\mathrm{d}\sigma, D=\{(x,y)\mid x^2+y^2\leqslant a^2\}$;

(2) $I=\iint\limits_D\sqrt{x^2+y^2}\,\mathrm{d}\sigma$; $D=\{(x,y)\mid ax\leqslant x^2+y^2\leqslant a^2\}$;

(3) $\iint\limits_D\sqrt{\dfrac{1-x^2-y^2}{1+x^2+y^2}}\,\mathrm{d}\sigma$,其中 D 是 $x^2+y^2=1$ 所围成的区域.

3. 求由锥面 $z=\sqrt{x^2+y^2}$ 及旋转抛物面 $z=6-x^2-y^2$ 所围成的立体的体积.

第 11 章测试题

1. 填空题

(1) 设 $P(x,y)=x^2y, Q(x,y)=x^3y^2$,定义于 D: $0<x<1, 0<y<1$,则 $\iint\limits_D P(x,y)\mathrm{d}\sigma$ ________ $\iint\limits_D Q(x,y)\mathrm{d}\sigma$.

(2) 设曲顶柱体的顶面是 $z=f(x,y),(x,y)\in D$,侧面是母线平行于 z 轴,准线为 D 的边界线的柱面,则此曲顶柱体的体积用重积分可表示为 $V=$________.

(3) 在极坐标系中,面积元素为________.

2. 利用二重积分的性质,比较下列积分大小.

(1) $\iint\limits_{D}(x+y)^{2}\mathrm{d}\sigma$ 与 $\iint\limits_{D}(x+y)^{3}\mathrm{d}\sigma$,其中积分区域 D 由 x 轴,y 轴以及直线 $x+y=1$ 所围成.

(2) $\iint\limits_{D}(x+y)^{2}\mathrm{d}\sigma$ 与 $\iint\limits_{D}(x+y)^{3}\mathrm{d}\sigma$,其中积分区域 D 由圆周 $(x-2)^{2}+(y-1)^{2}=2$ 所围成.

3. 利用二重积分的性质,估计积分 $I=\iint\limits_{D}(2x^{2}+2y^{2}+9)\mathrm{d}\sigma$ 的值,其中 D 是圆形闭区域 $x^{2}+y^{2}\leqslant 4$.

4. 交换下列积分次序:

(1) $\int_{a}^{2a}\mathrm{d}x\int_{2a-x}^{\sqrt{2ax-a^{2}}}f(x,y)\mathrm{d}y$;　　(2) $\int_{1}^{2}\mathrm{d}y\int_{0}^{2-y}f(x,y)\mathrm{d}x$;

(3) $\int_{0}^{a}\mathrm{d}y\int_{\sqrt{a^{2}-y^{2}}}^{y+a}f(x,y)\mathrm{d}x$.

5. 计算 $\iint\limits_{D}(3x+2y)\mathrm{d}\sigma$,其中 D 是由两坐标轴及直线 $x+y=2$ 所围成的闭区域.

6. 计算 $\iint\limits_{D}x\cos(x+y)\mathrm{d}\sigma$,其中 D 是顶点分别为 $(0,0)$,$(\pi,0)$ 和 (π,π) 的三角形区域.

7. 计算 $\iint\limits_{D}(1+x)\sin y\,\mathrm{d}\sigma$,其中 D 是顶点分别为 $(0,0)$,$(1,0)$,$(1,2)$ 和 $(0,1)$ 的梯形闭区域.

8. 求区域 $a\leqslant r\leqslant a(1+\cos\theta)$ 的面积.

9. 求椭球抛物面 $z=4-x^{2}-\dfrac{y^{2}}{4}$ 与平面 $z=0$ 所围成的立体体积.

10. 计算 $\iint\limits_{x^{2}+y^{2}\leqslant 1}(|x|+|y|)\mathrm{d}x\mathrm{d}y$.

习 题 答 案

习题 1.2

1. $\varnothing$, $\{0\}$, $\{1\}$, $\{2\}$, $\{0,1\}$, $\{0,2\}$, $\{1,2\}$.
2. (1) $(-2,2)$； (2) $(-\infty,2)\cup(4,\infty)$； (3) $(0,1)\cup(1,2)$； (4) $(a-\varepsilon,a+\varepsilon)$.
3. $a=4$.
4. $\{a\mid a\geqslant -1\}$.
5. $A\cup B=\left\{\dfrac{1}{2},-1,2\right\}$.

习题 1.3

1. 略.
2. (1) $\left[-\dfrac{2}{3},+\infty\right)$； (2) $\{x\mid x\neq -1$ 且 $x\neq 1\}$； (3) $[0,+\infty)$；
   (4) $[-1,+\infty)$； (5) $\left\{x\,\middle|\, x\neq k\pi+\dfrac{\pi}{2}-1\right\}$； (6) $\{x\mid x\neq 0\}$.
3. 偶函数；奇函数；偶函数；奇函数；奇函数；奇函数.
4. $f(f(x))=\dfrac{x-1}{x}$.
5. (1) 严格单调增加；(2) 严格单调增加.
6. (1) 周期函数 $T=2k\pi+2, k\in\mathbf{N}$； (2) 周期函数 $T=2k, k\in\mathbf{N}$；
   (3) 周期函数 $T=k\pi, k\in\mathbf{N}$； (4) 非周期函数.
7. (1) $y=x^3-1$； (2) $y=\dfrac{1-x}{1+x}$； (3) $y=\lg x-1$； (4) $y=\mathrm{e}^{x-1}-2$.
8. $f(x)=2-2x^2$.

习题 2.1

1. (1) 0；(2) 3；(3) 不存在；(4) 0.
2. 略.
3. 1.

习题 2.2

1. 不存在.
2. $1, \ln a, a=\mathrm{e}$.

3. 1，−1.

习题 2.3

1. (1) 9； (2) 2； (3) $-\frac{1}{64}$； (4) $\frac{4}{3}$； (5) $\frac{3}{4}$； (6) $\frac{1}{2}$； (7) 5； (8) $\frac{1}{3}$.

2. $a=1,b=-1$.

习题 2.4

1. (1) $\frac{1}{2}$； (2) 9； (3) 3； (4) $\frac{5}{3}$； (5) $\frac{1}{2}$； (6) 1；

   (7) e^{-3}； (8) e^{-6}； (9) e^{-1}； (10) $\frac{1}{a}$.

2. 1.

3. 3.

习题 2.5

1. (1) 4； (2) $\frac{1}{4}$； (3) 2； (4) 5； (5) 1； (6) 2.

2. $k=\frac{1}{4}$.

习题 2.6

1. (1) 第二类； (2) 第二类； (3) 可去； (4) 可去； (5) 跳跃； (6) 跳跃.

2. 在$(-\infty,4)\cup(4,+\infty)$内连续.

3. $a=\frac{1}{4}$.

4. 令 $f(x)=\ln x-\frac{2}{x}$，用零点定理证明.

5. 令 $F(x)=f(x)-x$，用零点定理证明.

第 2 章测试题

一、1. A； 2. A； 3. B； 4. D； 5. D； 6. C； 7. D； 8. B； 9. D； 10. B.

二、1. 2； 2. 5； 3. 6； 4. 0； 5. $\frac{1}{2}$； 6. 可去； 7. 2.

三、1. (1) $\frac{1}{2}$； (2) 0； (3) $e^{\frac{8}{3}}$； (4) 3； (5) e^3； (6) 1.

2. $a=4,b=3$.

3. 在$(-\infty,0)\cup(0,+\infty)$内连续.

4. 令 $F(x)=f(x)+f(x+a)$，用零点定理证明.

5. 用反证法证明.

习题 3.1

1. (1) $-f'(x_0)$；(2) $2f'(x_0)$；(3) $(m-n)f'(x_0)$；(4) $2f(x_0)f'(x_0)$.

2. $f'(0)$.

3. 切线方程为 $y=x+1$，法线方程为 $y=-x+1$.

4. $y=6x-9$.

5. 可导.

6. $a=2, b=-1$.

习题 3.2

一、1. $y'=2x\cos x-x^2\sin x+\frac{5}{2}x^{\frac{3}{2}}$.

2. $y'=-\frac{1}{\sqrt{x}(1+\sqrt{x})^2}$.

3. $(x-2)(x-3)+(x-1)(x-3)+(x-1)(x-2)$.

4. $y'=\frac{\sin x}{3\sqrt[3]{x^2}}+\sqrt[3]{x}\cos x+a^x e^x(\ln a+1)$.

5. $y'=\frac{\ln x+1}{\ln 2}$.

6. $y'=e^x\sec x(1+x+x\tan x)$.

二、1. $\frac{4}{9}$；2. -4；3. -2；4. $\frac{-2}{\pi^2+6}$.

三、$a=1$；$b=0$；$c=0$；$d=1$.

四、1. $y'=6x^3\sqrt{x^4-1}$；2. $y'=\frac{4}{(4-x^2)^{\frac{3}{2}}}$；3. $y'=\frac{-1}{(1+x^2)^{\frac{3}{2}}}$；

4. $y'=\frac{(1+\sqrt[3]{x})^2}{\sqrt[3]{x^2}}$；5. $\frac{4\sqrt{x}\cdot\sqrt{x+\sqrt{x}}+2\sqrt{x}+1}{8\sqrt{x}\cdot\sqrt{x+\sqrt{x}}\cdot\sqrt{x+\sqrt{x+\sqrt{x}}}}$；

6. $y'=\frac{1+x}{x^2\ln x-x}$；7. $y'=\frac{1}{\sqrt{1+x^2}}$；8. $y'=\frac{\ln x}{x\sqrt{1+\ln^2 x}}$；

9. $y'=\frac{\pi}{2\sqrt{1-x^2}(\arccos x)^2}$；10. $y'=\frac{e^{\arctan\sqrt{x}}}{2\sqrt{x}(1+x)}$；

11. $y'=\frac{1}{x\ln x\ln\ln x}$；12. $y'=-\frac{1}{(1+x)\sqrt{2x(1-x)}}$；

13. $y'=\arctan x+\frac{x}{1+x^2}+\frac{1}{2(a-x)}+\frac{1}{2(a+x)}$；

14. $-\frac{2x}{|x|}$；15. $-k$.

五、$y'=\dfrac{f(x)f'(x)+g(x)g'(x)}{\sqrt{f^2(x)+g^2(x)}}$.

六、1. $y'=2xf'(x^2)$； 2. $y'=\sin 2x\,[f'(\sin^2 x)-f'(\cos^2 x)]$；

3. $y'=e^{f(x)}\,[e^x f'(e^x)+f'(x)f(e^x)]$； 4. $y'=f'\{f[f(x)]\}\cdot f'[f(x)]\cdot f'(x)$.

习题 3.3

一、1. $y'=\dfrac{y}{y-x}$； 2. $y'=\dfrac{ay-x^2}{y^2-ax}$； 3. $y'=\dfrac{-e^y}{1+xe^y}$；

4. $y'=\dfrac{2+\ln(x-y)}{3+\ln(x-y)}=\dfrac{x}{2x-y}$； 5. $y'\Big|_{\substack{x=1\\y=1}}=-1$.

二、1. $y'=\left(\dfrac{x}{1+x}\right)^x\left(\ln\dfrac{x}{1+x}+\dfrac{1}{1+x}\right)$；

2. $y'=(\tan 2x)^{\cot\frac{x}{2}}\left[-\dfrac{1}{2}\csc^2\dfrac{x}{2}\cdot\ln\tan 2x+4\cot\dfrac{x}{2}\csc 4x\right]$；

3. $y'=\dfrac{1}{5}\left[\dfrac{1}{x-5}-\dfrac{2x}{5(x^2+2)}\right]\sqrt[5]{\dfrac{x-5}{\sqrt[5]{x^2+2}}}$；

4. $y'=\dfrac{\sqrt{x+2}\cdot(3-x)^4}{(x+1)^5}\left(\dfrac{1}{2(x+2)}-\dfrac{4}{3-x}-\dfrac{5}{x+1}\right)$；

5. $y'=\dfrac{1}{2}\left(\dfrac{1}{x}+\cot x-\dfrac{1}{2}\cdot\dfrac{e^x}{1-e^x}\right)\sqrt{x\sin x\sqrt{1-e^x}}$；

6. $y'=\left[\dfrac{1}{x-1}+\dfrac{2}{5(x-2)}+\dfrac{3}{5(x-3)}-\dfrac{4}{5(x-4)}-\dfrac{1}{5(x-5)}\right](x-1)\sqrt[5]{\dfrac{(x-2)^2(x-3)^3}{(x-4)^4(x-5)}}$.

三、1. $2t$； 2. $-\tan\varphi$； 3. $\dfrac{\cos\theta-\theta\sin\theta}{1-\sin\theta-\theta\cos\theta}$； 4. $-t\cos t$； 5. 0.

四、1. 切线方程 $y=-2\sqrt{2}x+2$；法线方程 $y=\dfrac{\sqrt{2}}{4}x-\dfrac{1}{4}$；

2. 切线方程 $y=-\dfrac{1}{2}x+2$；法线方程 $y=2x-3$.

习题 3.4

一、1. $dy=\left(-\dfrac{1}{x^2}+\dfrac{1}{\sqrt{x}}\right)dx$； 2. $dy=(2x\cos x+\sin 2x)dx$.

3. $dy=\dfrac{dx}{(1+x^2)^{\frac{3}{2}}}$； 4. $dy=-\dfrac{2x\,dx}{1+x^4}$.

二、1. $\Delta y=\Delta x+(\Delta x)^2$；$dy=\Delta x$；2. $\Delta y=10\Delta x+6(\Delta x)^2+(\Delta x)^3$；$dy=10\Delta x$.

三、1. $\sqrt[3]{1.02}\approx 1+\dfrac{1}{150}\approx 1.00667$； 2. $\sin 29°\approx\dfrac{1}{2}-\dfrac{\sqrt{3}\pi}{360}$.

四、1. 高阶无穷小； 2. 无穷小量； 3. $\Delta y\approx dy$.

习题 3.5

一、1. $y''=4e^{2x-1}$； 2. $y''=-2e^{-t}\cos t$； 3. $y''=12x^4-6x$； 4. $y''=\dfrac{6x(2x^3-1)}{(x^3+1)^3}$；

5. $y''=2\arctan x+\dfrac{2x}{1+x^2}$； 6. $y''=\dfrac{e^x(x^2-2x+2)}{x^3}$.

二、验证 $y=e^x\sin x, y'=e^x\sin x+e^x\cos x, y''=2e^x\cos x$ 证明得证.

三、同理以上可证.

四、1. $-4e^x\cos x$； 2. $(\ln 10)^n$； 3. $2^n\sin\left(2x+\dfrac{n\pi}{2}\right)$； 4. $2^{n-1}\sin\left(2x+\dfrac{(n-1)\pi}{2}\right)$； 5. 207360；

6. $2^{49}(-2x^2\sin 2x+100x\cos 2x+1225\sin 2x)$.

五、1. $\dfrac{1}{t^3}$； 2. $-\dfrac{b}{a^2}\csc^3 t$； 3. $\dfrac{4}{9}e^{3t}$.

第 3 章测试题

一、1. C； 2. A； 3. D； 4. B； 5. C； 6. B； 7. C；8. C.

二、1. $f'(0)$. 2. k. 3. $y=x+1$.

4. $\dfrac{1}{x\ln x\ln\ln x}$. 5. $f'(-1)=3$. 6. $y'\left(\dfrac{\pi}{4}\right)=-2\sqrt{2}$.

7. $y''=4xe^{x^2}+(2x^2+1)e^{x^2}\cdot 2x=(4x^3+6x)e^{x^2}$.

三、1. $\sqrt{x}\cos x+\sin x\cdot\dfrac{1}{2\sqrt{x}}=\sqrt{x}\cos x+\dfrac{\sin x}{2\sqrt{x}}$.

2. $y'=\left[\arccos\dfrac{1}{x}\right]'=\dfrac{-1}{\sqrt{1-\dfrac{1}{x^2}}}\cdot\left(-\dfrac{1}{x^2}\right)=\dfrac{1}{|x|\sqrt{x^2-1}}$.

3. $y'=\arcsin\dfrac{x}{2}+\dfrac{x}{2}\cdot\dfrac{1}{\sqrt{1-\dfrac{x^2}{4}}}+\dfrac{-2x}{2\sqrt{4-x^2}}=\arcsin\dfrac{x}{2}$.

4. $y'=\dfrac{1}{2\sqrt{1+f(\ln x)}}\cdot f'(\ln x)\cdot\dfrac{1}{x}=\dfrac{f'(\ln x)}{2x\sqrt{1+f(\ln x)}}$.

5. -1. 6. $y=2x+1$.

7. $y'=\dfrac{1}{2}\sqrt{\dfrac{(x-1)(x-2)}{(x-3)(x-4)}}\left(\dfrac{1}{x-1}+\dfrac{1}{x-2}-\dfrac{1}{x-3}-\dfrac{1}{x-4}\right)$.

8. $y'=y[\cos x\ln\tan x+\sec x]=(\tan x)^{\sin x}[\cos x\ln\tan x+\sec x]$.

9. $y''=\dfrac{d^2y}{dx^2}=\dfrac{dy'}{dx}=\dfrac{\dfrac{dy'}{dt}}{\dfrac{dx}{dt}}=\dfrac{\left(-\dfrac{b}{a}\cot t\right)'}{(a\cos t)'}=-\dfrac{b}{a^2}\csc^3 t$.

10. $dy=8x\tan(1+2x^2)\sec^2(1+2x^2)dx$.

11. $(-1)^{n-2}\dfrac{(n-2)!}{x^{n-1}}$.

四、$a=-4, b=0$.

五、连续，不可导.

习题 4.1

一、$\xi=\dfrac{a+b}{2}$.

二、ak.

三、取 $f(x)=\arcsin x+\arccos x$，　$x\in[-1,1]$，利用罗尔定理.

四、取 $f(x)=a_0x+\dfrac{1}{2}a_1x^2+\dfrac{1}{3}a_2x^3+\cdots+\dfrac{1}{n+1}a_nx^{n+1}$，$x\in[0,1]$，利用罗尔定理.

五、取 $F(x)=f(x)\mathrm{e}^{-x}$，$x\in[a,b]$，利用罗尔定理.

六、取 $f(x)=x^n$，$x\in[a,b]$，利用拉格朗日定理.

七、取 $f(x)=\mathrm{e}^x-3x$，$x>0$，利用零点定理.

习题 4.2

一、1. $-\dfrac{3}{5}$；　2. 1；　3. 2；　4. $=\dfrac{\sqrt{b}}{b}$；　5. $\dfrac{1}{2}$；　6. $\dfrac{4}{\pi}$；　7. $-\dfrac{1}{2}$；　8. 1；

9. $\ln a$；　10. $(-1)^{m-n}\dfrac{m}{n}$；　11. 1；　12. 0；　13. $\mathrm{e}^{-\frac{2}{\pi}}$.

二、不能使用洛必达法则. $\lim\limits_{x\to\infty}\dfrac{x+\sin x}{x-\sin x}=\lim\limits_{x\to\infty}\dfrac{1+\dfrac{\sin x}{x}}{1-\dfrac{\sin x}{x}}=\dfrac{1+0}{1-0}=1$.

习题 4.3

一、1. 增区间 $(-\infty,-1)$，$(1,\infty)$；减区间 $(-1,0)$，$(0,1)$.

2. 增区间 $[-2,1][2,+\infty)$；减区间 $(-\infty,-2][1,2]$.

二、1. 0.　2. 极大值 $y(-2)=21$，极小值 $y(1)=-6$.

三、$a=2$.

四、1. 最大值 $\dfrac{1}{\mathrm{e}}$，最小值 $-\mathrm{e}$.　2. 最大值，$f(-1)=7$，最小值 $f(0)=0$.

3. 最大值，$y(-\pi)=\pi$，最小值 $y(\pi)=-\pi$.

五、1. 令 $f(x)=1+x\ln(x+\sqrt{1+x^2})-\sqrt{1+x^2}$.

2. 令 $f(x)=\sin x+\tan x-2x$.

3. 令 $f(x)=\sin x+\cos x-1-x+x^2$.

4. 令 $f(x)=\sin\dfrac{x}{2}-\dfrac{x}{\pi}$.

习题 4.4

一、1. (2,1).　2. (1,0).

二、$a=-\frac{3}{2}, b=\frac{9}{2}$,凸区间$[1,+\infty)$,凹区间$(-\infty,1]$.

三、$a=-6, b=9, c=2$.

四、$a=1, b=-3, c=3, d=0$.

五、1. 令 $f(x)=x^n$.　2. 令 $f(x)=x\ln x$.

习题 4.5

1. $x=0, x=2$.
2. 水平 $y=1$,铅直 $x=\pm 1$.
3. $y=\mathrm{e}^{\pi}x-2\mathrm{e}^{\pi}, y=x-2$.

习题 4.7

1. (1) 9.5；　(2) 22.
2. 总收益 9975；平均收益 195.5；边际收益 189.
3. $x=5$.

第 4 章测试题

一、1. C.　2. A.　3. D.　4. A.　5. C.　6. B.　7. C.　8. A.

二、1. $\xi=\frac{a+b}{2}$.　2. 2；2.　3. $\frac{1}{2}$.　4. $a=2$.　5. 2.

6. 最小值 $y(-1)=-5$,最大值 $y(4)=80$.　7. 3 条.

三、1. $\frac{1}{2}$.　2. $-\frac{1}{12}$.　3. $\mathrm{e}^{-\frac{2}{\pi}}$.　4. 1.　5. $-\frac{\mathrm{e}}{2}$.

6. y 在$(-\infty,0)$和$\left(\frac{4}{5},+\infty\right)$内单调增加,在$\left(0,\frac{4}{5}\right)$内,$y$ 单调减少,$f(0)=0$ 为极大值；$x=\frac{4}{5}$ 为极小值点,$f\left(\frac{4}{5}\right)=-\frac{6}{5}\sqrt[3]{\frac{16}{25}}$ 为极小值.

7. $a=-3, b=0, c=1$.

四、$\frac{5}{2}$万元.

五、略.

习题 5.1

1. (1) $\ln|x|+\frac{1}{2}x^2-2x+C$；　(2) $-\frac{1}{x}-\arctan x+C$；

(3) $\frac{1}{3}x^3-x+\arctan x+C$；　(4) $-\frac{1}{3x^3}-\frac{1}{x}-\arctan x+C$；

(5) $e^x - x + C$；

(6) $\tan x - x + C$；

(7) $-4\cot x + C$；

(8) $\sin x - \cos x + C$；

(9) $\tan x - \cot x + C$；

(10) $-\cot x - 2x + C$；

(11) $\dfrac{2\left(\frac{1}{5}\right)^x}{-\ln 5} + \dfrac{\left(\frac{1}{2}\right)^x}{5\ln 2} + C$；

(12) $\dfrac{(2e)^x}{\ln(2e)} + C$.

2. $y = \ln|x| + 1$.

3. $\dfrac{20}{3}x^3 + 3x + 20$.

习题 5.2

1. (1) $\dfrac{3}{4}(x+5)^{\frac{4}{3}} + C$；

(2) $\dfrac{1}{60}(5x^2+7)^6 + C$；

(3) $-\dfrac{1}{2}\ln|1-2x| + C$；

(4) $-2\cos\sqrt{x} + C$；

(5) $\dfrac{1}{3}\ln^3 x + C$；

(6) $\dfrac{1}{2}\arctan(\sin^2 x) + C$；

(7) $-\dfrac{1}{3}e^{-x^3} + C$；

(8) $e^x - \ln(1+e^x) + C$；

(9) $\dfrac{3^{x^2+1}}{2\ln 3} + C$；

(10) $\dfrac{1}{3}\sec^3 x - 2\sec x - \cos x + C$；

(11) $-\cos(\ln x) + C$；

(12) $\dfrac{1}{3}\arcsin\dfrac{3x}{2} + C$；

(13) $\dfrac{1}{3}\sec^3 x - \sec x + C$；

(14) $\dfrac{1}{\sqrt{2}}\arctan\dfrac{x-1}{\sqrt{2}} + C$；

(15) $\dfrac{1}{4}\ln|1+2x| + \dfrac{1}{4}\dfrac{1}{1+2x} + C$.

2. (1) $\dfrac{2}{5}(\sqrt{x-1})^5 + \dfrac{2}{3}(\sqrt{x-1})^3 + C$；

(2) $\ln\left[\dfrac{\sqrt{e^x}}{1+\sqrt{e^x}}\right]^2 + C$；

(3) $2\arctan\sqrt{x} + C$；

(4) $\sqrt{2x} - \ln|1+\sqrt{2x}| + C$；

(5) $\dfrac{1}{2a^3}\arctan\dfrac{x}{a} + \dfrac{1}{2a^2}\cdot\dfrac{x}{a^2+x^2} + C$；

(6) $\dfrac{a^2}{2}\arcsin\dfrac{x}{a} + \dfrac{x}{2}\sqrt{a^2-x^2} + C$；

(7) $\dfrac{1}{3}\ln\left|\dfrac{3-\sqrt{9-x^2}}{x}\right| + C$；

(8) $\dfrac{1}{2}\arcsin\dfrac{2x}{3} + \dfrac{1}{4}\sqrt{9-4x^2} + C$；

(9) $\dfrac{x}{\sqrt{x^2+1}} + C$.

习题 5.3

(1) $-x\cot x + \ln|\sin x| - \dfrac{1}{2}x^2 + C$；

(2) $-x\cos(x-1) + \sin(x-1) + C$；

(3) $-\dfrac{1}{2}x^2 e^{-x^2} - \dfrac{1}{2}e^{-x^2} + C$；

(4) $x\ln(x+1) - x + \ln|x+1| + C$；

(5) $2\sqrt{x}\ln x-\frac{1}{4\sqrt{x}}+C$；(6) $\sqrt{1+x^2}\arctan x-\ln\left|x+\sqrt{1+x^2}\right|+C$；

(7) $x(\arcsin x)^2+2\sqrt{1-x^2}\arcsin x-2x+C$；(8) $\frac{1}{2}x\cos(\ln x)+\frac{1}{2}x\sin(\ln x)+C$；

(9) $\frac{1}{2}e^{-x}(\sin x-\cos x)+C$.

习题 5.4

(1) $\frac{1}{2}\ln(x^2+x+1)+\frac{1}{\sqrt{3}}\arctan\frac{2x+1}{\sqrt{3}}+C$；(2) $\frac{1}{4}\ln(4x^2+1)+\frac{3}{2}\arctan 2x+C$；

(3) $2\ln|x+2|-\ln|x-1|+C$；(4) $\frac{x^3}{3}+\frac{x^2}{2}+2x+2\ln|x-1|+C$；

(5) $\frac{1}{\sqrt{2}}\arctan\frac{\tan\frac{x}{2}}{\sqrt{2}}+C$；(6) $\frac{1}{4}\tan^2\frac{x}{2}+\tan\frac{x}{2}+\frac{1}{2}\ln\left|\tan\frac{x}{2}\right|+C$；

(7) $-\ln\left|\frac{1+\sqrt{\frac{1-x}{1+x}}}{1-\sqrt{\frac{1-x}{1+x}}}\right|+2\arctan\sqrt{\frac{1-x}{1+x}}+C$；(8) $\frac{2}{3}(\sqrt{1+x})^3-2\sqrt{1+x}+C$；

(9) $6(\sqrt[6]{x}-\arctan\sqrt[6]{x})+C$.

第 5 章测试题

一、1. A； 2. D； 3. C； 4. B； 5. D； 6. B； 7. A； 8. D.

二、1. $f(x)dx, f(x)+C, f(x), f(x)+C$. 2. $2xe^{2x}+2x^2e^{2x}$.

3. $-\sec x-\cos x+C$.

三、1. $-\frac{1}{x-1}-\frac{1}{(x-1)^2}+C$. 2. $\arcsin x-\frac{1}{x}+\frac{\sqrt{1-x^2}}{x}+C$.

3. $\frac{1}{4}\ln x-\frac{1}{24}\ln(x^6+4)+C$. 4. $-e^{-x}\arctan e^x+x-\frac{1}{2}\ln(1+e^{2x})+C$.

四、提示：$\int xf''(x)dx=\int x\,df'(x)=xf'(x)-\int f'(x)dx=xf'(x)-f(x)+C=\frac{xe^x-2e^x}{x}+C$.

五、提示：$\int\frac{f(x)}{F(x)}dx=\int\frac{1}{F(x)}dF(x)=\ln|F(x)|+C$.

习题 6.1

1. (1) 1； (2) π； (3) 0.

2. (1) $\int_0^1\frac{1}{1+x}dx$ 或 $\int_1^2\frac{1}{x}dx$； (2) $\int_0^1\frac{1}{1+x^2}dx$； (3) $\int_0^1 x\,dx$.

习题 6.2

1. (1) $\int_0^1 x^2 \mathrm{d}x > \int_0^1 x^3 \mathrm{d}x$；　(2) $\int_1^2 \ln x \mathrm{d}x > \int_1^2 \ln^2 x \mathrm{d}x$.

2. $\frac{1}{2} \leqslant \int_1^4 \frac{1}{2+x} \mathrm{d}x \leqslant 1$.

3. 6.

4. 令 $F(x)=xf(x)$，利用罗尔定理和积分中值定理证明.

习题 6.3

1. (1) $y'=2x\sqrt{1+2x^2}$；　(2) $y'=-\frac{\sin 2x}{2x^2}$；

(3) $y'=2x(x^2+1)^2\ln(x^2+1)$；　(4) $y'=\frac{\cos x}{\sqrt{5+2\sin^2 x}}-\frac{1}{\sqrt{5+2x^2}}$；

(5) $y'=\frac{x^5}{y\cos y^2}$.

2. (1) $\frac{1}{2}$；　(2) -2.

3. (1) 4；　(2) $\frac{\pi}{6}$；　(3) $1-\frac{\pi}{4}$；　(4) $\frac{11}{2}$.

4. 提示：$F'(x)=\frac{f(x)\left[x\int_0^x f(t)\mathrm{d}t-\int_0^x tf(t)\mathrm{d}t\right]}{\left(\int_0^x f(t)\mathrm{d}t\right)^2}=\frac{f(x)\left[\int_0^x (x-t)f(t)\mathrm{d}t\right]}{\left(\int_0^x f(t)\mathrm{d}t\right)^2}$.

习题 6.4

1. (1) $\frac{3\pi}{16}$；　(2) $\frac{\pi a^4}{16}$；　(3) $4-2\ln 3$；　(4) $\sqrt{2}-\frac{2}{\sqrt{3}}$.

2. $\frac{19}{6}$.

3. 提示：$\int_a^{a+T} f(x)\mathrm{d}x=\int_a^0 f(x)\mathrm{d}x+\int_0^T f(x)\mathrm{d}x+\int_T^{a+T} f(x)\mathrm{d}x$.

4. 提示：令 $a+b-x=t$.

习题 6.5

1. (1) $1-\frac{2}{\mathrm{e}}$；　(2) $\ln 2-2+\frac{\pi}{2}$；　(3) $\frac{\pi^2}{8}+1$；

(4) $\frac{\pi}{4}-\frac{1}{2}$；　(5) $\frac{1+2\mathrm{e}^{\pi}}{5}$；　(6) $\frac{8}{35}$.

2. 提示：$\int_0^1 xf''(2x)\mathrm{d}x=\frac{1}{2}\int_0^1 x\mathrm{d}f'(2x)=0$.

习题 6.6

(1) 发散； (2) 发散； (3) 1； (4) 发散； (5) 1； (6) 发散.

第 6 章测试题

一、1. B； 2. C； 3. D； 4. C； 5. A； 6. C； 7. B.

二、1. $2x\sin x^4$；$\sin x^2$. 2. 0. 3. 0.

三、1. $\int_0^1 \sqrt{x}\,dx = \frac{2}{3}$. 2. 2.

3. (1) 连续； (2) $F'(0)=\frac{1}{3}f'(0)$.

4. 提示：利用积分中值定理和单调性证明

$$F'(x) = \frac{1}{(x-a)^2}\left[(x-a)f(x) - \int_a^x f(t)\,dt\right].$$

5. $\ln(1+e)$.

6. 提示：令 $x=at$.

7. 提示：$F(-x) = \int_0^{-x} (-x-2t)f(t)\,dt$.

8. 3.

9. 极小值为 0；拐点为$(1,-2e^{-1}+1)$.

习题 7.2

1. (1) $\frac{3}{2}-\ln 2$； (2) 3； (3) 2； (4) $\frac{7}{6}$.

2. $\frac{9}{4}$.

3. (1) $\frac{3}{8}\pi a^2$； (2) $6\pi a^2$； (3) $\frac{\pi}{4}a^2$； (4) $\frac{5\pi}{4}$.

习题 7.3

1. $\frac{500}{3}\sqrt{3}$. 2. $\frac{\pi}{2}(e-1)$. 3. $\frac{3}{10}\pi, \frac{3}{10}\pi$. 4. $4\pi, \frac{256}{15}\pi$. 5. 64π.

6. $3\pi a^2$. 7. 略.

习题 7.4

1. 120.

2. $-0.025x^2+100x+100$.

3. $0.002x^3-0.015x^2+24x+206800$.

4. (1) $20x-0.2x^2, -0.1x^2+5x-12.5$； (2) 25.

第7章测试题

一、1. $e-1$. 2. $\frac{15}{2}-\ln 4$. 3. $\frac{1}{6}$. 4. $\frac{32}{3}$. 5. $2\sqrt{2}-2$. 6. $\frac{8}{3}$. 7. $\frac{32}{3}$. 8. $\frac{e}{2}$.

二、1. $\frac{44\pi}{15}, \left(\frac{13}{6}-\frac{4\sqrt{2}}{3}\right)\pi$. 2. $\frac{11}{6}\pi, \frac{8}{3}\pi$. 3. $\pi(e-2), \frac{\pi}{2}(e^2+1)$.

4. $\frac{15\pi}{2}, \frac{124\pi}{5}$. 5. $160\pi^2, \frac{256\pi}{3}$. 6. $\frac{\pi^2}{2}, 2\pi^2$.

习题 8.1

1. (1) 是,一阶； (2) 是,二阶； (3) 是 ,一阶； (4) 是,二阶； (5) 不是； (6) 是,三阶.

2. (1) 不是；不是；是,是通解； (2) 是,是通解.

3. $y=\frac{x^3}{3}-\frac{1}{3}$.

习题 8.2

1. (1) $3y^2=2x^3+C$； (2) $e^{-y}=\cos x+C$； (3) $y=e^{Cx}$； (4) $1+y^2=C(1-x^2)$.

2. (1) $y=x(\ln|y|+C)$； (2) $\ln\frac{y}{x}=1+Cx$； (3) $x=Ce^{\sin\frac{y}{x}}$；

(4) $e^{-\frac{y}{x}}=-\ln|x|+C$； (5) $y-\ln|x+y+1|=C$.

习题 8.3

1. (1) $y=x-1+Ce^{-x}$； (2) $-\frac{5}{4}+Ce^{-4x}$； (3) $y=e^{-x^2}\left(\frac{x^2}{2}+C\right)$；

(4) $y=-\frac{1}{2}(e^{-x}+e^{x})$； (5) $y=e^{x^2}(\sin x+C)$； (6) $x=ce^{y}-y-1$.

2. (1) $y=x^4\left(\frac{1}{2}\ln|x|+C\right)^2$； (2) $y^{-3}=-\frac{1}{2}x^3+\frac{C}{x^3}$.

习题 8.4

(1) $y=\frac{x^3}{3}-\cos x+C_1x+C_2$； (2) $y=\cos x+C_1x^3+C_2x^2+C_3x+C_4$；

(3) $y=\frac{C_1}{2}x^2+C_2$； (4) $y=-\frac{1}{2}x^2-x-C_1e^{x}+C_2$；

(5) $(-x+1)y=1$；　　(6) $y=\frac{-1}{C_1x+C_2}$.

习题 8.5

1. (1) 线性无关； (2) 线性相关； (3) 线性无关； (4) 线性无关；
(5) 线性无关； (6) 线性无关.
2. (1) 是,不能； (2) 是,能,$y=C_1\cos x+C_2\sin x$； (3) 是,能,$y=C_1e^{2x}+C_2xe^{2x}$.
3. 略.

习题 8.6

1. (1) $y=C_1e^{2x}+C_2e^{3x}$； (2) $y=C_1e^{-x}+C_2e^{\frac{1}{2}x}$； (3) $y=e^{-x}(C_1+C_2x)$；
(4) $y=e^{-x}(C_1\cos 2x+C_2\sin 2x)$； (5) $y=C_1e^{2x}+C_2e^{-\frac{4}{3}x}$； (6) $y=C_1\cos 2x+C_2\sin 2x$.
2. (1) $y=4e^{2x}+2e^{3x}$； (2) $y=e^{-x}-e^{4x}$.

习题 8.7

(1) $y=C_1e^x+C_2e^{3x}+\frac{1}{3}$；　　(2) $y=C_1+C_2e^{-\frac{5}{2}x}+\frac{1}{3}x^3-\frac{3}{5}x^2+\frac{7}{25}x$；
(3) $y=C_1\cos ax+C_2\sin ax+\frac{1}{2a^2}$；(4) $y=C_1e^{2x}+C_2e^{-2x}-\frac{4}{3}x^2-\frac{16}{9}x-\frac{56}{27}$；
(5) $y=e^{2x}(C_1+C_2x)+4x^2e^{2x}$；
(6) $y=e^{-x}(C_1\cos 2x+C_2\sin 2x)+\frac{1}{10}e^{3x}+\frac{1}{5}\cos x+\frac{1}{10}\sin x$.

习题 8.8

1. (1) 0； (2) $2x+1$； (3) $a^x(a-1)$； (4) $\log_a\frac{x+1}{x}$.
2. (1) $y_x=A\cdot 5^x-\frac{3}{4}$； (2) $y_x=A(-4)^x+\frac{2}{5}x^2+\frac{1}{25}x-\frac{36}{125}$.

第 8 章测试题

一、1. $y'+p(x)=0$, $y=Ce^{-\int p(x)dx}$, $Q(x)e^{\int p(x)dx}$, $y=e^{-\int p(x)dx}\left(\int Q(x)e^{\int p(x)dx}dx+C\right)$.
2. y^{1-n}, $\frac{dz}{dx}+(1-n)p(x)z=(1-n)Q(x)$.
3. $y''+P(x)y'+Q(x)y=f(x)$, $y''+P(x)y'+Q(x)y=0$, $y=C_1\phi_1(x)+C_2\phi_2(x)$, $y=C_1\phi_1(x)+$

$C_2\phi_2(x)+\varphi^*(x)$.

4. $r^2+ar+b=0$, $y=(C_1+C_2x)e^{\lambda_1 x}$, $y=e^{\alpha x}(C_1\cos\beta x+C_2\sin\beta x)$.

5. $y''+y=0$.

6. $y=e^{\alpha x}(C_1\cos\beta x+C_2\sin\beta x)+e^x$.

7. $\varphi(x)e^{(\alpha+i\beta)x}$, $Q_m(x)e^{(\alpha+i\beta)x}$, $xQ_m(x)e^{(\alpha+i\beta)x}$.

8. $y''+by=\varphi(x)e^{i\beta x}$, $Q(x)e^{i\beta x}$,(其中 $Q(x)$ 是与 $\varphi(x)$ 次数相同的多项式),$xQ(x)e^{i\beta x}$,(其中 $Q(x)$ 是与 $\varphi(x)$ 次数相同的多项式).

二、1. $y=Ce^{-\frac{x^3}{3}}$.　2. $y=\tan\left(\frac{x^2}{2}+x+C\right)$.　3. $\arcsin y=\ln|x|+C$ 及 $y=\pm1$.

4. $3\cos2x-2\sin3y+C=0$.　5. $y-x=C(y+x)$.　6. $x+\sqrt{x^2+y^2}=Cy^2$.

7. $y+\sqrt{y^2-x^2}=Cx^2$.　8. $\ln\frac{y}{x}=2x+1$.　9. $x+y=\tan(x+C)$.

10. $8y-3\ln|4x+8y+1|=4x+C$.

三、1. $y=x-1+Ce^{-x}$.　2. $y=(x-1)e^{-x}+Ce^{-2x}$.　3. $y=C\sqrt{1+x^2}-1$.

4. $y=\frac{-x\cos x+\sin x}{x^2}$.　5. $y=\frac{1}{2}e^x+Ce^{-x}$.　6. $y=e^{-x^2}(x^2+C)$.

7. $y=x^2(\sin x+C)$.　8. $x=y(-e^y+C)$.　9. $y=x^4\left(\frac{x}{2}+C\right)^2$.

10. $y^2=e^{-x^2}\left(\frac{x^2}{2}+C\right)$.　11. $y^{-3}=Ce^x-2x-1$.　12. $y=\frac{1}{\ln x+1+Cx}$.

四、1. $y=\frac{1}{6}x^3+\cos x+C_1x+C_2$.　2. $y=\frac{1}{27}e^{3x}-\frac{1}{8}\sin2x+d_1x^2+d_2x+d_3$.

3. $y=\frac{1}{2}C_1x^2+C_2$.　4. $y=x^3+3x+1$.

五、1. $y=e^{2x}(C_1+C_2x)$.　2. $y=e^{-x}(C_1\cos2x+C_2\sin2x)$.

3. $y=1-e^{x^2}$.　4. $y=\frac{1}{3}e^{2x}-\frac{1}{3}e^{-x}$.

六、1. $y=C_1+C_2e^{-x}+\frac{1}{3}x^3-x^2+2x$.　2. $y=C_1e^{-x}+C_2e^{3x}-x+\frac{1}{3}$.

3. $y=C_1e^{2x}+C_2e^{3x}+x\left(-\frac{1}{2}x-1\right)e^{2x}$.　4. $y=(C_1+C_2x)e^{2x}+\frac{3}{2}x^2e^{2x}$.

5. $y=\frac{11}{16}+\frac{5}{16}e^{4x}-\frac{5}{4}x$.　6. $y=C_1\cos x+C_2\sin x-\frac{1}{3}x\cos2x+\frac{4}{9}\sin2x$.

7. $y=-\cos x-\frac{1}{3}\sin x+\frac{1}{3}\sin2x$.

8. $y=C_1\cos2x+C_2\sin2x+\frac{1}{8}x-\frac{x}{32}\cos2x-\frac{x^2}{16}\sin2x$.

9. $a=2, b=1, c=4$.

习题 9.1

1. (1) $\frac{3}{2}$；(2) 1.

2. (1) 发散；(2) 收敛；(3) 发散；(4) 发散.

习题 9.2

(1) 发散； (2) 收敛； (3) 发散； (4) 收敛； (5) 收敛； (6) 发散； (7) 发散；
(8) 收敛； (9) 收敛； (10) 收敛； (11) 收敛； (12) 收敛； (13) 收敛； (14) 收敛；
(15) 收敛； (16) 当 $a>1$ 时，级数收敛；当 $0<a\leqslant 1$ 时，级数发散； (17) 收敛；
(18) 收敛； (19) 收敛； (20) 收敛.

习题 9.3

(1) 条件收敛； (2) 绝对收敛； (3) 条件收敛；
(4) 当 $p>1$ 时，级数绝对收敛；当 $0<p\leqslant 1$ 时，级数条件收敛；当 $p<0$ 时级数发散；
(5) 绝对收敛； (6) 绝对收敛； (7) 条件收敛； (8) 条件收敛.

习题 9.4

1. (1) $\left[-\frac{1}{2},\frac{1}{2}\right)$； (2) $(-\infty,+\infty)$； (3) $(0,2)$； (4) $[1,3)$； (5) $(-\sqrt{2},\sqrt{2})$；
(6) $(-\sqrt{2},\sqrt{2})$.

2. (1) $\frac{1}{(1-x)^2}$； (2) $\frac{1}{2}\ln\left|\frac{x+1}{x-1}\right|$.

习题 9.5

1. (1) $\sum\limits_{n=0}^{\infty}(-1)^n\frac{x^{2n+4}}{(2n)!}$； (2) -5040.

2. e^{-x^2}.

3. $\sum\limits_{n=0}^{\infty}\left[1-\left(\frac{1}{2}\right)^{n+1}\right]x^n,(-1<x<1)$.

4. $\sum\limits_{n=0}^{\infty}\frac{(x-2)^n}{3^{n+1}},-1<x<5$.

第 9 章测试题

一、1. 0. 2. 500501. 3. $\frac{3}{4}$. 4. 收敛. 5. 0. 6. $p>1,0<p\leqslant 1,p\leqslant 0$.

7. 收敛，发散. 8. $\frac{1}{2}(1-e^{-1})$.

二、1. 收敛. 2. 发散. 3. 收敛. 4. 发散. 5. 发散. 6. 发散. 7. 收敛. 8. 收敛.
9. 当 $|x|<1$ 时，级数收敛；当 $|x|>1$ 时，级数发散. 10. 收敛. 11. 收敛. 12. 收敛.

13. 收敛. 14. 收敛. 15. 发散. 16. 收敛. 17. 收敛. 18. 收敛. 19. 发散. 20. 收敛.
21. 收敛. 22. 收敛. 23. 收敛. 24. 收敛.

三、1. $-\ln\left(1-\frac{x}{4}\right),-4\leqslant x<4$. 2. $\frac{1+x^2}{(1-x^2)^2},-1<x<1$.

3. $\frac{1}{2}\ln\frac{1+x}{1-x},-1<x<1$. 4. $\frac{1}{2x}\ln\frac{1+x}{1-x},-1<x<1$.

5. $S(x)=\begin{cases}\frac{1+x^2}{(1-x^2)^2}+\frac{1}{2x}\ln\frac{1+x}{1-x}, & 0<|x|<1,\\ 3, & x=0.\end{cases}$

四、1. $\sum\limits_{n=0}^{\infty}\frac{(-1)^n(x-2)^n}{2^{n+1}},0<x<4$. 2. $\frac{1}{2}\sum\limits_{n=1}^{\infty}\frac{nx^{n-1}}{2^n},-2<x<2$.

3. $\sum\limits_{n=0}^{\infty}\frac{(x-1)^{n+1}}{3^{n+1}},-2<x<4$. 4. $\sum\limits_{n=0}^{\infty}\frac{1}{3}\left[-1+\left(-\frac{1}{2}\right)^{n+1}\right](x-1)^n,0<x<2$.

5. $\sum\limits_{n=0}^{\infty}(-1)^n\left(1-\frac{1}{2^{n+1}}\right)x^n,-1<x<1$.

习题 10.1

1. (1) $2x+4y-6z-56=0$; (2) $3x+7y-5z-14=0$; (3) $2x-y-z=0$.
2. (1) 直线,平面; (2) 双曲线,双曲柱面;
(3) 抛物线,抛物柱面; (4) 椭圆,椭圆柱面.
3. $(x-1)^2+(y-3)^2+(z+2)^2=14$.
4. (1) $y^2+z^2=5x$; (2) $4x^2-9y^2+4z^2=36$; (3) $(x^2+y^2+z^2+3)^2=16(x^2+z^2)$.
5. $\frac{4\sqrt{15}\pi}{3}$.
6. 略.
7. 两个具有同样半径的圆柱 F 交后的交线.
8. $\begin{cases}x^2+y^2=\frac{1}{10},\\ z=0.\end{cases}$

习题 10.2

1. (1) $y^2>2x$,无界; (2) $\begin{cases}y\geqslant x,\\ x^2+y^2>R^2,\end{cases}$无界; (3) $x^2+y^2\geqslant 1$,无界;
(4) $y^2\geqslant x,x\geqslant 0$,无界; (5) $x+y>0,x-y>0$,无界; (6) $xy>0$,无界.
2. (1) $(xy)^{x+y}+(x+y)^{xy}$; (2) $\sqrt{1+x^2}$;
(3) $\varphi(x)=x^2-x$; $f(x,y)=x^2+y^2-2xy+2y$.

习题 10.3

1. 略.
2. 略.

3. (1) 1； (2) $+\infty$； (3) $-\frac{1}{4}$； (4) 0.

4. (1) $\{(x,y)\mid y^2=x\}$； (2) $\{(x,y)\mid x=m\pi$ 或 $y=n\pi, m,n\in\mathbf{Z}\}$.

5. 连续.

习题 10.4

1. 略. 2. 略.

3. (1) $\frac{\partial u}{\partial x}=\frac{y}{z}x^{\frac{y}{z}-1}, \frac{\partial u}{\partial y}=\frac{1}{z}x^{\frac{y}{z}}\ln x, \frac{\partial u}{\partial z}=-\frac{y}{z^2}x^{\frac{y}{z}}\ln x$；

(2) $\frac{\partial u}{\partial x}=2zx\mathrm{e}^{z(x^2+y^2+z^2)}, \frac{\partial u}{\partial y}=2zy\mathrm{e}^{z(x^2+y^2+z^2)}, \frac{\partial u}{\partial z}=(x^2+y^2+3z^2)\mathrm{e}^{z(x^2+y^2+z^2)}$.

4. (1) $\frac{\partial^2 z}{\partial x^2}=12x^2-8y^2, \frac{\partial^2 z}{\partial y^2}=12y^2-8x^2, \frac{\partial^2 z}{\partial x\partial y}=\frac{\partial^2 z}{\partial y\partial x}=-16xy$；

(2) $\frac{\partial^2 z}{\partial x^2}=\frac{2xy}{(x^2+y^2)^2}, \frac{\partial^2 z}{\partial y^2}=-\frac{2xy}{(x^2+y^2)^2}, \frac{\partial^2 z}{\partial x\partial y}=\frac{\partial^2 z}{\partial y\partial x}=\frac{y^2-x^2}{(x^2+y^2)^2}$；

(3) $\frac{\partial^2 z}{\partial x^2}=y^x\ln^2 y, \frac{\partial^2 z}{\partial y^2}=x(x-1)y^{x-2}, \frac{\partial^2 z}{\partial x\partial y}=\frac{\partial^2 z}{\partial y\partial x}=xy^{x-1}\ln y+y^{x-1}$.

5. $z'_x=y+\mathrm{e}^{x+y}\cos x-\mathrm{e}^{x+y}\sin x, z'_y=x+\mathrm{e}^{x+y}\cos x$,

$z''_{xy}=1+\mathrm{e}^{x+y}(\cos x-\sin x), z''_{xx}=-2\sin x\,\mathrm{e}^{x+y}, z''_{yy}=\mathrm{e}^{x+y}\cos x$.

6. 略.

7. 略.

8. 略.

习题 10.5

1. 略. 2. 略. 3. 略. 4. 1.08.

习题 10.6

1. (1) $\frac{\partial z}{\partial y}=x\cos y$； (2) $\frac{\partial u}{\partial x}=3x^2\mathrm{e}^{x^3+y^2+z}, \frac{\partial u}{\partial y}=2y\mathrm{e}^{x^3+y^2+z}, \frac{\partial u}{\partial z}=\mathrm{e}^{x^3+y^2+z}$；

(3) $\frac{\mathrm{d}u}{\mathrm{d}t}=\mathrm{e}^{\sin t-2t^3}(\cos t-6t^2)$；

(4) $\frac{\partial z}{\partial u}=3u^2\cos v\sin v(\cos v-\sin v), \frac{\partial z}{\partial v}=u^3(\cos v+\sin v)(1-3\cos v\sin v)$；

(5) $\frac{\partial w}{\partial x}=\frac{\partial f}{\partial u}+2\frac{\partial f}{\partial v}, \frac{\partial w}{\partial y}=\frac{\partial f}{\partial u}+2y\frac{\partial f}{\partial v}, \frac{\partial w}{\partial z}=\frac{\partial f}{\partial u}+2z\frac{\partial f}{\partial v}$；

(6) $\frac{\mathrm{d}w}{\mathrm{d}x}=\left(3-\frac{4}{x^3}-2x\right)\sec^2(3x+2y^2-z)$；

(7) $\frac{\partial z}{\partial r}=\frac{\partial f}{\partial x}\cos\theta+\frac{\partial f}{\partial y}\sin\theta, \frac{\partial z}{\partial \theta}=-\frac{\partial f}{\partial x}r\sin\theta+\frac{\partial f}{\partial y}r\cos\theta$.

2. (1) $\frac{dy}{dx}=\frac{x+y}{y-x}$； (2) $\frac{dy}{dx}=\frac{xy\ln y-y^2}{xy\ln x-x^2}$； (3) $\frac{dy}{dx}=\frac{x+y}{x-y}$.

3. (1) $\frac{\partial z}{\partial x}=\frac{yz}{e^z-xy},\frac{\partial z}{\partial y}=\frac{xz}{e^z-xy}$； (2) $\frac{\partial z}{\partial x}=-\frac{\sin 2x}{\sin 2z},\frac{\partial z}{\partial y}=-\frac{\sin 2y}{\sin 2z}$；

(3) $\frac{\partial z}{\partial x}=\frac{ayz-x^2}{z^2-axy},\frac{\partial z}{\partial y}=\frac{axz-y^2}{z^2-axy}$.

4. $\frac{\partial^2 z}{\partial x^2}=y^2f''_{11}+4xyf''_{12}+4x^2f''_{22}+2f'_2,\frac{\partial^2 z}{\partial y^2}=x^2f''_{11}+4xyf''_{12}+4y^2f''_{22}+2f'_2$.

5. $dz=\frac{2-x}{z+1}dx+\frac{2y}{z+1}dy$.

6. 略.

习题 10.7

1. (1) 极大值 $f(3,2)=36$； (2) 极大值 $f\left(-\frac{1}{3},-\frac{1}{3}\right)=\frac{1}{27}$；

(3) $a>0,f_{大}=\frac{a^3}{27}$；$a<0,f_{小}=\frac{a^3}{27}$；$a=0$,无极值；(4) $f_{小}(0,-1)=-1$.

2. (1) 最大值 $f\left(\frac{4}{\sqrt{17}},\frac{1}{2\sqrt{17}}\right)=\frac{\sqrt{17}}{2}$,最小值 $f\left(-\frac{4}{\sqrt{17}},-\frac{1}{2\sqrt{17}}\right)=-\frac{\sqrt{17}}{2}$；

(2) 最大值$\frac{2\sqrt{3}}{3}$,最小值$-\frac{2\sqrt{3}}{3}$.

3. $(0,0,\pm 1)$.

4. 长、宽、高为$\frac{2\sqrt{3}}{3}a$.

5. $R=H=\sqrt[3]{\frac{v}{\pi}}$.

6. $\frac{a}{n}$.

7. 最大值 $f(2,1)=4$,最小值 $f(4,2)=-64$.

8. 最大值 $z=4$；最小值 $z=2$.

第 10 章测试题

1. (1) 无关； (2) 不存在； (3) 连续； (4) $6x+4y+3$.

2. (1) $\{(x,y)|x^2+y^2\leqslant 1\}$； (2) $\{(x,y)|x+y>0\}$；

(3) $\{(x,y)|x+y>0,x+y\neq 1\}$； (4) $\{(x,y)|xy>1\}$.

3. (1) 4； (2) $-\frac{1}{2}$； (3) -8.

4. (1) $u_x=\sin y-y\sin x,u_y=x\cos y+\cos x$； (2) $z_x=e^y-ye^{-x},z_y=xe^y+e^{-x}$.

5. $\frac{\partial z}{\partial x}=-\frac{z+y}{y+x},\frac{\partial z}{\partial y}=-\frac{z+x}{y+x}$.

6. 极小值 $z(-1,0)=-1$.

7. $\frac{dz}{dt}=(-3\sin t+4t)e^{3x+2y}$.

8. $dz=\frac{1}{x^2+y^2+e^{xy}}[(2x+ye^{xy})dx+(2y+xe^{xy})dy]$.

9. $\frac{\partial u}{\partial x}=\frac{1-2y^2z}{2u}$.

10. $C(25,17)=9043$.

11. 略.

12. 略.

习题 11.1

1～4. 略.

习题 11.2

1. (1) $\frac{11}{15}$； (2) $\frac{8}{3}$； (3) 12； (4) 0； (5) $\pi^2-\frac{40}{9}$； (6) $\frac{1}{2}(1-\cos4)$.

2. (1) $\frac{9}{8}\ln3-\ln2-\frac{1}{2}$； (2) $-\frac{1}{2}\cos2+\cos1-\frac{1}{2}$； (3) $14a^4$.

3. 略.

4. (1) $\int_0^1 dy\int_{e^y}^{e} f(x,y)dx$； (2) $\int_{-2}^0 dx\int_{2x+4}^{4-x^2} f(x,y)dy$； (3) $\int_0^1 dy\int_{2-y}^{1+\sqrt{1-y^2}} f(x,y)dy$；
(4) $\int_0^1 dy\int_{\arcsin y}^{\pi-\arcsin y} f(x,y)dx-\int_{-1}^0 dy\int_{\pi-\arcsin y}^{2\pi-\arcsin y} f(x,y)dx$； (5) $\int_0^1 dy\int_{1-\sqrt{1-y^2}}^{2-y} f(x,y)dx$.

习题 11.3

1. (1) $\iint\limits_D f(x,y)dxdy=\int_0^{\frac{\pi}{2}}d\theta\int_{\frac{1}{\cos\theta+\sin\theta}}^{1} f(r\cos\theta,r\sin\theta)rdr$；

(2) $\iint\limits_D f(x,y)dxdy=\int_0^{\frac{\pi}{3}}d\theta\int_1^{2\cos\theta} f(r\cos\theta,r\sin\theta)rdr$；

(3) $\iint\limits_D f(x,y)dxdy=\int_{\arccos\frac{R}{b}}^{\pi-\arccos\frac{R}{b}}d\theta\int_{b\sin\theta-\sqrt{R^2-b^2\cos^2\theta}}^{b\sin\theta+\sqrt{R^2-b^2\cos^2\theta}} f(r\cos\theta,r\sin\theta)rdr$；

(4) $\iint\limits_D f(x,y)dxdy=\int_0^{\frac{\pi}{2}}d\theta\int_a^b f(r\cos\theta,r\sin\theta)rdr$；

(5) $\iint\limits_D f(x,y)dxdy=\int_0^{\frac{\pi}{2}}d\theta\int_0^{\frac{1}{\cos\theta+\sin\theta}} f(r\cos\theta,r\sin\theta)rdr$；

(6) $\iint\limits_D f(x,y)dxdy=\int_0^{\pi}d\theta\int_0^{\frac{1-\sin\theta}{\cos^2\theta}} f(r\cos\theta,r\sin\theta)rdr$.

2. (1) $\frac{\pi a^4}{4}+2\pi a^2$； (2) $\frac{2a^3}{3}(\pi-2)$； (3) $\left(\frac{\pi}{2}-1\right)\pi$.

3. $\frac{32\pi}{3}$.

第 11 章测试题

1. (1) $>$； (2) $\iint\limits_D |f(x,y)|\mathrm{d}\sigma$； (3) $\mathrm{d}\sigma = r\mathrm{d}r\mathrm{d}\theta$.

2. (1) $\iint\limits_D (x+y)^2\mathrm{d}\sigma \geqslant \iint\limits_D (x+y)^3\mathrm{d}\sigma$；

(2) $\iint\limits_D (x+y)^2\mathrm{d}\sigma \leqslant \iint\limits_D (x+y)^3\mathrm{d}\sigma$.

3. 108π.

4. (1) $\int_0^a \mathrm{d}y\int_{2a-y}^{a+\sqrt{a^2-y^2}} f(x,y)\mathrm{d}x$； (2) $\int_0^1 \mathrm{d}x\int_1^{2-x} f(x,y)\mathrm{d}y$；

(3) $\int_0^a \mathrm{d}x\int_{\sqrt{a^2-x^2}}^{a} f(x,y)\mathrm{d}y + \int_a^{2a}\mathrm{d}x\int_{x-a}^{2a} f(x,y)\mathrm{d}y$.

5. $\frac{20}{3}$. 6. $-\frac{3}{2}\pi$. 7. $\frac{3}{2}+\sin 1-2\sin 2+\cos 1-\cos 2$. 8. $\left(\frac{\pi}{4}+2\right)a^2$.

9. 16π. 10. $\frac{8}{3}$.

附录A

拉格朗日

拉格朗日(Joseph Louis Lagrange,1736—1813),不喜欢几何,但在变分法及分析力学上有杰出发现.他在数论与代数上也有贡献,并为其后培育高斯和阿贝尔的成长提供了思想源泉.他的数学事业可以看作是欧拉(年纪和功绩都大于同时代的其他数学家)工作的自然延伸,他在许多方面推进和改进了欧拉的工作.

拉格朗日生于意大利的都灵,为法意混血的后代.他童年时的兴趣在古典学科而不在自然科学,但早在中学时代就因读了哈莱(Edmund Halley)《谈代数在光学上的应用》一文而引起他对数学的兴趣,然后他开始有计划地独立自学,而且进步很快,使他在19岁时就被聘为皇家炮兵学院的数学教授.

拉格朗日在变分法上的贡献属于他早期最重要的工作之一.1775年他写信给欧拉告诉他解等周问题的乘子方法.这些问题欧拉多年来对之束手无策,因为那是他自己的半几何方法所不能解决的.利用此方法欧拉可以立刻解出他多年来所苦思的许多问题,但他以使人钦佩的亲切与宽厚的态度回信给拉格朗日,而把自己的工作扣留不发表,"以免剥夺你所理该享受的任何一部分荣誉".拉格朗日继续进行了多年的变分法的解析研究,并和欧拉一起用它来解决了许多新型的问题,特别是力学中的问题.

1776年欧拉离开柏林去彼得堡时,向腓特烈大帝建议聘请拉格朗日接替他的工作.拉格朗日应聘去柏林,在那里住了20年直到腓特烈过世为止.在这一时期内他在代数和数论方面进行了广泛的研究工作,写出了他的杰作《分析力学》(1788年),在该书中他把普通力学统一起来,并且把它写成"一种科学诗篇".在这部著作里留给后人的不朽遗产包括:拉格朗日运动方程,广义坐标及势能概念.

腓特烈故去后,科学家感到普鲁士宫廷里的气氛不甚惬意,于是拉格朗日接受路易十六的聘请转道巴黎,路易十六让他住在卢浮宫里.拉格朗日虽是伟大的天才,但他非常谦逊而不固执己见;并且虽然他与贵族交友——他自己确实也是个贵族,但在整个法国大革命那个混乱的年月里,各党派的人都尊敬他.他在这些年里的最重要的工作是领导建立了米制度量衡.在数学方面他想给分析中的基本运算步骤提供令人满意的基础,但这些工作大部分归于失败.拉格朗日在接近临终之日时觉得数学已经走进了死胡同,此后最有才能的人将转向化学、物理、生物及其他学科上去.但若他能预见高斯及其后继者的登场,使19世纪成为漫长数学史上成果最丰富的时代,也许能使他释免这种悲观思想.

附录B

莱布尼茨

莱布尼茨(Leibniz,1646—1716)为德国的百科全书式的天才,莱比锡某大学教授之子.他一方面从事政治、外交活动,另一方面对各种科学、技术有创造性的贡献.莱布尼茨除了是外交官,还是哲学家、法学家、历史学家、语言学家和先驱的地质学家.他在逻辑学、力学、光学、数学、流体力学、气体学、航海学和计算机等方面做了重要的工作.他的遗稿分类整理为神学、哲学、数学、自然科学、历史和技术等41个项目,但完整的全集尚未出版.

莱布尼茨1666年在阿尔特多夫毕业,著《论组合的艺术》一书,企图以数学为标准将一切学科体系化.1670—1671年,他完成了第一篇力学论文.1672年3月出差到巴黎,这次访问使他同数学家和科学家接触,其中值得注意的是惠更斯激起了他对数学的兴趣.1673年访问伦敦时,他见到了许多数学家,学到了不少关于无穷级数的知识.虽然他靠做外交官生活,但却更深入地研究了笛卡儿和帕斯卡等人的著作,发现了微积分学的基本定理,引入巧妙的记号建立了微积分学的基础.他为发展科学制订了世界科学院的计划,还想建立通用符号、通用语言,以便统一一切学科,他有无穷的梦想.他建立了统一新旧哲学的单子论(monadism).1700年在他的影响下创立了柏林科学院.他的符号逻辑和计算机的构想,到他去世后才结出丰硕的成果.

牛顿和莱布尼茨二人对微积分的创立都作出了伟大的贡献.1687年以前,牛顿没有发表过微积分方面的任何工作,虽然他从1665—1687年把结果通知了他的朋友.特别地,1669年他把他的短文《分析学》送给巴罗.莱布尼茨1672—1673年先后访问巴黎和伦敦,并和一些知道牛顿工作的人通信.然而,他直到1684年才发表微积分的著作.于是就发生了莱布尼茨是否知道牛顿工作详情的问题,他被指责为剽窃者.但是,在两人去世后很久,调查证明,虽然牛顿工作的大部分是在莱布尼茨之前做的,但是莱布尼茨是微积分主要思想的独立发明者.两个人都受到巴罗的很多启发.这场争论使数学家分成两派:欧洲大陆数学家,尤其是伯努利兄弟,支持莱布尼茨,而英国数学家捍卫牛顿.两派不和甚至尖锐地互相敌对.

这件事的结果,英国和欧洲大陆的数学家停止了思想交换.因为牛顿在关于微积分的主要工作和第一出版物,即《自然哲学的数学原理》中使用了几何方法,所以在他去世后差不多一百年中,英国人继续以几何为主要工具.而欧洲大陆的数学家继续莱布尼茨的分析法,使它发展并得到改善.这些事情的影响非常巨大,不仅使英国的数学家落在后面,而且使数学损失了一些最有才能的人应作出的贡献.

参考文献

1. 韩玉良，于永胜，郭林. 微积分[M]. 4 版. 北京：清华大学出版社，2015.
2. 同济大学数学科学学院. 高等数学[M]. 7 版. 北京：高等教育出版社，2014.
3. 吴赣昌. 微积分[M]. 5 版. 北京：中国人民大学出版社，2017.
4. 周家良，王群智. 高等数学[M]. 西安：西北大学出版社，2006.
5. J. F. 斯科特. 数学史[M]. 北京：译林出版社，2014.
6. 杨静化. 应用微积分[M]. 北京：科学出版社，2005.
7. 王顺凤，朱建. 微积分[M]. 北京：科学出版社，2021.
8. 徐岩，李为东. 大学文科数学：下册[M]. 北京：科学出版社，2022.
9. 左占飞，黄怡民，王婧. "高等数学"课程思政的案例教学设计研究——以导数的概念为例[J]. 三峡高教研究，2022(2)：32-36.
10. 武丹. 高等数学与课程思政的融合——以"导数及其应用"教学模块为例[J]. 辽宁省交通高等专科学校学报，2023(12)：77-79.